从零开始

中文版

Illustrator CC 基础培训教程

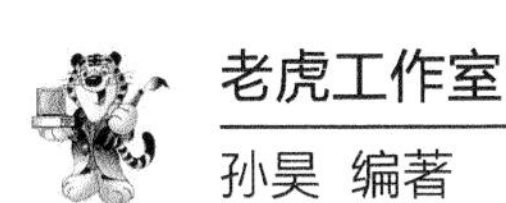

老虎工作室

孙昊 编著

人民邮电出版社

北京

图书在版编目（CIP）数据

Illustrator CC中文版基础培训教程 / 孙昊编著
. -- 北京 : 人民邮电出版社, 2015.1(2020.8重印)
(从零开始)
ISBN 978-7-115-37922-1

Ⅰ. ①I… Ⅱ. ①孙… Ⅲ. ①图形软件－教材 Ⅳ.
①TP391.41

中国版本图书馆CIP数据核字(2014)第291032号

内 容 提 要

本书根据作者多年的平面设计工作与设计艺术培训教学经验，通过命令讲解与实例结合的形式系统地介绍了 Illustrator CC 软件的基本使用方法和技巧，具有较强的实用性和参考价值。为了使读者对每一章的学习内容能够融会贯通，每章后面都精心安排了练习题。通过案例的练习，读者可以在较短的时间内熟练掌握 Illustrator CC 软件的使用方法。

为了方便读者学习，本书配有光盘，其中收录了书中操作实例用到的素材、制作结果以及实例的动画演示文件等内容，并配有全程语音讲解，读者可以参照这些动画进行对比学习。

本书内容详实，图文并茂，操作性和针对性都比较强，适合从事平面设计的专业人士和计算机美术爱好者阅读，还可作为高等院校相关专业师生的参考书。

◆ 编　　著　老虎工作室　孙　昊
　责任编辑　李永涛
　责任印制　杨林杰

◆ 人民邮电出版社出版发行　　北京市丰台区成寿寺路 11 号
　邮编　100164　　电子邮件　315@ptpress.com.cn
　网址　http://www.ptpress.com.cn
　北京九州迅驰传媒文化有限公司印刷

◆ 开本：787×1092　1/16
　印张：15.5
　字数：388 千字　　　　　　2015 年 1 月第 1 版
　印数：6 901 – 7 200 册　　　2020 年 8 月北京第 14 次印刷

定价：35.00 元（附光盘）

读者服务热线：(010) 81055410　印装质量热线：(010) 81055316
反盗版热线：(010) 81055315
广告经营许可证：京东市监广登字 20170147 号

关于本书

Adobe 公司推出的 Illustrator 软件，是集矢量图形绘制、印刷排版和文字编辑处理于一体的平面设计软件。由于其功能完善、操作简便易用，自推出之日起就一直受到广大平面设计人员的喜爱。最新的 Illustrator CC 版本不仅保持了以前版本的超强功能，而且在图形绘制和编辑方面有了较大的改进，进一步巩固了它在图形、图案设计及印刷排版等领域的重要地位。

内容和特点

本书以基础命令讲解并结合典型实例制作的形式，详细讲解了 Illustrator CC 软件的使用方法和技巧。本书针对初学者的实际情况，从软件的基本操作入手，深入浅出地讲述软件的基本功能和使用方法。每一章的最后都给出了练习题，以加深读者对所学内容的掌握。在讲解命令对话框时，本书除对常用参数进行详细介绍外，重要和较难理解的地方也以穿插实例的形式进行了讲解，使读者达到融会贯通、学以致用的目的，并在较短的时间内得以全面地掌握 Illustrator CC 的基本用法。

全书共分 9 章，各章的具体内容如下。

- 第 1 章：概念与文件基本操作。介绍学习 Illustrator 的有关平面设计基础知识，并对软件的界面做了简单介绍，然后对文件的基本操作做了详细的讲解。
- 第 2 章：基本绘图工具与颜色设置。介绍了基本绘图工具的使用方法，颜色的设置与填充方法以及选择工具、编辑图形工具和命令的使用。
- 第 3 章：路径、画笔和符号工具。介绍了路径工具的使用技巧，绘制线及曲线图形工具的使用，画笔的设置和使用方法及符号工具的应用。
- 第 4 章：填充工具及混合工具。介绍了各种填充工具的使用方法以及各种混合工具的使用方法和技巧。
- 第 5 章：文字工具。介绍了文字的基本输入方法、编辑、编排以及各种控制面板的使用。
- 第 6 章：变形、图表和其他工具。介绍了各种变形工具、图表工具及透视工具的使用方法，并对剩余的其他工具进行了简单介绍。
- 第 7 章：辅助功能。介绍了有关辅助功能和命令，包括参考线、标尺、网格、图层和蒙版等。
- 第 8 章：效果的应用。介绍了效果菜单中各命令的功能，并以案例的形式对部分命令进行讲解。
- 第 9 章：CIS 企业形象设计。综合前面学过的工具和菜单命令介绍企业 VI 视觉形象的设计方法，使读者达到学以致用的目的。

读者对象

本书以介绍 Illustrator CC 软件的基本工具和菜单命令操作为主，是为将要从事图案设计、地毯设计、服装效果图绘制、平面广告设计、工业设计、室内外装潢设计、CIS 企业形象策划、产品包装造型设计、网页制作、印刷制版等工作的人员及计算机美术爱好者而编写的。本书可作为 Illustrator 的培训教材，也可作为大中专院校学生的自学教材和参考资料。

附盘内容及用法

为了方便读者学习，本书配有光盘，主要内容如下。

一、“图库”文件

该文件夹下包含“第 01 章”～“第 09 章”共 9 个子目录，分别存放本书对应章节的图例及范例制作过程中用到的原始素材。

二、“作品”文件

该文件夹下包含“第 01 章”～“第 09 章”共 9 个子目录，分别存放本书对应章节范例制作的最终效果。

三、“习题答案”

该文件夹下包含“第 02 章”～“第 08 章”共 7 个子目录，分别存放本书对应章节中习题的最终效果。读者在独立制作完这些习题后，可以与这些效果进行对照，查看自己所做的是否正确。

四、“avi”动画文件

该目录下包含“第 01 章”～“第 09 章”共 9 个子目录，分别存放本书对应章节中部分案例的动画演示文件。读者如果在制作范例时遇到困难，可以参照这些演示文件进行学习。

注意：播放动画演示文件前要安装光盘根目录下的“tscc.exe”插件。

五、PPT 文件

配套光盘中提供了 PPT 课件，便于教师上课使用。

感谢您选择了本书，也欢迎您把对本书的意见和建议告诉我们。
老虎工作室网站 http://www.ttketang.com，电子邮件 ttketang@163.com。

老虎工作室

2014 年 11 月

目　录

第1章　概念与文件基本操作

【学习目标】

- 理解位图和矢量图的概念。
- 熟悉 Illustrator CC 软件窗口。
- 掌握窗口的调整操作。
- 掌握工具箱中工具的使用方法。
- 掌握文件的新建、打开、置入、导出、存储和关闭命令。
- 掌握矢量图转换位图的方法。
- 学习设计名片。

Adobe Illustrator 简称 AI，是一款矢量图形创作设计软件，被广泛应用于平面广告设计、网页图形制作及艺术效果处理等诸多领域。新版本的 Illustrator CC 中增加了可变宽度笔触、针对 Web 和移动的改进，增加了多个画板、触摸式创意工具等新鲜特性。本软件还具有强大的图形优化功能，可根据广大网页设计者的需要设计出适用于网上发布的图形。另外，使用滤镜和位图命令，不仅能让用户对矢量图进行艺术效果处理，还可以对位图进行编辑或制作特殊的艺术效果。

鉴于 Illustrator 软件的许多特性，本书主要讲解最新版本 Illustrator CC 的强大功能和使用方法。下面首先介绍一下有关该软件的基本概念。

1.1　基本概念讲解

根据使用软件以及最终存储方式的不同，平面设计作品主要分为两大类，即矢量图形和位图图像。在图形图像处理过程中，分清这两种不同类型的文件所具有的不同性质非常重要。下面分别介绍有关矢量图形和位图图像的内容。

1.1.1　位图与矢量图的基本概念

位图和矢量图，是根据运用软件以及最终存储方式的不同而生成两种不同的文件类型。

一、　位图

位图也叫光栅图，是由很多个像小方块一样的颜色网格（即像素）组成的图像。位图中的像素由其位置值与颜色值表示，也就是将不同位置上的像素设置成不同的颜色，即组成了一幅图像。图 1-1 所示为位图图像及其放大后的对比效果，从图 1-1 中可以看出像素的小方块形状与不同的颜色。所以，对于位图的编辑操作实际上是对位图中的像素进行的编辑操作，而不是编辑图像本身。由于位图能够表现出颜色、阴影等一些细腻色彩的变化，因此，位图是图像的一种具有色调的数字表示方式。

图1-1　位图图像与放大后的对比效果

位图具有以下特点。

- 图像文件所占空间大。用位图存储高分辨率的彩色图像需要较大的储存空间，这是因为像素之间相互独立，所占的硬盘空间、内存和显存都比矢量图大。
- 会产生锯齿。位图是由最小的色彩单位“像素点”组成的，所以位图的清晰度与像素点的多少有关。位图放大到一定的倍数后，看到的便是一个一个的像素，即一个一个方形的色块，整体图像便会变得模糊且会产生锯齿。
- 位图图像在表现色彩、色调方面的效果比矢量图更加优越，尤其是在表现图像的阴影和色彩的细微变化方面效果更佳。

在平面设计方面，制作位图的软件主要是 Adobe 公司推出的 Photoshop，该软件可以说是目前平面设计中图形图像处理的首选软件。

二、　矢量图

矢量图，又称向量图，是由图形的几何特性来描述组成的图像，其特点如下。

- 文件小。由于图像中保存的是线条和图块的信息，所以矢量图形与分辨率和图像大小无关，只与图像的复杂程度有关。简单图像所占的存储空间小。
- 图像大小可以无级缩放。在对图形进行缩放、旋转或变形操作时，图形仍具有很高的显示和印刷质量，且不会产生锯齿模糊效果。图 1-2 所示为矢量图及其放大后的对比效果。
- 可采取高分辨率印刷。矢量图形文件可以在任何输出设备及打印机上以打印机或印刷机的最高分辨率打印输出。

在平面设计方面，制作矢量图的软件主要有 CorelDRAW、Illustrator、InDesign、Freehand、PageMaker 等，用户可以用这些软件对图形和文字等进行处理。

图1-2　矢量图和放大后的对比效果

1.1.2 常用文件格式

了解各种文件格式有助于对图像进行编辑、保存以及转换等操作。下面介绍平面设计软件中常用的几种图像文件格式。

- AI 格式：是 Adobe 公司发布的矢量软件Illustrator 的专用文件格式，优点是占用硬盘空间小，打开速度快，方便与其他格式相互转换。AI 格式的文件也可以通过 Photoshop 软件打开，但打开后的图片将显示为位图，而非矢量图，并且背景层是透明的。
- PSD 格式：是 Photoshop 的专用格式，能保存图像数据的每一个细节，包括图像的层和通道等信息，确保各层之间相互独立，便于以后进行修改。其缺点是保存的文件比较大。
- BMP 格式：是微软公司软件的专用格式，也是 Photoshop 最常用的位图格式之一。它支持 RGB、索引颜色、灰度和位图颜色模式的图像，但不支持 Alpha 通道。
- EPS 格式：是一种跨平台的通用格式，几乎所有的图形图像和页面排版软件都支持该文件格式。它可以保存路径信息，并可以在各软件之间进行相互转换。另外，这种格式在保存时可选用 JPEG 编码方式进行压缩，不过，这种压缩会破坏图像的外观质量。
- JPEG 格式：是较常用的图像格式，支持真彩色、CMYK、RGB 和灰度颜色模式，但不支持 Alpha 通道。JPEG 格式可用于 Windows 和 Mac 平台，是所有压缩格式中最卓越的。虽然它是一种有损失的压缩格式，但在文件压缩前，可以在弹出的对话框中设置压缩的大小，这样就可以有效地控制压缩时损失的数据量。JPEG 格式也是目前网络可以支持的图像文件格式之一。
- TIFF 格式：是为 Macintosh 开发的最常用的图像文件格式。它既能用于 Mac，又能用于 PC，是一种灵活的位图图像格式。TIFF 在 Photoshop 中可支持 24 个通道，是除了 PSD 格式外唯一能存储多个通道的文件格式。
- GIF 格式：是由 CompuServe 公司制定的，能存储背景透明化的图像格式，但只能处理 256 种色彩。常用于网络传输，其传输速度要比传输其他格式的文件快很多，并且可以将多张图像存成一个文件而形成动画效果。
- PNG 格式：是 Adobe 公司针对网络图像开发的文件格式。这种格式可以使用无损压缩方式压缩图像文件，并利用 Alpha 通道制作透明背景，是功能非常强大的网络文件格式，但较早版本的 Web 浏览器可能不支持。

1.2 Illustrator CC 软件窗口介绍

使用 Illustrator 工作前，首先来认识一下目前最高版本 Illustrator CC 的工作界面。单击 Windows 7 界面左下角的按钮，在弹出的菜单中依次选择【所有程序】/【Adobe Illustrator CC】命令，此时屏幕上会出现启动画面，随后即可将该软件启动。

1.2.1　改变工作界面的颜色

启动 Illustrator CC 软件后，默认的界面窗口颜色显示为深灰色，开发者的目的是想让用户的视觉体验更舒适，尤其是在处理丰富的色彩作品时，可以专注于处理图片，但这不利于下面的图示讲解，因此首先要修改工作界面的颜色。

【步骤提示】

1. 执行【编辑】/【首选项】/【用户界面】命令，弹出如图 1-3 所示的【首选项】对话框。

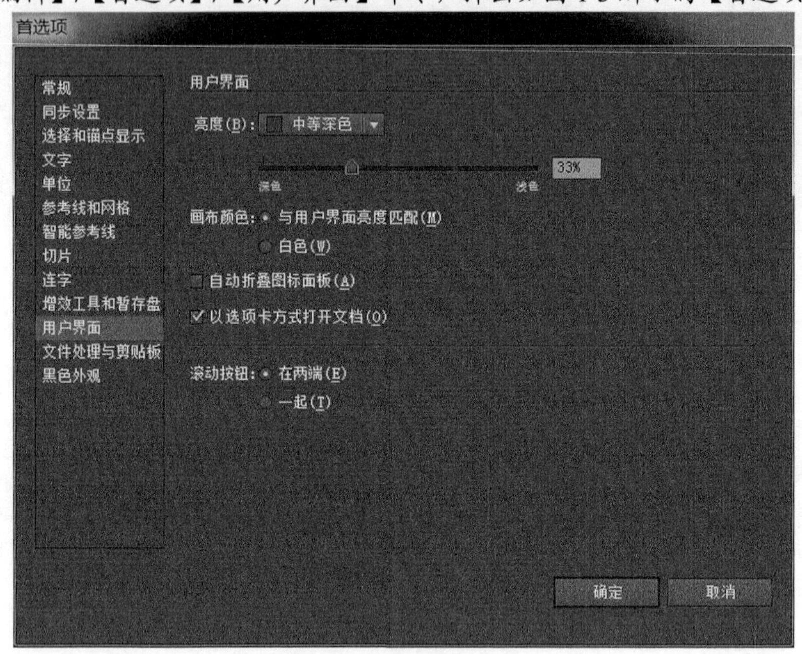

图1-3　【首选项】对话框

2. 单击【亮度】选项右侧的 中等深色 选项按钮，在弹出的列表中选择【浅色】选项，即可将工作界面调亮。
3. 也可以拖动【亮度】选项下方的滑块，自行选择需要的亮度值。
4. 确认后单击 确定 按钮，退出【首选项】对话框即可。

要点提示　在【画布颜色】选项中，若选择【与用户界面亮度匹配】单选项，则系统会自动调整画布的颜色；若选择【白色】单选项，则画布的颜色显示为白色。

1.2.2　Illustrator CC 软件窗口

在工作区中打开一幅矢量图形，工作界面中的默认布局如图 1-4 所示。

Illustrator CC 的界面按其功能可分为菜单栏、控制栏、工具箱、状态栏、滚动条、控制面板、页面打印区域和工作区等几部分。下面分别介绍各部分的功能和作用。

图1-4　Illustrator CC 界面窗口及各部分名称

一、 菜单栏

菜单栏中包括【文件】、【编辑】、【对象】、【文字】、【选择】、【效果】、【视图】、【窗口】和【帮助】等 9 个菜单。单击任意一个菜单，将会弹出相应的下拉菜单，其中包含若干个子命令，选择任意一个子命令即可执行相应的操作。菜单栏右侧有 3 个按钮 ，两个按钮用于控制界面的显示大小， 按钮用于退出 Illustrator CC 软件。

二、 控制栏

控制栏中包含一些常用的控制选项及参数设置，用于快速地执行相应的操作。

三、 工具箱

工具箱的默认位置在工作区的左侧，它是 Illustrator 软件工具的集合，包括各种选择工具、绘图工具、文字工具、编辑工具、符号工具、图表工具、效果工具、更改前景色和背景色的工具等。

四、 状态栏

状态栏位于文件窗口的底部，显示页面的当前显示比例和相应的其他工具信息。在比例窗口中输入相应的数值，就可以直接修改页面的显示比例。

五、 滚动条

在绘图窗口的右下角和右侧各有一条滚动条，单击滚动条两端的三角按钮或直接拖曳中间的滑块，可以移动打印区域在页面中的位置。

六、 控制面板

Illustrator CC 软件系统中提供了各种控制面板，它们的默认位置位于绘图窗口的最右侧，按住任一控制面板上方的选项卡区域拖曳也可以将其移动至页面中的任意位置。利用相应的控制面板，可以辅助工具或菜单命令对操作对象进行控制和编辑等。不同的控制面板在实际操作过程中发挥着不同的作用，随着其功能的不断改进和完善，控制面板已成为运用 Illustrator 编辑对象不可缺少的重要手段。

七、 页面打印区域

页面打印区域是位于界面中间的一个矩形区域，可以在上面绘制图形、编辑文本或排版等。作品如果要打印输出，只有页面打印区以内的内容才可以完整地输出，页面打印区以外的内容将不会被打印。

八、 工作区

工作区是指 Illustrator CC 工作界面中的大片空白区域，工具箱和各种控制面板都在工作区内。

要点提示　为了获得较大的空间显示图像，在绘图过程中可以将工具箱、控制面板和属性栏隐藏，以便将它们所占的空间用于图像窗口的显示。按键盘上的 Tab 键，可以将工作界面中的控制栏、工具箱和控制面板同时隐藏；再次按 Tab 键，可以使它们重新显示出来。

1.2.3 调整窗口大小

在 Illustrator CC 标题栏的右侧有控制窗口大小的 3 个按钮。当单击按钮时，工作界面将呈最小化状态，并且显示在 Windows 系统的任务栏中。在任务栏中单击最小化图标，可以使 Illustrator CC 软件的界面还原为最大化显示；当单击按钮时，可以使工作界面变为还原状态，此时按钮变为形状，再次单击此按钮可以将还原后的工作界面最大化显示；当单击按钮时，可以将当前工作界面关闭，退出 Illustrator CC 软件。

在文件标题栏的右侧也有 3 个按钮，其功能和标题栏中的相同。单击按钮，文件即变为还原状态。

1.2.4 工具箱

工具箱默认位于界面窗口的左侧，包含各种选择工具、绘图工具、文字工具、编辑工具、符号工具、图表工具、效果工具、前景色和背景色设置以及各种屏幕模式设置等。将鼠标指针放置在工具箱上方的灰色条区域内，按下鼠标左键并拖曳即可改变工具箱在工作区中的位置。单击工具箱中最上方的按钮，可以将工具箱转换为单列显示。

将鼠标指针移动到工具箱中的任一工具上时，该工具将变为凸出显示；如果鼠标指针在工具上停留一段时间，鼠标指针的右下角会显示该工具的名称。单击工具箱中的任一工具，可将其选定。

绝大多数工具的右下角带有黑色的小三角形，表示该工具是一个工具组，还有其他隐藏的同类工具。将鼠标指针放置在有黑色小三角形的工具上，按下鼠标左键不放或单击鼠标右键，隐藏的工具即可显示出来。在展开的工具组中的任意一个工具上单击，即可将其选定。

工具箱及所有隐藏的工具如图 1-5 所示。

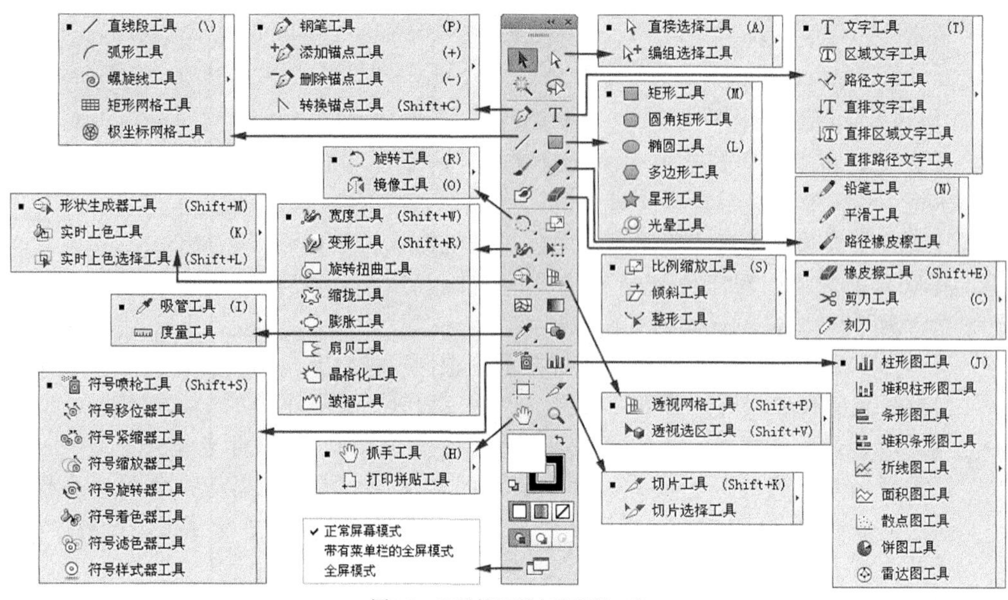

图1-5　工具箱及所有隐藏的工具

1.3　文件基本操作

本节将详细讲解 Illustrator 软件中的新建及打开文件的基本操作。

1.3.1　功能讲解

下面讲解文件的新建、打开、置入、导出、存储和关闭等命令。

一、 新建文件

启动 Illustrator CC，执行【文件】/【新建】命令（快捷键为 Ctrl+N 组合键），弹出【新建文档】对话框，在此对话框中可以设置新建文件的名称、配置文件、大小等，如图 1-6 所示。

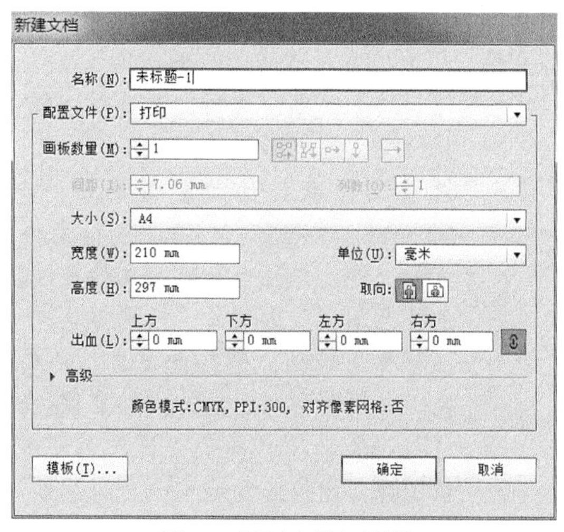

图1-6　【新建文档】对话框

- 【名称】选项：设置新建文件的名称，默认情况下为“未标题-1”。
- 【配置文件】选项：用于设置不同应用目的的文件，如打印、网站、视频胶片等。
- 【画板数量】选项：用于设置新建文件在同一工作区内画板的数量。
- 【大小】选项：用于设置新建文档的尺寸，如 A4、A3、B5 等。

要点提示 新建文件时，Illustrator 系统默认的打印区大小为 210mm × 297mm，也就是常说的 A4 纸张大小。广告设计中常用的文件尺寸有 A3（297mm × 420mm）、A4（210mm × 297mm）、A5（148mm × 210mm）、B5（182mm × 257mm）和 16 开（184mm × 260mm）等。

- 【宽度】和【高度】选项：决定新建文件的宽度和高度值，可以在右侧的文本框中输入数值进行自定义设置。
- 【单位】选项：决定文件采用的单位，系统默认的单位为"毫米"。
- 【取向】选项：用于设置新建文件的方向。激活按钮，新建的页面为竖向；激活按钮，新建的页面为横向。
- 【出血】选项：激活右侧的"使所有设置相同"按钮，可使新建文档的四面出血设置的数值相同。否则，可在文件的四面分别设置不同的出血数值。
- 【高级】选项：单击左侧的按钮，可显示更多的选项。【颜色模式】选项可以设置新建文件的颜色模式，如果创建的文件是用于网上发布文件的色彩模式，应该选择 RGB 颜色；【栅格效果】选项用于设置文件在输出时的分辨率；【预览模式】选项用于设置文件在预览时的显示模式。

各选项设置完成后，单击 确定 按钮，即可新建一个文件。

二、 打开文件

执行【文件】/【打开】命令（快捷键为 Ctrl+O 组合键），弹出【打开】对话框，利用该对话框可以打开计算机中存储的 AI、PDF、TIFF、JPEG、PSD、PNG、CDR 和 EPS 等多种格式的图形或图像文件。在打开文件之前，首先要知道文件的名称、格式和存储路径，这样才能顺利地打开文件。

三、 置入文件

执行【文件】/【置入】命令，会弹出【置入】对话框，利用该对话框可以置入计算机中存储的 AI、PDF、TIFF、JPEG、PSD、PNG、CDR 和 EPS 等多达 27 种格式的图形、图像文件。可以以嵌入或链接的形式置入文件，也可以作为模板文件置入。

- 【链接】选项：选择此复选项，被置入的图形或图像文件与 Illustrator 文档保持独立，最终形成的文件不会太大，当链接的原文件被修改或编辑时，置入的链接文件也会自动修改更新；若不选择此项，则置入的文件会嵌入到 Illustrator 文档中，该文件的信息将完全包含在 Illustrator 文档中，形成一个较大的文件，并且当链接的文件被编辑或修改时，置入的文件不会自动更新。默认状态下，此选项处于被选择状态。
- 【模板】选项：选择此复选项，将置入的图形或图像创建为一个新的模板图层，并用图形或图像的文件名称为该模板命名。
- 【替换】选项：如果在置入图形或图像文件之前，页面中具有被选择的图形或图像，选择此复选项，可以用新置入的图形或图像替换被选择的原图形或图像。页面中如没有被选择的图形或图像文件，此选项不可用。

四、 导出文件

执行【文件】/【导出】命令，会弹出【导出】对话框，利用该对话框可以把绘制或打开的文档导出为多达 13 种其他格式的文件，以便于在其他软件中打开并进行编辑处理。

要点提示 Illustrator 导出文件最常用的文件格式有“*.DWG”格式，利用此种格式输出的文件可以在类似于 AutoCAD 的制图软件系统中打开；“*.JPG”格式，此种格式是 Photoshop 软件系统中常用的文件压缩格式；“*.PSD”格式，利用此种格式输出的图形文件中如果包含有图层，输出后在 Photoshop 软件系统中打开，图层将各自独立存在；“*.TIF”格式，此种格式是制版输出时的常用文件格式，适合于在多种软件系统中打开或置入。

在【导出】对话框的【保存类型】下拉列表中设置 Photoshop（*.PSD）格式，单击 导出 按钮，弹出如图 1-7 所示的【Photoshop 导出选项】对话框。下面对该对话框中的选项分别进行介绍。

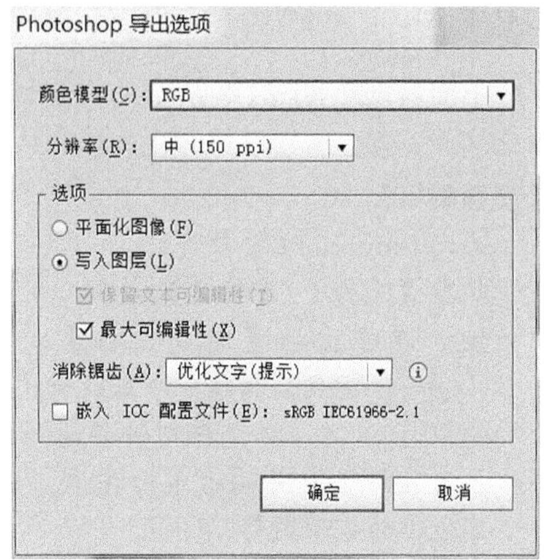

图1-7 【Photoshop 导出选项】对话框

- 【颜色模型】选项：在此下拉列表中可以设置输出文件的模式，其中包括【RGB】、【CMYK】和【灰度】3 种颜色模式。
- 【分辨率】选项：在此下拉列表中可以设置输出文件的分辨率，来决定输出后图形文件的清晰度。
- 【平面化图像】选项：选中此单选项，如要输出的图形文件有多个图层，输出后将合并为一个图层。
- 【写入图层】选项：选中此单选项，输出的图形文件将保留图形在 Illustrator 软件中原有的图层。
- 【消除锯齿】选项：此下拉列表用于设置导出图形边缘是否有锯齿效果，当选择除【无】选项的其他两个选项时，导出的图像边缘较清晰，不会出现粗糙的锯齿效果。

五、 存储文件

在 Illustrator CC 中，文件的存储包括【存储】、【存储为】、【存储副本】、【存储模板】、【存储为 Web 所用格式】、【存储选中的切片】和【存储为 Microsoft Office 所用格式】几种方式，最常用的是【存储】和【存储为】命令。

当新建的文件第一次存储时，【文件】菜单中的【存储】和【存储为】命令功能相同，都是将当前文件命名后存储，并且都会弹出【存储为】对话框。

如果是对打开的文件编辑后或者是新建的文件已经存储过，想重新存储时，就应该正确区分【存储】和【存储为】命令的不同。【存储】命令是在覆盖原文件的基础上直接进行存储，不弹出【存储为】对话框；而【存储为】命令仍会弹出【存储为】对话框，它是在原文件不变的基础上将编辑后的文件重新命名并进行另存。

要点提示 【存储】命令的快捷键为 Ctrl+S 组合键，【存储为】命令的快捷键为 Shift+Ctrl+S 组合键。在绘图过程中，一定要养成随时存盘的好习惯，以免因断电、死机等突发情况造成不必要的麻烦。

如果用【存储副本】命令，就可以把文件利用副本的形式存储在相同的文件夹下，快捷键为 Alt+Ctrl+S 组合键；利用【存储模板】命令，可以把编排的版面按照模板的形式存储，方便以后对文件进行大批量的编排和应用；利用【存储为 Web 所用格式】命令可以将当前图

像文件以最小的文件大小输出，以便上传到网上，快捷键为 Shift+Ctrl+Alt+S 组合键；利用【存储选中的切片】命令可以将当前选择的切片区域导出，即只输出图像的一部分；利用【存储为 Microsoft Office 所用格式】命令，可以将当前图像以“*.PNG”格式导出。

六、 关闭文件

执行【文件】/【关闭】命令（快捷键为 Ctrl+W 组合键），可以关闭当前文件。如果是打开的文件编辑后或新建的文件没有存储，系统就会给出提示，让用户决定是否保存。

1.3.2 范例解析——导入图像制作公益海报

下面以设计如图 1-8 所示的公益海报为例，详细讲解新建文件、置入文件以及保存文件的具体操作。

图1-8　制作的公益海报

【步骤解析】

1. 启动 Illustrator CC 软件。
2. 执行【文件】/【新建】命令，或者按 Ctrl+N 组合键，在弹出的【新建文档】对话框中直接单击 确定 按钮，新建一个默认大小的文件。
3. 选取 工具，将鼠标指针移动到新建文件的左上角位置按下鼠标并向右下方拖曳，创建一个与页面相同大小的矩形图形。
4. 选取 工具，并在其上双击鼠标左键，将【渐变】面板调出，然后将鼠标指针移动到如图 1-9 所示的位置单击，显示渐变滑块。
5. 在显示出的黑色渐变滑块上双击鼠标左键，调出颜色设置面板，单击右上角的 按钮，在弹出的列表中选择【CMYK】选项，然后设置颜色参数，如图 1-10 所示。

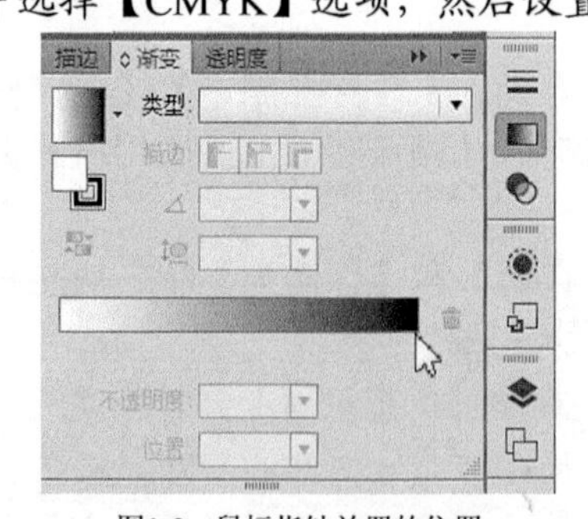

图1-9　鼠标指针放置的位置

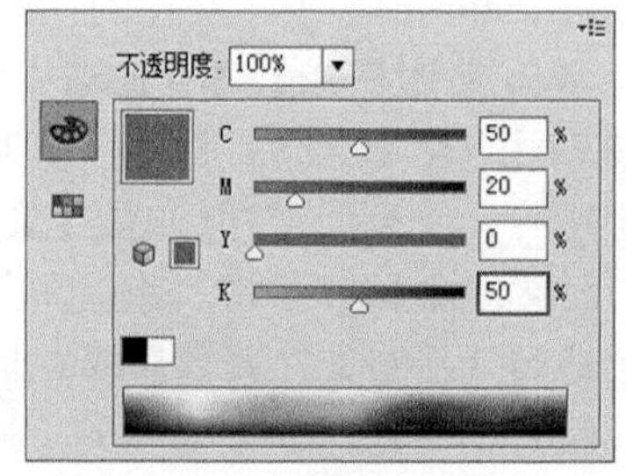

图1-10　设置的颜色

6. 设置颜色后，单击【渐变】面板【类型】选项右侧的选项窗口，在弹出的列表中选择如图 1-11 所示的【径向】选项。
7. 此时图形被填充为设置的渐变色，同时显示如图 1-12 所示的渐变控制。

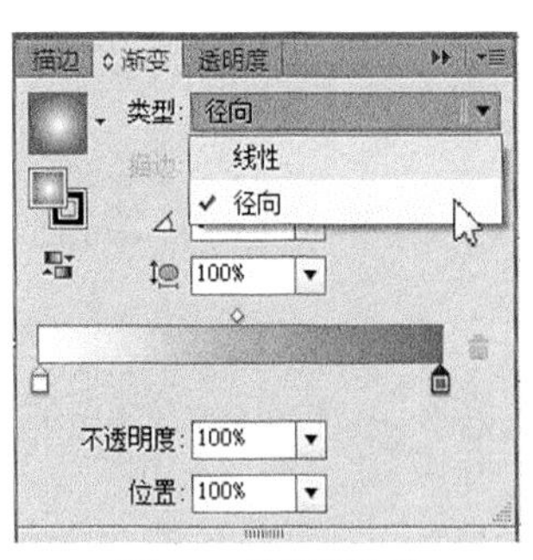

图1-11 选择的选项

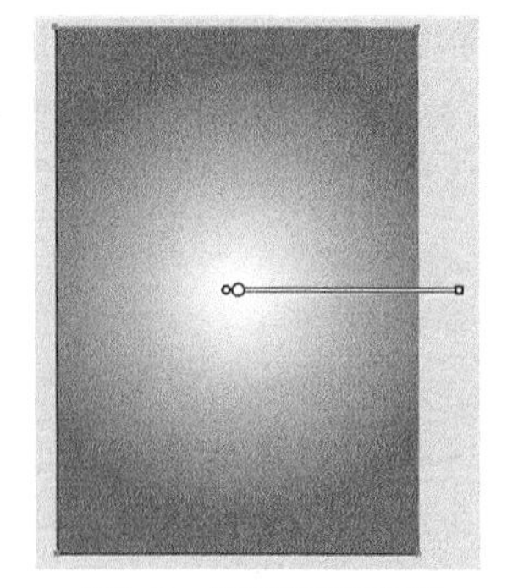

图1-12 显示的渐变控制

8. 将鼠标指针移动到右侧的控制点上按下鼠标并向右拖曳，调整渐变色的范围，状态如图 1-13 所示。
9. 将鼠标指针移动到渐变控制条的中间位置按下鼠标并拖曳，调整渐变中心的位置，以此更改图形的渐变颜色，如图 1-14 所示。

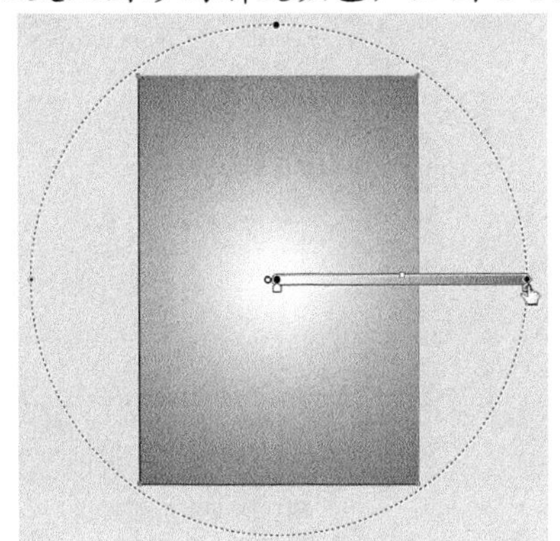

图1-13 调整渐变色的范围

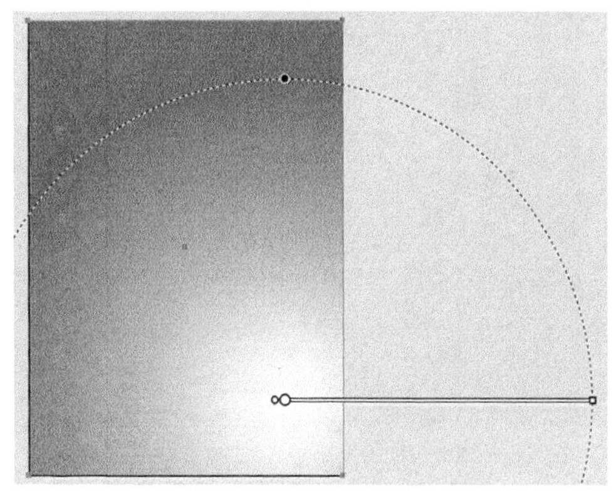

图1-14 调整渐变中心位置

10. 执行【文件】/【置入】命令，在弹出的【置入】对话框中选择附盘文件“图库\第 01 章\香烟.psd”，并取消【链接】复选项的选择，如图 1-15 所示。

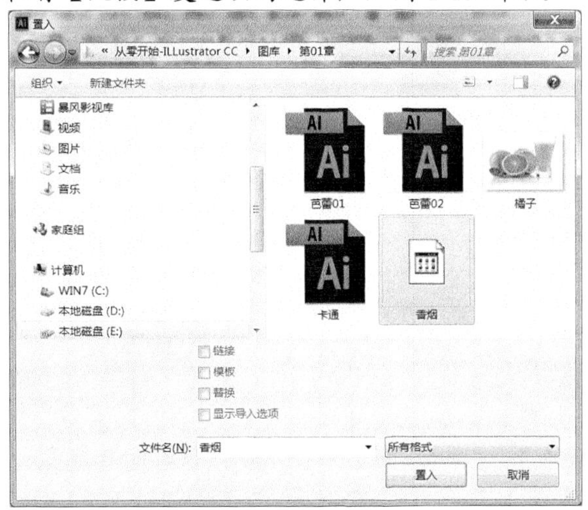

图1-15 选择要置入的文件

11. 单击 置入 按钮，然后将鼠标指针移动到页面中单击，将选择的图像文件置入。

12. 将鼠标指针移动到置入图像边框任一角点位置，当鼠标指针显示为斜向的双向箭头时按下鼠标并向外拖曳，将图像放大调整，如图 1-16 所示。
    置入图像后，接下来绘制禁止图标。
13. 选取工具，将鼠标指针移动到页面的空白位置单击，弹出【椭圆】对话框，设置的参数如图 1-17 所示。
14. 单击确定按钮，绘制圆形图形。
15. 执行【编辑】/【复制】命令，将绘制的圆形复制，然后执行【编辑】/【就地粘贴】命令，将复制的图形在原位置粘贴。
16. 选取工具，将鼠标指针移动到选择框右上角的控制点上按下鼠标并按住 Shift+Alt 组合键，再向左下方拖曳鼠标指针，将复制出的图形以中心等比例缩小，状态如图 1-18 所示。

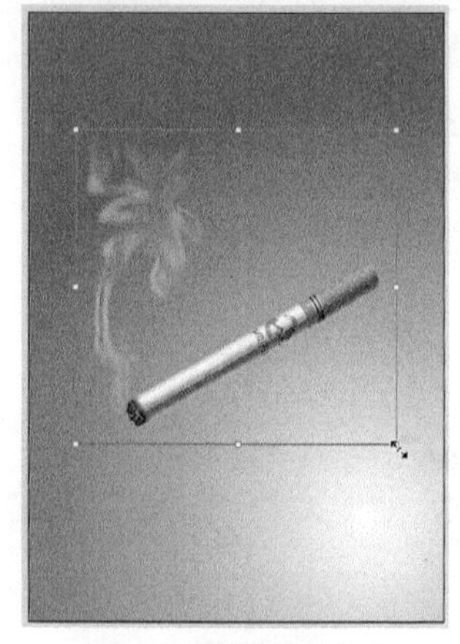

图1-16　调整图像的大小

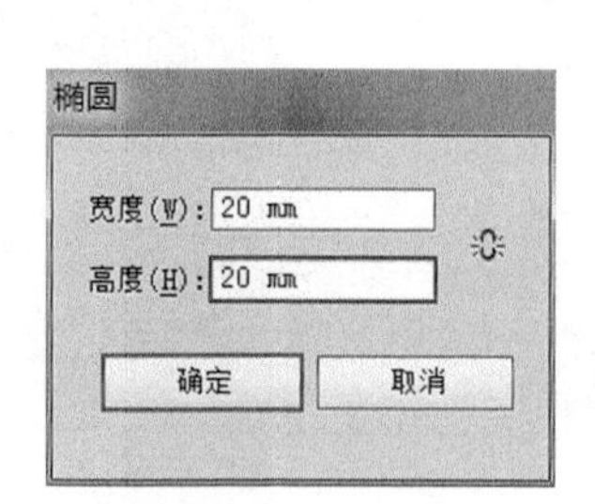

图1-17　设置的参数

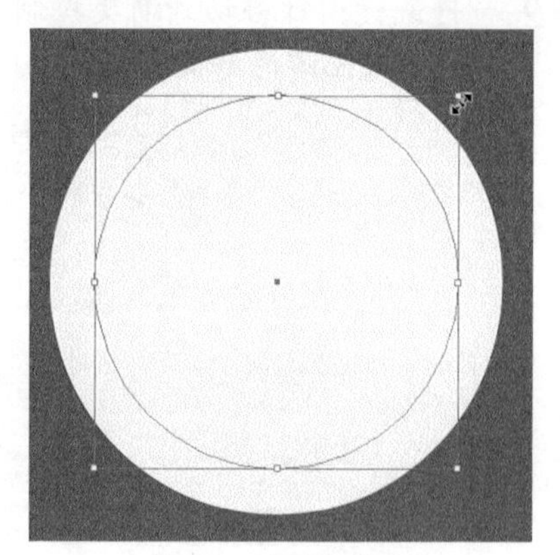

图1-18　缩小图形状态

17. 按住 Shift 键单击下方的大圆形，将两个圆形同时选择，然后执行【对象】/【复合路径】/【建立】命令，得到如图 1-19 所示的圆环。
18. 利用工具再绘制如图 1-20 所示的矩形。

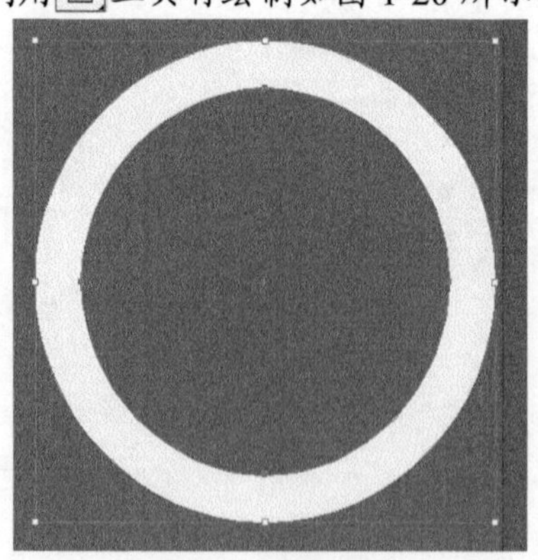

图1-19　得到的圆环

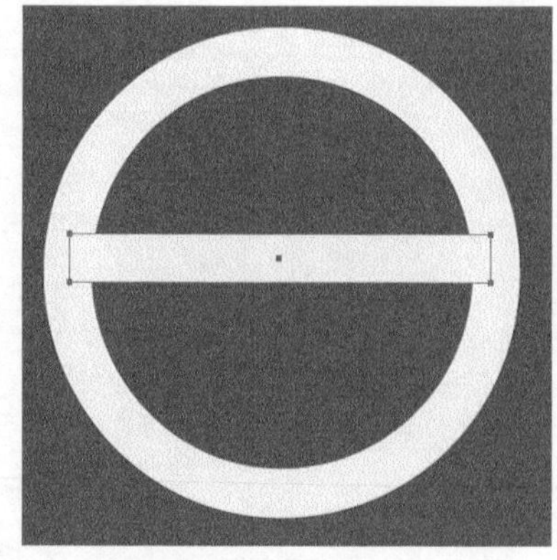

图1-20　绘制的矩形

19. 选取工具，将鼠标指针移动到矩形的外侧按下鼠标并拖曳，可调整矩形的旋转角度，旋转后的形态如图 1-21 所示。
20. 选择置入的图像，依次执行【编辑】/【复制】命令和【编辑】/【粘贴】命令，然后将复制出的图形调整大小后移动到如图 1-22 所示的位置。

图1-21 旋转后的形态

图1-22 复制出的图形

21. 执行【对象】/【排列】/【后移一层】命令，将复制出的图形调整至禁止图标的下方，如图 1-23 所示。
22. 再次利用 工具在禁止图标的右侧绘制白色的长条矩形，然后利用 T 工具输入如图 1-24 所示的文字及字母。

要点提示 有关文字的输入和编辑方法，具体操作读者可参见第 5 章的内容。

图1-23 调整顺序后的效果

图1-24 绘制的图形及输入的文字

23. 继续利用 T 工具输入如图 1-25 所示的文字。
24. 执行【窗口】/【图形样式】命令，将【图形样式】面板调出，然后按住 Alt 键单击如图 1-26 所示的投影样式。

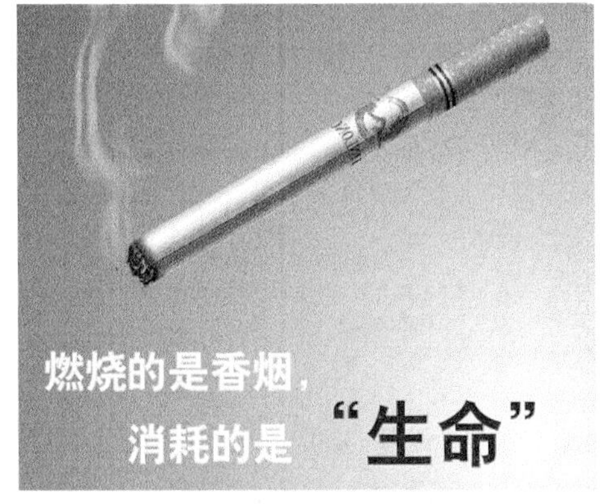

图1-25 输入的文字

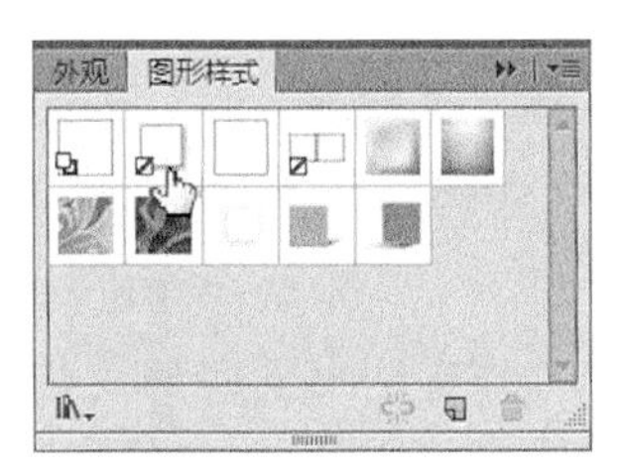

图1-26 选择的样式

文字添加投影后的效果如图 1-27 所示。

25. 再次利用[T]工具输入黑色的英文字母，然后利用[▶]工具将其在垂直方向上缩放，状态如图 1-28 所示。

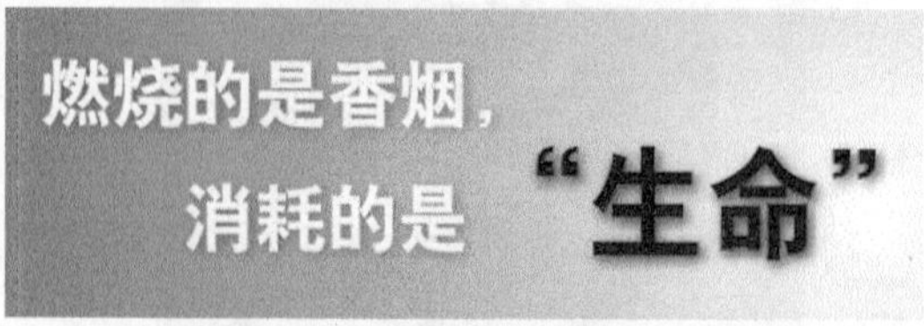

图1-27　文字添加投影后的效果

图1-28　调整后的文字形态

至此，公益海报设计完成。

26. 执行【文件】/【存储】命令，弹出【存储为】对话框，设置要保存的文件位置（即当前计算机中的某个盘符），然后将【文件名】设置为“公益海报”，在【保存类型】下拉列表中选择【Adobe Illustrator(*.AI)】选项，单击[保存(S)]按钮，即可将设计的文件保存到当前计算机中。

1.3.3　实训——切换文件窗口

绘制图形时如果创建了多个文件，并且在多个文件之间需要交换绘制的图形，此时就会遇到文件窗口的切换问题。下面介绍文件窗口的切换操作。

【步骤提示】

1. 启动 Illustrator CC 软件。
2. 执行【文件】/【打开】命令，弹出【打开】对话框，选择附盘中的“图库\第 01 章”目录，然后按住Shift键依次单击“芭蕾 02.ai”、“ 芭蕾 01.ai”和“卡通.ai”文件。
3. 单击[打开]按钮，稍等片刻，即可将选择的文件全部打开。
4. 此时窗口中显示的是最后打开的“卡通.ai”文件，如图 1-29 所示。打开的这 3 个文件将罗列在【窗口】菜单栏中的最下方，如图 1-30 所示。

图1-29　打开的文件

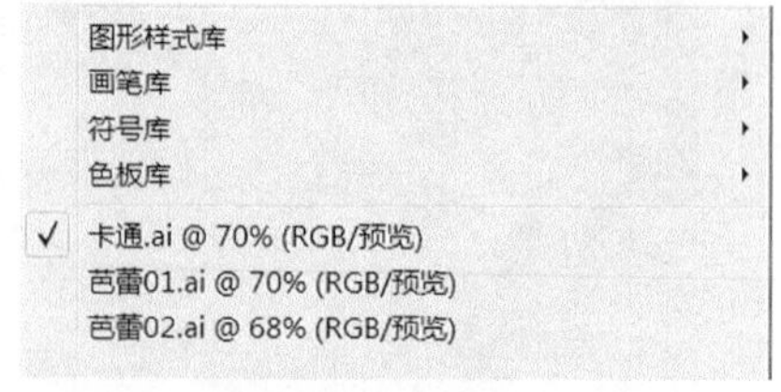

图1-30　罗列的文件

5. 直接在工作窗口中罗列的文件的标题栏中单击，即可把文件设置为当前显示状态，如单击“芭蕾 01.ai”，该文件即在工作窗口中显示，且“卡通.ai”文件隐藏。

1.3.4 范例解析——将矢量图转换为位图

在实际工作过程中，经常需要将矢量图转换成位图，然后再进行效果处理，其转换方法主要有两种，下面分别进行介绍。

【步骤解析】

1. 启动 Illustrator CC 软件。
2. 执行【文件】/【打开】命令，打开附盘文件“图库\第 01 章\建筑.ai”，如图 1-31 所示。

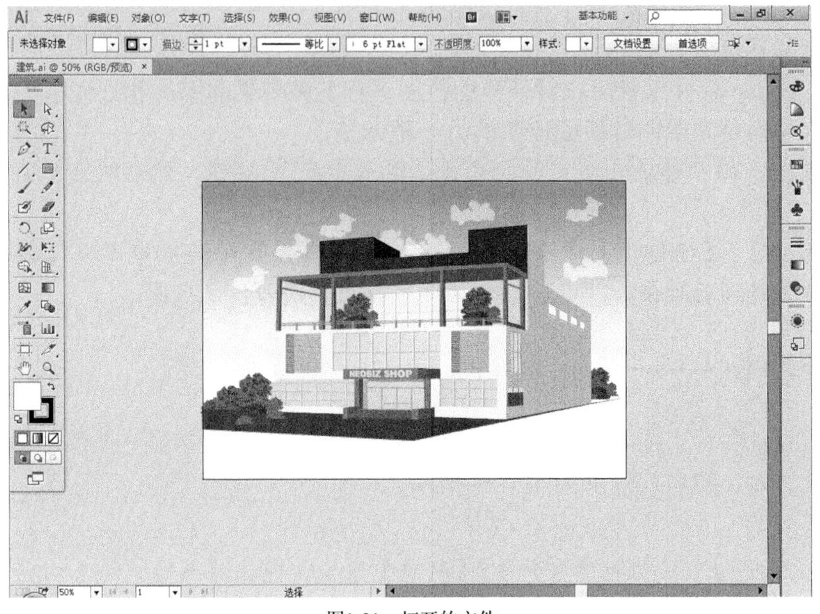

图1-31 打开的文件

3. 执行【文件】/【导出】命令，弹出【导出】对话框。
4. 在【导出】对话框中将【保存类型】设置为【TIFF（*.TIF”)】，如图 1-32 所示。

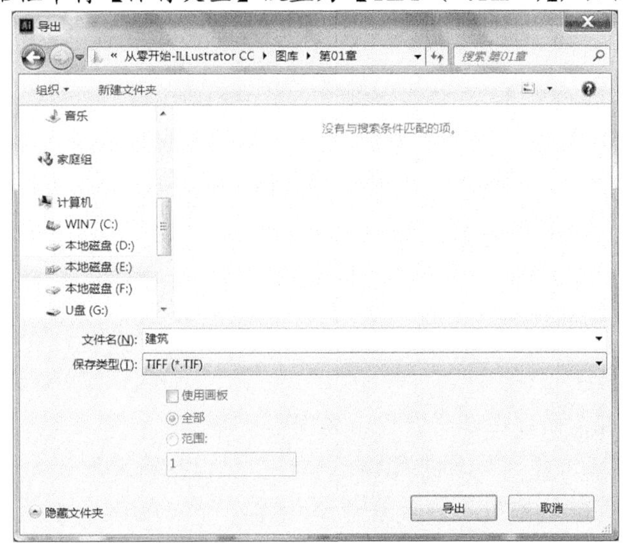

图1-32 【导出】对话框

5. 选择一个合适的保存位置，然后单击左上方的 新建文件夹 按钮，创建一个新文件夹。
6. 将创建的新文件夹命名为“导出文件”，然后双击将其打开，在【文件名】窗口中修改文件导出后的名称。
7. 单击 导出 按钮，弹出如图 1-33 所示的【TIFF 选项】对话框。
8. 设置相应的选项后，单击 确定 按钮，矢量图即被转换成位图。

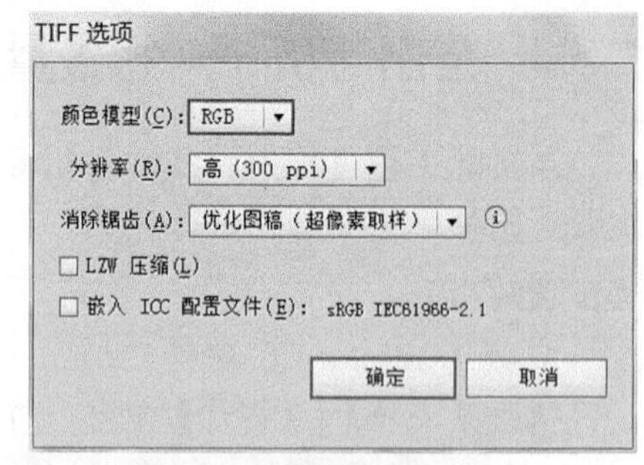

图1-33 【TIFF 选项】对话框

启动 Photoshop 软件，就可以对转换的位图进行各种效果的添加和处理了。

下面再来学习将矢量图转换成位图的另一种方法。

1. 确认当前打开的“建筑.ai”文件，选择工具箱中的 按钮，然后将“建筑”图形全部选择。
2. 执行【对象】/【栅格化】命令，在弹出的【栅格化】对话框中设置【颜色模型】和【分辨率】选项后单击 确定 按钮，即可将矢量图转换成位图。

1.4 综合案例——设计名片

本节通过设计名片来练习文件基本操作命令，同时也学习和掌握一些图形的绘制和基本编辑操作方法。制作的名片效果如图 1-34 所示。

【步骤提示】

1. 启动 Illustrator CC，执行【文件】/【新建】命令，弹出【新建文档】对话框，设置选项参数如图 1-35 所示。

图1-34 制作的名片效果

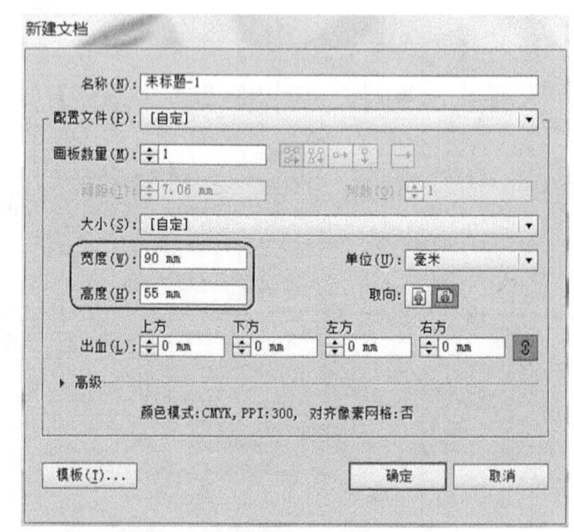

图1-35 【新建文档】对话框

2. 单击 确定 按钮，新建一个名片大小的图形文件。
3. 在工具箱中选择 工具，然后将鼠标指针移动到工具箱下方位置，单击如图 1-36 所示的 图标，设置默认的填充和描边颜色。
4. 移动鼠标指针至页面的左上角，按下鼠标并向右下方拖曳，绘制一个与页面相同大小的矩形。

5. 执行【文件】/【打开】命令，打开附盘文件“图库\第 01 章\标志.ai”，如图 1-37 所示。

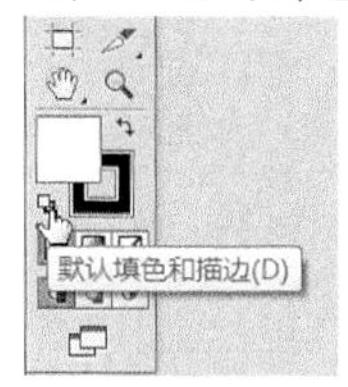

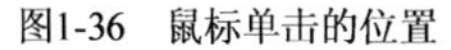
图1-36 鼠标单击的位置

图1-37 打开的文件

6. 将鼠标指针移动到左侧的“凤凰”图形上单击将其选择，然后执行【编辑】/【复制】命令，复制选择的图形。
7. 执行【窗口】/【未标题-1】，将新建的文件设置为当前状态，然后执行【编辑】/【粘贴】命令，将“凤凰”图形复制到当前文件中。
8. 将鼠标指针放置在图形变换框右上角的控制点上，按下鼠标左键，同时再按住 Shift 和 Alt 键，向图形内部拖动，将“凤凰”图形缩小到如图 1-38 所示的大小。

将鼠标指针移动到变换框内按下并拖曳，可以调整图形的位置。

9. 执行【窗口】/【透明度】命令，将【透明度】面板调出，然后将【不透明度】选项的参数设置为 10%，如图 1-39 所示。

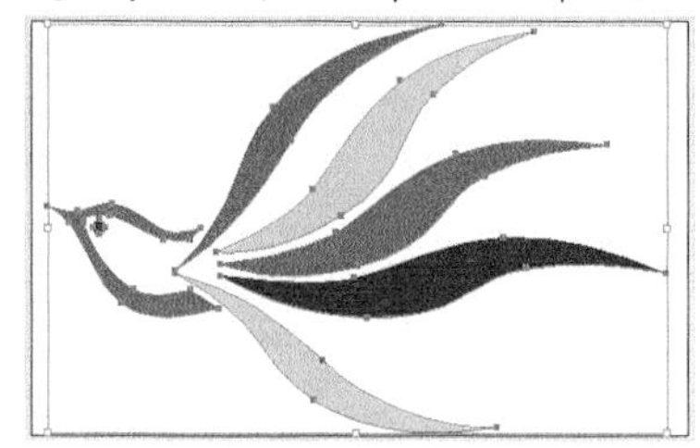
图1-38 图形调整后的大小及位置

图1-39 设置的不透明度

“凤凰”图形设置不透明度后的效果如图 1-40 所示。

10. 执行【窗口】/【标志】，将标志文件设置为当前状态，然后选择右侧的标志图形，执行【编辑】/【复制】命令，复制选择的图形。
11. 执行【窗口】/【未标题-1】，将新建的文件设置为当前状态，然后执行【编辑】/【粘贴】命令，将标志复制到当前文件中。
12. 双击工具箱下方的图形填充色，在弹出的【拾色器】对话框中设置颜色参数，如图 1-41 所示。

图1-40 设置不透明度后的效果

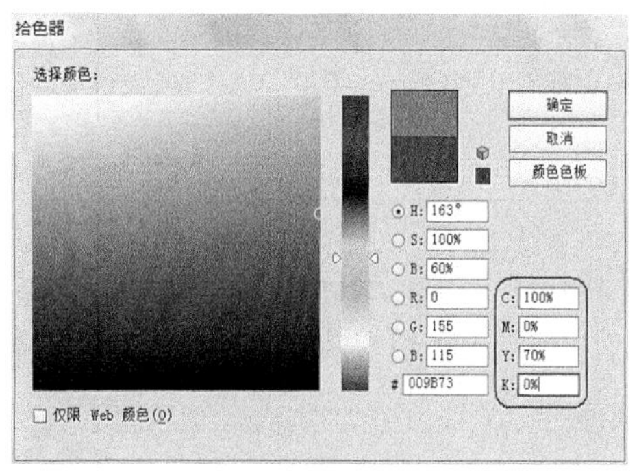

图1-41 设置的颜色

13. 单击 确定 按钮，统一标志的颜色，然后调整其大小并移动到如图 1-42 所示的位置。
14. 选择 T 工具，在名片中输入人名、职务、联系方式等文字内容，如图 1-43 所示。

图1-42　标志图形放置的位置

图1-43　输入的文字 1

15. 选择 ▢ 工具，绘制出如图 1-44 所示的矩形，然后在矩形的左侧再绘制一个长条矩形，并利用 T 工具在上方的矩形中输入如图 1-45 所示的文字。

图1-44　绘制的矩形

图1-45　输入的文字 2

16. 执行【文件】/【置入】命令，置入附盘文件“图库\第 01 章\二维码.jpg”，调整大小后放置在如图 1-46 所示的位置。
17. 继续利用 T 工具依次输入相关文字，即可完成名片的设计，最终效果如图 1-47 所示。

图1-46　置入的二维码

图1-47　最终效果

18. 执行【文件】/【存储为】命令，弹出【存储为】对话框，将【文件名】输入为“名片制作”后单击 保存(S) 按钮，保存文件。

1.5 习题

1. 简答题

(1) 简述矢量图和位图的区别与联系。

(2) 简述 Illustrator CC 软件系统的界面按其功能主要分为几部分，各部分的名称及功能和作用。

(3) 简述文件的新建、打开与存储方法。

2. 操作题

(1) 练习图像的导入与导出操作。

(2) 动手设计一张自己的名片。

第2章　基本绘图工具与颜色设置

【学习目标】

- 掌握【矩形】工具、【圆角矩形】工具和【椭圆】工具的使用方法。
- 掌握【多边形】工具、【星形】工具和【光晕】工具的使用方法。
- 掌握各种选择工具的应用。
- 掌握图形的选择、变换、移动、复制等操作。
- 掌握颜色的设置和填充方法。
- 掌握各种编辑图形工具的使用方法。
- 掌握图形的对齐与分布操作。
- 掌握图形的合并与修剪操作。
- 掌握管理图形命令的应用。

由于 Illustrator 工具箱中的工具比较多，所以本书按照不同的功能和用法进行了分类，将工具箱分成几个部分来讲解。因为绘制图形以及给图形设置和填充颜色是学习 Illustrator 软件最基础的知识，所以本章先来学习这些基本工具的使用方法。

2.1　基本绘图工具和选择工具的应用

本节主要讲解基本绘图工具的使用方法及相关参数设置面板，并对选择工具的使用方法进行详细介绍。

2.1.1　功能讲解

一、　基本绘图工具

基本绘图工具包括【矩形】工具、【圆角矩形】工具、【椭圆】工具、【多边形】工具、【星形】工具和【光晕】工具等。

(1)　【矩形】工具。

利用【矩形】工具可以绘制矩形或正方形。在此工具被选中的情况下，直接在页面中按下鼠标左键并拖曳即可绘制出矩形。

要绘制精确尺寸的矩形，则在此工具被选中的情况下，在页面中单击鼠标左键，弹出如图 2-1 所示的【矩形】对话框，在【宽度】和【高度】两个文本框中分别输入数值，即可创建指定尺寸的矩形。

图2-1　【矩形】对话框

绘制矩形时，如果按住 Shift 键，可以绘制由鼠标光标按下点为起点的正方形。如按住 Alt 键，可以绘制由鼠标光标按下点为中心向两边延伸的正方形。如按住 Shift+Alt 组合键，可以绘制由鼠标光标按下点为中心向四周延伸的正方形。

(2) 【圆角矩形】工具。

【圆角矩形】工具的作用是绘制圆角矩形，如果设置合适的参数，此工具还可以绘制圆形。在工具箱中选择该工具，在页面中单击鼠标左键，弹出如图 2-2 所示的【圆角矩形】对话框。其中的【宽度】和【高度】文本框用于定义矩形的大小；【圆角半径】选项用于定义圆角半径值的大小。

要点提示 绘制圆角矩形时，按住 Shift 键，可以绘制由鼠标光标按下点为起点的圆角正方形；按住 Alt 键，可以绘制由鼠标光标按下点为中心向两边延伸的圆角矩形；按住 Shift+Alt 组合键，可以绘制由鼠标光标按下点为中心向四周延伸的圆角正方形；按 ← 或 → 键，可以设置是否绘制圆角矩形。

(3) 【椭圆】工具。

【椭圆】工具的作用是在页面中绘制椭圆形或圆形。

若要绘制精确的椭圆形，则在此工具被选中的情况下，在页面中单击鼠标左键，弹出如图 2-3 所示的【椭圆】对话框，在【宽度】和【高度】两个文本框中可以按照定义的大小创建椭圆形。当这两个选项的数值相同时，可以在页面中创建圆形。

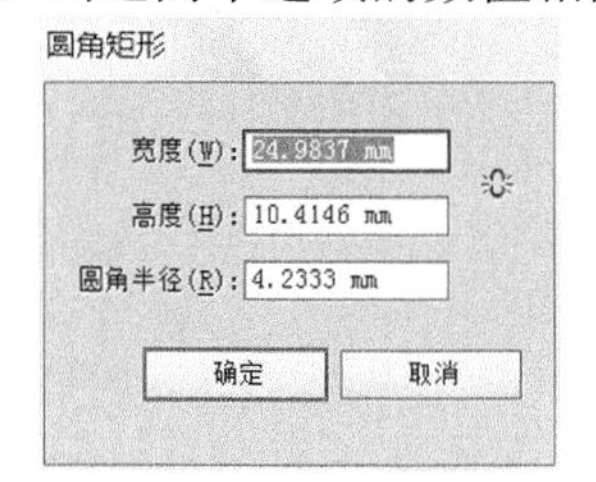

图2-2 【圆角矩形】对话框

图2-3 【椭圆】对话框

要点提示 绘制椭圆形时，按住 Shift 键，可以绘制由鼠标光标按下点为起点的圆形；按住 Alt 键，可以绘制由鼠标光标按下点为中心向两边延伸的椭圆形；按住 Shift+Alt 组合键，可以绘制由鼠标光标按下点为中心向四周延伸的圆形。

(4) 【多边形】工具。

【多边形】工具的作用是绘制任意边数的多边形。当设置相应的参数后，此工具也可以绘制圆形。

若要绘制精确的多边形，则在此工具被选中的情况下，在页面中单击鼠标左键，弹出如图 2-4 所示的【多边形】对话框。【半径】选项用于设置创建多边形的半径大小，【边数】选项用于设置创建多边形的边数。边数值越大，生成的多边形越接近于圆形。

要点提示 绘制多边形时，拖曳鼠标光标的同时可旋转所绘制的多边形；按住 Shift 键，可以确保多边形的底边与水平面对齐；按 ↑ 键，可以增加多边形的边数；按 ↓ 键，可以减少多边形的边数。

(5) 【星形】工具。

【星形】工具的作用是在页面中绘制不同形状的星形图形。在此工具被选中的情况下，在页面中单击鼠标左键，弹出如图 2-5 所示的【星形】对话框，利用该对话框可以设置创建星形角的大小以及角的数量。

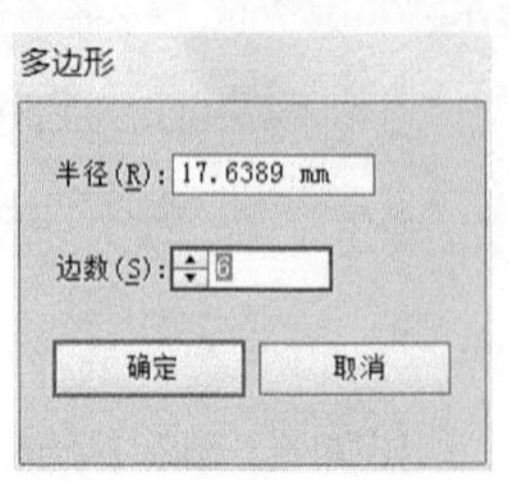

图2-4　【多边形】对话框

图2-5　【星形】对话框

要点提示　当【半径 1】和【半径 2】选项的数值相同时，将生成多边形，且多边形的边数为【角点数】数值的两倍。绘制星形时，按↑键可以增加星形的边数，按↓键可以减少星形的边数。

(6) 【光晕】工具。

【光晕】工具主要用于表现灿烂的日光、镜头光晕等效果。图 2-6 所示为使用此工具绘制的光晕效果。双击工具箱中的【光晕】工具，按 Enter 键或在页面中单击鼠标左键，都可弹出如图 2-7 所示的【光晕工具选项】对话框。

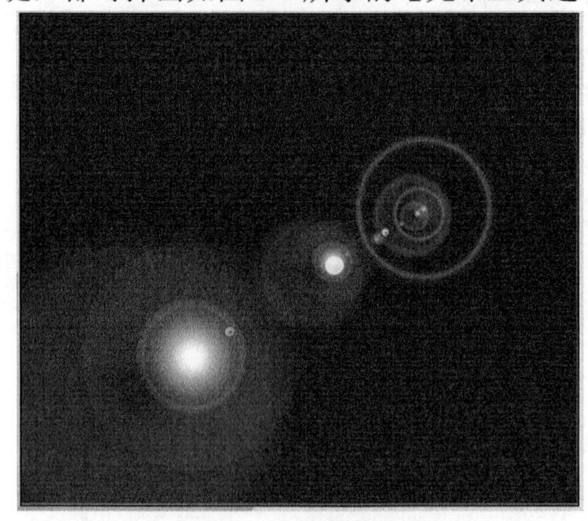
图2-6　绘制的光晕效果

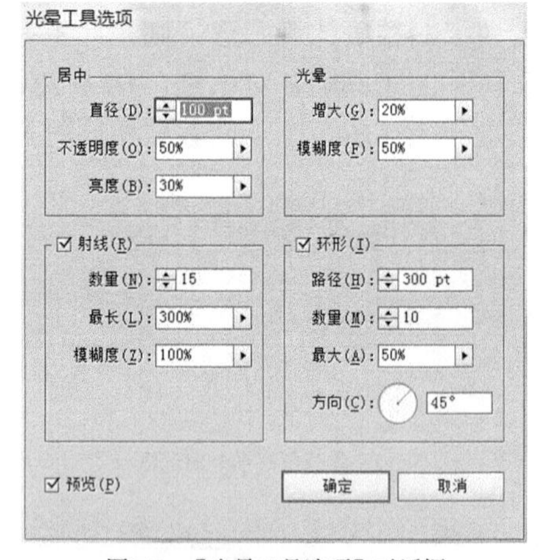

图2-7　【光晕工具选项】对话框

【光晕工具选项】对话框的【居中】栏中包含以下 3 个选项。

- 【直径】选项：设置该参数，可控制光晕效果的整体大小。
- 【不透明度】选项：设置该参数，可控制光晕效果的透明度。
- 【亮度】选项：设置该参数，可控制光晕效果的亮度。

【光晕】栏中包含以下两个选项。

- 【增大】选项：设置该参数，可控制光晕效果的发光程度。
- 【模糊度】选项：设置该参数，可控制光晕效果中光晕的柔和程度。

【射线】栏中包含以下 3 个选项。

- 【数量】选项：设置该参数，可控制光晕效果中放射线的数量。
- 【最长】选项：设置该参数，可控制光晕效果中放射线的长度。
- 【模糊度】选项：设置该参数，可控制光晕效果中放射线的密度。

【环形】栏中包含以下 4 个选项。

- 【路径】选项：设置该参数，可控制光晕效果中心与末端的距离。
- 【数量】选项：设置该参数，可控制光晕效果中光环的数量。

- 【最大】选项：设置该参数，可控制光晕效果中光环的最大比例。
- 【方向】选项：设置该参数，可控制光晕效果的发射角度。

选择【光晕】工具，在页面中按下鼠标左键并拖曳鼠标，确定光晕效果的整体大小。释放鼠标左键后，移动鼠标指针至合适位置，确定光晕效果的长度，单击后即可完成光晕效果的绘制。

要点提示 按住Alt键在页面中拖曳鼠标指针，可一步完成光晕效果的绘制。绘制光晕效果时，按住Shift键，可以约束放射线的角度；按住Ctrl键，可以改变光晕效果的中心点与光环之间的距离；按↑键，可以增加放射线的数量；按↓键，可以减少放射线的数量。

二、 选择工具

选择工具主要是用来选择对象，并对选择的对象进行移动、复制或变形。下面对其功能分别进行详细的介绍。

要点提示 在 Illustrator 软件的工具箱中，选择工具有相当重要的作用。在对任何一个操作对象进行编辑之前，首先要保证该对象处于选择状态，对象不被选择就不能对其进行编辑。

(1) 选择图形。

利用【选择】工具选择图形的方法有两种：一种是直接单击要选择的图形；另一种是按下鼠标左键在页面中拖曳鼠标指针，框选需要选择的图形。

- 选择【选择】工具，将鼠标指针移动到需要被选择的图形上，当鼠标指针变为“▸▪”形状时单击，即可将该图形选择。选择第一个图形后，按住Shift键，然后再单击其他图形，可以进行加选。按住Shift键，单击已经被选择的图形，可以取消该图形的选择状态。
- 按下鼠标左键并在页面中拖曳鼠标指针，此时页面中将出现一个矩形虚线框，如图 2-8 所示，释放鼠标按键后，位于虚线框内的所有图形均可被选择，如图 2-9 所示。利用框选的方法，可以进行单个对象的选择，也可以进行多个对象的选择。

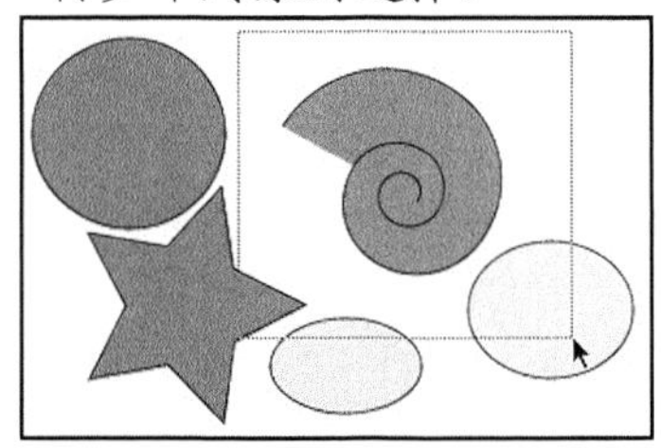
图2-8　拖曳出的矩形虚线框

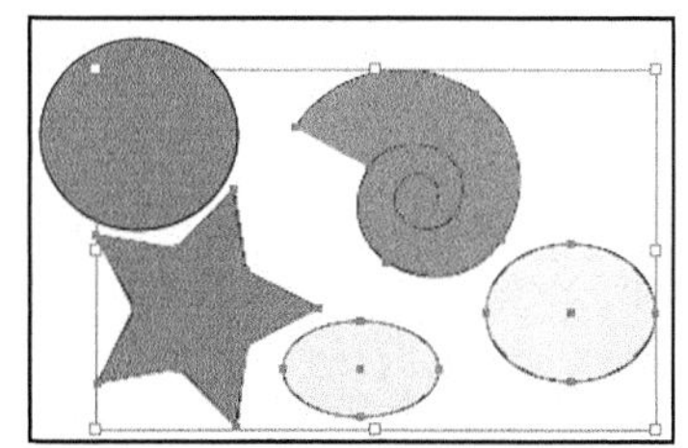
图2-9　选择的对象

(2) 移动图形。

当路径被选择后，路径上的每个锚点都是实心的，表示路径中的每个节点都被选择；并且被选路径外侧会产生一个蓝色的矩形框（选择框），选择框中包括 8 个控制点。将鼠标指针移动到被选择的图形上，当鼠标指针显示为“▸”形状时，按下鼠标左键并拖曳鼠标指针即可移动图形的位置。

选择图形后双击工具箱中的【选择】工具，会弹出如图 2-10 所示的【移动】对话框。在该对话框中设置适当的参数，可以按照指定的精确位置移动图形。

- 【水平】选项和【垂直】选项：这两个选项的参数决定了选择对象在页面中的坐标值。
- 【距离】选项：该选项的参数决定了选择对象在页面中要移动的距离。
- 【角度】选项：该选项的参数决定了选择对象移动的方向与水平方向之间的角度。

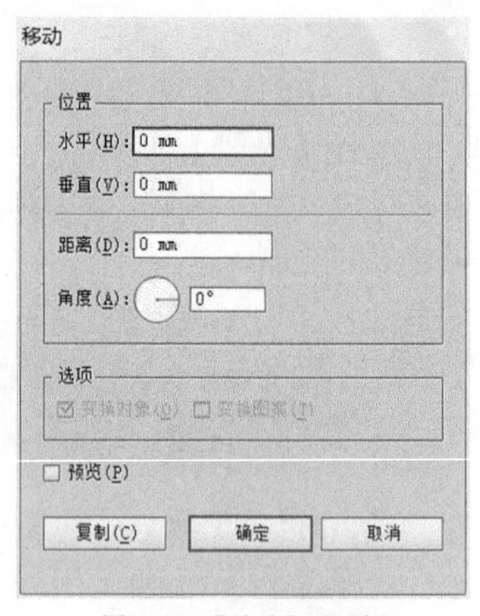

图2-10　【移动】对话框

要点提示　事实上，在上述 4 个选项中，两组数据是相互关联的，所以设置时只需设置一组参数。

- 【变换对象】选项：选择此复选项，当系统对有填充图案的图形进行移动时，只有所选对象产生移动。
- 【变换图案】选项：选择此复选项，当系统对有填充图案的图形进行移动时，只有所选图案产生移动。
- 【预览】选项：选择此复选项，可以在页面中对选择对象的移动位置进行预览。
- 复制(C) 按钮：单击此按钮，系统会按对话框中当前的设置对选择对象进行移动，同时复制。
- 确定 按钮：单击此按钮，系统将对选择的对象按当前的设置进行移动，但不产生复制。
- 取消 按钮：单击此按钮，将取消对选择对象的移动操作。

(3)　复制图形。

在图形被选择的状态下，可以通过移动复制的方法复制图形，具体方法为：选择图形，然后按住 Alt 键，将鼠标指针移动到图形上，按下鼠标左键并拖曳，此时鼠标指针变为“▶”形状，拖曳到适当的位置后释放鼠标按键和 Alt 键，即可将选择的图形复制。

(4)　变换图形。

利用【选择】工具▶除了可以选择、移动和复制图形外，还可以进行缩放和旋转操作。

- 缩放图形。

选择图形后，将鼠标指针移动到矩形选框的任何一个控制点上，当鼠标指针变为“↔”、“↕”或“⤡”形状时，按下鼠标左键并拖曳，即可对图形进行缩放操作，如图 2-11 所示。若在拖曳过程中按住 Shift 键，可以将选择的图形进行等比例缩放。

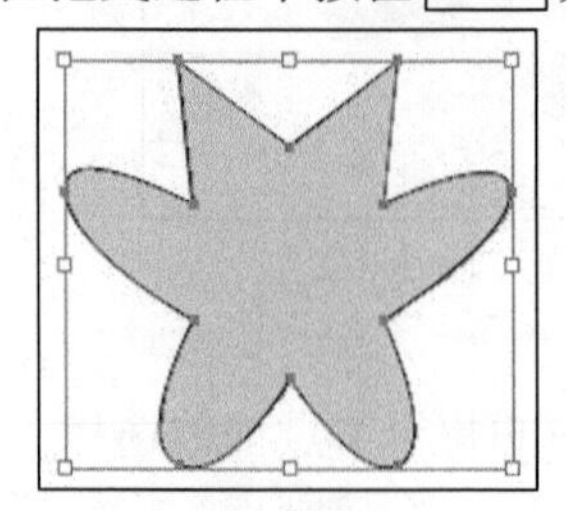

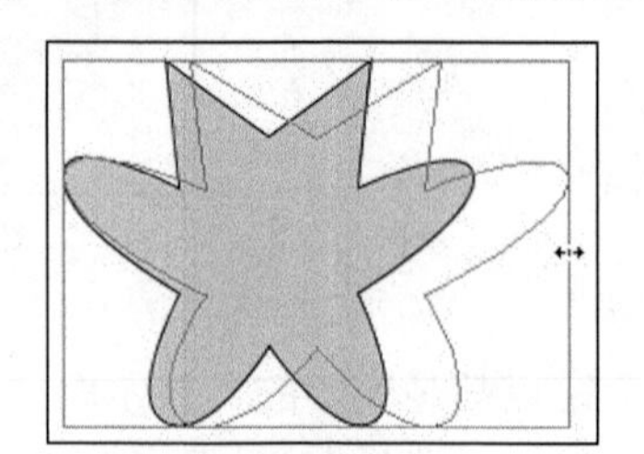

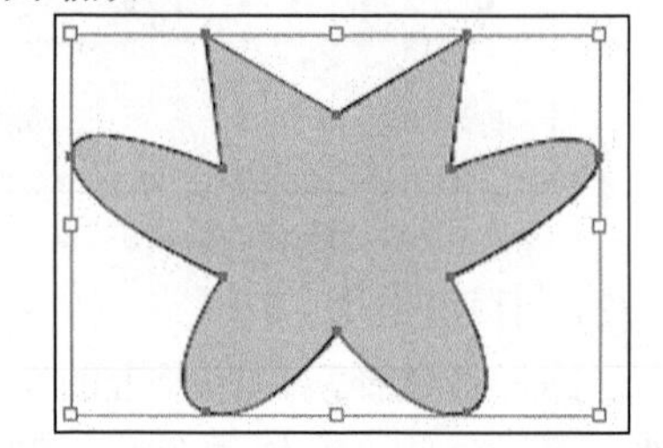

图2-11　选择图形水平缩放示意图

- 旋转图形。

选择图形后，将鼠标指针移动到矩形选择框的任意一个控制点外侧，当鼠标指针变为“↻”旋转符号时，按下鼠标左键并拖曳，即可改变选择图形的角度，如图 2-12 所示。

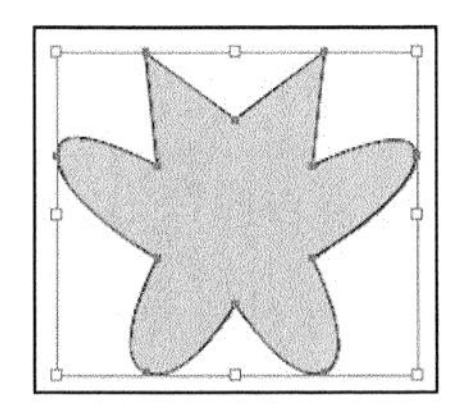 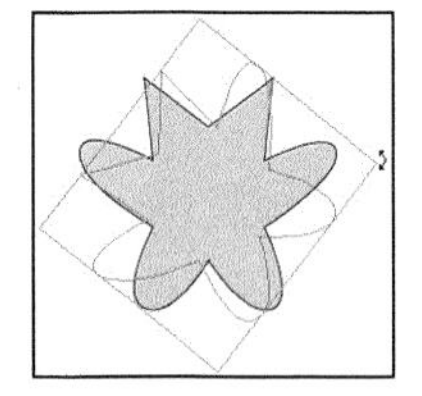 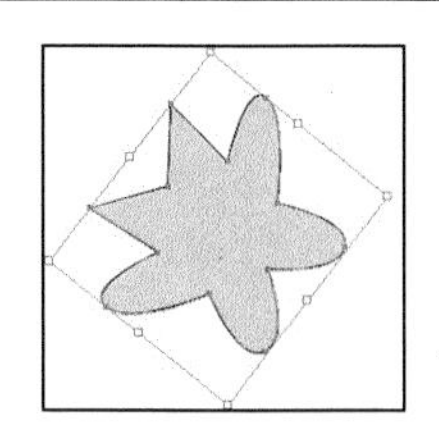

图2-12 选择图形旋转示意图

三、 其他选择工具

旧版本的工具箱中仅提供了 3 种选择工具，即【选择】工具、【直接选择】工具和【编组选择】工具。而用户在绘图过程中渐渐发现，仅这 3 种选择工具是远远不够的，所以新版本的 Illustrator 中又新增了【魔棒】工具、【套索】工具，从而使 Illustrator CC 的选择功能更加强大。

(1) 【直接选择】工具。

【直接选择】工具的作用是普通选择工具无法取代的。该工具主要用于选择路径或图形中的一部分，包括路径的锚点、曲线线段或直线等。该工具还具有对图形或路径进行形状编辑调整的功能，如图 2-13、图 2-14 和图 2-15 所示。

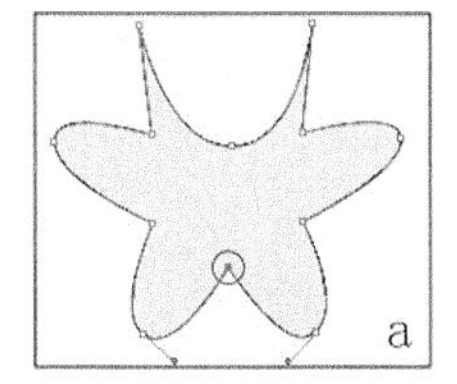

图2-13 锚点选择时的形态

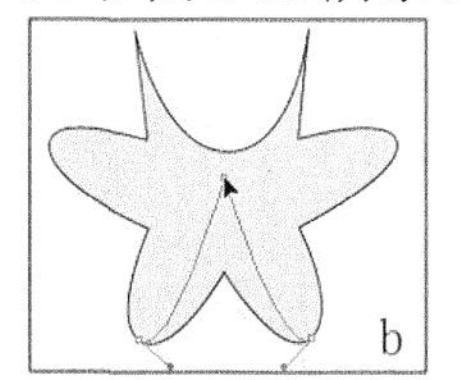

图2-14 拖曳锚点时的形态

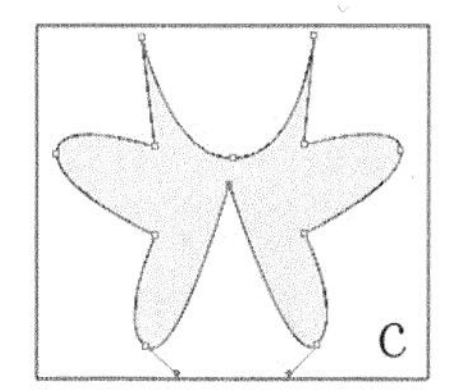

图2-15 调整锚点位置后的形态

(2) 【编组选择】工具。

在绘制图形过程中，为了制作的方便，有时会将几个图形进行群组。图形群组后，如果再想选择其中一个图形，利用【选择】工具是无法做到的，此时【编组选择】工具就可以派上用场了。

在群组的图形中，用【编组选择】工具单击群组中的任意一个图形，该图形即被选择；若再次单击，即可将整个群组中的所有图形选择。如果群组图形属于多重群组，那么每多单击一次，即可多选择一组图形。

(3) 【魔棒】工具。

【魔棒】工具是自 Illustrator 10 版本后新增加的被赋予了矢量特性的选择工具。利用该工具在页面中单击需要选择的图形或路径，可以同时选择当前页面中同该图形或路径具有相同颜色属性的所有图形或路径。

执行【窗口】/【魔棒】命令，或者双击工具箱中的工具，系统将弹出如图 2-16 所示的【魔棒】面板。单击右上角的按钮，在弹出的菜单中依次选择【显示描边选项】和【显示透明选项】命令，【魔棒】面板显示的选项如图 2-17 所示。

图2-16 【魔棒】面板

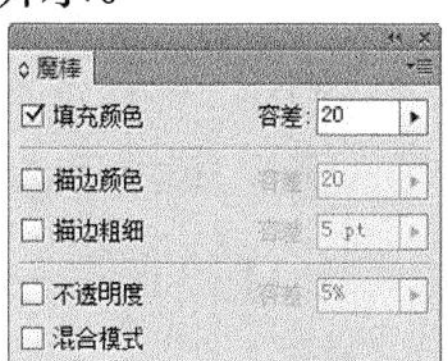

图2-17 显示的选项

在该面板中可以设置不同的属性或容差来确定【魔棒】工具在选择内容时按照什么样的属性来选择。

- 【填充颜色】选项：选择此复选项，可以选择与当前单击对象具有相同或相似填色的对象。右侧的【容差】选项决定了其他选择对象与当前单击对象的相似程度，数值越小，相似程度越大，选择范围越小。
- 【描边颜色】选项：选择此复选项，可以选择与当前单击对象具有相同或相似描边的对象。同样，选择对象的相似程度由右侧的【容差】选项决定。
- 【描边粗细】选项：选择此复选项，可以选择笔画宽度与当前单击对象相同或相似的对象。
- 【不透明度】选项：选择此复选项，可以选择与当前单击对象具有相同或相似透明度设置的对象。
- 【混合模式】选项：选择此复选项，可以选择与当前单击对象具有相同混合模式的对象。

单击【魔棒】面板右上角的按钮，在弹出的下拉菜单中选择【隐藏描边选项】命令或【隐藏透明选项】命令，系统将在面板中隐藏相应的选项；选择【重置】命令，可以使【魔棒】面板复位；选择【使用所有图层】命令，魔棒工具将作用于页面中的所有图层，若不选择此选项，则魔棒工具仅应用于当前单击路径所在的图层。

(4)　【套索】工具。

利用【套索】工具可以选择图形或路径上的锚点，其使用方法非常简单，选择该工具，然后将鼠标指针移动到页面中，在需要选择的路径上拖曳鼠标指针绘制选择的范围，释放鼠标左键后，所有包含在该范围内的锚点即被选择。

2.1.2　范例解析——绘制雪花

本节通过绘制如图 2-18 所示的雪花图形来练习基本绘图工具的使用。

【步骤提示】

图2-18　绘制的雪花图形

1. 启动 Illustrator CC 软件。
2. 执行【文件】/【新建】命令，在弹出的【新建文档】对话框中单击 确定 按钮，创建一个新的文件。
3. 选择工具，在页面中单击鼠标左键，弹出【星形】对话框，将【角点数】参数设置为“6”，单击 确定 按钮，在页面中创建一个六角形图形。
4. 在属性栏中单击白色色块右侧的倒三角按钮，在弹出的面板中单击如图 2-19 所示的按钮，去除图形的填充色。

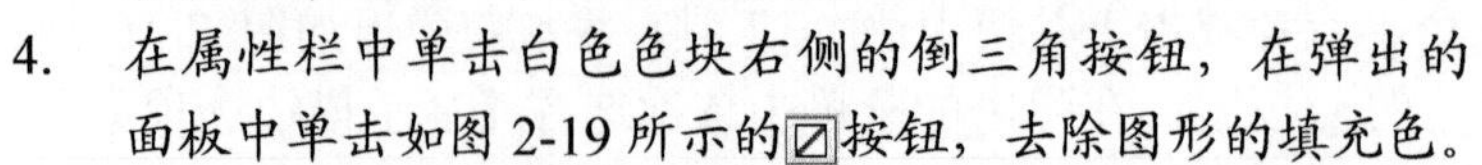

5. 单击属性栏中黑色边框右侧的倒三角按钮，在弹出的面板中选择如图 2-20 所示的“蓝色”，将星形的外轮廓设置为蓝色。
6. 在属性栏中设置合适的【描边】参数，此时的星形效果如图 2-21 所示。

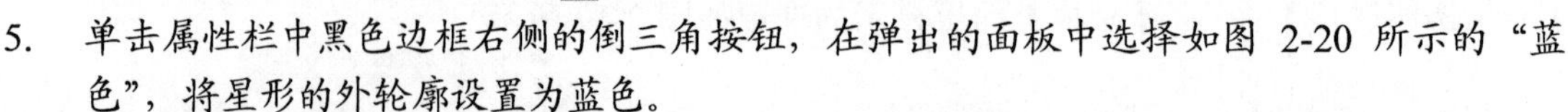

要点提示　图形的【描边】参数要根据读者绘制图形的大小来确定，如果绘制的图形很大，可以设置大一点的【描边】参数，本例设置为 5pt。

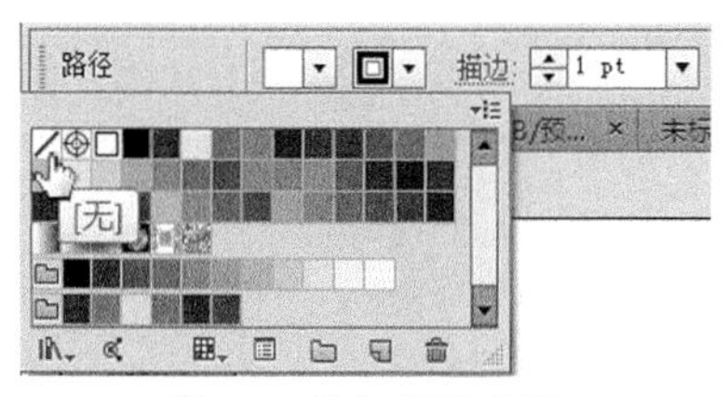

图2-19 单击“无”颜色

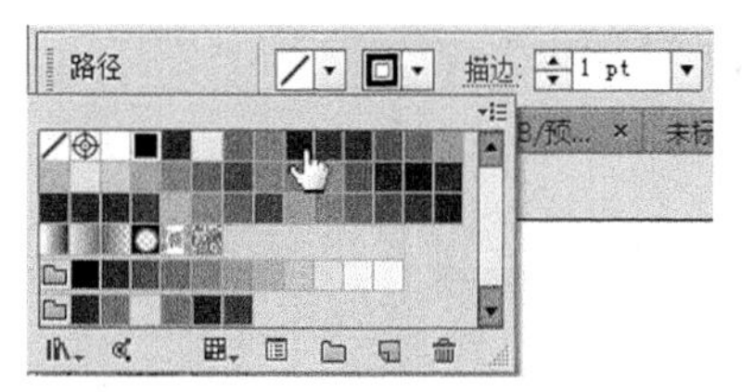

图2-20 选择“蓝”颜色

7. 选择工具，在页面中绘制一个长条椭圆形，然后在工具箱中单击如图 2-22 所示的按钮，将填色和描边颜色互换，即为图形填充蓝色（C:100,Y:100），并去除描边色。
8. 将椭圆形调整至合适的大小后移动到如图 2-23 所示的位置。

图2-21 星形效果

图2-22 互换填色和描边颜色

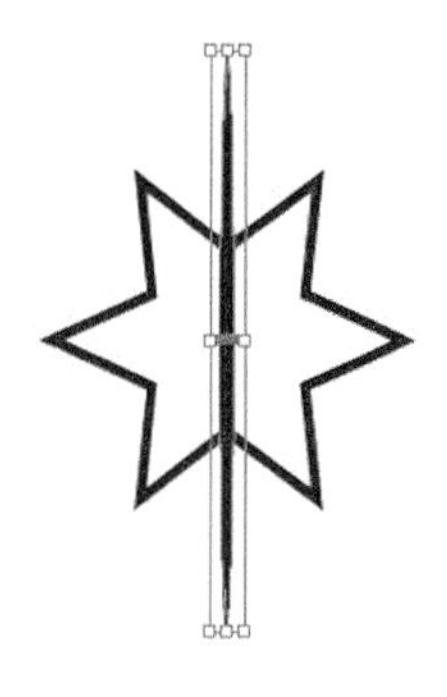

图2-23 绘制的图形

9. 执行【对象】/【变换】/【旋转】命令，弹出【旋转】对话框，设置参数如图 2-24 所示。
10. 单击 复制(C) 按钮，复制出如图 2-25 所示的图形。
11. 执行【对象】/【变换】/【再次变换】命令或按 Ctrl+D 组合键，重复复制出如图 2-26 所示的图形。

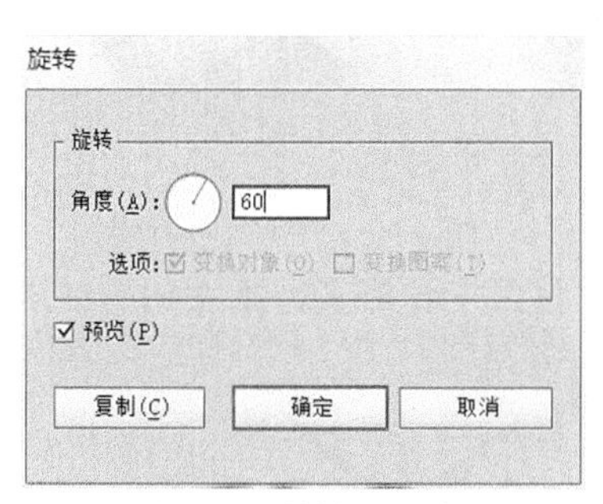

图2-24 【旋转】对话框

图2-25 复制出的图形

图2-26 重复复制出的图形

12. 选择工具，在页面中绘制一个矩形，并填充蓝色，去除描边色。
13. 选取工具，将鼠标指针移动到矩形图形的左上方位置，当鼠标指针显示为图标时按下鼠标并拖曳，旋转矩形，状态如图 2-27 所示。
14. 旋转至合适位置后释放鼠标左键，然后利用工具将旋转的图形移动到如图 2-28 所示的位置。
15. 执行【对象】/【排列】/【置于底层】命令，将图形调整至所有图形的下方。
16. 执行【对象】/【变换】/【对称】命令，弹出【镜像】对话框，设置选项如图 2-29 所示。

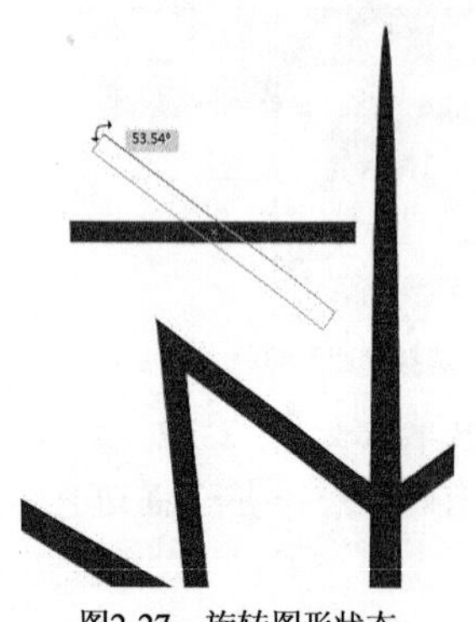

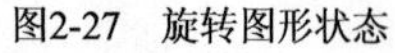

图2-27　旋转图形状态

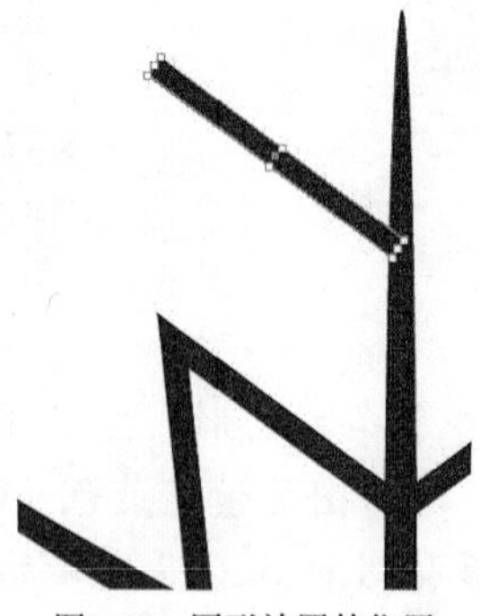

图2-28　图形放置的位置

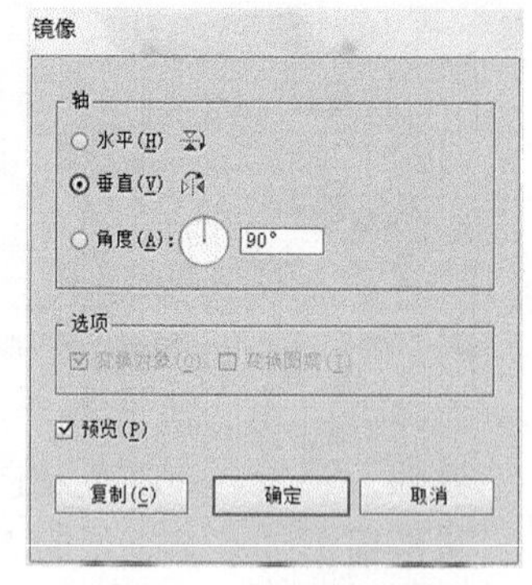

图2-29　【镜像】对话框

17. 单击复制(C)按钮，镜像复制出一个图形，然后将其向右移动至如图 2-30 所示的位置。
18. 同时选中左右两个图形，按住 Shift+Alt 组合键向下移动复制出如图 2-31 所示的图形。
19. 按住 Shift 键，依次单击倾斜的小矩形图形，然后执行【对象】/【编组】命令，将图形编组。
20. 选取工具，然后将鼠标指针移动到图形中心显示的图标上按下鼠标并向下拖曳，至星形图形的中心位置释放鼠标，即调整旋转中心的位置，如图 2-32 所示。

要点提示 在调整图形的旋转中心时，一定要将鼠标指针与图标对齐再移动，否则不是移动旋转中心的位置，而是在旋转图形，希望读者注意。

图2-30　镜像复制出的图形

图2-31　移动复制出的图形

图2-32　调整旋转中心位置

21. 将鼠标指针移动到如图 2-33 所示的锚点位置按下鼠标并向左下方拖曳，至左侧的锚点位置时按住 Alt 键复制图形，旋转复制图形的状态如图 2-34 所示。

图2-33　鼠标指针放置的位置

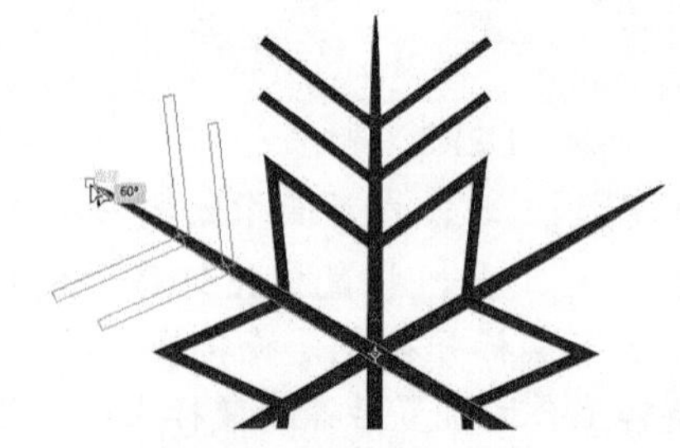

图2-34　至左侧的锚点位置

22. 释放鼠标左键，然后连续按 4 次 Ctrl+D 组合键，旋转复制出如图 2-35 所示的图形。
23. 选择工具，按住 Shift 键绘制一个蓝色的小圆形，然后将其移动到星形图形的中心位置，即可完成雪花图案，整体效果如图 2-36 所示。

图2-35　旋转复制出的图形

图2-36　整体效果

24. 执行【文件】/【存储为】命令，将文件命名为“雪花.ai”并保存。

2.1.3 实训——绘制小房子

灵活运用以上学习的基本绘图工具，绘制出如图 2-37 所示的小房子图形。

【步骤提示】

1. 新建一个文档。
2. 利用工具绘制一个矩形图形，然后双击工具箱中的填充按钮，在弹出的【拾色器】对话框中设置颜色参数，如图 2-38 所示。

图2-37　绘制的小房子图形

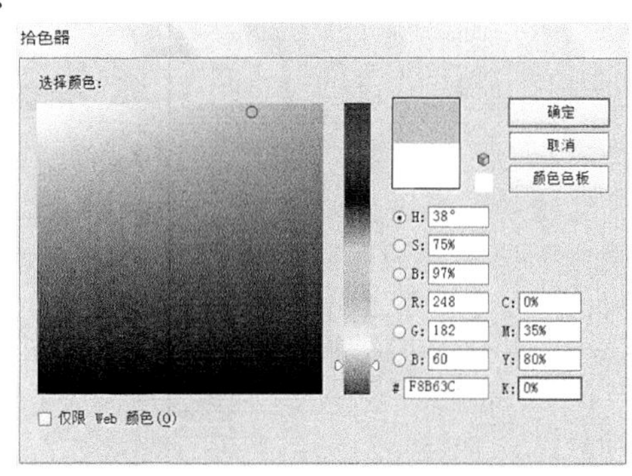

图2-38　设置的颜色参数

3. 单击 确定 按钮，修改矩形图形的填充色，然后去除轮廓色，如图 2-39 所示。
4. 继续利用工具，在黄色矩形的上方和下方分别绘制如图 2-40 所示的矩形图形，下方图形的颜色为褐色（C:32,M:48,Y:76,K:59），上方图形的颜色为深红色（C:27,M:75,Y:100,K:20）。

图2-39　绘制的矩形

图2-40　再次绘制的矩形

5. 选取工具，在深红色矩形左上方的角点位置拖曳，选择该角点，然后向右移动位置，调整后的形态如图 2-41 所示。
6. 用与步骤 5 相同的方法，将右上方的角点向左移动，调整后的形态如图 2-42 所示。

图2-41　移动角点时的状态

图2-42　调整后的形态

7. 继续利用工具依次绘制出如图 2-43 所示的矩形，作为窗户和台阶等图形。
8. 选择台阶上方的浅黄色矩形，然后选择工具箱中的按钮，将鼠标指针移动到上方的中间位置单击，添加一个节点，如图 2-44 所示。

图2-43　绘制的矩形

图2-44　添加的节点

9. 利用工具将添加的节点向上移动，调整至如图 2-45 所示的形态。
10. 选择工具，将鼠标指针移动到页面中单击，在弹出的【多边形】对话框中将【边数】选项的参数设置为“3”，然后单击 确定 按钮，绘制三角形图形。
11. 为绘制的三角形图形填充深红色（C:20,M:90,Y:90,K:47），然后利用工具将三角形图形调整至如图 2-46 所示的形态及位置。

图2-45　调整后的图形形态

图2-46　绘制的三角形图形

12. 利用工具分别在三角形图形中如图 2-47 所示的位置添加节点，然后利用工具将下方中间的节点向上调整，绘制出如图 2-48 所示的图形效果。

图2-47　添加的节点

图2-48　调整后的形态

13. 利用工具依次绘制矩形图形，制作出如图 2-48 所示的门效果。
14. 选取工具，按住 Shift 键绘制圆形，然后利用工具在圆形的中心位置绘制矩形，如图 2-50 所示。
15. 同时选择圆形和矩形，执行【窗口】/【路径查找器】命令，在弹出的面板中单击按钮，用矩形对圆形进行修剪，效果如图 2-51 所示。

图2-49 绘制的矩形

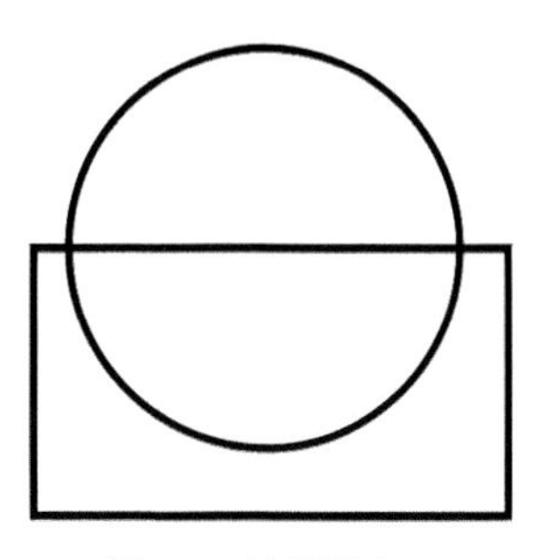
图2-50 绘制的图形

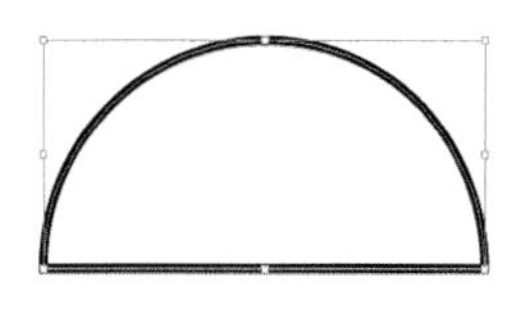
图2-51 修剪后的形态

16. 利用工具将修剪后的半圆形移动到门图形的上方，并将轮廓去除，如图 2-52 所示。
17. 用与步骤 14～16 相同的方法，制作出如图 2-53 所示的四分之一圆形。
18. 继续利用工具绘制出如图 2-54 所示的矩形。

图2-52 半圆形放置的位置

图2-53 绘制的图形

图2-54 绘制的矩形

19. 依次执行【排列】/【后移一层】命令或按 Ctrl+] 组合键，将矩形调整至三角形房顶的下方，如图 2-55 所示。
20. 灵活运用和工具，绘制出另一个房顶图形及窗户图形，如图 2-56 所示。
至此，小房子图形绘制完成，下面来制作小房子的倒影效果。
21. 选择工具，按住 Shift 键依次单击小房子外边缘的各个图形，然后按 Ctrl+C 组合键将其复制，再按 Ctrl+V 组合键，将复制的图形粘贴，效果如图 2-57 所示。

图2-55 调整堆叠顺序后的效果

图2-56 绘制的图形

图2-57 复制出的图形

22. 在【路径查找器】面板中单击按钮，将复制出的图形合并为一个整体，效果如图 2-58 所示。
23. 执行【对象】/【变换】/【对称】命令，在弹出的【镜像】对话框中选择【水平】单选项，如图 2-59 所示。
24. 单击 确定 按钮，将合并后的图形镜像，然后调整至小房子图形的下方，如图 2-60 所示。

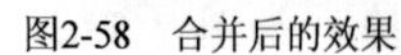

图2-58　合并后的效果

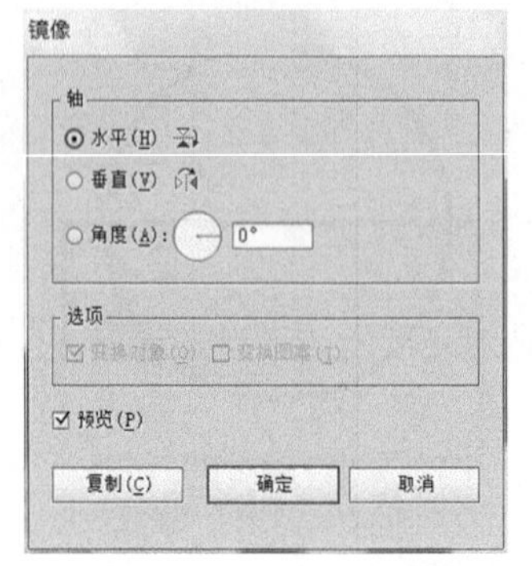

图2-59　【镜像】对话框

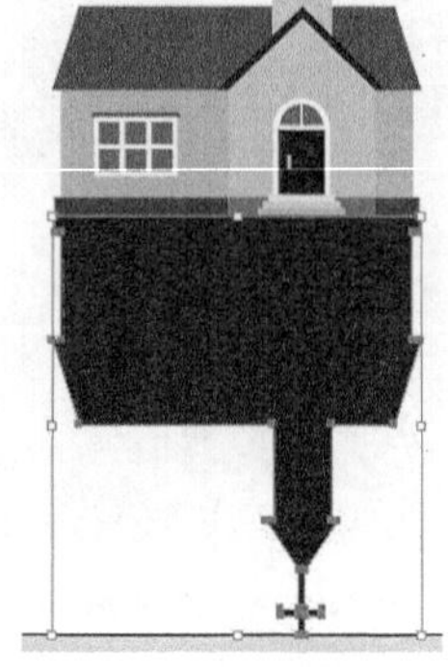

图2-60　图形放置的位置

25. 单击工具箱中如图 2-61 所示的按钮，为图形填充渐变色，然后在弹出的【渐变】面板中双击右侧的渐变滑块，并将【K】颜色设置为“18%”。
26. 将鼠标指针移动到左侧的渐变滑块上按下鼠标并向右拖曳，调整滑块的位置，用同样的方法将右侧的渐变滑块稍微向左侧移动，再将【角度】选项的参数设置为“90° ”，如图 2-62 所示。

制作的倒影效果如图 2-63 所示。

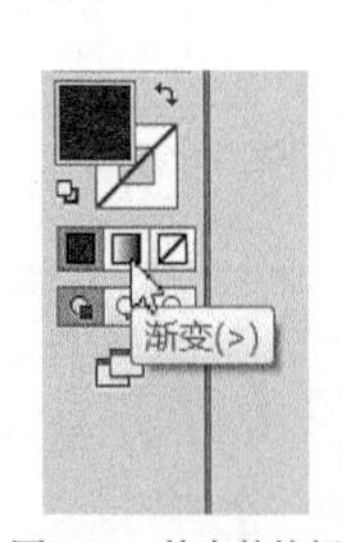

图2-61　单击的按钮

图2-62　设置的渐变颜色

图2-63　制作的倒影效果

27. 执行【文件】/【存储为】命令，将文件命名为“小房子.ai”并保存。

2.2　颜色设置与填充

图形的颜色填充操作较简单，图形被选中后在颜色面板中设置颜色，效果将直接显示在图形中。本节来学习有关颜色的设置与填充方法。

2.2.1 功能讲解

给图形填充颜色的方法有多种，可分别通过【拾色器】对话框、【颜色】面板、【色板】面板和【颜色参考】面板来设置，下面分别来介绍其设置方法。

一、 图形填色和描边设置

工具箱中有两个可以前后切换的颜色框（非常类似于 Photoshop 中的前景色和背景色），如图 2-64 所示。其中，左上角的颜色框表示图形的填充颜色，右下角的环状颜色框表示图形的描边颜色。

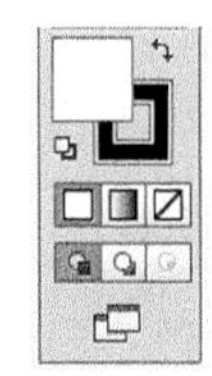
图2-64 填色设置工具

系统默认的图形填充色为白色，描边色为黑色。当将填充色和描边色改变后，单击左下角的按钮（其快捷键为 D 键），系统会显示默认的填充色与描边色；单击右上角的按钮（其快捷键为 X 键），系统会切换填充色与描边色是否为启动状态。

填充色与描边色下面的、和按钮，分别代表单色、渐变色和无色。单色指单纯的颜色，如红色、黄色、蓝色或绿色等，可以在【颜色拾取器】对话框、【色板】面板和【颜色】面板中进行选择与设置；渐变色指由两种或两种以上的颜色混合而成的一种填色方式，包括【线性】渐变和【径向】渐变两种类型，可以在【色板】面板和【渐变】面板中进行选择与设置；无色指图形无填充色或无描边色。

有些用户在绘图时经常将白色与无色相混淆，即将无色误认为是白色，或将白色误认为是无色，这是一种错误的认识。因为在软件中绘图时，页面通常都是白色的，所以无色和白色很难区分，但如果在其他背景上绘图时结果就大不相同了，白色可以遮住背景色，而无色则不能，希望读者在今后的绘图过程中能够注意这一点。

在 Illustrator 软件中，不仅可以用颜色、渐变色来填充选择的图形，还可以在图形中填充图案。图 2-65 所示的是星形图形分别填充单色、线性渐变、径向渐变、无色及图案后产生的不同效果。

当在闭合路径中填充颜色时，所设置的颜色或图案将直接填满整个闭合区域；当为开放路径填充颜色时，系统会假定路径的起点与终点之间存在一条线段，并将开放路径假定为闭合路径进行填充。图 2-66 所示为 4 种不同开放路径填充颜色后的效果。

图2-65 对图形填充后的不同效果

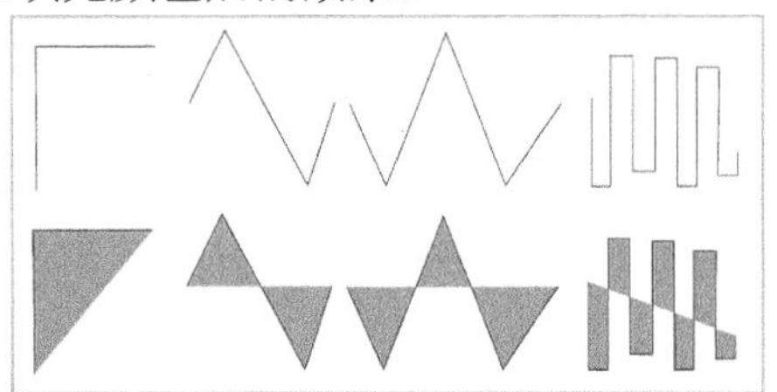
图2-66 4 种不同开放路径填充颜色后的效果

二、 利用【拾色器】填充颜色

启动 Illustrator CC，选中图形，在工具箱下方的【填色】按钮上双击，弹出【拾色器】对话框，如图 2-67 所示。用户通过拖动颜色条上滑块的位置可以调节所需要的颜色，或者通过调节色条右边的 CMYK 颜色数值来调节所需要的颜色。设置完颜色后，单击 确定

按钮，即可为选择的图形填充设置的颜色。

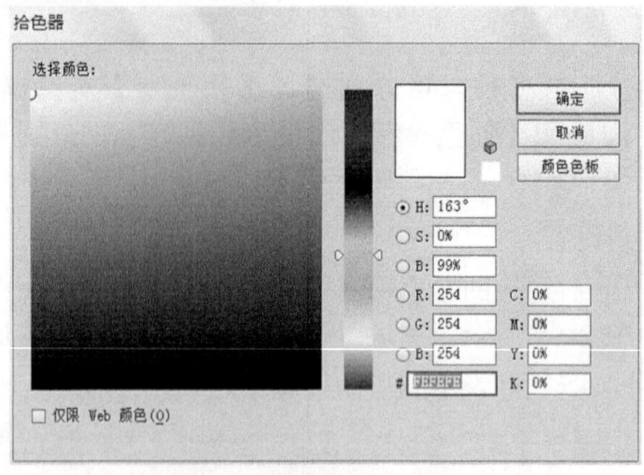

图2-67　【拾取器】对话框

三、 利用【颜色】面板设置颜色

启动 Illustrator CC 后，执行【窗口】/【颜色】命令，将【颜色】面板显示在页面中，如图 2-68 所示。

在面板右上角单击，在弹出的下拉菜单中选择【显示选项】命令，即可将各颜色选项显示，如图 2-69 所示。此时可以通过输入数值或拖动滑块来调整所要填充的颜色。当在下拉菜单中选择【隐藏选项】命令时，即可将各颜色选项隐藏。如选择【RGB(R)】命令，CMYK【颜色】面板将变为如图 2-70 所示的 RGB【颜色】面板。

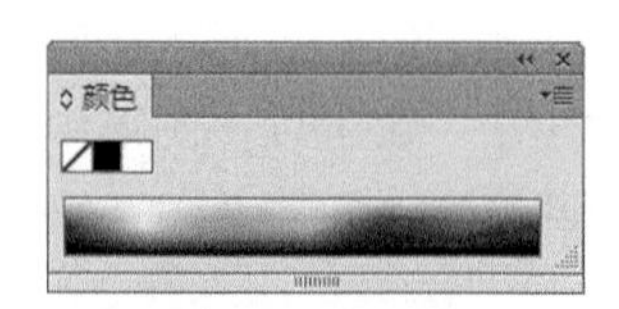

图2-68　【颜色】面板

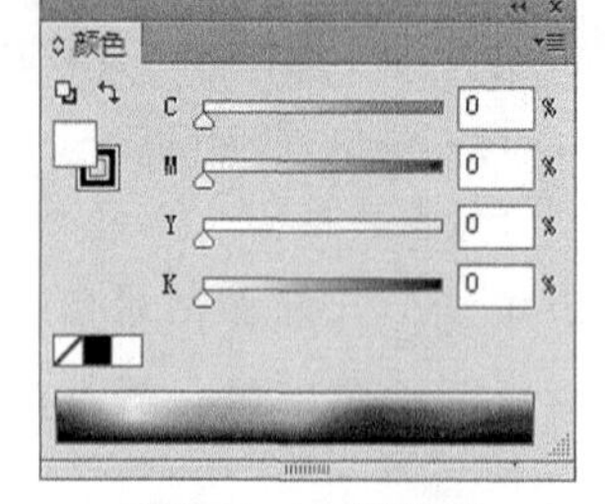

图2-69　显示的选项

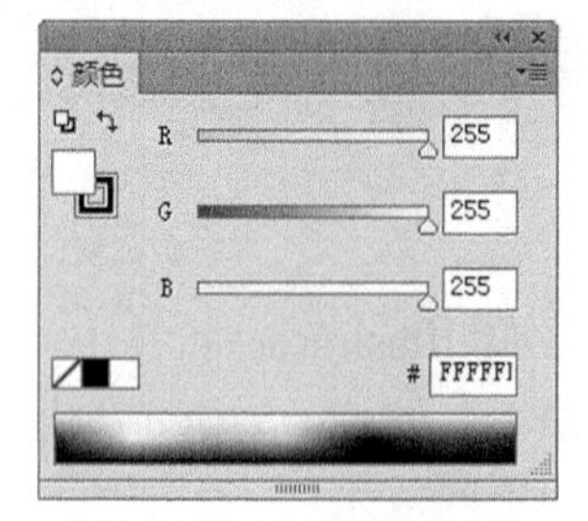

图2-70　RGB【颜色】面板

在【颜色】面板中双击左上角的【填色】按钮，可以弹出【拾色器】对话框。在【颜色】面板中单击【填色】按钮下面的【描边】按钮，可以把该按钮与【填色】按钮交换位置，如图 2-71 所示，这样就可以给图形的轮廓设置颜色。

四、 利用【色板】面板设置颜色

执行【窗口】/【色板】命令，将【色板】面板显示在页面中，如图 2-72 所示。

在页面中选择图形，然后在【色板】面板中单击需要的颜色，即可对选择的图形填充所选的颜色。具体讲解详见 4.1.1 小节的内容。

五、 利用【颜色参考】面板设置颜色

执行【窗口】/【颜色参考】命令，显示如图 2-73 所示的【颜色参考】面板。该颜色面板中的颜色与其他颜色面板中的颜色有所不同，是将某一种颜色从中间位置向两边分别变暗和加亮来分成不同的亮度，这样为用户提供了更大的颜色参考范围。【颜色参考】面板的使用方法与【色板】面板相同。

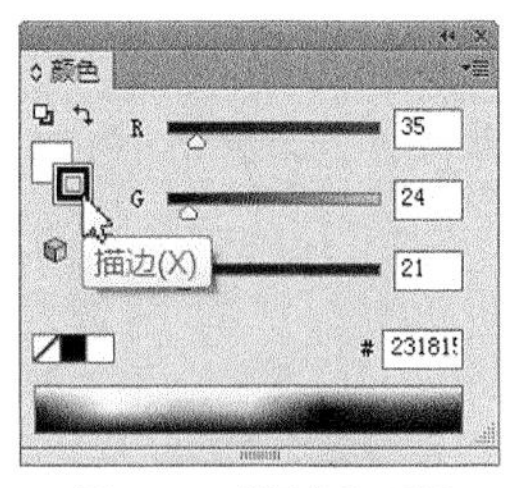

图2-71 【颜色】面板

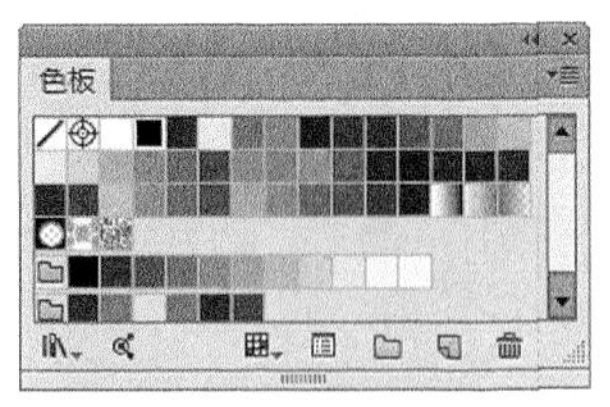

图2-72 【色板】面板

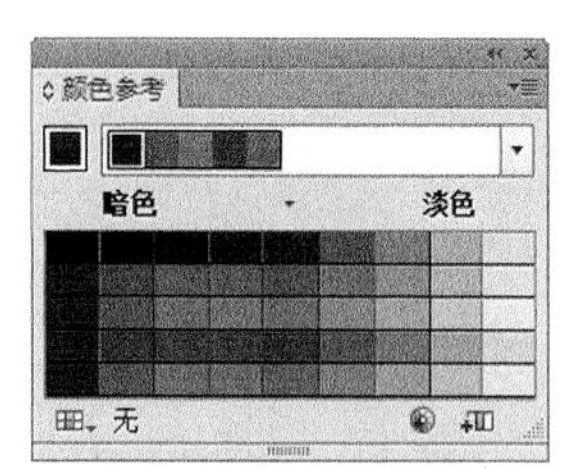

图2-73 【颜色参考】面板

2.2.2 范例解析——设计标志

本小节通过设计如图 2-74 所示的标志，来练习颜色的设置与填充方法。

【步骤提示】

1. 启动 Illustrator CC 软件。
2. 执行【文件】/【新建】命令，在弹出的【新建文档】对话框中单击按钮，然后单击 确定 按钮，创建一个横向的 A4 文件。
3. 选择工具，按住 Shift 键拖曳鼠标光标，绘制一个正方形。
4. 双击工具箱中的填色按钮，在弹出的【拾色器】对话框中设置颜色参数，如图 2-75 所示。

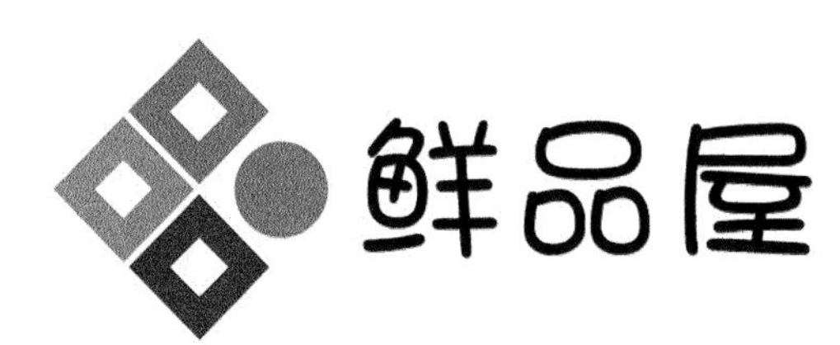

图2-74 设计完成的标志

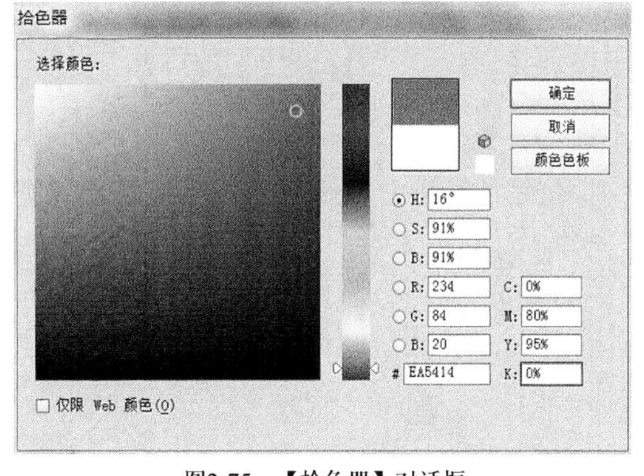

图2-75 【拾色器】对话框

5. 单击 确定 按钮，将图形的颜色设置为橘红色，然后执行【对象】/【变换】/【旋转】命令，在弹出的【旋转】对话框中设置【角度】选项的参数为“45°”，如图 2-76 所示。
6. 单击 确定 按钮，图形旋转后的形态如图 2-77 所示。

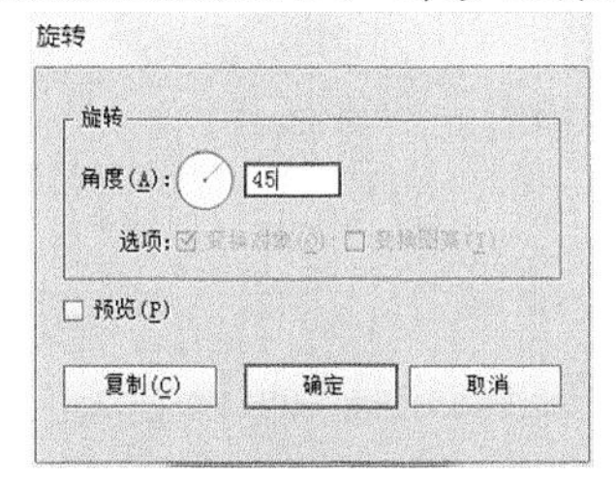

图2-76 【旋转】对话框

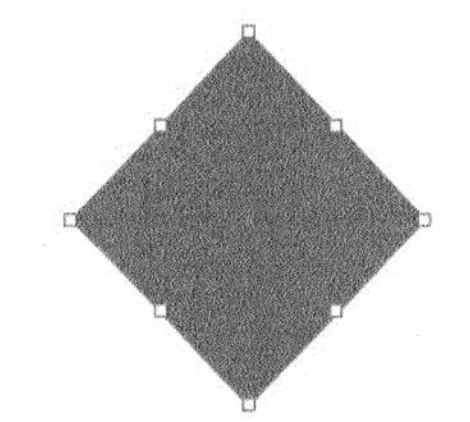
图2-77 图形旋转后的形态

7. 执行【对象】/【变换】/【缩放】命令，在弹出的【比例缩放】对话框中设置参数，如图 2-78 所示。单击 复制(C) 按钮，缩小并复制出的图形如图 2-79 所示。

8. 将缩小并复制出的图形填充为白色，将白色和红色图形同时选中，然后同时按住 Shift+Alt 组合键垂直向下移动，复制出如图 2-80 所示的图形。

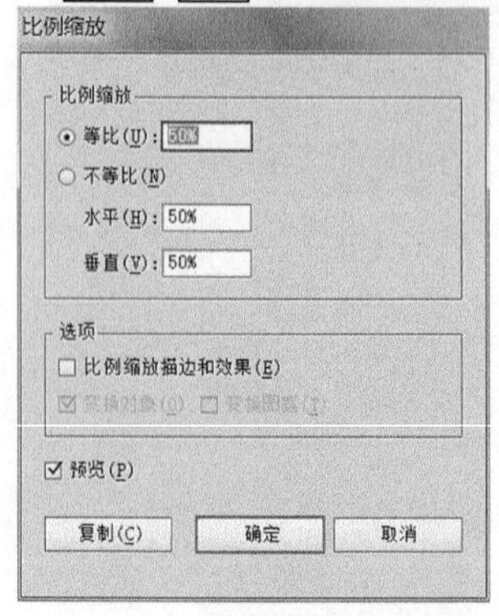

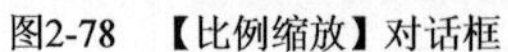
图2-78　【比例缩放】对话框

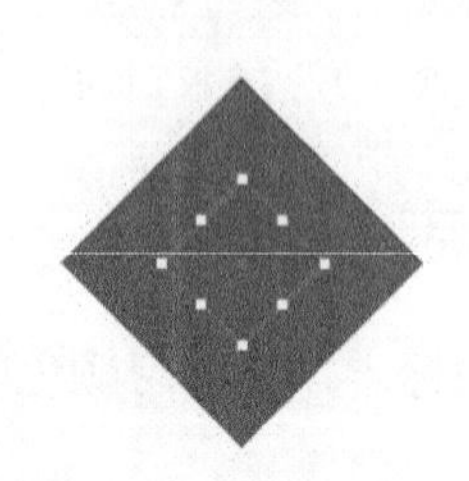
图2-79　缩小并复制出的图形

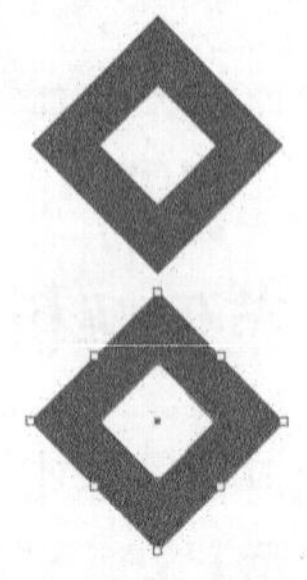
图2-80　移动复制出的图形 1

9. 继续按住 Shift+Alt 组合键移动，复制出如图 2-81 所示的图形。
10. 执行【窗口】/【色板】命令，将【色板】面板调出，然后利用工具选择下方复制出的红色图形，并在【色板】面板中单击如图 2-82 所示的颜色。

图2-81　移动复制出的图形 2

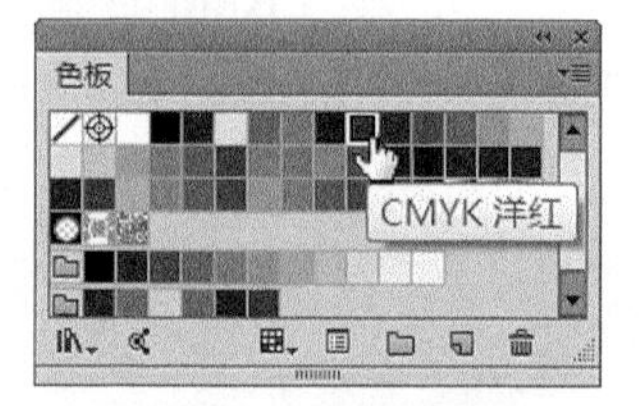

图2-82　选择的颜色

11. 选择左侧复制出的红色图形，然后在【色板】面板中单击“CMYK 青”颜色。
12. 选取工具绘制一个圆形图形，然后为其填充“CMYK 绿”色，并去除描边色，如图 2-83 所示。
13. 利用 T 工具在标志的右侧输入“鲜品屋”文字，标志设计完成，如图 2-84 所示。

图2-83　绘制的圆形

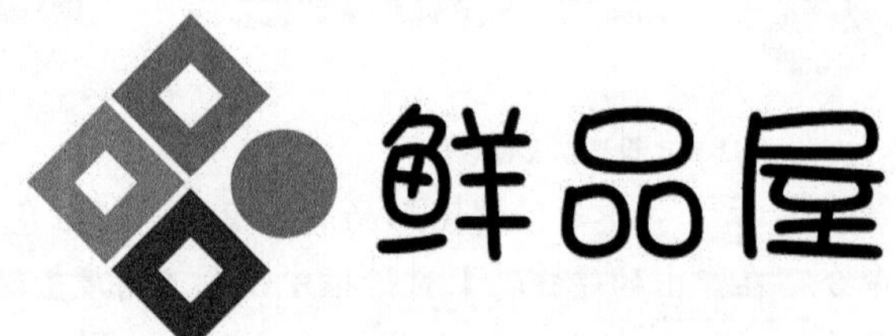

图2-84　设计完成的标志

14. 执行【文件】/【存储为】命令，将文件命名为“鲜品标志.ai”并保存。

2.2.3　实训——绘制雪花壁纸

本小节通过绘制如图 2-85 所示的雪花壁纸，来练习颜色的设置与填充方法，并初步了解渐变颜色的设置方法。

【步骤提示】

1. 在 Illustrator CC 软件中创建一个新的文档。

2. 选取▢工具，绘制出如图 2-86 所示的矩形图形。

图2-85 绘制的雪花壁纸

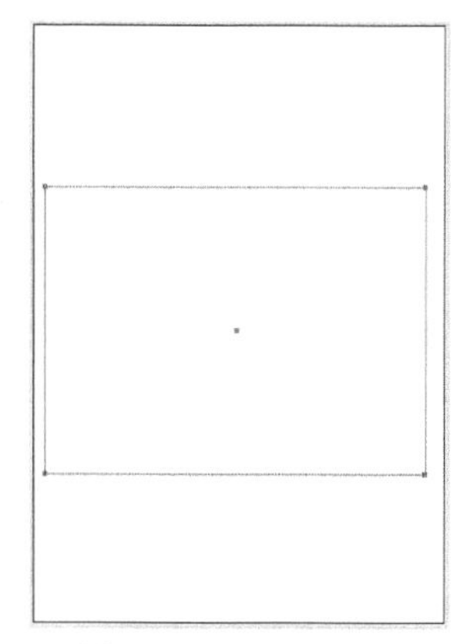
图2-86 绘制的矩形图形

3. 将鼠标指针移动到工具箱中颜色框下方的▢按钮上单击，为图形填充渐变色。
4. 在弹出的【渐变】面板中将【类型】选项设置为【径向】，然后在右侧的渐变滑块上双击，将弹出如图 2-87 所示的设置颜色面板。
5. 单击右上角的▢按钮，在弹出的列表中选择【CMYK】选项，然后设置颜色参数，如图 2-88 所示。

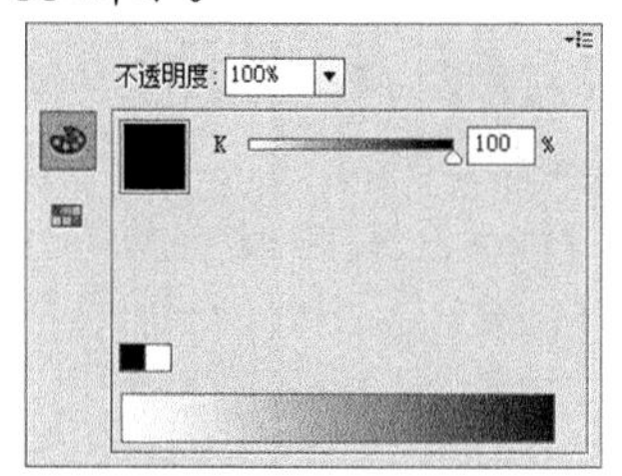

图2-87 弹出的设置颜色面板

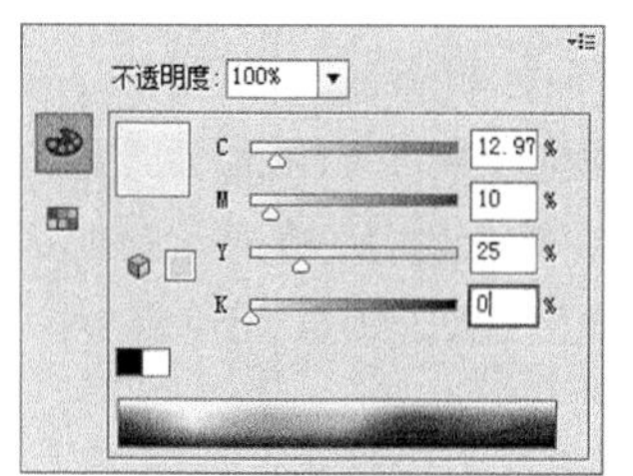

图2-88 设置的颜色

6. 单击【渐变】面板将其设置为当前状态，然后设置【长宽比】选项的参数，如图 2-89 所示。
7. 单击属性栏中黑色边框右侧的倒三角按钮，在弹出的面板中单击▢按钮，去除图形的描边色，填充渐变色后的效果如图 2-90 所示。

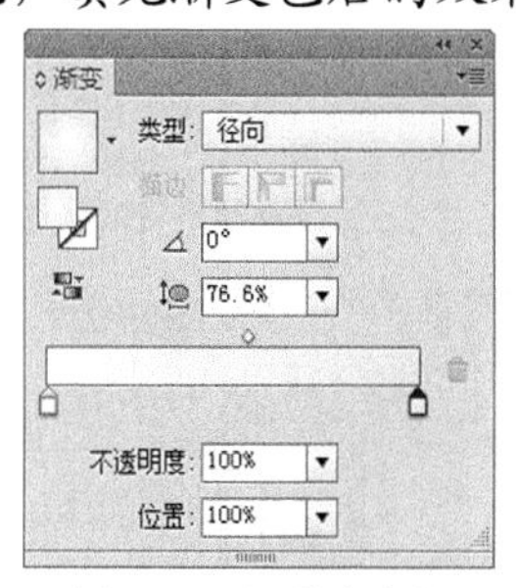

图2-89 设置的渐变色

图2-90 填充渐变色后的效果

8. 打开 2.1.2 小节绘制的雪花文件。如读者没有绘制，可选择附盘文件“作品\第 02 章\雪花.ai”。
9. 利用▢工具框选雪花图形，然后按 Ctrl+C 组合键复制。
10. 将新建的文件设置为工作状态，然后按 Ctrl+V 组合键将复制的图形粘贴到当前文件中。

11. 利用工具选择星形图形，然后执行【对象】/【扩展】命令，在弹出的【扩展】对话框中单击 确定 按钮，将锚边图形转换为填充图形。扩展后的星形图形如图 2-91 所示。

要点提示　此处将星形图形扩展为填充图形，目的是在下面的缩放过程中，星形图形的宽度也会随之改变，如果不执行【扩展】命令，在缩放过程中，星形的描边宽度不会跟随变化。

12. 将雪花图形全部选择，执行【对象】/【编组】命令，将其合并为一个整体。
13. 将雪花图形缩小调整，然后移动到合适的位置，再利用工具在其上方绘制一个蓝色的长条矩形，如图 2-92 所示。

图2-91　扩展后的星形图形

图2-92　绘制的长条矩形

14. 按住 Shift 键单击雪花图形，将其与长条矩形同时选择，然后按住 Alt 键，向左复制图形，并将复制出的图形调整至如图 2-93 所示的大小及位置。
15. 双击工具箱中的填色按钮，在弹出的【拾色器】对话框中将颜色设置为草绿色（C:58,M:30,Y:80），图形调整颜色后的效果如图 2-94 所示。

图2-93　复制图形调整后的大小及位置

图2-94　调整颜色后的效果

16. 用与步骤 14～15 相同的方法，依次将雪花图形复制并修改大小及颜色，效果如图 2-95 所示。

图2-95　复制并修改之后的图形

17. 选取工具，将鼠标指针移动到页面中单击，在弹出的【星形】对话框中设置选项参数，如图 2-96 所示，单击确定按钮，绘制星形图形。
18. 为星形填充绿色（C:63,M:26,Y:96），并去除描边色，如图 2-97 所示。
19. 选取工具，将鼠标指针放置到选择框外，当鼠标指针显示为旋转符号时按下并拖曳，同时按住 Shift 键，确保图形旋转 45°，旋转后的图形形态如图 2-98 所示。

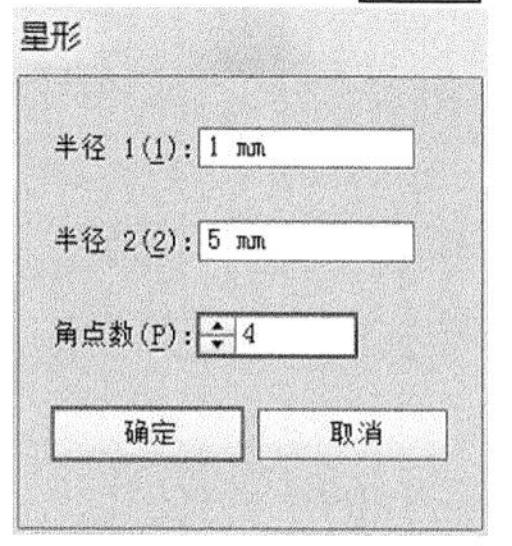
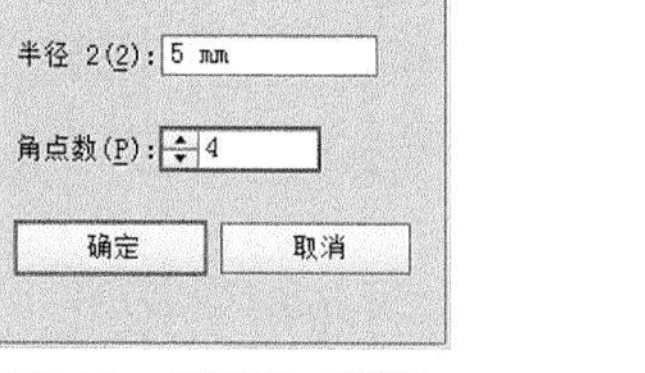

图2-96 【星形】对话框

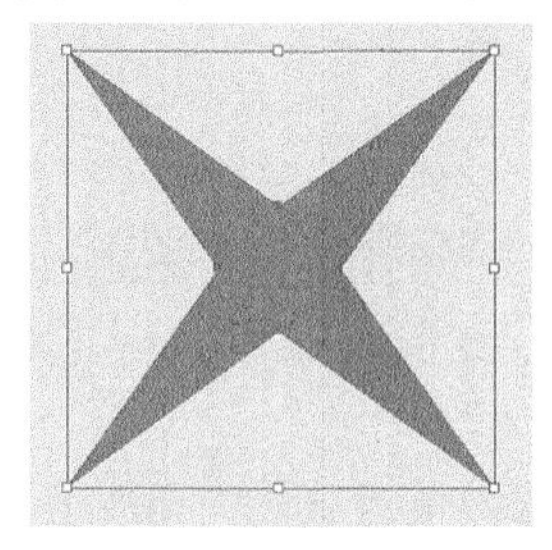

图2-97 绘制的星形

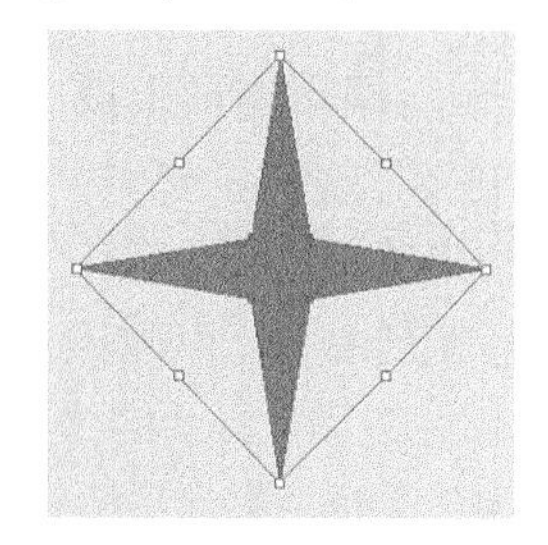

图2-98 旋转后的图形形态

20. 调整星形图形的大小，然后依次复制并分别修改复制出图形的大小及颜色，效果如图 2-99 所示。

图2-99 复制出的星形图形

21. 灵活运用工具及移动复制操作，分别绘制并复制出如图 2-100 所示的圆形图形，即可完成壁纸的制作。

图2-100 绘制的圆形图形

22. 执行【文件】/【存储为】命令，将文件命名为“壁纸.ai”并保存。

2.3 编辑图形工具与命令

本节来讲解工具箱中的各种编辑图形工具与菜单命令。灵活运用这些工具和命令，可以提高工作效率。

2.3.1　功能讲解

编辑图形工具包括【旋转】工具、【镜像】工具、【比例缩放】工具、【倾斜】工具、【整形】工具和【自由变换】工具，这些工具与【对象】/【变换】子菜单下的命令一一对应。下面分别介绍这几个工具的功能。

一、　编辑图形工具

(1)　【旋转】工具。

利用【旋转】工具可以将被选择的图形围绕固定点旋转，配合 Alt 键，还可以对图形进行旋转复制。双击工具箱中的工具，或者执行【对象】/【变换】/【旋转】命令，会弹出如图 2-101 所示的【旋转】对话框。

- 【角度】选项：该选项右侧的数值为旋转的角度值，其取值范围为-360°~360°。
- 【变换对象】选项：选择此复选项，在旋转有填充图案的图形时，只对对象进行旋转，图案不发生变化。
- 【变换图案】选项：选择此复选项，在旋转有填充图案的图形时，只对图案进行旋转，对象不发生变化。

要点提示　如同时选择【变换对象】和【变换图案】复选项，则在旋转有填充图案的图形时，系统将对图案和对象进行旋转。

(2)　【镜像】工具。

利用【镜像】工具可以将选择的图形按水平、垂直或任意角度进行镜像或镜像复制。与【旋转】工具相同，也可以对【镜像】工具进行精确控制。双击工具箱中的工具，或者执行【对象】/【变换】/【对称】命令，会弹出如图 2-102 所示的【镜像】对话框。

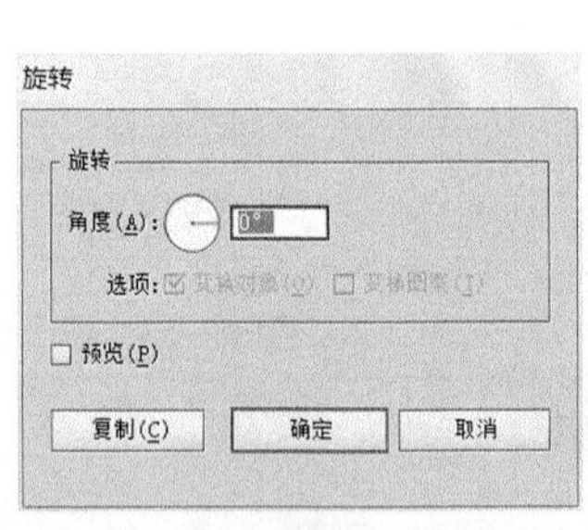

图2-101　【旋转】对话框

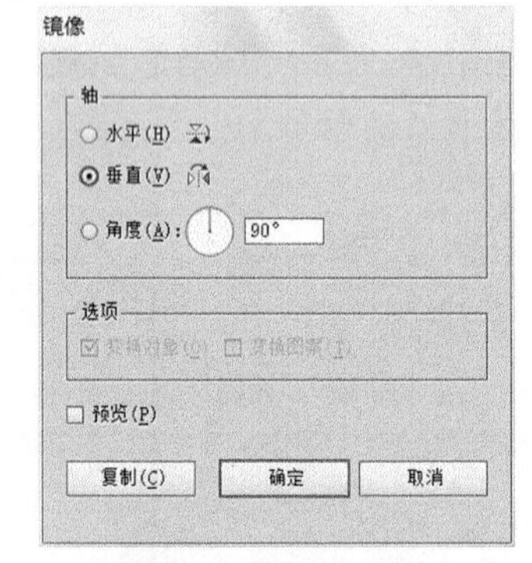

图2-102　【镜像】对话框

【轴】选项下的选项及参数，可以精确控制图形在镜像时对称轴的方向。

- 选择【水平】选项，图形将在水平方向上镜像。
- 选择【垂直】选项，图形将在垂直方向上镜像。
- 选择【角度】选项，并在右侧文本框中输入角度值，图形将按此角度方向对图形进行镜像。

(3)　【比例缩放】工具。

利用【比例缩放】工具可对任何图形或其他内容进行缩放。双击工具箱中的工具，或者执行【对象】/【变换】/【缩放】命令，会弹出如图 2-103 所示的【比例缩放】对话框。在该对话框中设置适当的参数，可以帮助精确地控制缩放的比例。

- 【等比】选项：选择此单选项，并设置右侧的比例缩放值，即可对图形按当前的设置进行等比例缩放。当数值小于 100 时，图形缩小变形；当数值大于 100 时，图形放大变形。
- 【不等比】选项：选择此单选项，可以对其下的【水平】值和【垂直】值分别进行设置。【水平】与【垂直】选项右侧的参数值分别代表图形在水平方向和垂直方向缩放的比例。
- 【比例缩放描边和效果】选项：选择此复选项，对图形进行缩放的同时，图形的边线也随之进行缩放。

在设置了【比例缩放】参数后如果单击 复制(C) 按钮，可以在缩放图形的同时进行复制。利用该操作可以做出许多意想不到的奇妙效果。图 2-104 所示为对一个五角星进行了 8 次 90%的缩放复制得到的效果。图 2-105 所示为对一个矩形进行了 20 次【水平】值和【垂直】值分别为 90%和 105%的缩放复制而得到的效果。

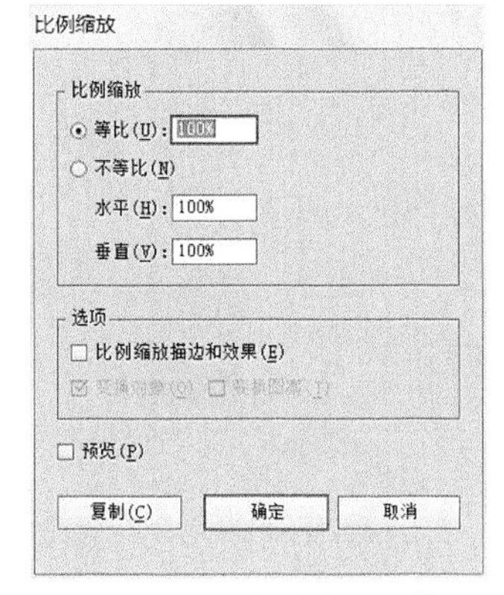

图2-103 【比例缩放】对话框

图2-104 等比例缩放复制效果

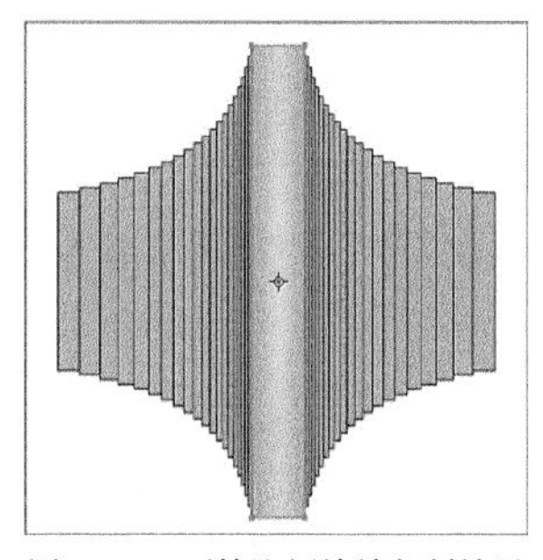

图2-105 不等比例缩放复制效果

要点提示 执行【对象】/【变换】/【再次变换】命令（快捷键为 Ctrl+D 组合键），系统会重复上一次所做的操作。在绘图过程中如果需要连续多次执行同一操作，此命令是非常方便的。

(4) 【倾斜】工具。

利用【倾斜】工具可以使图形倾斜。双击工具箱中的按钮，或者执行【对象】/【变换】/【倾斜】命令，系统会弹出如图 2-106 所示的【倾斜】对话框。

- 【倾斜角度】选项：此选项用于控制图形的倾斜角度，取值范围为-360° ~360° 。
- 【轴】选项：其下的选项及参数可以精确控制倾斜轴的方向。【水平】选项，表示图形在水平方向上倾斜；【垂直】选项，表示图形在垂直方向上倾斜；在【角度】选项右侧的文本框中设置角度值，可将图形按此角度的方向进行倾斜，取值范围为-360° ~360° 。

在绘图过程中，利用工具来制作图形的阴影是非常简单的。将图形倾斜复制后，将复制出的图形置于原图形后并填充灰色，即可得到该图形的阴影效果。图 2-107 所示为给路灯制作上阴影的效果。

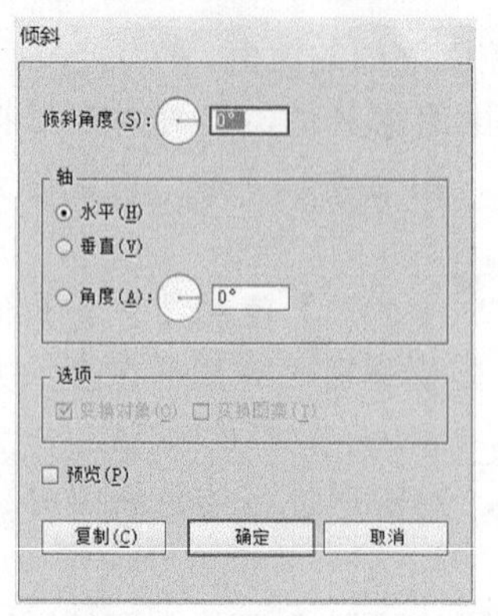

图2-106　【倾斜】对话框

图2-107　阴影效果制作

(5)　【整形】工具。

利用【整形】工具可以在路径上添加锚点或移动锚点的位置，从而改变路径或图形的形状。在移动锚点的同时，如果按住 Alt 键，还可以复制图形。

(6)　【自由变换】工具。

利用【自由变换】工具可以对图形进行多种变换操作，包括缩放、旋转、镜像、倾斜和透视等。单击此按钮，将弹出如图 2-108 所示的隐藏工具。

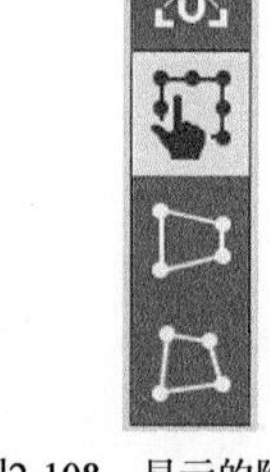

图2-108　显示的隐藏工具

- 缩放。

在页面中选择需要缩放的图形，然后选择工具，将鼠标指针移动到图形变换框的控制点上，鼠标指针显示为、或形状，按下鼠标左键同时拖曳鼠标指针，即可将图形缩放。

激活按钮，将鼠标指针放置到各角点位置按下鼠标并拖曳，可限制图形等比例缩放。按住 Alt 键，可将图形按中心进行缩放。在缩放图形之前，按住 Shift 键，也可将图形等比例缩放。

- 旋转。

在页面中选择需要旋转的图形，然后选择工具，将鼠标指针移动到变换框的外侧，按下鼠标左键同时旋转拖曳，即可将图形旋转。在将图形进行旋转时，按住 Shift 键，可将图形按 45° 或 45° 角的倍数进行旋转。

- 镜像。

在页面中选择需要镜像的图形，然后选择工具，将鼠标指针移动到变换框的控制点上按下鼠标左键同时向相反方向拖曳，即可将图形镜像。

要点提示　利用工具镜像图形时，拖曳一定要超出图形相反边的边界，否则此操作为缩放图形操作。如按住 Alt 键，则可将图形以中心镜像。

- 倾斜。

在页面中选择需要倾斜的图形，然后选择工具，将鼠标指针移动到图形变换框的各边位置按下鼠标左键并拖曳，即可将图形倾斜。图 2-109 所示为利用工具对图形进行倾斜的过程示意图。

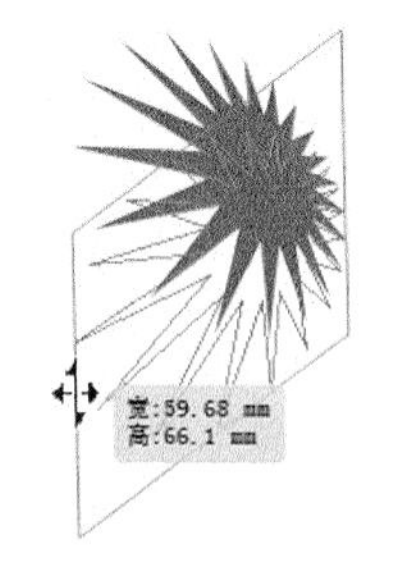

图2-109　对图形进行倾斜的过程示意图

要点提示　利用【自由变换】工具倾斜图形时，按住Ctrl+Alt组合键，可使图像以中心进行倾斜，即图像的两边同时进行倾斜变形。

- 透视。

在页面中选择需要透视的图形，然后选择工具，并激活显示的按钮，将鼠标指针移动到图形变换框的角点上按下鼠标左键并拖曳，即可将图形进行透视变换。如激活显示的按钮，则可对图形的某一点进行透视变形，如图 2-110 所示。

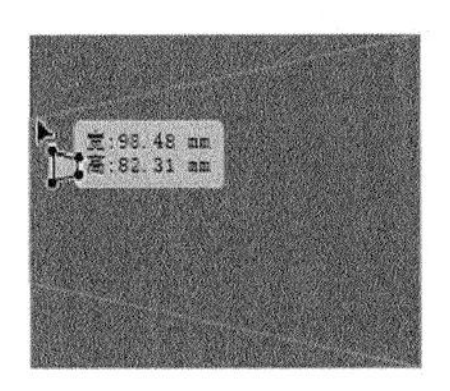

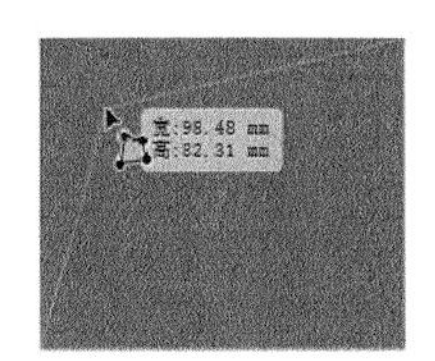

图2-110　对图形进行透视的过程示意图

二、【变换】命令

执行【对象】/【变换】命令，弹出如图 2-111 所示的【变换】命令子菜单。

【变换】命令子菜单中的【移动】、【旋转】、【对称】、【缩放】和【倾斜】操作与前面讲解的相应对话框相同，在此不再赘述。

(1) 再次变换。

执行【对象】/【变换】/【再次变换】命令，可对当前所选择的对象再一次执行上一次执行的操作，其快捷键为Ctrl+D组合键。

(2) 分别变换。

执行【对象】/【变换】/【分别变换】命令，弹出如图 2-112 所示的【分别变换】对话框，在该对话框中设置适当的参数，系统会对每一个选择的对象依照对话框中的设置分别进行变换。

- 【缩放】选项：其下的参数决定了操作对象的缩放比例。【水平】和【垂直】选项右侧的参数分别表示操作对象在水平方向和垂直方向的缩放比例，其最大值为 200%，最小值为 0%。
- 【移动】选项：其下的参数决定了操作对象移动的位置。【水平】和【垂直】选项右侧的参数分别表示操作对象在水平方向和垂直方向移动的距离。其参数为正数时，表示操作对象向右、向上移动；其参数为负数时，表示操作对象向左、向下移动。
- 【旋转】选项：其下的【角度】值决定了操作对象被旋转的角度。

- 选择【对称 X】或【对称 Y】复选项，表示操作对象在变换的同时沿“x”轴或“y”轴翻转。
- 【随机】选项：选择此复选项，系统将使操作对象在缩放、移动、旋转时按无规律方式进行变换。
- 【控制点坐标】图标：图标中间的黑点显示的是变换中心的位置，在图标上单击其他的白色控制点，可以改变变换中心的位置。

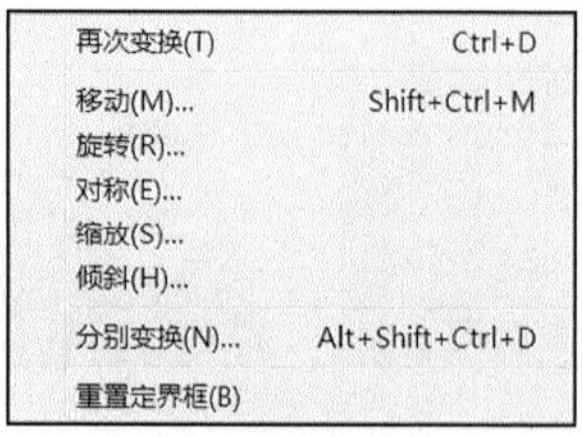

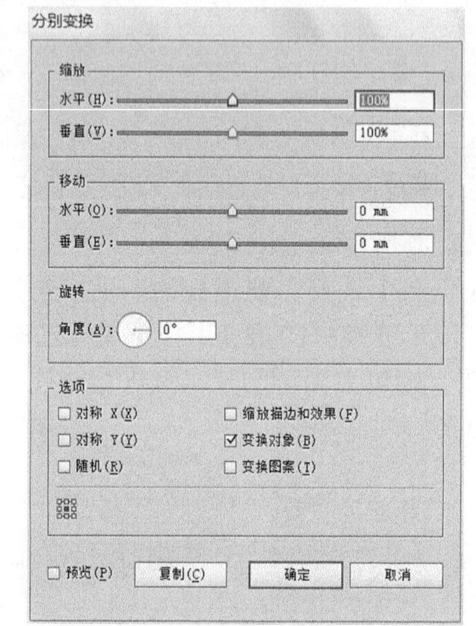

再次变换(T)　Ctrl+D
移动(M)...　Shift+Ctrl+M
旋转(R)...
对称(E)...
缩放(S)...
倾斜(H)...
分别变换(N)...　Alt+Shift+Ctrl+D
重置定界框(B)

图2-111　【变换】命令子菜单

图2-112　【分别变换】对话框

(3)　重置定界框。

执行【对象】/【变换】/【重置定界框】命令，可以消除变换操作对操作对象边界框的影响。

图 2-113 所示为将图形旋转后，选择【重置定界框】命令前后的边界框形态。

图2-113　选择【重置定界框】命令前后的边界框形态

当变换的操作对象为没有取消链接的符号时，选择【重置定界框】命令，符号周围将显示两个边界框。

三、　【变换】面板

执行【窗口】/【变换】命令，弹出如图 2-114 所示的【变换】面板。利用该面板可以控制所选对象在页面中的位置、大小、旋转角度及倾斜角度等。其操作方法非常简单：在相应选项的文本框中设置适当的参数，再按 Enter 键即可。

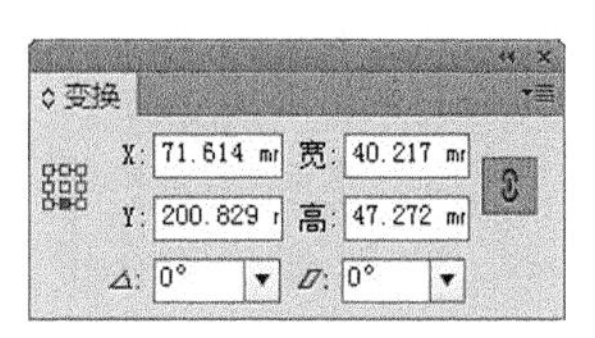

图2-114 【变换】面板

- 【X】和【Y】选项：这两个选项分别表示所选对象在 x 轴和 y 轴上的坐标值。若改变其参数，即可改变所选对象在页面中的位置。
- 【宽】和【高】选项：这里所指的宽度和高度都是针对所选对象的选择框而言的。若改变其参数，即可改变所选对象的大小。
- 若要使选择的对象产生旋转操作，只须在【旋转】选项中设置相应的旋转角度。
- 若要使选择的对象产生倾斜，只须在【倾斜】选项中设置相应的倾斜角度。
- 在【变换】面板中，单击图标中的空心方块可以修改图形的变换参考点，选择的参考点显示为黑色的实心点。

单击【变换】控制面板右上角的按钮，弹出如图 2-115 所示的下拉菜单。通过该菜单可实现图形的水平翻转、垂直翻转、缩放描边和效果、仅变换对象、仅变换图案和变换两者等操作功能。

四、 对齐和分布对象

【对齐】面板主要用来控制选择的对象在指定的轴向上对齐或均匀分布。执行【窗口】/【对齐】命令（快捷键为 Shift+F7 组合键），弹出如图 2-116 所示的【对齐】面板。

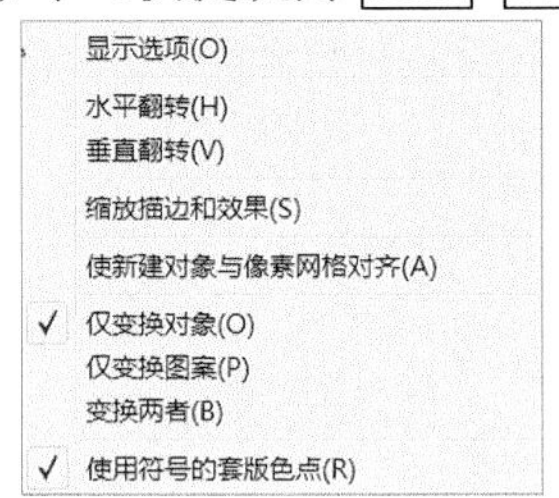

图2-115 弹出的下拉菜单

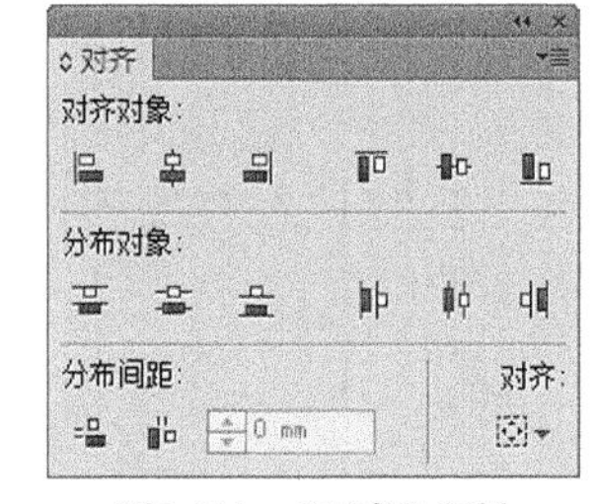

图2-116 【对齐】面板

(1) 对齐对象。

此选项下的各按钮主要用于控制选择的两个或两个以上的对象按照指定的位置进行对齐排列。

- 【水平左对齐】按钮：单击此按钮，可以使选择的对象沿左边缘对齐。
- 【水平居中对齐】按钮：单击此按钮，可以使选择的对象沿水平中心对齐。
- 【水平右对齐】按钮：单击此按钮，可以使选择的对象沿右边缘对齐。
- 【垂直顶对齐】按钮：单击此按钮，可以使选择的对象沿上边缘对齐。
- 【垂直居中对齐】按钮：单击此按钮，可以使对象沿垂直中心对齐。
- 【垂直底对齐】按钮：单击此按钮，可以使选择的对象沿下边缘对齐。

(2) 分布对象。

此选项下的各按钮主要用于控制选择的 3 个或 3 个以上的对象按照指定的位置进行平均分布。

- 【垂直顶分布】按钮：单击此按钮，可以使选择的对象在垂直方向上按顶端平均分布。

- 【垂直底分布】按钮：单击此按钮，可以使选择的对象在垂直方向上按底端平均分布。
- 【水平左分布】按钮：单击此按钮，可以使选择的对象在水平方向上按左边缘平均分布。
- 【水平居中分布】按钮：单击此按钮，可以使选择的对象在水平方向上按中心平均分布。
- 【水平右分布】按钮：单击此按钮，可以使选择的对象在水平方向上按右边缘平均分布。

(3) 分布间距。

在页面中选择 3 个或 3 个以上的操作对象，然后分别单击其下的各按钮，可以使相邻两个对象之间的间距均匀分布。

- 【垂直分布间距】按钮：单击此按钮，可以使相邻两个对象之间的间距在垂直方向上均匀分布。
- 【水平分布间距】按钮：单击此按钮，可以使相邻两个对象之间的间距在水平方向上均匀分布。

图 2-117 所示为分别单击这两个按钮后，选择对象的分布状态。

五、【路径查找器】面板

利用【路径查找器】面板，可以将两个或两个以上的图形结合或修剪，从而生成新的复合图形。此面板对制作复杂的图形很有帮助。

执行【窗口】/【路径查找器】命令（快捷键为 Shift+F9 组合键），打开如图 2-118 所示的【路径查找器】面板。

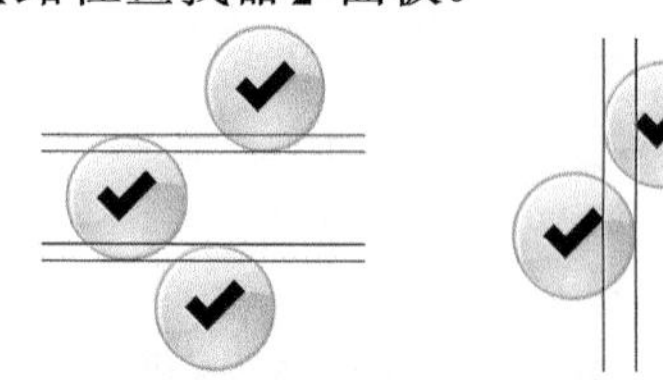

图2-117　对象分布后的状态

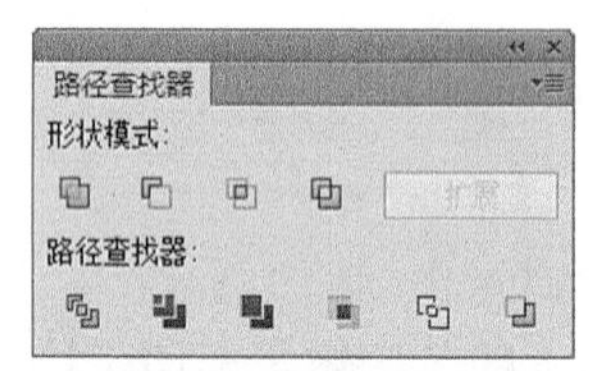

图2-118　【路径查找器】面板

- 【联集】按钮：当在页面中选择两个或两个以上的图形时，单击此按钮，可以将所选择的图形进行合并，生成一个新的图形。原选择图形之间的重叠部分融合为一体，重叠部分的轮廓线自动消失。生成新图形的填充颜色和笔画颜色，由原来选择图形中位于最上层的图形所决定，如图 2-119 所示。
- 【减去顶层】按钮：当在页面中选择两个或两个以上的图形时，单击此按钮，会用上层的图形减去底层的图形。上层的图形在页面中消失，最底层图形与上层图形的重叠部分被剪切掉，如图 2-120 所示。

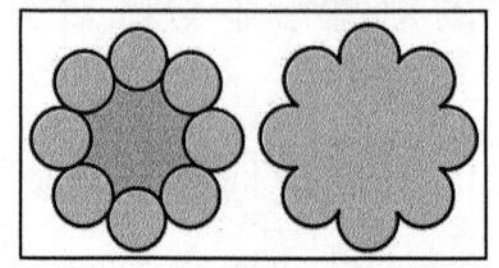

图2-119　原图及联集效果对比

图2-120　原图及减去顶层效果对比

- 【交集】按钮：当在页面中选择两个或两个以上的图形时，单击此按钮，将只保留所选图形的重叠部分，而未重叠的区域将被删除。执行此命令后，生成新图形的填充颜色和笔画颜色与原选择图形中位于最前面的图形相同，如图2-121所示。

- 【差集】按钮：当在页面中选择两个或两个以上的图形时，单击此按钮，将保留原选择图形的未重叠区域，而图形的重叠区域则变为透明状态。注意，奇数个对象重叠的区域也将会被保留，但偶数个对象重叠的区域将变为透明。执行此命令后，生成新图形的填充颜色和笔画颜色，由原选择图形中位于最上层的图形所决定，如图2-122所示。

图2-121　原图及交集效果对比

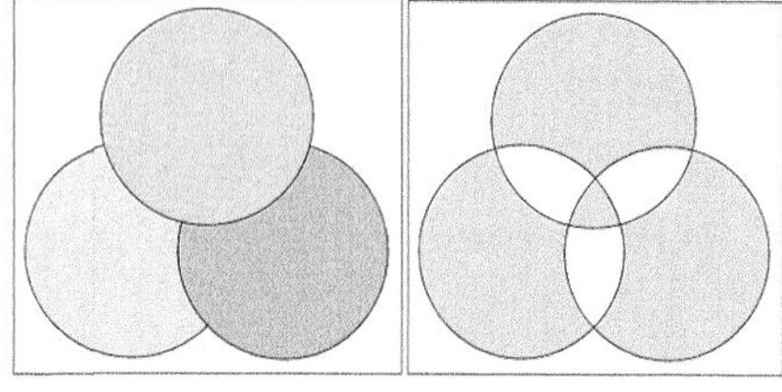

图2-122　原图及差集效果对比

- 扩展 按钮：执行【形状模式】下的命令时，按住 Alt 键执行命令，可以把选择的两个以上的图形创建为复合图形。创建复合图形后，会发现实际上另外的图形并没有被删除，仅仅是处于被隐藏的状态，如图2-123所示。此时如果单击 扩展 按钮，即可将另外的图形真正删除，使操作后的图形生成一个独立的新图形，如图2-124所示。

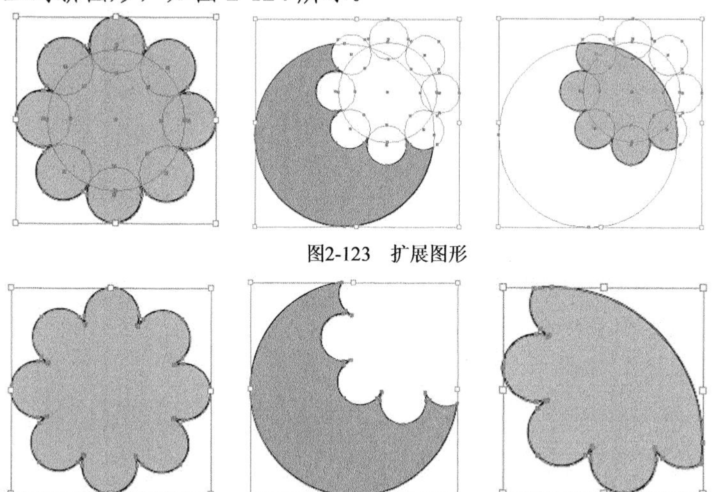

图2-123　扩展图形

图2-124　扩展后再次选择图形

- 【分割】按钮：当在页面中选择两个或两个以上的图形时，单击此按钮，将以所选图形重叠部分的轮廓为分界线，将选择图形分割成多个不同的闭合图形，如图2-125所示。
- 【修边】按钮：当在页面中选择两个或两个以上的图形时，单击此按钮，系统将用所选图形中最上层的图形将下层图形被覆盖的部分剪掉，同时删除所选图形中的所有轮廓线，如图2-126所示。

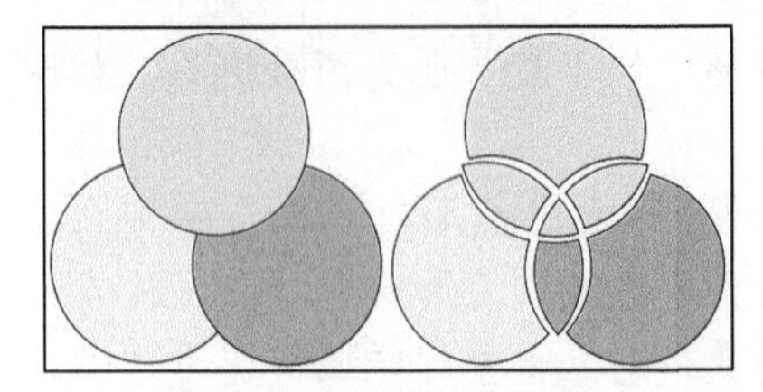

图2-125　原图及分割效果对比

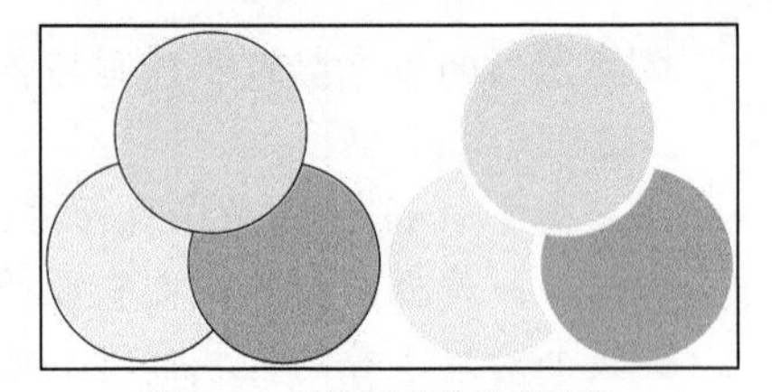

图2-126　原图及修边效果对比

- 【合并】按钮：当在页面中选择两个或两个以上的图形时，单击此按钮，会将所选图形中相同颜色的图形合并为一个整体，同时将所有选择图形的外轮廓线删除，如图 2-127 所示。另外，如果选择的图形中不同颜色的图形处于重叠状态，则执行此命令后，前面的图形会将后面图形被覆盖的部分修剪掉。利用组选取工具将不同颜色的图形移动位置后，效果如图 2-128 所示。

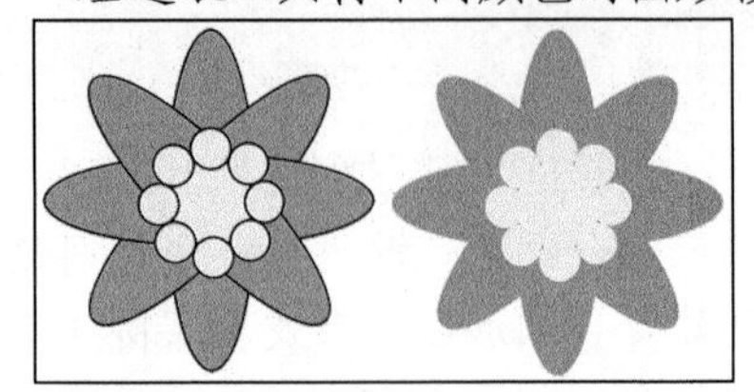

图2-127　原图及合并效果对比

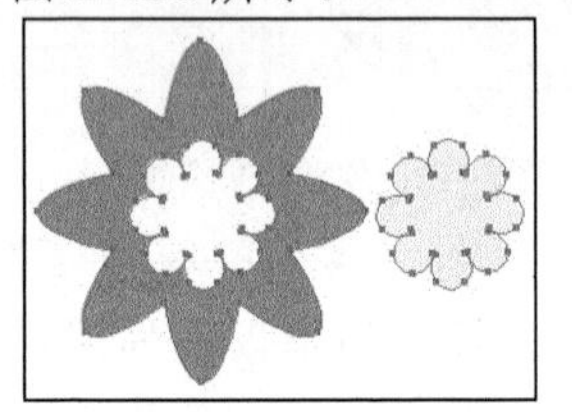

图2-128　图形移动位置后的效果

- 【裁剪】按钮：当在页面中选择两个或两个以上的图形时，单击此按钮，会将所选图形下面的图形对最上面的图形进行修剪，保留下面图形与上面图形的重叠部分，同时将所有选择图形的外轮廓线删除。利用此命令可以制作蒙版效果，如图 2-129 所示。

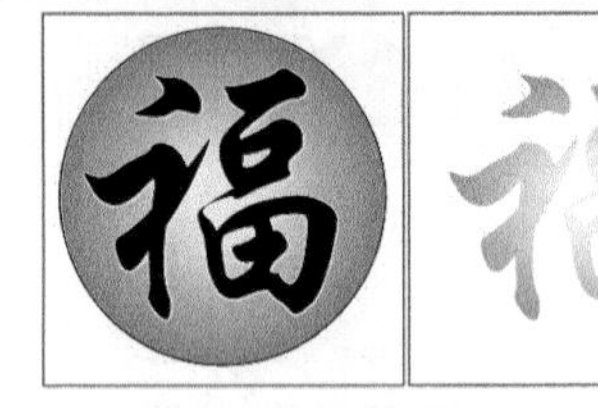

图2-129　原图及裁剪效果对比

- 【轮廓】按钮：当在页面中选择任意图形后，单击此按钮，会将选择的图形转化为轮廓线，轮廓线的颜色与原图形填充的颜色相同，如图 2-130 所示。执行此命令后，生成的轮廓线将被分割成一段一段的开放路径，这些路径会自动成组。
- 【减去后方对象】按钮：当在页面中选择两个或两个以上的图形时，单击此按钮，会将所选图形中最前面的图形减去后面的图形，如图 2-131 所示。

图2-130　原图及轮廓效果对比

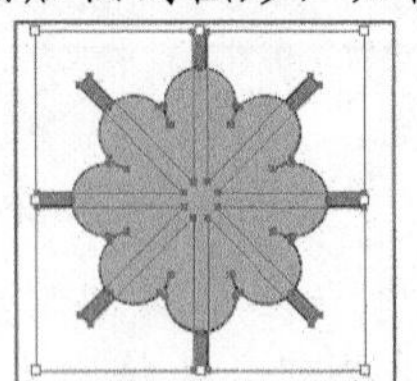

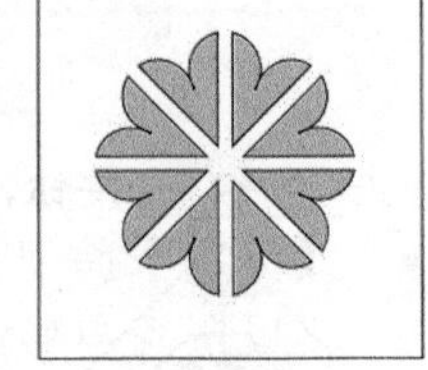

图2-131　原图及减去后方对象效果对比

六、　常用的图形管理命令

除了图形的对齐、分布和各种修整命令外，菜单栏中还有一些常用的图形管理命令，下面简单介绍一下。

(1)　编组和取消编组。

选择需要编组的所有对象，然后执行【对象】/【编组】命令，选择的对象即组合为一个整体。选择编组对象后，执行【对象】/【取消编组】命令，即可将成组的对象分离。

(2) 锁定和全部解锁。

选择需要锁定的对象，然后执行【对象】/【锁定】/【所选对象】命令，即可将选择的对象锁定。执行【对象】/【全部解锁】命令，即可将页面中锁定的对象全部解锁。

(3) 隐藏与显示对象。

在当前页面中选择需要锁定的对象，然后执行【对象】/【隐藏】/【所选对象】命令，即可将选择的对象隐藏。执行【对象】/【显示全部】命令，可以显示页面中隐藏的全部对象。

(4) 排列。

对象的堆叠顺序是由绘制图形时的先后顺序决定的，后绘制的图形处于先绘制图形的上方，如绘制的图形有重叠部分，后绘制的图形将覆盖在先绘制的图形上，但使用调整命令，可以改变对象之间的堆叠关系。

执行【对象】/【排列】命令，弹出如图 2-132 所示的【排列】命令子菜单。

- 【置于顶层】：可以将选择的图形移动到当前图层所有图形的最上面。
- 【前移一层】：可以将选择的图形向前移动一个位置。
- 【后移一层】：可以将选择的图形向后移动一个位置。
- 【置于底层】：此命令与【置于顶层】命令相反，当在页面中绘制了多个图形时，执行此命令，可以将选择的图形移动到当前图层所有图形的最下面。

图2-132 【排列】命令子菜单

2.3.2 范例解析——绘制装饰图案

下面灵活运用本章介绍的基本绘图工具以及颜色的设置与填充操作，来绘制如图 2-133 所示的装饰图案。

【步骤提示】

1. 在 Illustrator CC 软件中创建一个新的文档。
2. 选择[■]工具，在属性栏中将填充色设置为“无”，描边色设置为（C:85.M:50）的蓝色。
3. 将鼠标指针移动到页面中单击，在弹出的【矩形】对话框中将【宽度】和【高度】选项的值都设置为“150mm”，再单击[确定]按钮创建一个蓝色的正方形。
4. 执行【对象】/【变换】/【旋转】命令，弹出【旋转】对话框，参数设置如图 2-134 所示。
5. 单击[确定]按钮，旋转后的正方形如图 2-135 所示。

图2-133 装饰图案

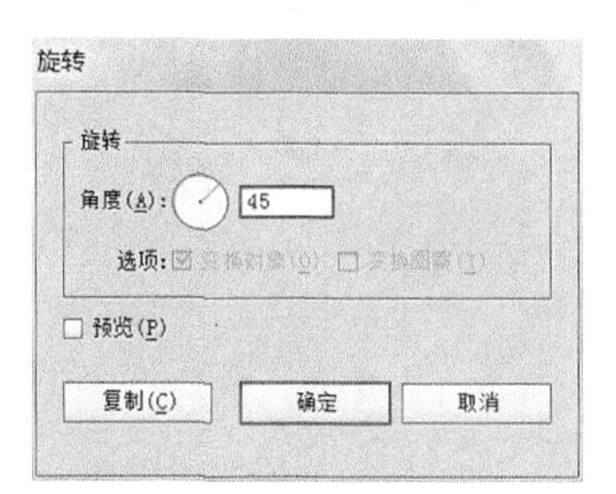

图2-134 【旋转】对话框

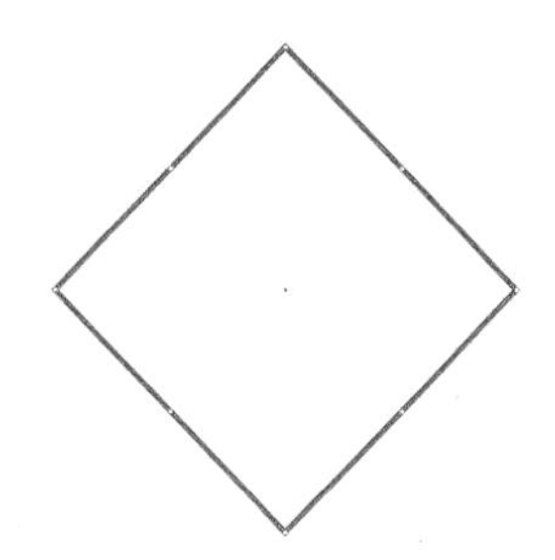
图2-135 旋转后的正方形

6. 确认工具处于选择状态，再次在页面中单击鼠标左键，在弹出的【矩形】话框中将【宽度】和【高度】选项的值都设置为“25mm”，再单击 确定 按钮绘制一个小的正方形，如图 2-136 所示。
7. 将两个图形同时选中，单击属性栏中的 对齐 按钮，在弹出的【对齐】面板中依次单击和按钮，对齐后的图形如图 2-137 所示。
8. 执行【对象】/【变换】/【缩放】命令，在弹出的【比例缩放】对话框中选择【等比】单选项，并将参数设置为“60%”，单击 复制(C) 按钮复制图形，然后为复制出的图形填充蓝色（C:85.M:50），如图 2-138 所示。

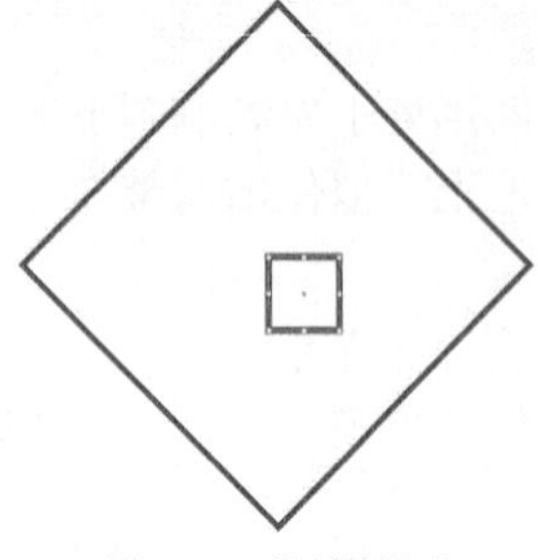

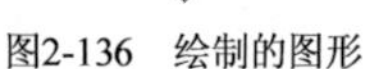

图2-136　绘制的图形

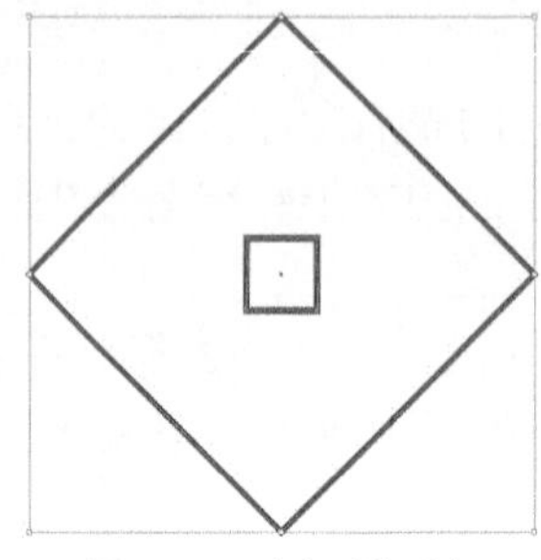

图2-137　对齐后的形态

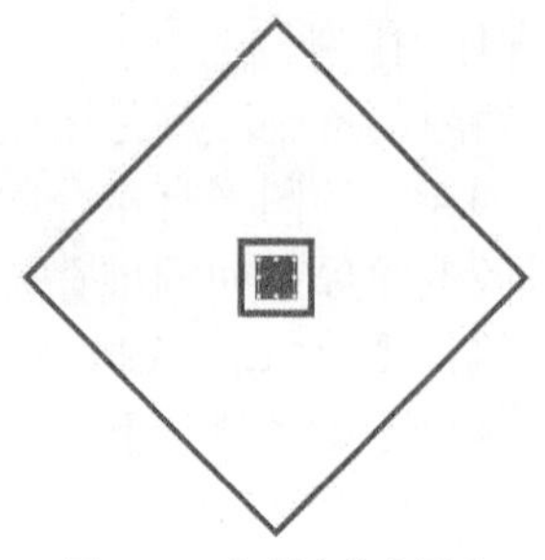

图2-138　复制出的小图形

9. 选择工具，在页面中单击鼠标左键，弹出【多边形】对话框，参数设置如图 2-139 所示。
10. 单击 确定 按钮，在页面中创建一个八边形，然后放置到如图 2-140 所示的位置。
11. 选择工具，按住 Shift+Alt 组合键，向下移动复制出另外一个八边形，如图 2-141 所示。

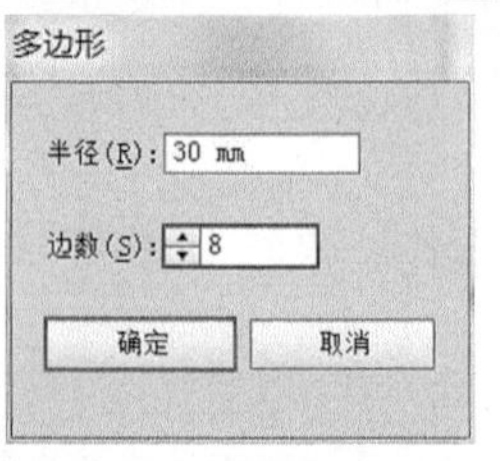

图2-139　【多边形】对话框

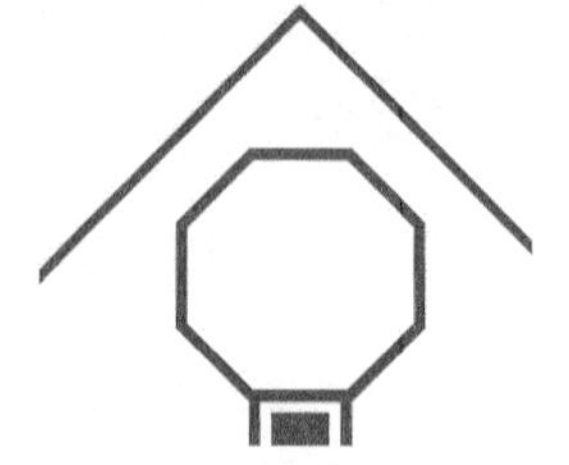

图2-140　绘制的八边形

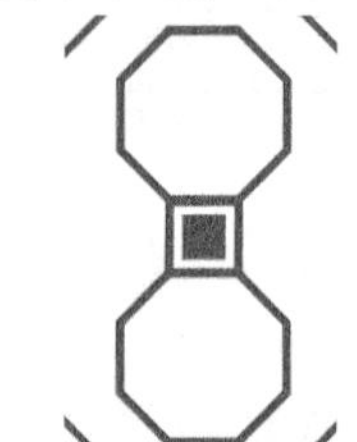

图2-141　复制出的八边形

12. 用同样的复制操作，再复制出其他的八边形，如图 2-142 所示。
13. 执行【文件】/【打开】命令，打开附盘文件“图库\第 02 章\花形图案.ai”。
14. 将打开的花形图案复制到当前画面中，调整大小后再通过复制操作，得到如图 2-143 所示的图案组合效果。
15. 选择工具，在页面中单击鼠标左键，弹出【星形】对话框，参数设置如图 2-144 所示。

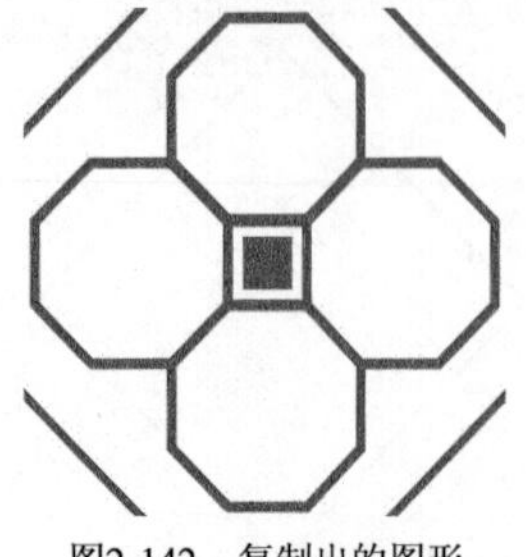

图2-142　复制出的图形

图2-143　复制的图案

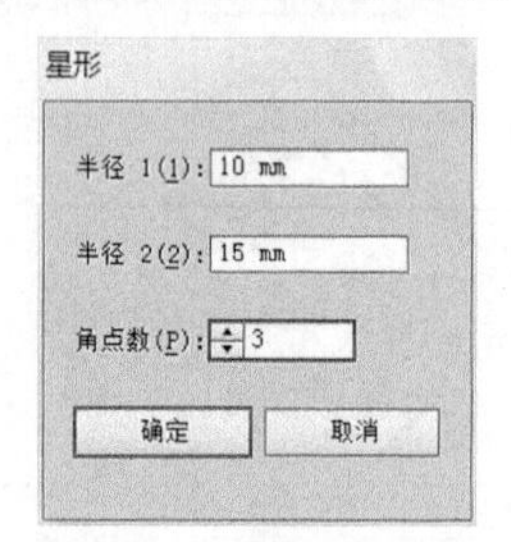

图2-144　【星形】对话框

16. 单击 确定 按钮，在页面中创建一个星形，并将星形移动到如图 2-145 所示的位置。

17. 执行【对象】/【变换】/【对称】命令，在弹出的【镜像】对话框中选择【水平】单选项，单击 复制(C) 按钮，复制一个图形，然后将复制出的图形向下调整至如图 2-146 所示的位置。
18. 选择工具，按住 Shift 键单击上方的星形图形，将两个图形同时选择，然后执行【对象】/【变换】/【旋转】命令，在弹出的【旋转】对话框中将【角度】选项的参数设置为“90° ”，单击 复制(C) 按钮，复制出的图形如图 2-147 所示。

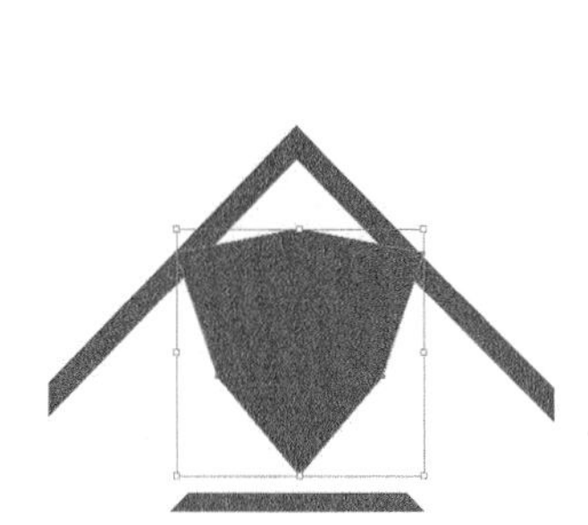
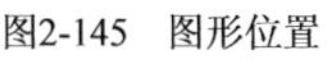

图2-145 图形位置

图2-146 向下复制图形

图2-147 左右复制图形

19. 选择工具，在页面中绘制三角形图形，旋转角度后将其移动到如图 2-148 所示的位置。
20. 将三角形依次复制并旋转角度后放置到如图 2-149 所示的位置。至此，整个装饰图案绘制完成。

图2-148 三角形放置的位置

图2-149 复制出的三角形

21. 执行【文件】/【存储为】命令，将文件命名为“装饰图案.ai”并保存。

2.3.3 实训——绘制适合图案

本小节通过绘制如图 2-150 所示的适合图案，来练习各种工具的综合运用。

【步骤提示】

1. 在 Illustrator CC 软件中创建一个横向的 A4 文件。
2. 利用工具绘制一个与页面相同大小的矩形图形，然后为其填充灰色（K:20）。
3. 选取工具，按住 Shift 键绘制一个圆形图形，然后为其填充灰色（K:40），并将描边色设置为白色，描边宽度设置为“10 pt”，如图 2-151 所示。
4. 选取工具，将鼠标指针移动到页面中单击，在弹出的【星形】面板中设置选项参数，如图 2-152 所示。

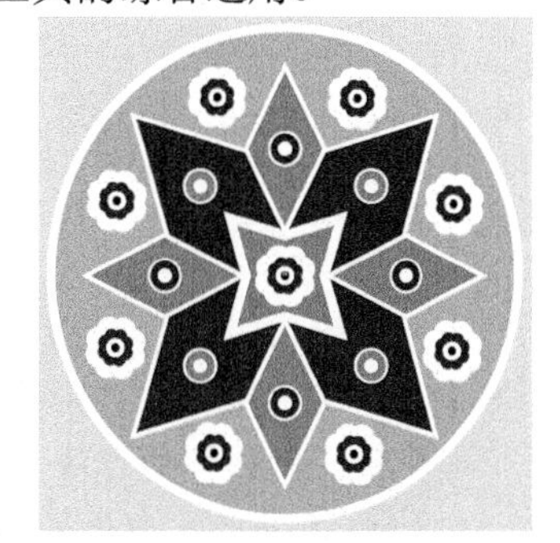

图2-150 绘制的适合图案

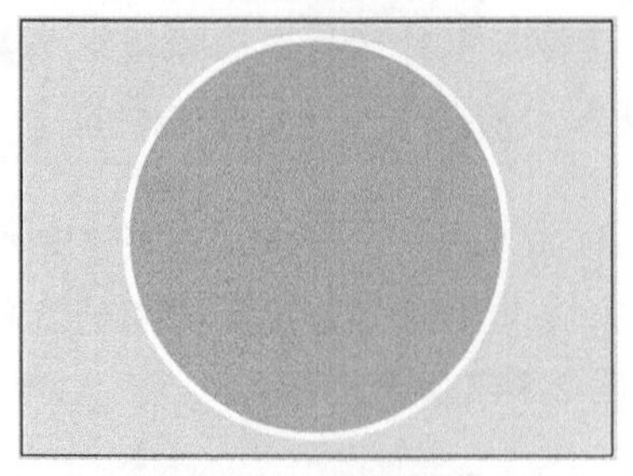

图2-151　绘制的圆形

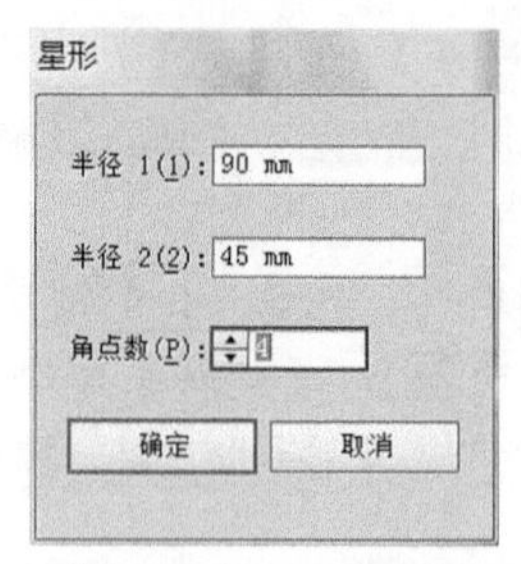

图2-152　【星形】面板

5. 单击 确定 按钮，绘制星形，然后为其填充蓝色（C:100,M:100），并将描边宽度设置为“5 pt”。
6. 将鼠标指针移动到变形框外侧，当鼠标指针显示为旋转符号时，按下鼠标左键并拖曳，同时按住 Shift 键，对图形进行旋转，状态如图 2-153 所示。
7. 执行【对象】/【变换】/【缩放】命令，在弹出的【比例缩放】对话框中将【等比】选项的参数设置为“40%”，单击 复制(C) 按钮，复制图形。
8. 将复制出图形的颜色修改为青色（C:100），描边宽度设置为“10 pt”，如图 2-154 所示。

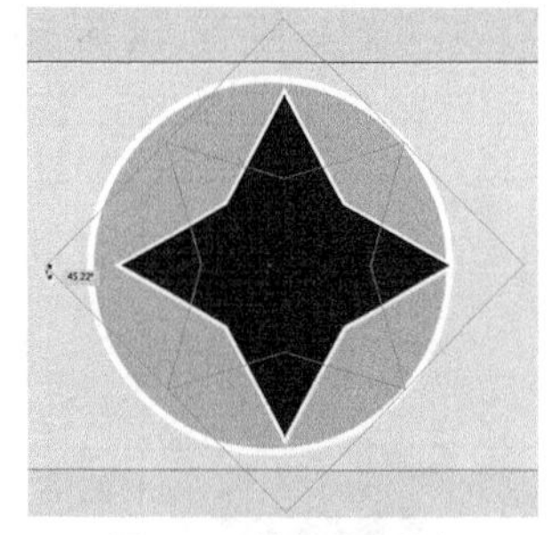

图2-153　旋转图形状态

图2-154　复制出的图形

9. 利用 工具绘制正方形，然后将其旋转 45°，双击 按钮，在弹出的【比例缩放】对话框中设置选项参数，如图 2-155 所示。
10. 单击 确定 按钮，将图形在水平方向上缩放，然后将其调整至如图 2-156 所示的大小及位置。

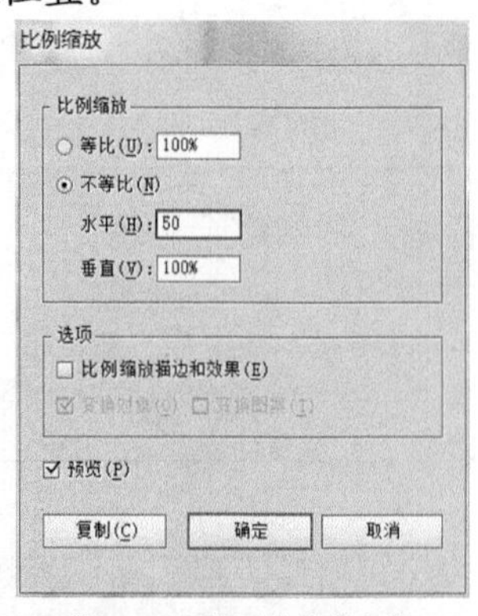

图2-155　设置的缩放参数

图2-156　调整后的图形大小及位置

11. 用旋转复制图形的方法，将菱形图形旋转复制，如图 2-157 所示。
12. 利用 工具绘制白色的圆形图形，然后选取 工具，并将圆形图形的旋转中心调整至图形的右下方位置，如图 2-158 所示。

13. 用旋转复制图形的方法，依次将圆形图形旋转复制，效果如图 2-159 所示。

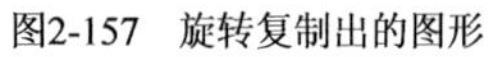
图2-157 旋转复制出的图形

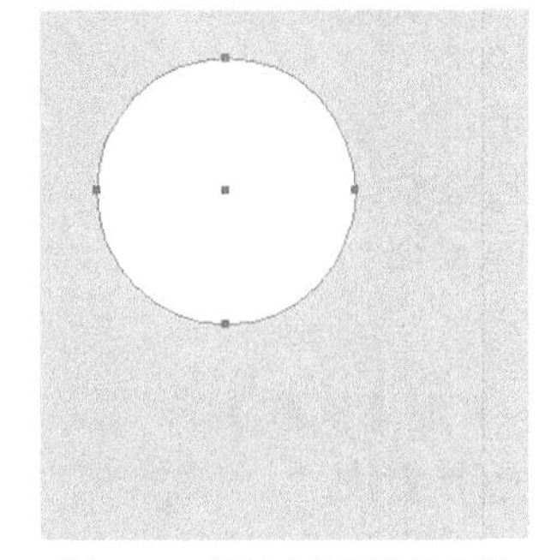

图2-158 旋转中心调整的位置

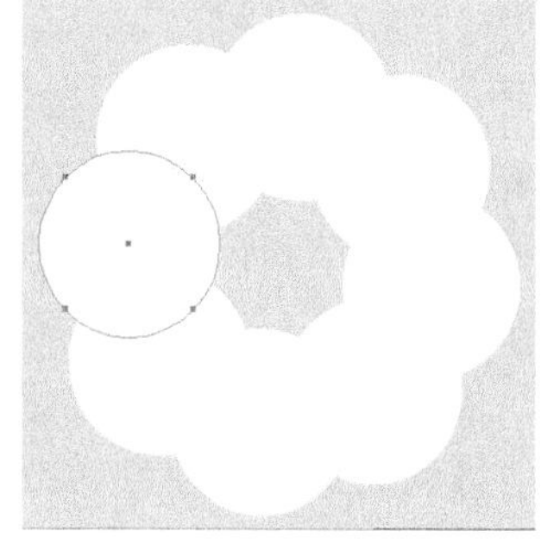

图2-159 旋转复制出的图形

14. 同时选择绘制和复制出的白色圆形，并在【路径查找器】面板中单击按钮，将图形合并为一个整体。
15. 用缩小复制图形的方法，将合并后的图形缩小复制，然后将复制出图形的颜色修改为蓝色（C:100,M:100），如图 2-160 所示。
16. 利用工具绘制出如图 2-161 所示的圆形图形，注意可以利用【对齐】面板将其与合并后的图形以中心对齐。
17. 选择绘制的小花形，并按 Ctrl+G 组合键编组，再调整大小后放置到星形图形的中心位置，如图 2-162 所示。

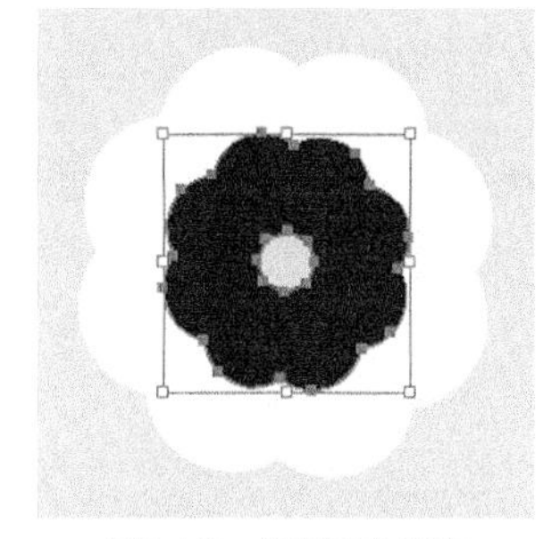

图2-160 复制出的图形

图2-161 绘制的圆形

图2-162 花形放置的位置

18. 再次复制并调整花形图形的位置，然后利用工具绘制出如图 2-163 所示的小圆形。
19. 同时选择并旋转复制花形和小圆形，然后将复制出的部分圆形图形的颜色修改为青色（C:100），如图 2-164 所示，即可完成适合图案的位置。

图2-163 复制的花形及绘制的小圆形

图2-164 制作出的适合图案

20. 执行【文件】/【存储为】命令，将文件命名为“适合图案.ai”并保存。

2.4 综合案例——绘制七彩花都

本节通过绘制一个七彩花都图形，来综合练习本章介绍的基本绘图工具、颜色设置与填充以及选择工具的使用方法和技巧，最终效果如图 2-165 所示。

图2-165　绘制的七彩花都图形

【步骤提示】

1. 在 Illustrator CC 软件中创建一个【宽度】和【高度】选项都为“200mm”的新文档。
2. 选取工具，在页面中绘制出如图 2-166 所示的椭圆形。
3. 选取工具，框选如图 2-167 所示的节点，然后单击属性栏中的按钮，将其转换为尖角，如图 2-168 所示。

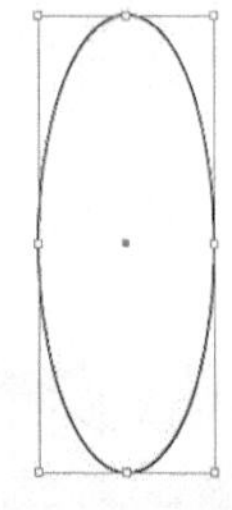
图2-166　绘制的椭圆形

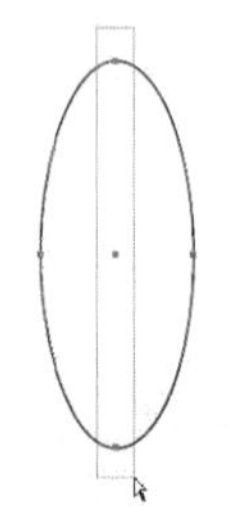
图2-167　选择节点状态

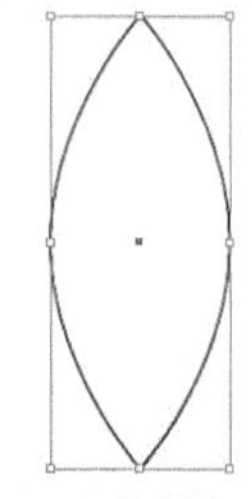
图2-168　转换为尖角后的效果

4. 为绘制的图形填充黄色（C:4,M:26,Y:88），并去除描边色。
5. 执行【对象】/【变换】/【缩放】命令，在弹出的【比例缩放】对话框中将【等比】选项的参数设置为“75%”。
6. 单击 复制(C) 按钮，复制出的图形如图 2-169 所示。
7. 按两次 Ctrl+D 组合键，重复缩小复制图形，然后利用工具将 4 个图形同时选择。
8. 单击属性栏中的 对齐 按钮，在弹出的【对齐】面板中单击按钮，将选择的图形以底端对齐，如图 2-170 所示。
9. 分别选择复制出的小图形，对其颜色进行修改，最终效果如图 2-171 所示。

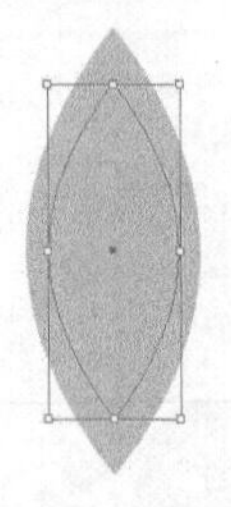
图2-169　缩小复制出的图形

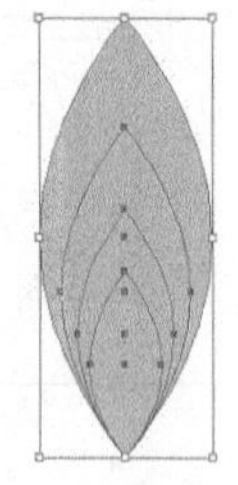
图2-170　以底端对齐后的效果

图2-171　修改颜色后的效果

10. 利用工具将 4 个图形同时选择，然后执行【对象】/【变换】/【对称】命令，在弹出的【镜像】对话框中选择【水平】单选项，然后单击 复制(C) 按钮，复制图形。
11. 将复制出的图形垂直向下调整至如图 2-172 所示的位置。
12. 利用工具将所有图形选择，然后执行【对象】/【变换】/【旋转】命令，在弹出的

【旋转】对话框中将【角度】选项的参数设置为"45°"，单击 复制(C) 按钮，复制出的图形如图 2-173 所示。

13. 按 Ctrl+D 组合键，连续两次复制图形，效果如图 2-174 所示。

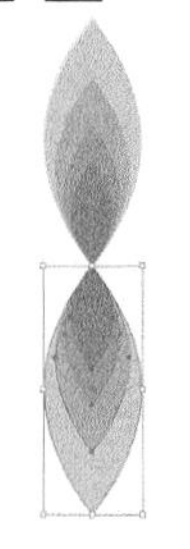
图2-172 复制图形调整后的位置

图2-173 旋转复制出的图形

图2-174 复制出的花形效果

14. 分别选择各个图形，对其颜色进行调整，最终效果如图 2-175 所示。
15. 利用工具分别选择最外侧的 8 个图形，然后依次按 Ctrl+C 组合键和 Ctrl+B 组合键，将选择的图形复制，并粘贴至图形的后面。
16. 执行【窗口】/【路径查找器】命令，将【路径查找器】面板调出，单击按钮，将复制出的图形合并为一个整体。
17. 执行【对象】/【变换】/【缩放】命令，在弹出的【比例缩放】对话框中将【等比】选项的参数设置为"112%"，单击 确定 按钮，图形放大后的效果如图 2-176 所示。

图2-175 修改颜色后的效果

图2-176 图形放大后的效果

18. 按 D 键，将填充色与描边色互换，然后将描边色设置为如图 2-177 所示的渐变色。
19. 将所有图形同时选择，按 Ctrl+G 组合键编组，然后按 Ctrl+C 组合键和 Ctrl+B 组合键，将选择的图形复制并粘贴至图形的后面。
20. 在【透明度】面板中修改复制出图形的透明度为"20%"，然后按住 Shift+Alt 组合键，将鼠标指针放置到变形框右下角的控制点上按下并向右下方拖曳，将图形以中心等比例放大至如图 2-178 所示的形态。

图2-177 设置的渐变色

图2-178 复制出的图形

21. 再次按 Ctrl+C 组合键和 Ctrl+B 组合键，将选择的图形复制并粘贴至图形的后面。
22. 在【透明度】面板中修改复制出图形的透明度为“10%”，然后按住 Shift+Alt 组合键，将鼠标指针放置到变形框右下角的控制点上按下鼠标并向右下方拖曳，将图形以中心等比例放大至如图 2-179 所示的形态。
23. 利用 工具绘制橘黄色的矩形图形，并执行【对象】/【排列】/【后移一层】命令，将其调整至花形图形的后面，效果如图 2-180 所示。

图2-179　复制出的图形

图2-180　绘制的矩形图形

24. 继续利用 工具，根据页面的形态绘制一个相同大小的矩形图形，然后执行【窗口】/【图层】命令，将【图层】面板调出。
25. 将鼠标指针放置到上方的矩形路径上按下鼠标并向下拖曳，至如图 2-181 所示的状态及位置时释放鼠标左键，将其调整至如图 2-182 所示的位置。

图2-181　调整图层位置状态

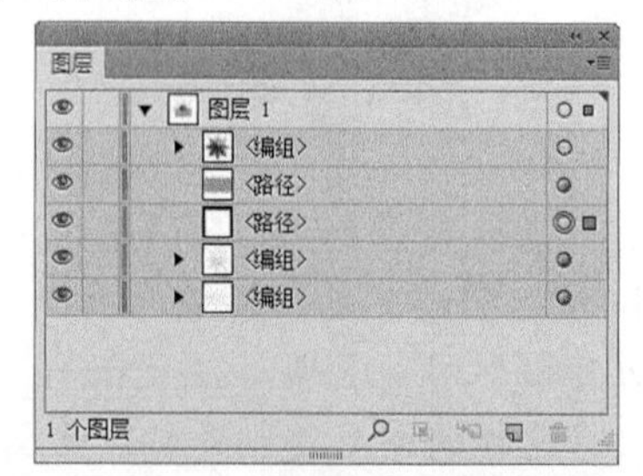

图2-182　图层调整后的效果

26. 按住 Shift 键，依次单击下方两个编组层右侧的 图标，将其与矩形路径同时选择，如图 2-183 所示。
27. 执行【对象】/【剪切蒙版】/【建立】命令，将选择的图形建立一个剪切组，即将超出矩形图形以外的图形隐藏，此时的【图层】面板如图 2-184 所示。

图2-183　选择的图形

图2-184　创建剪切蒙版后的效果

28. 利用工具在页面下方输入如图 2-185 所示的文字，即可完成七彩花都图形的绘制。

图2-185　绘制完成的七彩花都图形

29. 执行【文件】/【存储为】命令，将文件命名为“七彩花都.ai”并保存。

2.5 习题

1. 根据本章所学的内容，设计制作出如图 2-186 所示的标志图形。

【步骤提示】

(1) 新建一个文档。利用工具、工具和工具绘制并调整出标志中的部分构件图形，颜色设置为橘红色（M:52,Y:90）。

(2) 选择工具，将调整出的图形进行复制，然后调整其形状，设置颜色为红色（M:90,Y:95）。

(3) 将图形全部选择后移动复制，然后进行反相，调整合适的位置后完成标志的基本形状，并将颜色分别设置为橘黄色（M:20,Y:100）和深红色（C:26,M:100,Y:100）。

(4) 选择工具，绘制出标志的辅助图形，颜色设置为橘黄色（M:20,Y:100）。然后选择工具，绘制出标志的黑色背景，并调整位置。图 2-187 所示为标志的绘制过程分析图。

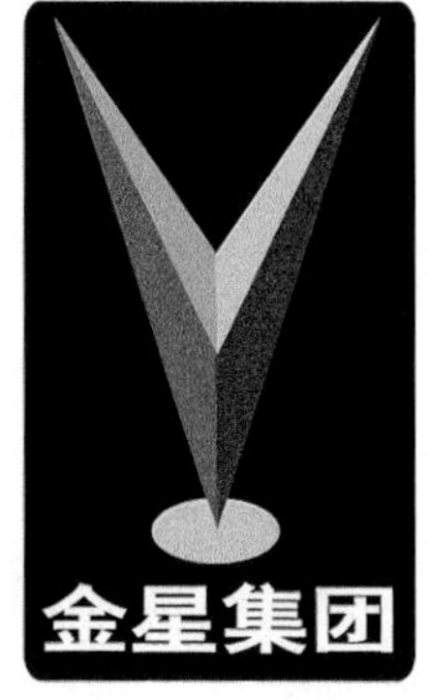

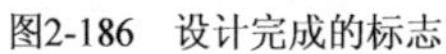

图2-186　设计完成的标志

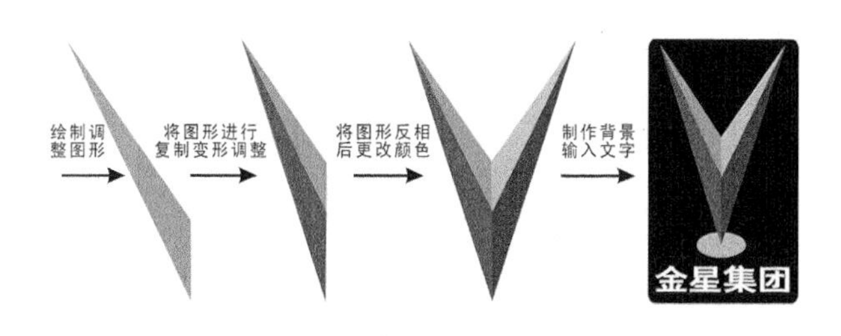

图2-187　标志的绘制过程分析图

2. 根据本章所学的内容，设计制作出如图 2-188 所示的桌面壁纸。

【步骤提示】

(1) 新建一个文档。

(2) 用与 2.2.3 小节制作渐变背景及 2.2.2 小节制作标志图形的相同方法，制作出如图 2-189

所示的背景及图形。

图2-188　制作的桌面壁纸效果

图2-189　制作的渐变背景及图形

(3) 执行【窗口】/【透明度】命令，调出【透明度】面板，然后将【不透明度】选项的参数设置为“10%”。

(4) 将调整不透明度后的图形移动到画面的左下方，如图 2-190 所示。

(5) 继续绘制图形并复制，制作出如图 2-191 所示的图形效果。

图2-190　调整后的位置

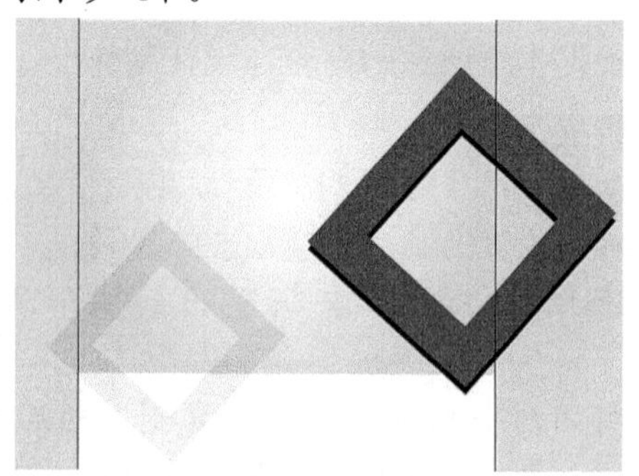

图2-191　绘制的图形

(6) 依次复制图形，分别修改图形的颜色，最终效果如图 2-192 所示。

(7) 利用 T 工具，在画面的左上方输入如图 2-193 所示的字母。

图2-192　复制出的图形

图2-193　输入的字母

(8) 利用工具，在画面的左上方添加如图 2-194 所示的光晕效果，然后将光晕图形依次复制，并调整大小及位置，如图 2-195 所示。

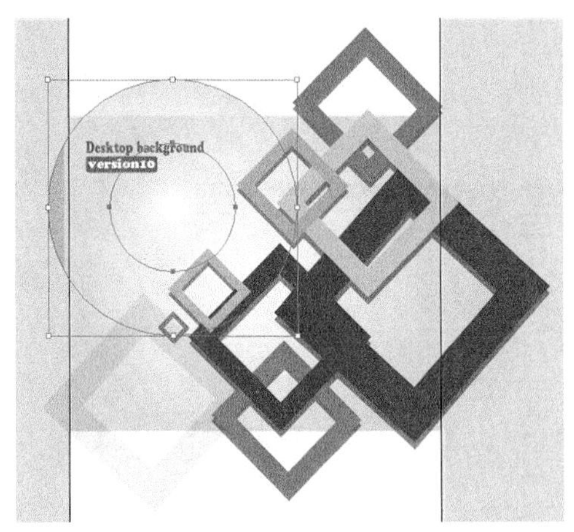

图2-194　添加的光晕效果

图2-195　复制出的光晕图形

(9) 利用▭工具，根据背景的大小绘制矩形图形，然后按住 Shift 键依次选择超出矩形图形外的图形。

(10) 执行【对象】/【剪切蒙版】/【建立】命令，将矩形图形外的图形隐藏，即可完成桌面壁纸的绘制。

第3章　路径、画笔和符号工具

【学习目标】

- 掌握【钢笔】工具、【添加锚点】工具、【删除锚点】工具和【转换锚点】工具的使用方法。
- 掌握【直线段】工具、【弧形】工具和【螺旋线】工具、【矩形网格】工具、【极坐标网格】工具、【铅笔】工具、【平滑】工具和【路径橡皮擦】工具的使用方法。
- 掌握【画笔】工具的使用方法及各种功能，包括预置笔刷、画笔类型、画笔选项、画笔的新建及管理等。
- 掌握各种符号工具的使用方法，包括【符号】面板的使用、符号的创建和编辑等。

路径和画笔工具是 Illustrator 软件中非常重要的工具。在实际工作中，无论多复杂的图形，利用路径工具都可以非常灵活方便地绘制出来。利用画笔工具可以创建出很多不同的艺术图形效果。使用该工具可以为设计的作品锦上添花。

3.1　路径工具

路径工具是一种矢量绘图工具，主要包括【钢笔】工具、【添加锚点】工具、【删除锚点】工具和【转换锚点】工具。在图形绘制过程中，其应用非常广泛，特别是在特殊图形的绘制方面，路径工具具有较强的灵活性和编辑修改性。本节来介绍这几个工具的使用方法。

3.1.1　功能讲解

本小节重点认识路径的特性以及如何绘制并编辑、修改路径等操作。

一、　认识路径

路径是由两个或多个锚点组成的矢量线条，在两个锚点之间组成一条线段。一条路径中可能包含若干条直线线段和曲线线段，通过调整路径中锚点的位置及调节柄的方向和长度可以调整路径的形态。因此，利用路径工具可以绘制出任意形态的曲线或图形。图 3-1 所示为路径构成说明图。

利用【钢笔】工具绘制的路径有两种形态，分别为闭合路径和开放路径，如图 3-2 所示。

由图 3-2 可以看出，开放路径的起点与终点不重合，而闭合路径是一条连续的、没有起点与终点的路径。闭合路径一般用于图形和形状的绘制，开放路径一般用于曲线和线段的绘制。

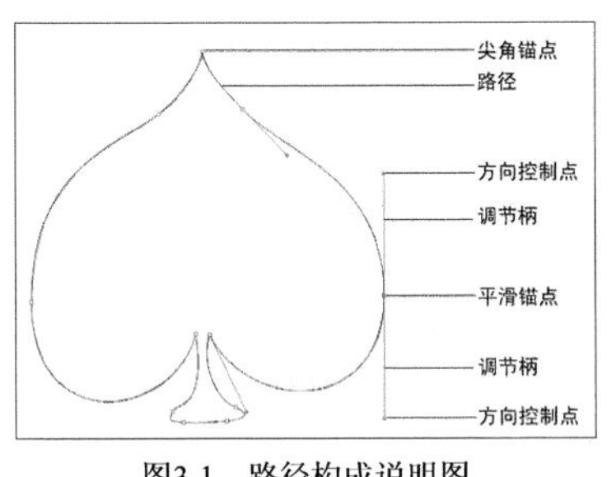

图3-1　路径构成说明图

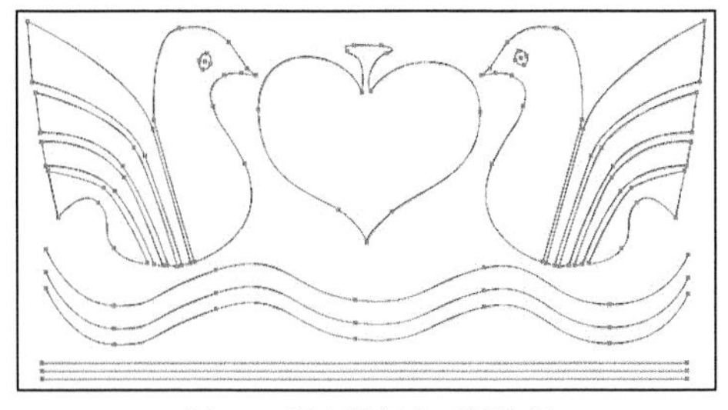
图3-2　闭合路径和开放路径

二、 绘制路径

(1) 绘制直线和闭合路径。

选取工具，将鼠标指针移动到页面中，此时鼠标指针变为“ ”形态，即表示可以开始绘制新路径。在页面中需要创建直线路径的位置单击鼠标左键（不要拖曳鼠标指针），此时在页面上出现一个正方形蓝色实心点，此点即为路径的起点。移动鼠标指针至合适的位置后单击鼠标左键，创建路径的第二个锚点，两个锚点会自动用直线连接起来，即绘制了一段路径。用相同的绘制方法依次移动鼠标指针并单击，即可绘制路径。当鼠标指针移动到路径的起点位置，鼠标指针显示为“ ”符号，表示在此位置单击鼠标左键可以将路径闭合，即创建一个闭合路径，如图 3-3 所示。

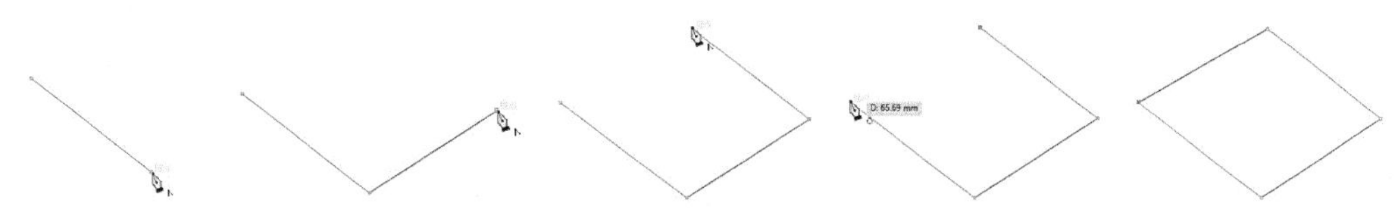
图3-3　绘制路径

(2) 绘制曲线路径。

选取工具，将鼠标指针放置到页面中按下鼠标左键出现曲线的第一个锚点，并且鼠标指针变为黑色箭头形态，然后向下拖曳鼠标指针，出现两个方向控制点和调节柄，如图 3-4 所示。释放鼠标左键后，便绘制出了曲线的起点。将鼠标指针移动到曲线的第二个锚点位置，按下鼠标左键并拖曳，绘制出曲线的第二个锚点。用同样的方法，绘制出路径中的其他锚点，得到最终的曲线路径，如图 3-5 所示。

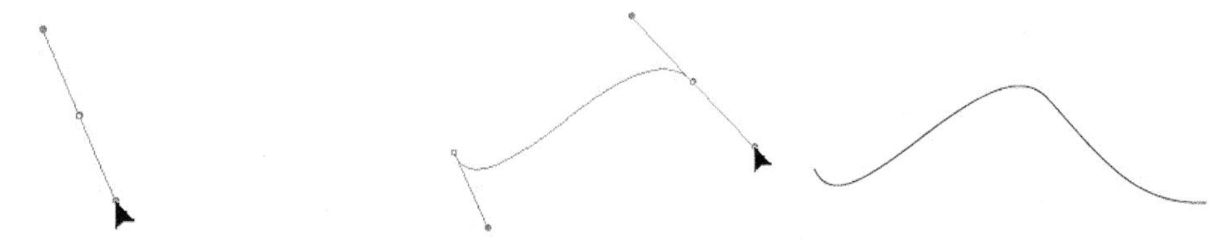
图3-4　显示的控制点和调节柄　　　　图3-5　绘制曲线

路径绘制完毕后，通常用以下的 4 种方法来终止当前绘制的路径。

- 将当前路径绘制成为闭合路径，即可完成该路径的绘制。将鼠标指针移动到路径的起点位置，鼠标指针显示为“ ”形状，然后单击将路径闭合。
- 再次选择【钢笔】工具，或者选择其他工具按钮，也可以终止当前路径的绘制。
- 按住 Alt 键，所选工具暂时变为选择工具，然后在路径以外的任意位置单击，取消该路径的选择状态。

- 执行【选择】/【取消选择】命令，取消该路径的选择状态。

另外，利用【钢笔】工具还可以使开放路径进行连接。首先在页面中选择两条开放路径，然后选择【钢笔】工具，在任意一条路径的一个端点上单击鼠标左键，然后将鼠标指针移动到另一条路径的一个端点上，当鼠标指针显示为“ ”形状时，再次单击鼠标左键，即可将两条开放路径进行连接。用同样的方法也可以将开放路径连接为闭合路径。

三、 编辑路径

将鼠标指针移动到工具箱中的工具处按下鼠标左键不放，会弹出其下隐藏的工具按钮，其中除了工具以外，还包括【添加锚点】工具、【删除锚点】工具和【转换锚点】工具。这几个工具是修改和编辑路径的一组工具，可以在任意路径上添加、删除锚点或更改锚点的性质。

(1) 添加锚点工具。

选择【添加锚点】工具，然后将鼠标指针移动到锚点以外的路径上单击，此时会在单击的位置添加一个新锚点。在直线路径上添加的是尖角锚点，在曲线路径上添加的是平滑锚点。

利用菜单命令也可以为路径添加锚点。首先在页面中选择一条路径，然后执行【对象】/【路径】/【添加锚点】命令，可以在选择路径中的每两个锚点之间添加一个新的锚点，如图3-6所示。

图3-6 原路径与添加锚点后的路径形态

(2) 删除锚点工具。

在绘图过程中，路径上如果有多余的锚点，会非常影响路径平滑度的调整，此时可以利用【删除锚点】工具将多余的锚点删除。删除一些锚点后会减少路径的复杂程度，既缩短了图形的修改编辑时间，也可以缩短图形输出的时间。

选择工具，在路径中的任意锚点上单击，即可将该锚点删除，删除锚点后的路径会自动调整形状，如图3-7所示。锚点的删除不会影响路径的开放与闭合属性。

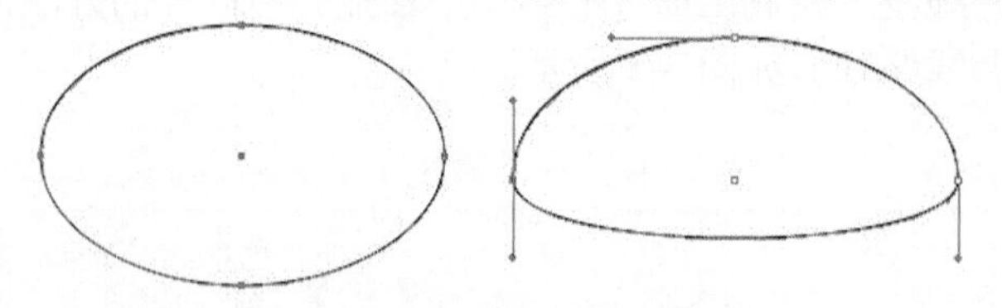

图3-7 删除锚点前后的路径形态

(3) 转换锚点工具。

使用【转换锚点】工具可以改变锚点的性质。在路径的平滑锚点上单击，可以将平滑锚点变为尖角锚点；在尖角锚点上按下鼠标左键同时拖曳，可以将尖角锚点转化为平滑锚点，锚点变化后路径的形状也相应地发生变化。

在利用路径工具绘制图形的过程中，添加、删除和转换锚点工具一般是配合使用的。本小节以简单的案例来练习编辑路径的方法。

【步骤提示】

1. 选择工具，在页面中依次单击鼠标左键，绘制出如图3-8所示的折线钢笔路径。

2. 选择工具，然后将鼠标指针移动到第二个锚点位置处按下鼠标左键同时向右拖曳，此时锚点上将出现两条调节柄，如图 3-9 所示。
3. 释放鼠标左键，调整调节柄后的路径形态如图 3-10 所示。

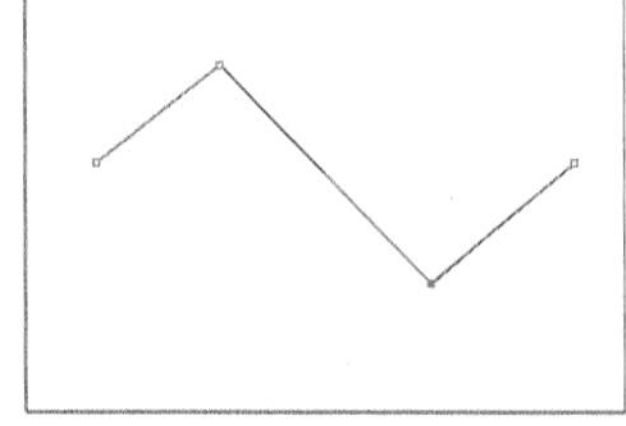
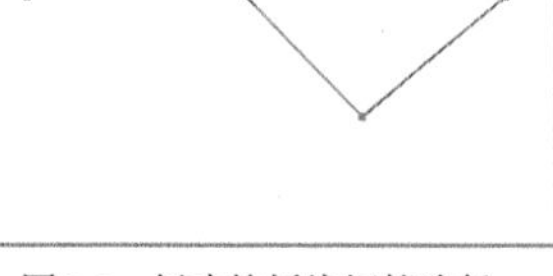
图3-8　创建的折线钢笔路径

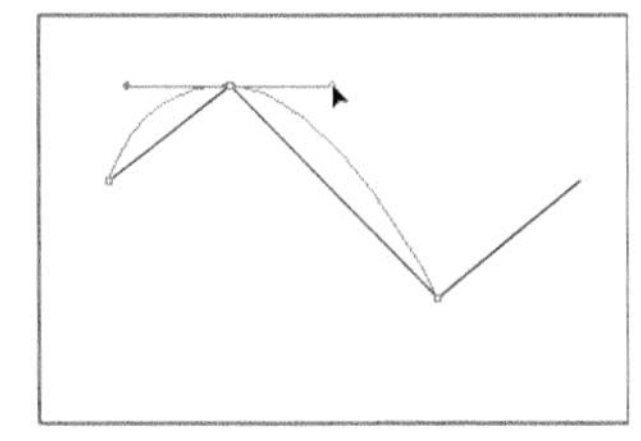
图3-9　出现的调节柄

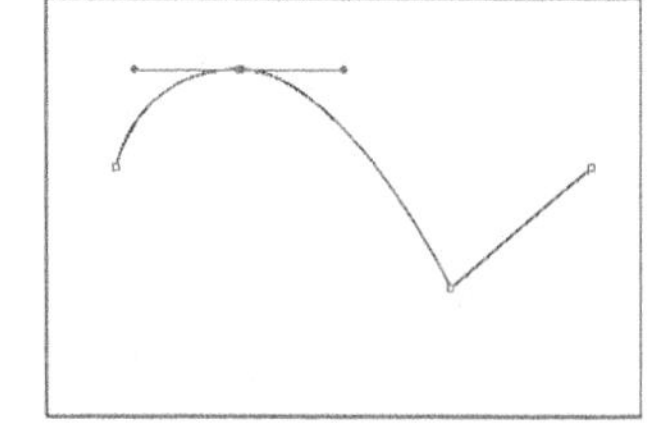
图3-10　调整后的路径形态

4. 用同样的方法对第 3 个锚点进行调整，调整后的路径形态如图 3-11 所示。
5. 选择工具，将鼠标指针移动到如图 3-12 所示的第 2 个锚点位置，然后单击鼠标左键，删除锚点后的路径形态如图 3-13 所示。

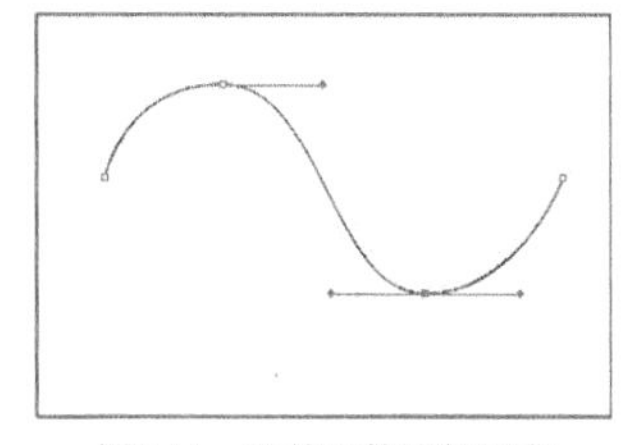
图3-11　调整后的路径形态

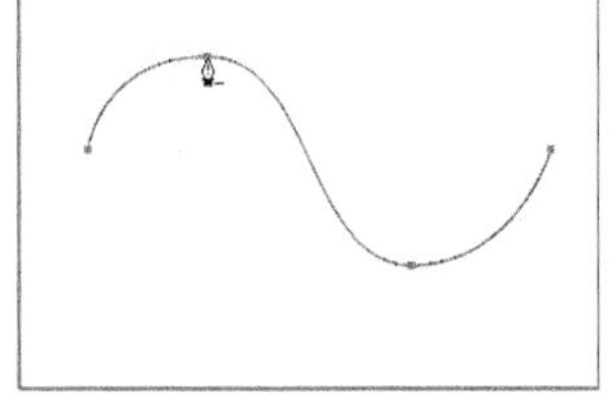
图3-12　鼠标指针所处的位置

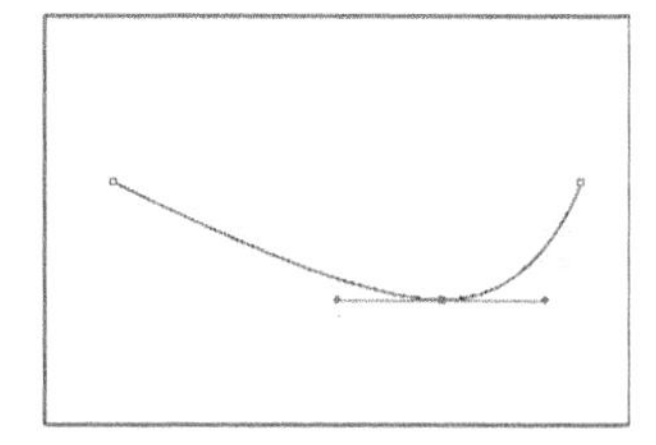
图3-13　删除锚点后的路径形态

6. 将原路径中的第 3 个锚点删除，删除锚点后的路径变为如图 3-14 所示的线段。
7. 选择工具，将鼠标指针移动到直线路径的中间位置后单击，在该位置添加一个新锚点，添加锚点后的路径如图 3-15 所示。
8. 再利用工具，在添加的锚点位置按下鼠标左键同时向右下方拖曳，将钢笔路径调整至如图 3-16 所示的形态。

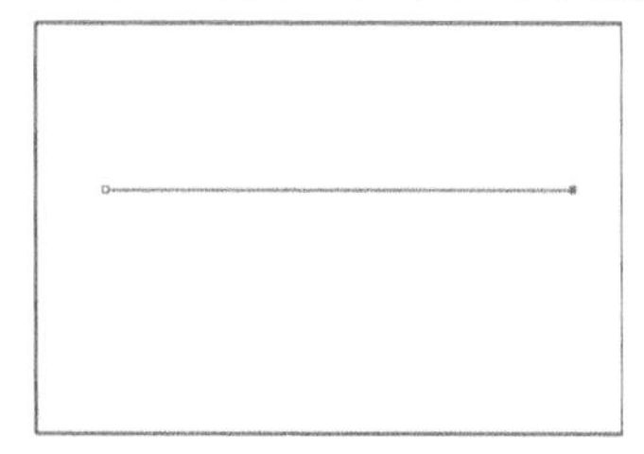
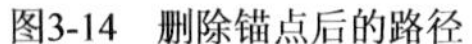
图3-14　删除锚点后的路径

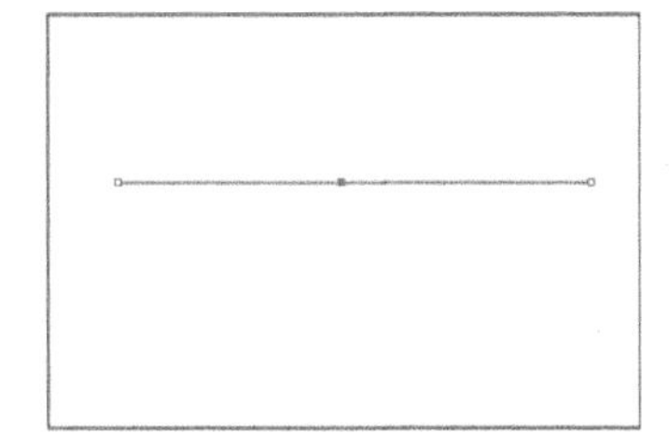
图3-15　添加锚点后的路径

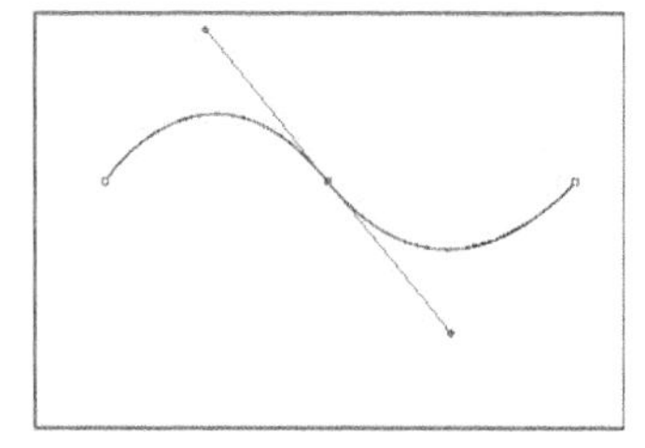
图3-16　调整锚点后的路径

3.1.2 范例解析——绘制几何图案

本小节通过绘制如图 3-17 所示的几何图案，来练习编辑路径工具的使用方法。

图3-17　几何图案

【步骤提示】

1. 创建一个新的文档。
2. 选择工具，在页面中单击鼠标左键，弹出【星形】对话框，参数设置如图 3-18 所示。
3. 单击 确定 按钮，在页面中绘制一个星形，然后将星形的描边色设置为橘黄色

（M:13,Y:63），描边宽度设置为“5 pt”。

4. 为星形图形填充由白色到紫色（C:40,M:100）的径向渐变色，效果如图 3-19 所示。
5. 选择[工具图标]工具，在星形上方的锚点上按下鼠标左键并拖曳，此时将在锚点的两侧出现调节柄，状态如图 3-20 所示。

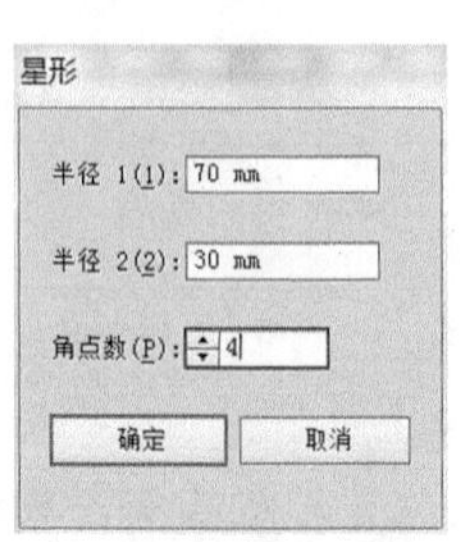

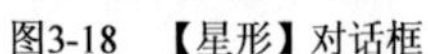
图3-18　【星形】对话框

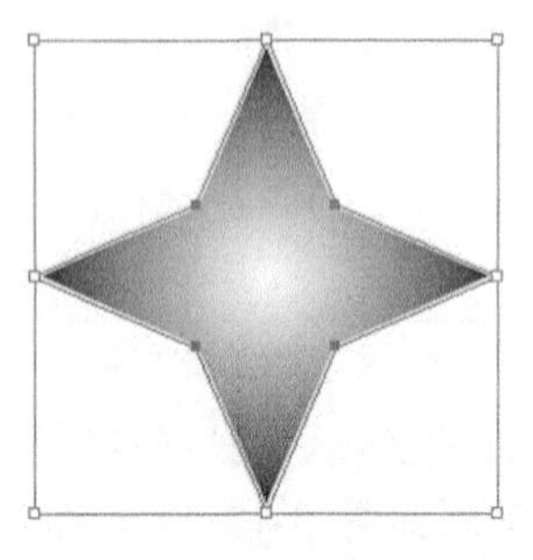

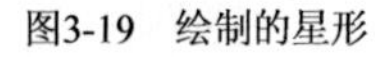
图3-19　绘制的星形

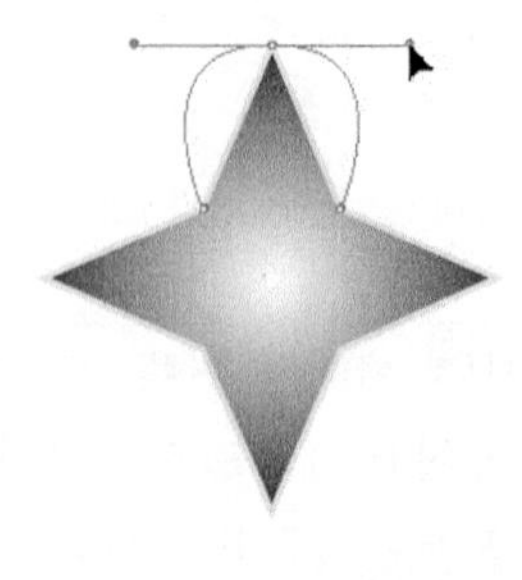
图3-20　出现的调节柄

6. 拖曳鼠标指针到合适位置后释放鼠标左键，在右侧出现的控制点上按下鼠标左键并拖曳，对其中一个控制柄进行调整，调整状态如图 3-21 所示。

要点提示　当在锚点上按下鼠标左键并拖曳时，在控制点的两侧将出现两个控制柄，任意拖曳鼠标指针的位置，出现的控制柄将始终以锚点为对称点。当释放鼠标左键，再次调整任意一个控制柄时，另一个控制柄将处于锁定状态。当对图形进行调整后，再次在锚点上单击时，调整后的锚点将还原为没有调整时的形态。

7. 单击如图 3-22 所示的锚点，显示左侧的调节柄。

要点提示　调整完一侧的控制点后，另一侧的调节柄将被隐藏，此时可利用[工具图标]工具单击其相邻的锚点使其显示，也可利用[工具图标]工具在该锚点上单击，即可再次显示其两侧的调节柄。

8. 对左侧的控制点进行调整，状态如图 3-23 所示。

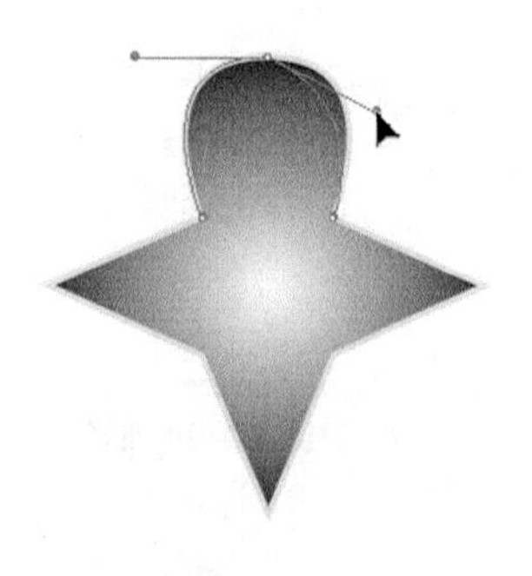
图3-21　调整状态

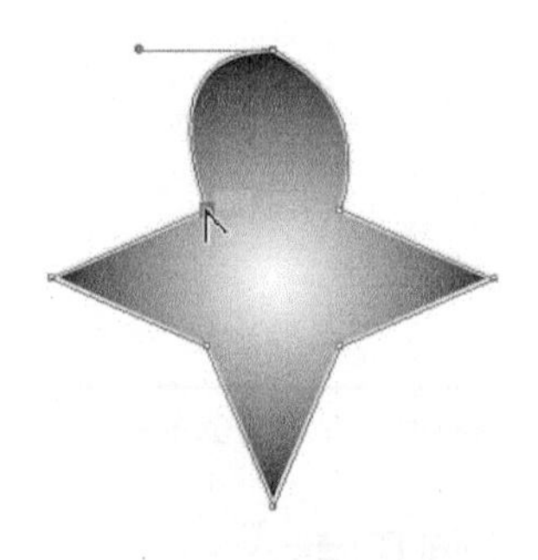
图3-22　单击的锚点

图3-23　调整控制点状态

9. 用以上相同的调整方法，对星形的其他锚点进行调整，最终效果如图 3-24 所示。
10. 再次选择[工具图标]工具，在页面中拖曳鼠标指针绘制四角星形，然后修改图形的填充色为由橘黄色（M:60,Y:100）到黄色（Y:100）的径向渐变，描边色为紫色（C:50,M:90），如图 3-25 所示。
11. 选取[工具图标]工具，将鼠标指针移动到如图 3-26 所示的锚点上单击，将该锚点删除，然后将鼠标指针移动到右侧对应的锚点上单击。删除锚点后的图形形态如图 3-27 所示。

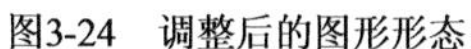
图3-24　调整后的图形形态

图3-25　绘制的星形

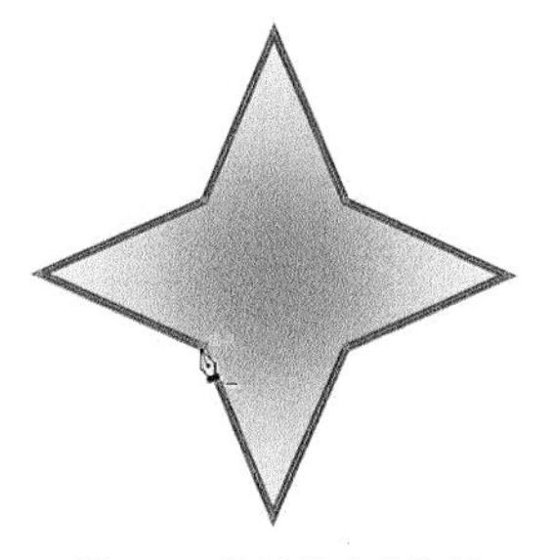
图3-26　鼠标单击的位置

12. 用与以上相同的调整方法，将图形调整至如图 3-28 所示的形态。
13. 执行【对象】/【排列】/【置于底层】命令，将新绘制的图形调整至刚才绘制图形的下方，调整大小后放置到如图 3-29 所示的位置。

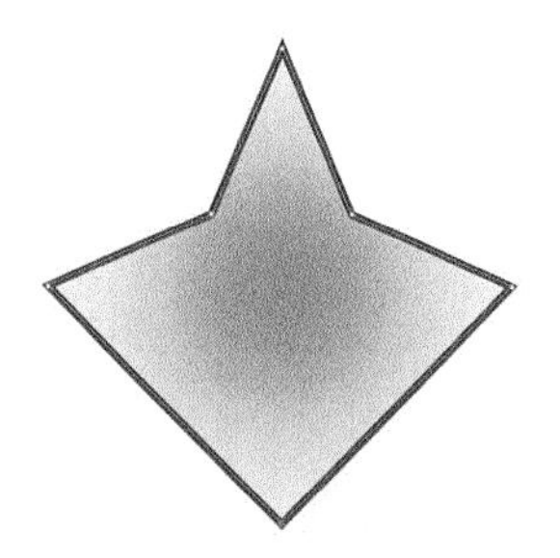
图3-27　删除锚点后的图形形态

图3-28　调整后的图形形态

图3-29　图形放置的位置

14. 选择工具，在图形下方的中间位置单击，确定旋转中心的位置，调整后的旋转中心如图 3-30 所示。
15. 将鼠标指针移动到图形上，在按下鼠标左键的同时按住 Shift+Alt 组合键，拖曳鼠标指针将图形进行旋转复制。

要点提示　注意，在旋转复制时，首先按下鼠标左键，然后按键盘中的相应键。按住 Shift 键，可以确保图形旋转时按照 45° 角的倍数进行旋转。按住 Alt 键，可以在旋转的同时复制图形。当按住 Shift+Alt 组合键旋转花瓣图形时，可以确保花瓣按照 45° 角的倍数进行旋转复制。

16. 将图形旋转复制后，按住 Ctrl 键，然后连续按两次 D 键，重复执行旋转复制操作，旋转复制出如图 3-31 所示的图形。
17. 利用工具及旋转复制图形的方法，再绘制出如图 3-32 所示的图形，即可完成图案的绘制。

图3-30　调整后的旋转中心

图3-31　旋转复制出的图形

图3-32　制作的图案效果

18. 执行【文件】/【存储为】命令，将文件命名为“几何图案.ai”并保存。

3.1.3　实训——绘制图案

图3-33　图案效果

本小节通过绘制如图 3-33 所示的图案，练习路径工具的使用方法。

【步骤提示】

1. 创建一个新的文档。
2. 选择工具，在页面中绘制一个椭圆形，并添加黄色（Y:100）到红色（M:100,Y:100,K:36）的径向渐变，效果如图 3-34 所示。
3. 用与 2.4 小节相同的绘制图形方法，制作出如图 3-35 所示的花形图案。
4. 选择工具，在花的中心位置绘制一个圆形，并填充与前面绘制的图形相同的渐变色表示花心，效果如图 3-36 所示。

图3-34　填充渐变颜色效果

图3-35　绘制的花形图案

图3-36　绘制的花心效果

5. 将绘制好的花瓣和花心同时选择，执行【对象】/【编组】命令，使其编组，成为一个整体。
6. 选择工具，单击鼠标左键，弹出【星形】对话框，参数设置如图 3-37 所示。
7. 单击 确定 按钮，在页面中创建一个三角形，并添加深绿色（C:89,M:42,Y:100）、中绿色（C:60,Y:85）和浅绿色（C:34,Y:51）的径向渐变，效果如图 3-38 所示。
8. 选择工具，在三角形上边中间的锚点上按下鼠标左键，将锚点向下移动到如图 3-39 所示的位置。

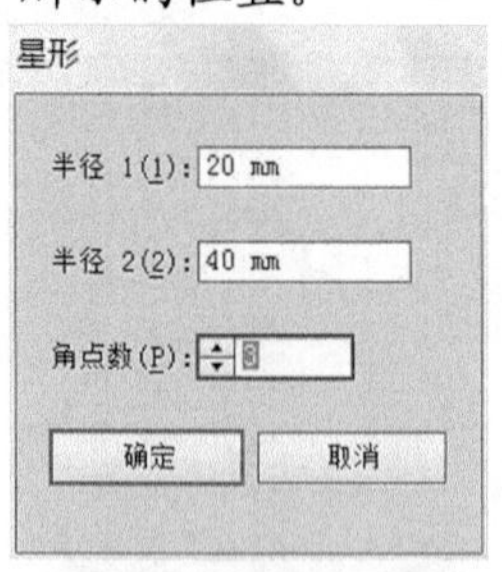

图3-37　【星形】对话框

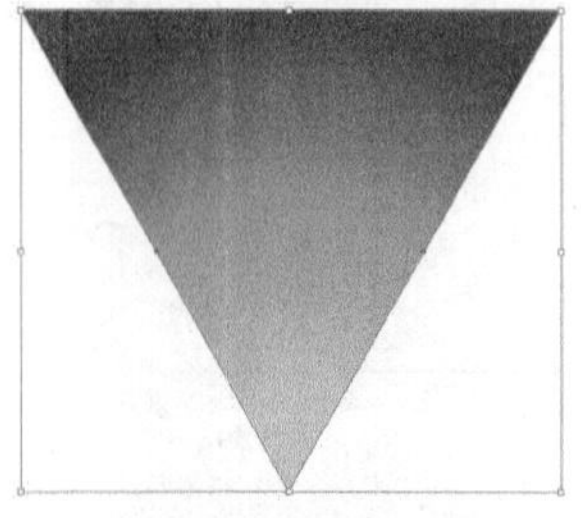

图3-38　绘制的图形

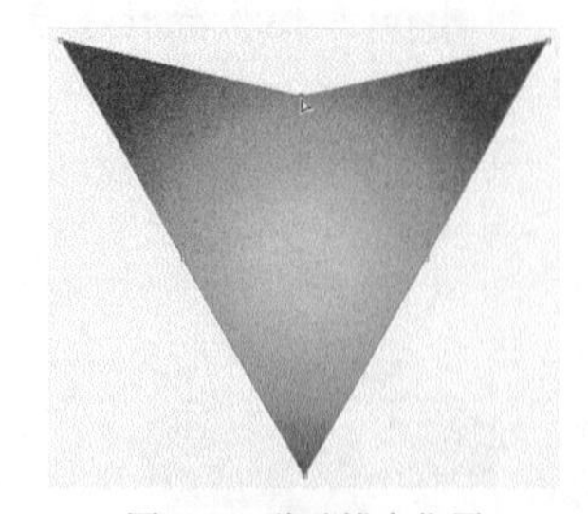

图3-39　移动锚点位置

9. 选择工具，在移动位置的锚点上按下鼠标左键并拖曳，此时将在锚点的两侧出现调节柄，在左侧出现的控制柄上按下鼠标左键并拖曳，状态如图 3-40 所示。
10. 调整左侧的控制柄后，用同样的方法调整右侧的控制柄，状态如图 3-41 所示。

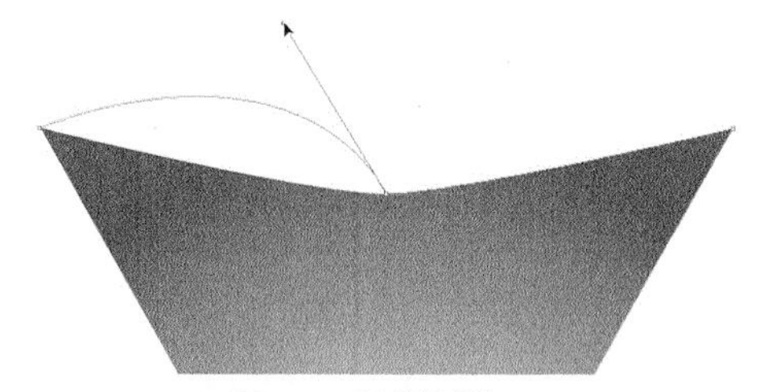

图3-40　调整控制柄 1

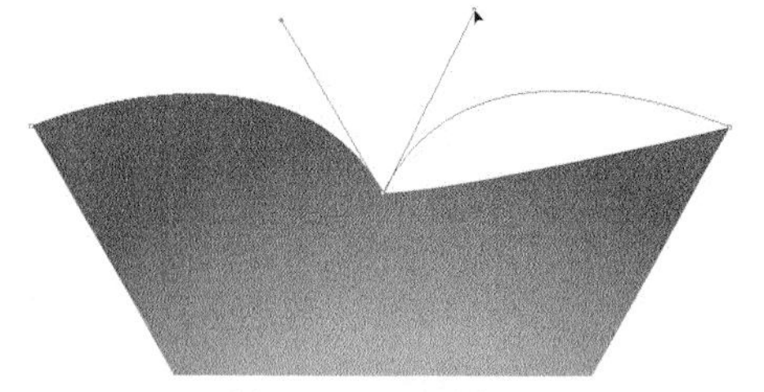

图3-41　调整控制柄 2

11. 选择工具，将鼠标指针移动到如图 3-42 所示的锚点位置单击，删除锚点。用同样的方法将右侧相对应的锚点删除。
12. 选择工具，将三角形调整为心形图形，效果如图 3-43 所示。
13. 将调整好的心形移动到如图 3-44 所示的位置。

图3-42　删除锚点状态

图3-43　调整后的图形

图3-44　图形放置的位置

14. 选择工具，将心形的旋转中心调整到群组图形的中心位置，然后用旋转复制图形的方法，旋转复制出如图 3-45 所示的图形。
15. 选择工具，在页面中连续单击，绘制如图 3-46 所示的路径图形，并将描边宽度设置为“2 pt”，颜色设置为浅绿色（C:50,Y:100）。
16. 利用工具将图形调整成如图 3-47 所示的形态。

图3-45　旋转复制出的图形

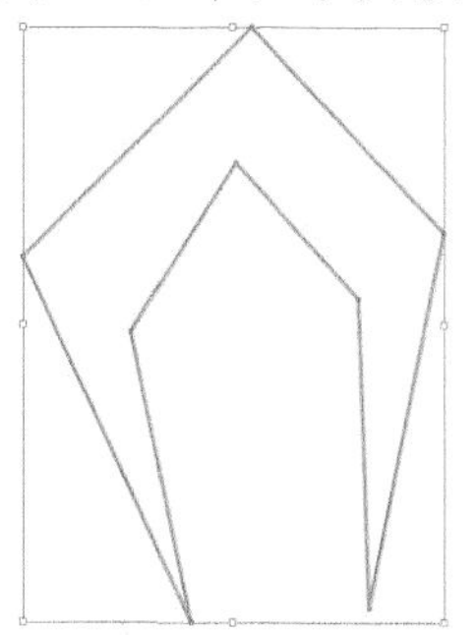

图3-46　绘制的图形

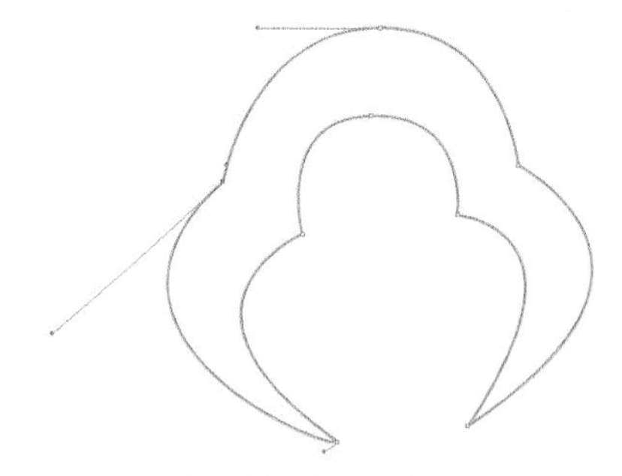

图3-47　调整后的形态

17. 将图形填充为与刚才绘制的心形图形相同的径向渐变颜色，然后调整至如图 3-48 所示的大小及位置。
18. 用以上相同的旋转复制图形方法复制图形，效果如图 3-49 所示。
19. 利用工具和工具，绘制并调整出如图 3-50 所示的图形，并填充上与心形相同的渐变颜色。

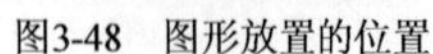

图3-48 图形放置的位置

图3-49 旋转复制出的图形

图3-50 绘制的图形

20. 利用工具选择刚绘制的图形，执行【对象】/【变换】/【对称】命令，在弹出的【镜像】对话框中选择【水平】单选项，然后单击 复制(C) 按钮，复制出另外一个图形，如图 3-51 所示。
21. 利用工具将复制出的图形旋转一定角度，然后调整到如图 3-52 所示的位置。
22. 选择工具，单击鼠标左键，弹出【星形】对话框，将【角点数】选项的参数设置为“4”，然后单击 确定 按钮，在页面中创建一个四角星，如图 3-53 所示。

图3-51 复制出的图形

图3-52 调整后的图形

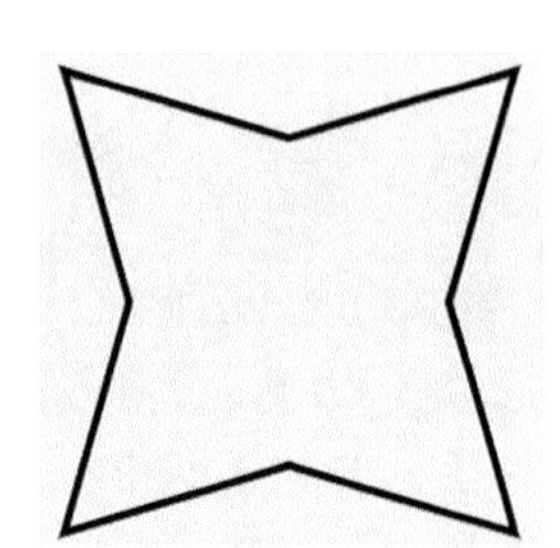

图3-53 绘制出的四角星

23. 选择工具，在如图 3-54 所示的位置单击，复制填充的渐变颜色。
24. 选择工具，在图形上面出现如图 3-55 所示的渐变颜色调整框。
25. 将渐变颜色调整框移动到如图 3-56 所示的位置。

图3-54 复制渐变颜色

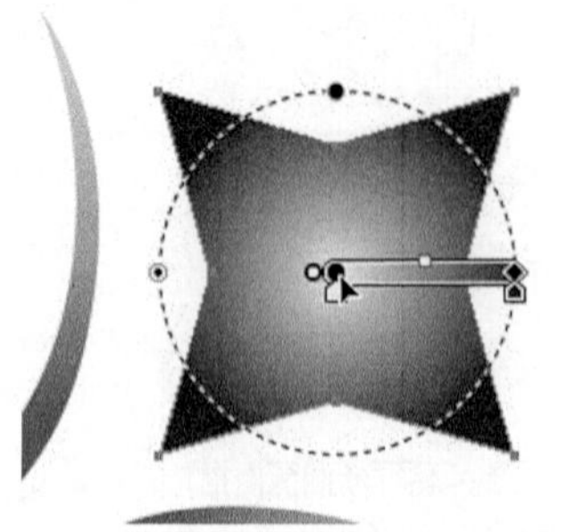

图3-55 出现的调整框

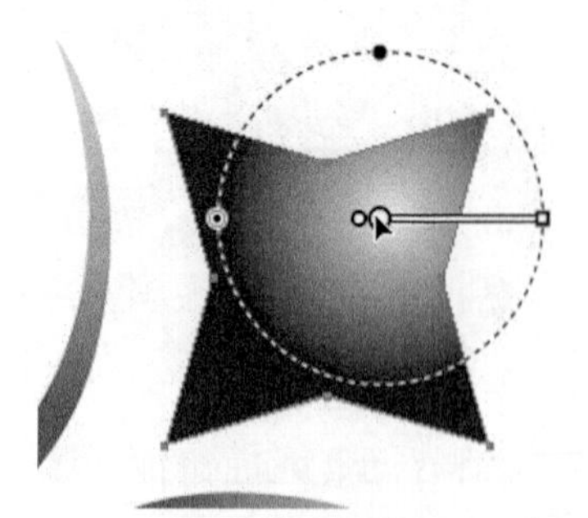

图3-56 调整位置

26. 将图形的描边宽度设置为“3pt”，描边颜色设置为黄色（C:5,Y:90），效果如图 3-57 所示。
27. 选择工具，将左侧和下方中间的两个锚点删除，得到如图 3-58 所示的形态。
28. 选择工具，将图形调整成如图 3-59 所示的形态。

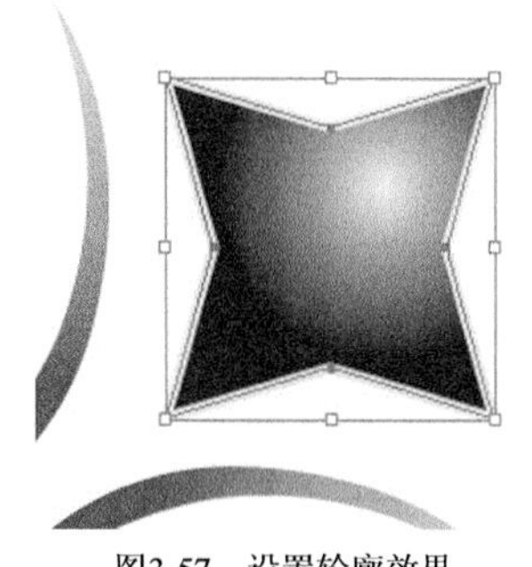

图3-57 设置轮廓效果　　图3-58 删除锚点效果　　图3-59 调整后的形态

29. 选择工具，绘制出如图 3-60 所示的两个具有绿色到黄色径向渐变颜色的图形。
30. 利用工具将如图 3-61 所示的几个图形同时选择，执行【对象】/【编组】命令，将图形编组，然后利用旋转复制操作，得到如图 3-62 所示的图形。

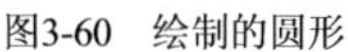
图3-60 绘制的圆形　　图3-61 选择图形　　图3-62 旋转复制出的图形

31. 使用相同的绘制操作方法，在图案中继续绘制出如图 3-63 所示的图形。
32. 选择工具，绘制一个正方形，然后填充淡绿色（C:10,Y:20）。
33. 执行【对象】/【排列】/【置于底层】命令，将正方形放置在图案的后面，组合后的效果如图 3-64 所示。

图3-63 绘制的图形

图3-64 组合后的效果

34. 执行【文件】/【存储为】命令，将文件命名为“图案.ai”并保存。

3.2 绘制线及曲线图形工具

除了利用路径工具绘制线和图形外，还有一些专门用于绘制线和曲线图形及编辑线和图形的工具。本节主要介绍这些工具的功能和使用方法。

3.2.1　功能讲解

绘制线的工具包括【直线段】工具、【弧形】工具、【螺旋线】工具、【矩形网格】工具和【极坐标网格】工具；绘制曲线的工具包括【铅笔】工具、【平滑】工具和【路径橡皮擦】工具。下面分别介绍这些工具的基本功能。

一、【直线段】工具

【直线段】工具的主要作用是绘制线段。在此工具被选中的情况下，在页面中按下鼠标左键并拖曳即可得到一条线段。如果要绘制精确的直线段，可以在激活按钮的情况下按键盘上的 Enter 键或在页面中单击鼠标左键，也可以双击工具箱中的工具，弹出如图 3-65 所示的【直线段工具选项】对话框，通过该对话框可以精确地设置直线段的长度、角度和是否填充颜色。

按下鼠标左键并拖曳绘制直线段时，同时按空格键，可以移动所绘制直线段的位置（此快捷操作对于工具箱中的大多数工具都可使用，在后面其他工具的讲解过程中将不再赘述）；同时，按 Alt 键，可以绘制由鼠标按下点为中心向两边延伸的直线段；同时按 Shift 键，可以绘制角度为 45° 或 45° 角倍数的直线段；同时按键盘上左上方的~键，可以绘制放射式直线段。

二、【弧形】工具

【弧形】工具的主要作用是绘制弧线段或闭合的弧线图形。选择该工具后，将鼠标指针移动到页面中，按下鼠标左键不放确定起点，在不释放鼠标左键的情况下，拖曳鼠标指针到适当的位置时释放左键，即可完成弧线段或闭合的弧线图形的绘制。

绘制精确的弧线段或闭合的弧线图形，可以通过双击工具箱中的工具，按 Enter 键或在页面中单击鼠标左键。执行以上任一操作即可弹出如图 3-66 所示的【弧线段工具选项】对话框，在该对话框中可以设置精确的数值来定义创建出的弧形的大小。

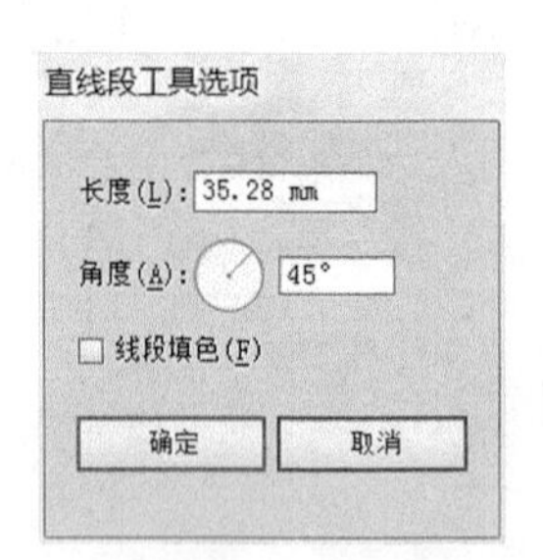

图3-65　【直线段工具选项】对话框

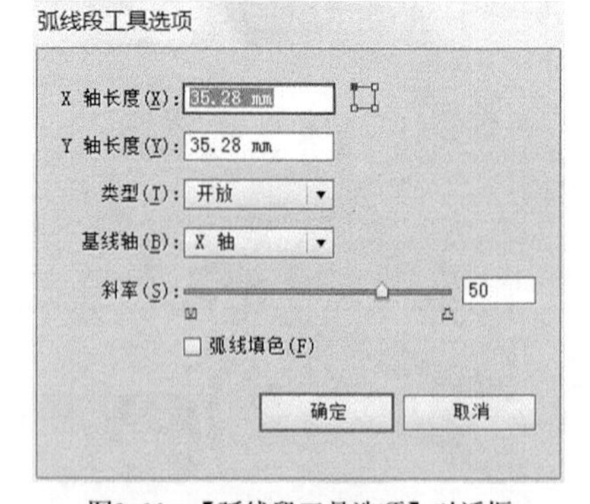

图3-66　【弧线段工具选项】对话框

按下鼠标左键并拖曳绘制弧线或闭合的弧线图形时，同时再按 Shift 键，可以绘制对称的弧线或闭合的对称弧线图形；同时按键盘上的~键，可以绘制多条弧线；同时按 C 键，可以在开放的弧线与闭合的弧线之间进行切换；同时按 F 键，可以翻转所绘制的弧线或闭合的弧线图形；同时按↑方向键，可以增加圆弧的曲率；同时按↓方向键，可以减小圆弧的曲率。

三、【螺旋线】工具

【螺旋线】工具的主要作用是绘制螺旋线形。选择该工具，将鼠标指针移动到页面中，按下鼠标左键不放确定起点，在不释放鼠标左键的情况下，拖曳鼠标指针到适当的位置时释放按键，即可完成螺旋线的绘制。

如果要绘制精确的螺旋线，可在页面中单击鼠标左键，弹出如图3-67 所示的【螺旋线】对话框。在该对话框中可以设置精确的数值来定义螺旋线的半径、衰减、段数以及样式等。

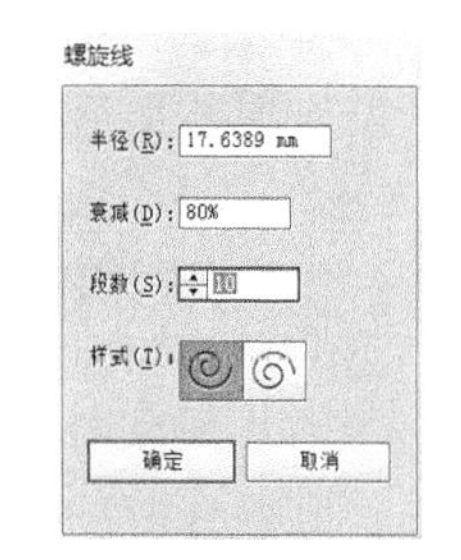

图3-67 【螺旋线】对话框

要点提示 按下鼠标左键并拖曳绘制螺旋线时，同时按键盘上的↑方向键，可以增加螺旋线的圈数，按键盘上的↓方向键，可以减少螺旋线的圈数。

四、【矩形网格】工具

利用【矩形网格】工具可以快速地绘制网格图形。该工具的使用方法非常简单：在页面中按下鼠标左键不放确定起点，在不释放鼠标左键的情况下，拖曳鼠标指针到适当的位置后释放左键，即可完成网格图形的绘制。

双击工具箱中的工具、按 Enter 键或在页面中单击鼠标左键，均可弹出如图 3-68 所示的【矩形网格工具选项】对话框，在该对话框中可以精确地设置网格的大小以及分割数量。

要点提示 按下鼠标左键并拖曳网格图形时，按键盘上的↑方向键，可以在垂直方向上增加网格图形；按键盘上的↓方向键，可以在垂直方向上减少网格图形；按键盘上的→方向键，可以在水平方向上增加网格图形；按键盘上的←方向键，可以在水平方向上减少网格图形。

五、【极坐标网格】工具

使用【极坐标网格】工具可以绘制具有同心圆的放射线效果。选择该工具，将鼠标指针移动到页面中，按下鼠标左键不放确定起点，在不释放鼠标左键的情况下，拖曳鼠标指针到适当的位置时释放按键，即可完成极坐标网格图形的绘制。

双击工具箱中的工具、按 Enter 键或在页面中单击鼠标左键，均可弹出如图 3-69 所示的【极坐标网格工具选项】对话框。

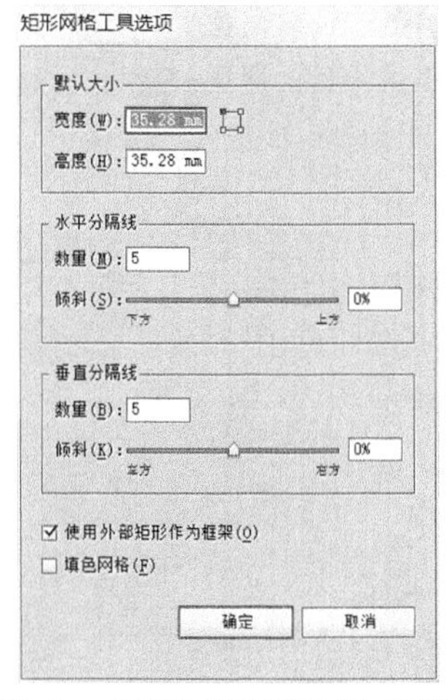

图3-68 【矩形网格工具选项】对话框

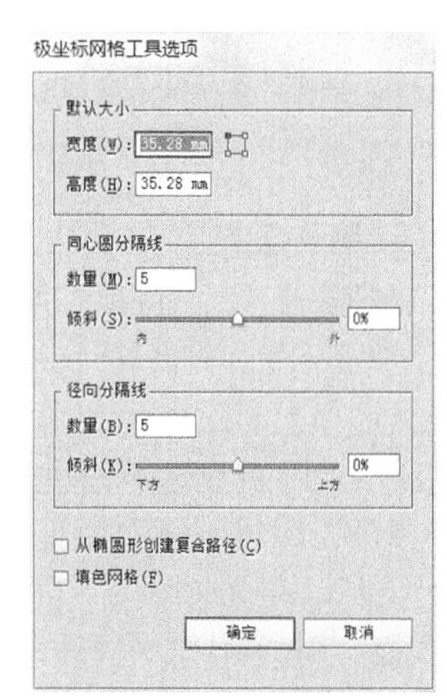

图3-69 【极坐标网格工具选项】对话框

- 【宽度】和【高度】选项：分别输入数值，可以按照定义的大小绘制极坐标网格图形。
- 【同心圆分隔线】分组框：在【数量】文本框中输入数值，可以按照定义的数值绘制同心圆网格的分割数量。在【倾斜】文本框中输入正数数值，可以按照由内向外的递减偏移进行同心圆网格分割；输入负数数值，可以按照由内向外的递增偏移进行同心圆网格分割。图 3-70 所示为设置不同的【倾斜】值时创建的极坐标网格图形。

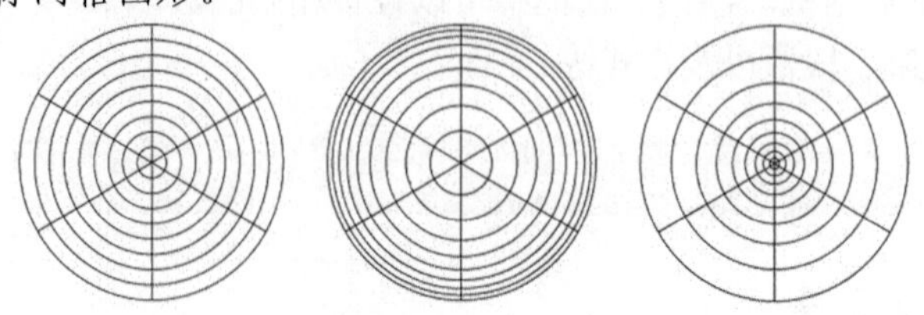

图3-70　设置不同的【倾斜】值时创建的极坐标网格图形 1

- 【径向分隔线】分组框：在【数量】文本框中输入数值，可以按照定义的数值创建同心圆网格中的射线分割数量。在【倾斜】文本框中输入正数数值，可以按照逆时针方向递减偏移进行射线分割；输入负数数值，可以按照逆时针方向递增偏移进行射线分割。图 3-71 所示为设置不同的【倾斜】值时创建的极坐标网格图形。
- 【从椭圆形创建复合路径】复选项：选择此复选项后，创建出的极坐标网格图形将以间隔的形式颜色填充，如图 3-72 所示。

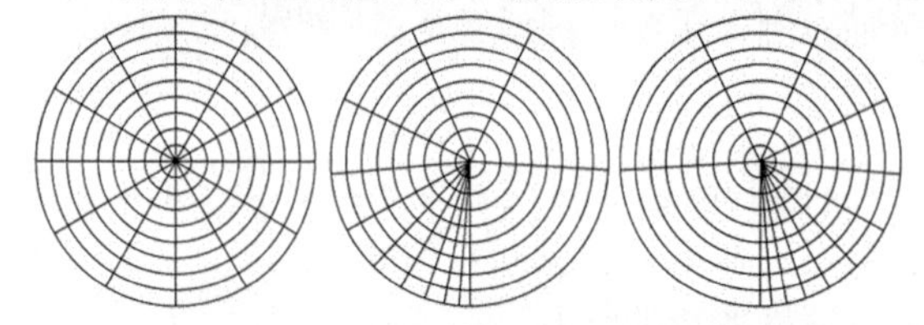

图3-71　设置不同的【倾斜】值时创建的极坐标网格图形 2

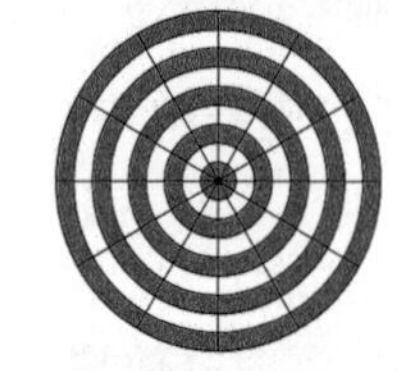

图3-72　从椭圆形创建的复合路径

按下鼠标左键并拖曳绘制极坐标网格图形时，同时按键盘上的↑方向键，可以增加同心圆网格的数量；按键盘上的↓方向键，可以减少同心圆网格的数量；按键盘上的→方向键，可以增加同心圆网格射线的数量；按键盘上的←方向键，可以减少同心圆网格射线的数量；同时按住Shift键，可以绘制圆形极坐标网格图形。

六、【铅笔】工具

利用【铅笔】工具可以在页面中绘制任意形状的开放或闭合路径。双击工具或按 Enter 键，弹出如图 3-73 所示的【铅笔工具选项】对话框。利用该对话框中的选项和参数可以设置绘制线时的保真度、平滑度、是否填充新铅笔描边、是否保持选定、是否编辑所选路径等。

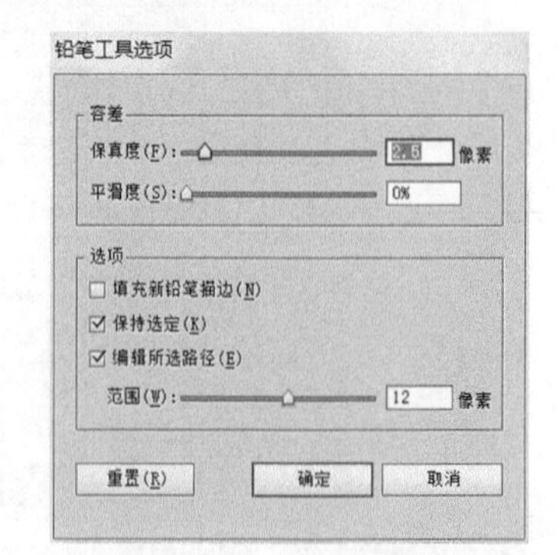

图3-73　【铅笔工具选项】对话框

选择工具，在页面中按下鼠标左键并拖曳，即可绘制需要的路径，在绘制过程中，将有一条虚线跟随鼠标指针，铅笔工具将变为形状，释放鼠标左键后即可确定绘制的路径。

如果要在现有的路径上延长路径，可以将现有的路径选择后，将铅笔工具放置在路径的端点位置上按下鼠标左键并拖曳，即可继续绘制并延长路径。图 3-74 所示为在现有的路径上继续绘制路径的状态图。

图3-74 在现有的路径上继续绘制路径的状态图

使用【铅笔】工具不仅能够绘制开放的路径，还可以绘制闭合的路径。选择工具，在页面中绘制路径，在需要闭合的地方按住 Alt 键，在铅笔工具变为“”形状时释放鼠标左键，即可得到闭合的路径图形。图 3-75 所示为绘制闭合路径状态与闭合后的图形。另外，还可以利用工具修改路径。首先选择现有的路径，然后将铅笔工具放置在路径中被修改的位置，按下鼠标左键并拖曳，当达到所要的形状时，确认【铅笔】工具还在路径上面，释放鼠标左键，即可得到修改后的路径。图 3-76 所示为利用【铅笔】工具修改路径示意图。

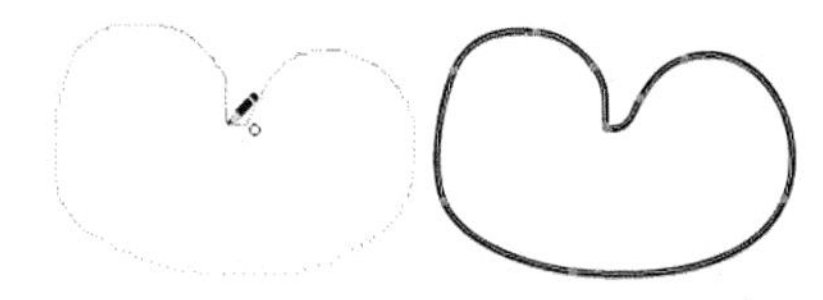

图3-75 绘制闭合路径状态与闭合后的图形

图3-76 利用【铅笔】工具修改路径示意图

要点提示 修改路径时，如果【铅笔】工具没有放置在被选择的路径上面，拖曳鼠标指针就会绘制出一条新的路径；如果终点位置没有在原路径上，则原路径将被破坏。

使用【铅笔】工具还可以把闭合的路径修改为开放的路径，或者把开放的路径修改为闭合的路径。将铅笔工具放置在被选择的闭合路径上面向外拖曳，释放鼠标左键后，即可得到开放的路径，如图 3-77 所示。

图3-77 将闭合路径修改为开放路径示意图

将【铅笔】工具放置在开放路径的一个端点上，按住鼠标左键向另一个端点画线，释放鼠标左键后，即可把开放的路径合并成闭合的路径，如图 3-78 所示。

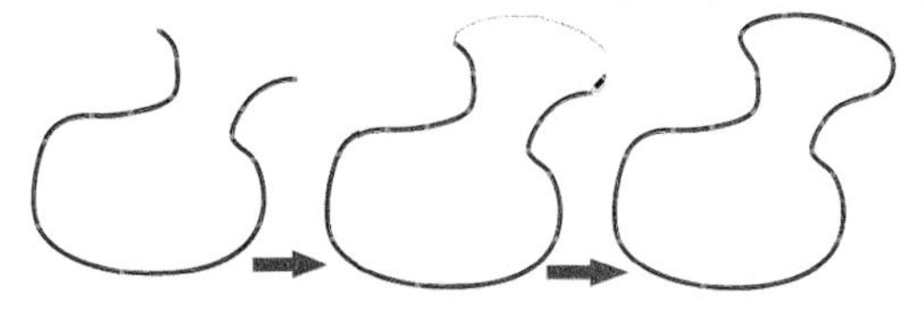

图3-78 将开放路径修改为闭合路径示意图

七、【平滑】工具

使用【平滑】工具可以对路径进行平滑处理，同时尽可能地保持路径的原有形状。使用此工具前，首先要确认路径被选择，然后利用此工具在路径上需要平滑的位置拖曳鼠标指针，即可完成路径的平滑处理，如图 3-79 所示。

在工具箱中双击工具或按 Enter 键，弹出如图 3-80 所示的【平滑工具选项】对话框。在该对话框中同样可以设置平滑线时的保真度和平滑度。

图3-79　使用【平滑】工具平滑路径示意图

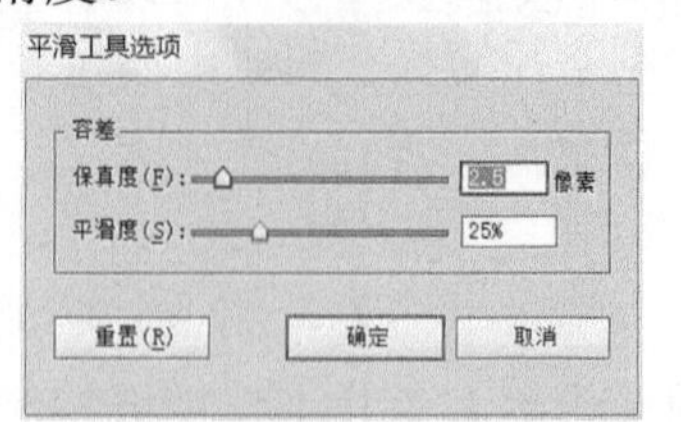

图3-80　【平滑工具选项】对话框

八、　【路径橡皮擦】工具

利用【路径橡皮擦】工具可以将路径中多余的部分清除。使用该工具在被选择的路径中按下鼠标左键沿路径拖曳鼠标指针，即可将多余的路径清除。

3.2.2　范例解析——绘制闪闪红星效果

本小节通过绘制一个简单的闪闪红星效果，来学习绘制直线工具的使用方法。制作的闪闪红星效果如图 3-81 所示。

图3-81　制作的闪闪红星效果

【步骤提示】

1. 创建一个新的文档。
2. 利用工具绘制一个红色的五角星图形。
3. 选取工具，将鼠标指针移动到五角星图形的中心位置按下并向上拖曳，状态如图 3-82 所示。
4. 按下键盘上的键，沿五角星图形的边缘拖曳鼠标指针，可以绘制出如图 3-83 所示的线形。
5. 继续沿图形的边缘拖曳鼠标指针，至起点位置释放鼠标指针，即可绘制出如图 3-84 所示的线形。

图3-82　拖曳鼠标状态

图3-83　绘制的线形 1

图3-84　绘制的线形 2

6. 按 Ctrl+G 组合键，将绘制的线形编组，然后将其颜色修改为白色，描边宽度设置为“0.25pt”。
7. 选择星形图形，为其填充由黄色到红色的径向渐变色，生成的闪闪红星效果如图 3-85 所示。
8. 执行【文件】/【存储为】命令，将文件命名为“闪闪的红星.ai”并保存。
9. 用相同的绘制方法，读者可试着绘制出如图 3-86 所示的枫叶效果。

图3-85　生成的闪闪红星效果

图3-86　绘制的枫叶效果

3.2.3 实训——绘制蝴蝶图形

根据本小节学习的内容，绘制出如图 3-87 所示的蝴蝶图形。

图3-87　绘制的蝴蝶图形

【步骤提示】

1. 创建一个新的文档。
2. 选择工具，在页面中按下鼠标左键并向右上方拖曳，绘制出如图 3-88 所示的弧线。
3. 按下键盘上的`键，继续按住鼠标左键拖动，绘制出如图 3-89 所示的蝴蝶翅膀。
4. 使用相同的操作，绘制出蝴蝶左边的翅膀，如图 3-90 所示。

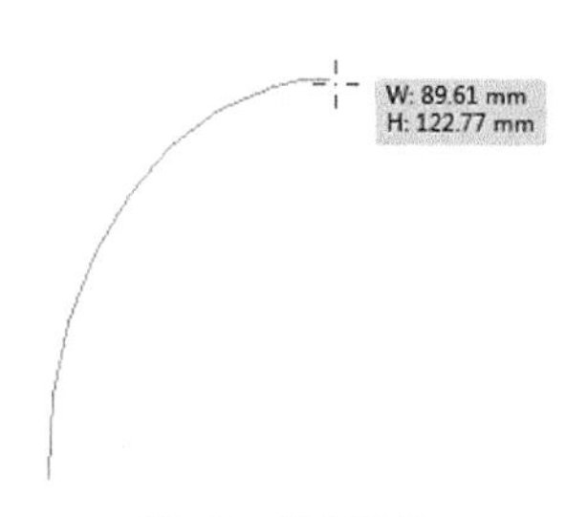

图3-88　绘制弧线

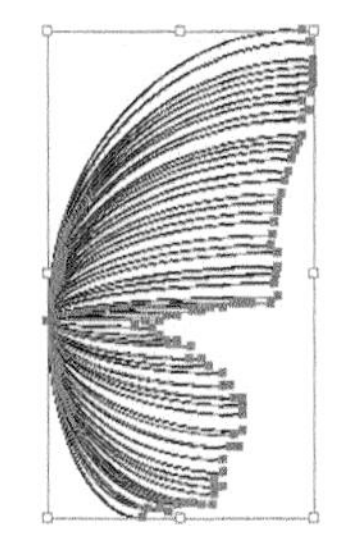
图3-89　绘制的翅膀 1

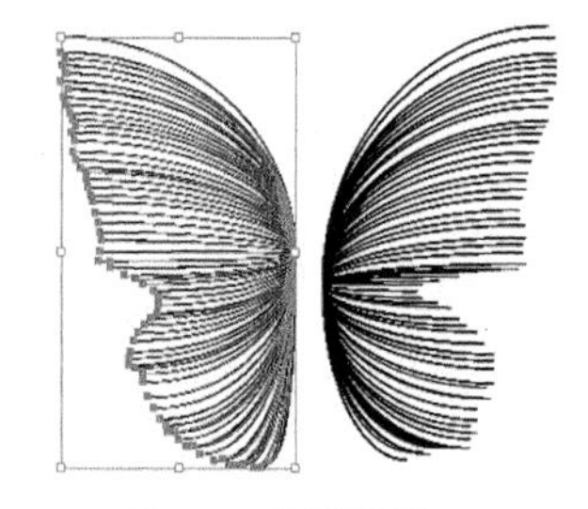
图3-90　绘制的翅膀 2

5. 利用工具选择所有线形，单击属性栏中的黑色边框，在弹出的颜色面板中选择如图 3-91 所示的颜色。
6. 框选左侧的蝴蝶翅膀，执行【窗口】/【渐变】命令，在弹出的【渐变】面板中单击如图 3-92 所示的按钮，将渐变颜色反向。
7. 选择工具，绘制一个椭圆图形作为蝴蝶的身体图形，如图 3-93 所示。

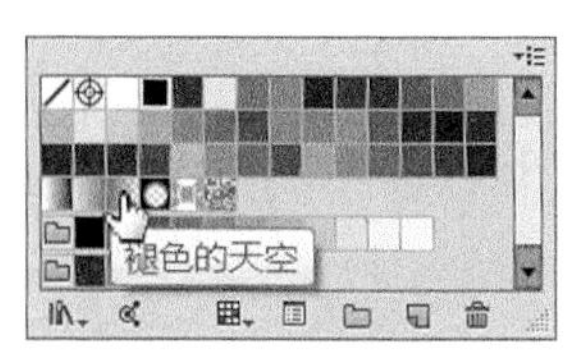

图3-91　选择的颜色

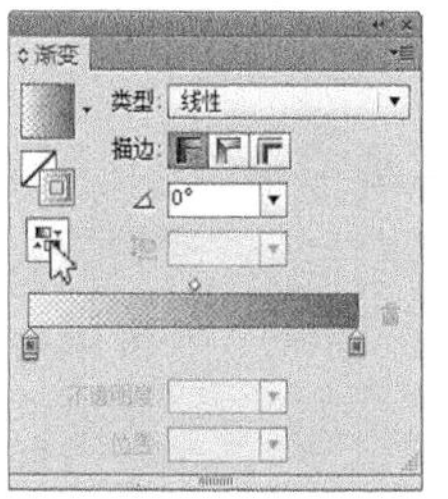

图3-92　单击的按钮

8. 利用工具绘制出蝴蝶的触角，如图 3-94 所示。

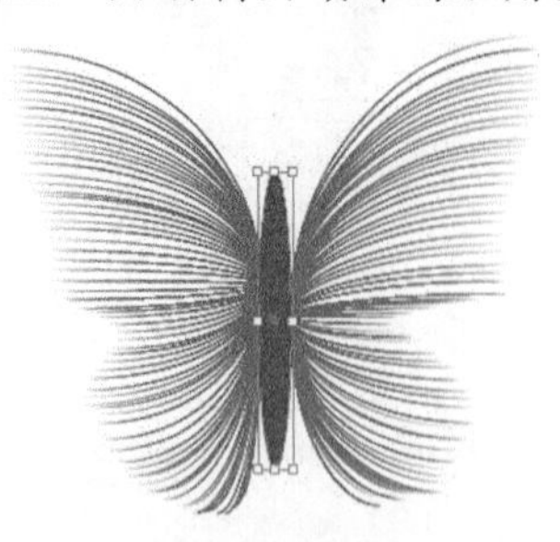

图3-93　绘制的椭圆形

图3-94　绘制的触角

9. 执行【文件】/【存储为】命令，将文件命名为“蝴蝶.ai”并保存。

3.3 画笔和符号工具

画笔工具有两个：一个是【画笔】工具；另一个是【斑点画笔】工具。利用这两个工具，可以创造出许多不同的图形效果。使用该工具绘制图形前，首先要在【画笔】面板中选择一个合适的笔刷，选用的笔刷不同，所绘制的图形形状也不同。

在 Illustrator CC 软件中，符号是指保存在【符号】面板中的图形，这些图形可以在当前文件中多次应用，且不增加文件的大小。

3.3.1 功能讲解

本小节来学习有关画笔工具和符号工具的各种功能，包括预置笔刷、画笔类型、画笔选项、画笔的新建和管理、【符号】面板的使用、符号的创建和编辑等。

一、【画笔】工具

【画笔】工具用于徒手绘画、绘制书法线条以及路径图形和图案等。

二、【斑点画笔】工具

【斑点画笔】工具绘制的路径会自动扩展，当绘制到页面中与其具有相同颜色的图形或用该画笔绘制的图形时，会自动将其合并成一个整体。图 3-95 所示为分别利用和工具绘制的路径效果对比。

三、预置笔刷

为了更有效地应用工具，应用前可以先对该工具的属性进行设置。双击工具箱中的工具，会弹出【画笔工具选项】对话框，如图 3-96 所示。在该对话框中设置相应的选项及参数，可以控制图形中锚点的保真度、平滑度、是否填充新画笔描边、是否保持选定及是否编辑所选路径等属性。

四、创建画笔路径

创建画笔路径的方法很简单：首先在工具箱中选择【画笔】工具，然后在【画笔】面板中选择一种笔刷，再将鼠标指针移动到页面中拖曳鼠标指针即可创建指定的画笔路径。

要点提示　在页面中选择其他绘图工具绘制图形后，在【画笔】面板中选择相应的笔刷，也可以将普通路径修改为画笔路径。

要取消路径具有的画笔效果，可先在页面中选择此画笔路径，然后在【画笔】面板中单击【移去画笔描边】按钮，或者执行【对象】/【路径】/【轮廓化描边】命令。

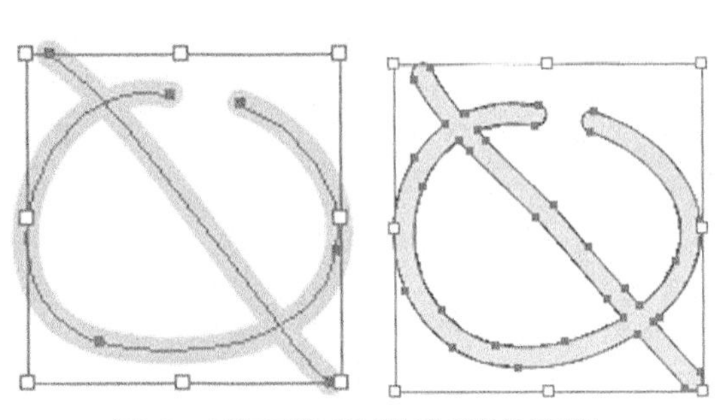

图3-95 不同画笔工具绘制的路径效果对比

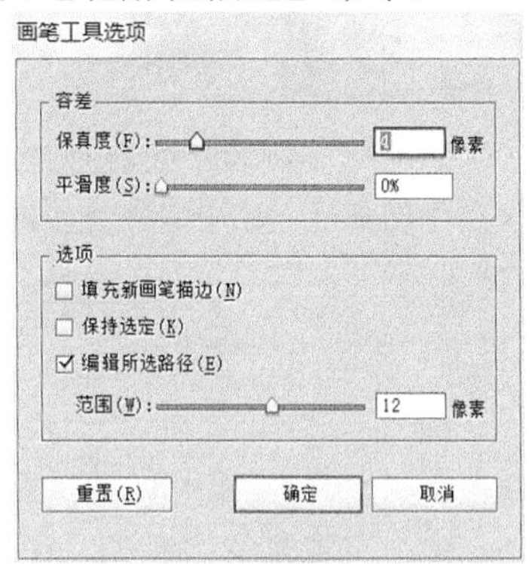

图3-96 【画笔工具选项】对话框

五、 画笔类型

在“画笔”面板中，系统为用户提供了书法、散点、毛刷、图案和艺术 5 种类型的画笔，组合使用这几种画笔，可以得到千变万化的艺术效果。另外，除了使用系统内置的画笔外，用户还可以根据需要创建新的画笔，并将其保存到【画笔】面板中。执行【窗口】/【画笔】命令或按F5键，即可显示如图 3-97 所示的【画笔】面板。单击【画笔】面板右上角的，在弹出的下拉菜单中可以看到这 5 种画笔类型，如图 3-98 所示。单击任一命令取消前面的对号，即可在【画笔】面板中将该类画笔隐藏。

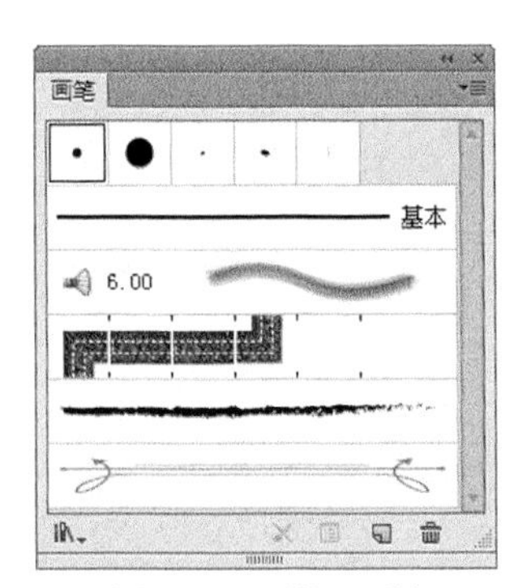

图3-97 【画笔】面板

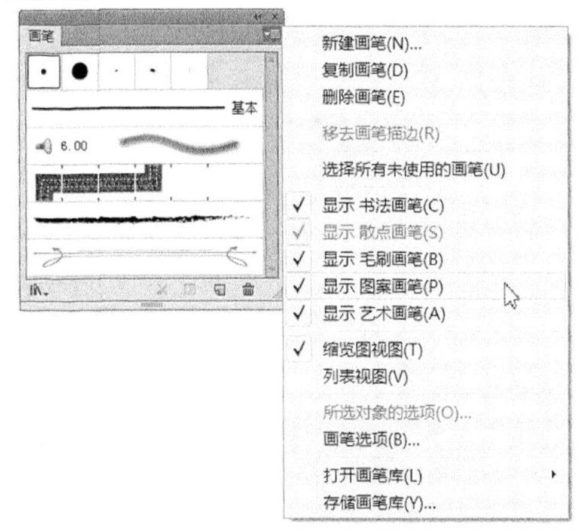

图3-98 画笔类型

默认情况下，【显示 散点画笔】命令显示为灰色，是因为【画笔】面板中还没有散点画笔。单击【画笔】面板右上角的按钮，在弹出的下拉菜单中选择【打开画笔库】/【图像画笔】/【图像画笔库】命令，在弹出的【图像画笔库】面板中单击上方独立显示的花图形，即可将其显示在【画笔】面板中，此时【显示 散点画笔】命令变为可用。

- 书法画笔：应用这种类型的画笔可以沿着路径中心创建出具有书法效果的笔画，如图 3-99 所示。
- 散点画笔：应用这种类型的画笔可以创建图案沿着路径分布的效果，如图 3-100 所示。

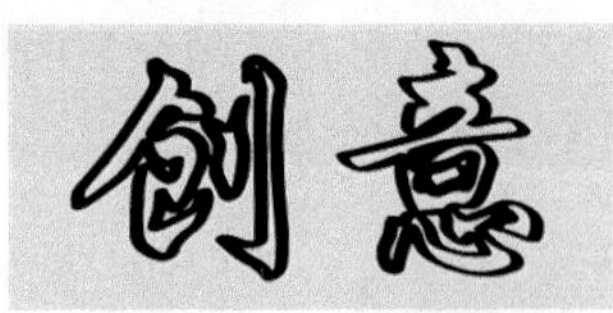

图3-99　书法画笔创建出的路径效果

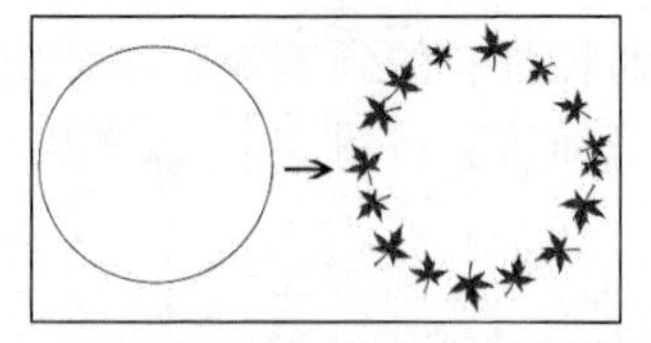

图3-100　散点画笔创建出的路径效果

- 毛刷画笔：应用这种类型的画笔可以绘制类似毛刷的路径效果，如图 3-101 所示。

图3-101　毛刷画笔绘制的路径效果

- 图案画笔：应用这种类型的画笔可以绘制由图案组成的路径，图案会沿着路径不断地重复，如图 3-102 所示。
- 艺术画笔：应用这种类型的画笔可以创建一个对象或轮廓线沿着路径方向均匀展开的效果，如图 3-103 所示。

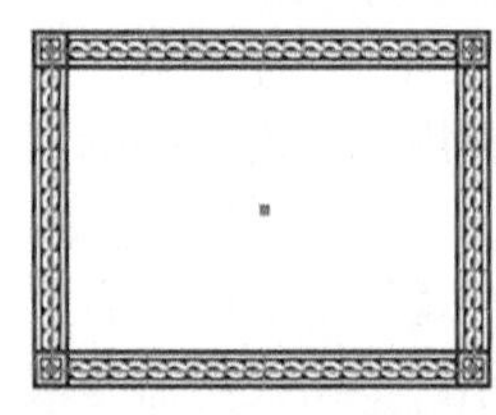

图3-102　图案画笔创建出的路径效果

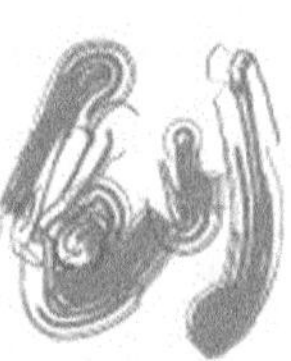

图3-103　艺术画笔创建出的路径效果

六、　画笔选项设置

在应用【画笔】工具绘制路径的过程中，如果在默认的参数状态下不能得到满意的笔刷效果，可以在【描边选项】对话框中重新设置画笔选项的参数，从而绘制出更理想的画笔效果。调出【描边选项】对话框的方法有以下 3 种。

(1)　利用【画笔】工具绘制路径或图形，并且选中绘制的路径或图形，单击【画笔】面板下面的【所选对象的选项】按钮。

(2)　单击【画笔】面板右上角的，在弹出的下拉菜单中选择【所选对象的选项】或【画笔选项】命令。

(3)　在【画笔】面板中需要设置的画笔上双击，弹出以下选项对话框。

- 【书法画笔选项】。

在【画笔】面板中双击任意一个“书法效果”笔刷，弹出如图 3-104 所示的【书法画笔选项】对话框。在该对话框中可以给书法笔刷命名，设置笔刷角度、圆度以及大小等。

- 【散点画笔选项】。

在【画笔】面板中双击任意一个“散点”笔刷，弹出如图 3-105 所示的【散点画笔选项】对话框。通过该对话框不但可以给散点笔刷命名、设置笔刷的大小，还可以设置笔刷的间距、分布、旋转角度和颜色等。

- 毛刷画笔选项。

在【画笔】面板中双击任意一个“毛刷”笔刷，弹出如图 3-106 所示的【毛刷画笔选项】对话框。通过该对话框可以选择毛刷的形状，设置毛刷的大小、长度、密度、粗细、上色不透明度以及硬度等参数。

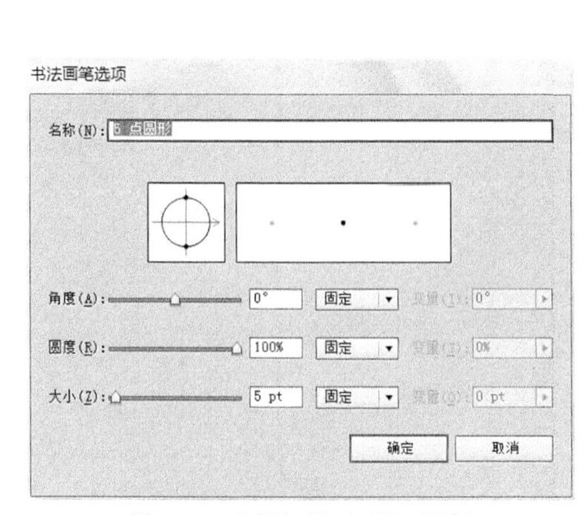

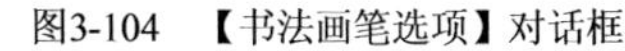
图3-104 【书法画笔选项】对话框

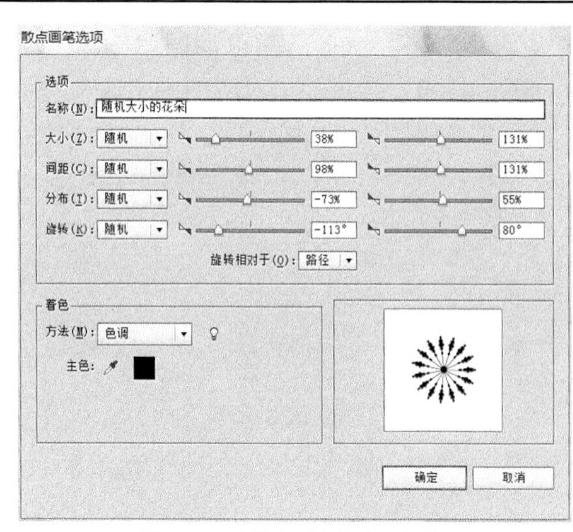

图3-105 【散点画笔选项】对话框

- 图案画笔选项。

在【画笔】面板中双击任意一个“图案”笔刷，弹出如图 3-107 所示的【图案画笔选项】对话框。通过该对话框可以给图案笔刷命名，在路径的端点处、拐角处及路径中设置不同的效果。笔刷的大小比例、翻转、缩放方式以及颜色等，都可以通过不同的选项设置。

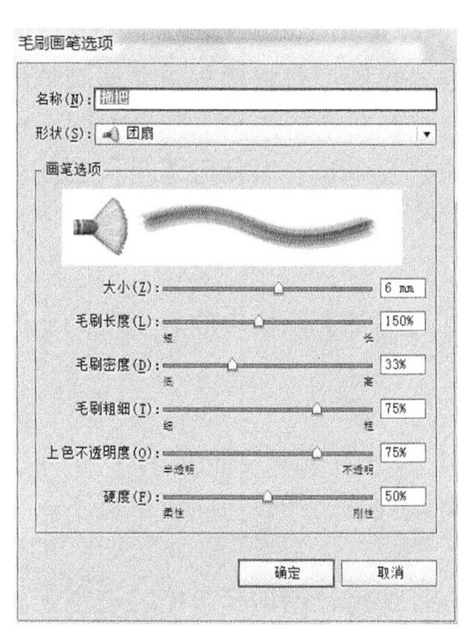

图3-106 【毛刷画笔选项】对话框

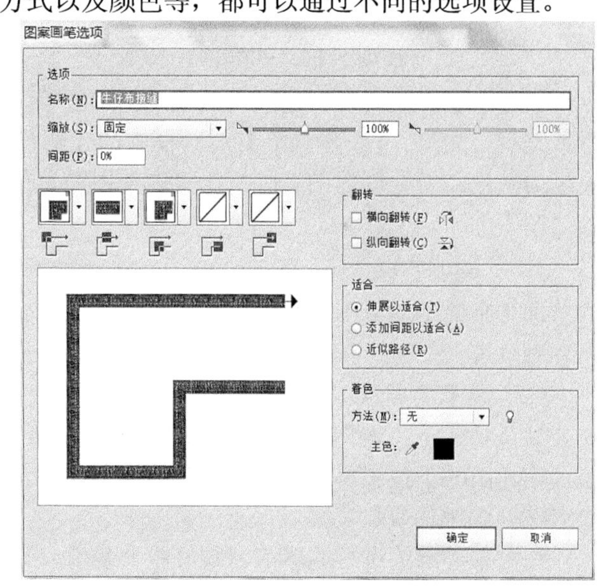

图3-107 【图案画笔选项】对话框

- 艺术画笔选项。

在【画笔】面板中双击任意一个“线条”笔刷，系统将弹出如图 3-108 所示的【艺术画笔选项】对话框。通过该对话框可以设置艺术笔刷的名称、方向、翻转等。

七、 新建画笔

虽然 Illustrator CC 为用户提供了大量的画笔，但创意是无止境的，在执行千变万化的设计任务时，系统中提供的画笔是远远不够的，这就需要设计者在绘图过程中去创建新的画笔。

新建画笔的方法非常简单：在页面中利用绘图工具绘制出用于创建画笔的路径且将其选中，在【画笔】面板下单击【新建画笔】按钮或单击右上角的按钮，在下拉菜单中选

择【新建画笔】命令，弹出如图 3-109 所示的【新建画笔】对话框，设置选项后再单击 确定 按钮，即可弹出对应的画笔选项对话框，最后在对话框中通过自定义形状和参数得到新建的画笔。

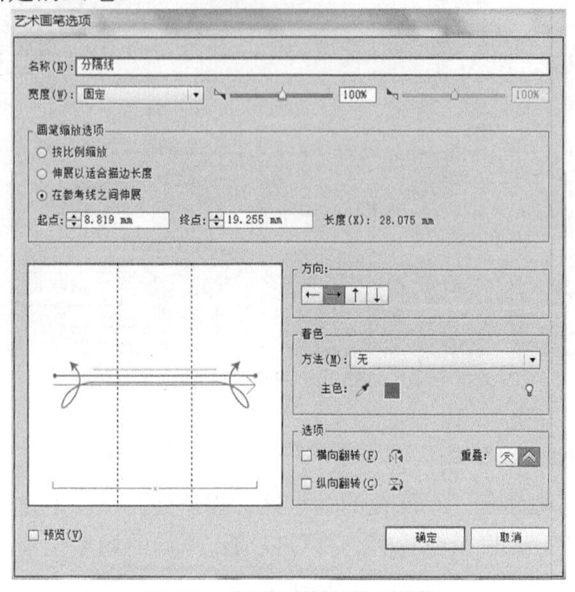

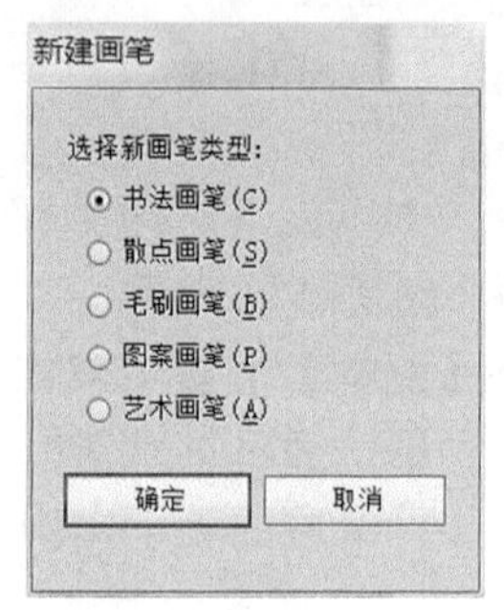

图3-108　【艺术画笔选项】对话框

图3-109　【新建画笔】对话框

新建画笔时，若要创建散点画笔或艺术画笔，首先要在页面中选择用于定义新画笔的图形或路径，否则，【新建画笔】对话框中的【新建散点画笔】和【新建艺术画笔】两个选项显示为灰色。若要创建图案画笔，可以使用简单的路径来定义，也可以使用【色板】面板中的“图案”来定义。

八、 笔刷管理

在【画笔】面板中可以对画笔进行管理，包括画笔在【画笔】面板中的显示及画笔的复制和删除等。

(1) 画笔的显示。

默认状态下，画笔将以缩略图的形式在面板中显示。单击【画笔】面板右上角的按钮，在弹出的下拉菜单中选择【列表视图】命令，画笔将以列表的形式在面板中显示。

(2) 画笔的复制。

在对某种画笔进行编辑前，最好将其复制，以确保在操作错误的情况下能够进行恢复。复制画笔的具体操作为：在【画笔】面板中选择需要复制的画笔，然后单击面板右上角的按钮，在弹出的下拉菜单中选择【复制画笔】命令，即可将当前所选择的画笔复制。另外，在需要复制的画笔上按下鼠标左键，并将其拖曳到底部的按钮上，释放鼠标左键后，也可在【画笔】面板中将拖曳的画笔复制。

(3) 画笔的删除。

当在【画笔】面板中创建了多个画笔后，可以将不使用的画笔删除。删除画笔的具体操作为：在【画笔】面板中选择需要删除的画笔，然后单击面板底部的【删除画笔】按钮或单击右上角的按钮，在弹出的下拉菜单中选择【删除画笔】命令即可。

要点提示 Illustrator CC 中除了默认的【画笔】面板外，还提供了丰富的画笔资源库。执行【窗口】/【画笔库】命令，在弹出的下一级菜单中选择任意命令，即可打开相应的画笔库。

九、【符号】面板

符号是在文档中可以重复使用的图形对象，它最大的特点就是可以方便、快捷地被调用。Illustrator 软件系统本身存储了许多符号，这些符号既可以被调用，又可以被编辑。除软件系统本身存储的符号外，用户还可以自己创建新的符号。

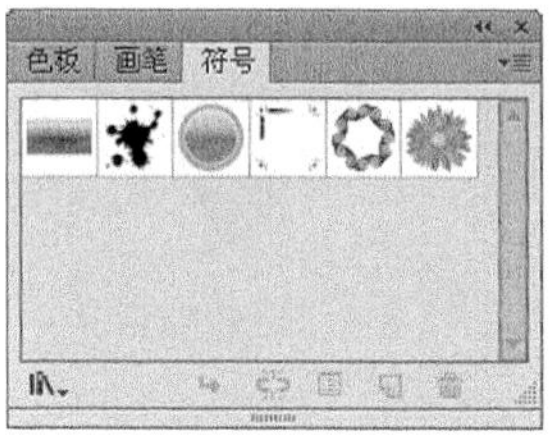

执行【窗口】/【符号】命令，打开如图 3-110 所示的【符号】面板。利用该面板不仅可以保存符号，还能够完成应用、创建、复制、替换、重新定义及删除符号等多种操作。

图3-110 【符号】面板

(1) 应用符号。

将【符号】面板中的图形应用于页面中的方法有以下 4 种。

- 直接将选择的符号图形拖曳至页面中。
- 在【符号】面板中选择需要的符号图形，然后单击其下方的【置入符号实例】按钮。
- 在【符号】面板中选择需要的符号图形后，单击面板右上角的按钮，在弹出的下拉菜单中选择【放置符号实例】命令。
- 在【符号】面板中选择需要的符号图形后，利用【符号喷枪】工具在页面中单击或拖曳鼠标指针即可。

(2) 创建符号。

在 Illustrator CC 中可以将经常使用的图形创建为符号，以方便随时调用。要创建符号，只须在页面中选择要创建的图形，然后在【符号】面板中单击【新建符号】按钮，或者单击面板右上角的按钮，在弹出的下拉菜单中选择【新建符号】命令即可。

在页面中选择要创建符号的图形，然后将其向【符号】面板中拖曳，当鼠标指针显示为“”图标时释放鼠标按键，也可将当前选择的图形创建为符号，保存到【符号】面板中。

(3) 复制符号。

在【符号】面板中选择需要复制的图形，然后选择其下拉菜单中的【复制符号】命令，或者单击该面板右下角的按钮，即可在【符号】面板中生成该图形的副本。另外，在需要复制的图形上按下鼠标左键并将其拖曳至按钮处，释放鼠标左键后也可以生成该图形的副本。

(4) 替换符号。

对于在页面中应用的符号，在需要的情况下，也可以将其替换为另一种符号，其操作为：在页面中选择需要替换的图形，然后在【符号】面板中选择另外一种符号，单击面板右上角的按钮，在弹出的下拉菜单中选择【替换符号】命令即可。图 3-111 所示为替换符号的过程示意图。

(5) 重新定义符号。

在 Illustrator CC 中，可以对保存在【符号】面板中的图形进行重新定义。当【符号】面板中的图形改变后，应用于页面中的图形也将随之发生相应的变化。重新定义符号的具体操作如下。

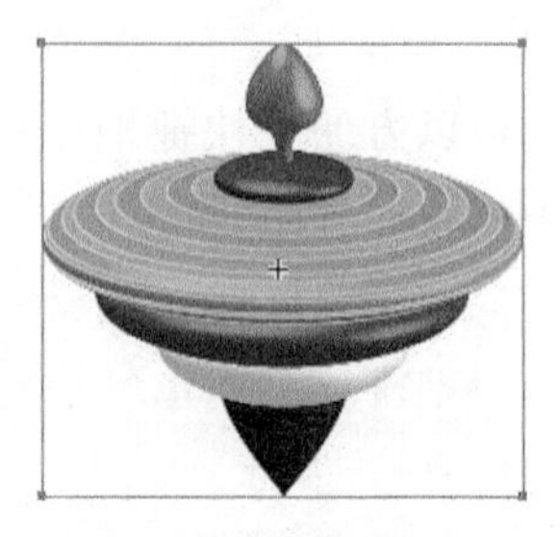

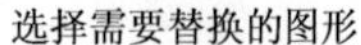

选择需要替换的图形　　选择新符号执行【替换符号】命令　　符号替换后的效果

图3-111　替换符号的过程示意图

- 在【符号】面板中选择需要修改的符号图形。
- 单击面板底部的按钮，将其应用于页面中。
- 单击面板底部的【断开符号链接】按钮，取消图形的链接。
- 对图形进行修改，修改后，确认此图形处于被选择的状态，在面板的下拉菜单中选择【重新定义符号】命令，即可对符号图形进行重新定义。此时，页面中应用此图形的对象都将发生相应的变化。

> 要点提示　将【符号】面板中的图形应用于页面后，在其上单击鼠标右键，在弹出的快捷菜单中选择【断开符号链接】命令，或者单击【符号】面板底部的按钮，可将符号图形的链接取消。

(6)　删除符号。

在【符号】面板中选择需要删除的图形，然后选择其下拉菜单中的【删除符号】命令，或者单击面板右下角的【删除符号】按钮，即可将选择的符号图形删除。在【符号】面板中拖曳符号到按钮上，释放鼠标左键后也可以将该符号图形删除。

十、　【符号喷枪】工具

使用工具箱中的【符号喷枪】工具可以在页面中喷绘出大量无序排列的符号图形，并可根据需要对这些符号图形进行编辑。工具箱中的【符号喷枪】工具组如图 3-112 所示。

图3-112　【符号喷枪】工具组

(1)　【符号喷枪】工具。

利用此工具可以在页面中喷射【符号】面板中选择的符号图形。

(2)　【符号移位器】工具。

利用此工具可以在页面中移动应用的符号图形。图 3-113 所示为利用此工具将符号图形移动前与移动后的效果对比。

> 要点提示　使用此工具时，按住 Shift 键单击某一个符号图形，可以将其移动到所有图形的最上层；按住 Shift+Alt 组合键单击某一个符号图形，可以将其移动到所有图形的最下层。

(3)　【符号紧缩器】工具。

利用此工具可以将页面中的符号图形向指针所在的点聚集。使用该工具时，按住 Alt 键，可使符号图形远离指针所在的位置，其形态分别如图 3-114 所示。

图3-113　将符号图形移动前后的对比

图3-114　使用【符号紧缩器】工具时的不同形态

(4)　【符号缩放器】工具。

利用此工具可以在页面中调整符号图形的大小。直接在选择的符号图形上单击，可放大图形；如按住Alt键在选择的符号图形上单击，可缩小图形。图 3-115 所示为调整符号图形大小后的效果。

图3-115　调整符号图形大小后的效果

(5)　【符号旋转器】工具。

利用此工具可以在页面中旋转符号图形，图 3-116 所示为旋转符号图形的过程示意图。

选择的符号图形

拖曳鼠标时的形态

符号图形旋转后的形态

图3-116　旋转符号图形的过程示意图

(6)　【符号着色器】工具。

利用此工具可以用前景色修改页面中符号图形的颜色。图 3-117 所示为符号图形修改颜色前与修改后的效果对比。

(7)　【符号滤色器】工具。

利用此工具可以将页面中的符号图形降低透明度。图 3-118 所示为选择的符号图形与降低透明度后的效果对比。

图3-117　符号图形修改颜色前与修改后的效果对比

图3-118　选择的符号图形与降低透明度后的效果对比

要点提示　使用此工具时，将鼠标指针放置在符号图形上按下鼠标左键停留的时间越长，符号图形越透明。如果在使用此工具的同时按住Alt键，就可以恢复符号图形的透明度。

(8)　【符号样式器】工具。

利用此工具可以对页面中的符号图形应用【图形样式】面板中选择的样式。图 3-119 所

示为选择的符号图形与应用样式后的效果。使用此工具时，按住 Alt 键，可取消符号图形应用的样式。

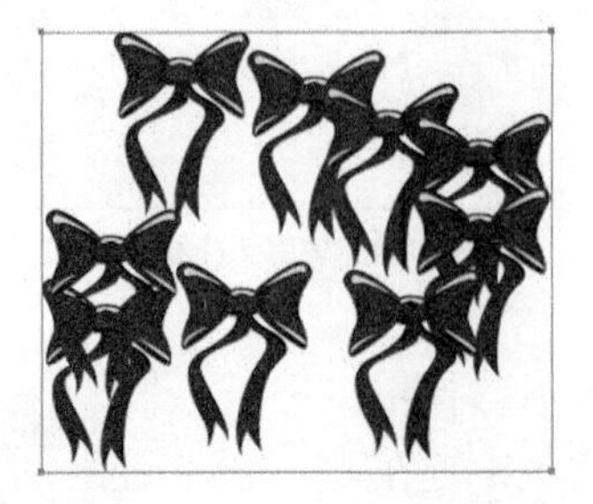

图3-119　选择的符号图形与应用样式后的效果对比

3.3.2　范例解析——给照片绘制艺术边框

本小节通过给照片绘制如图 3-120 所示的艺术边框，来学习画笔工具的使用方法。

图3-120　绘制的艺术边框

【步骤提示】

1. 创建一个新的文档。
2. 执行【窗口】/【符号】命令，显示【符号】面板。
3. 单击【符号】面板左下角的 按钮，在弹出的下拉菜单中选择【花朵】命令，弹出【花朵】面板，然后单击如图 3-121 所示的“雏菊”图形，该图形符号即可添加到【符号】面板中，如图 3-122 所示。

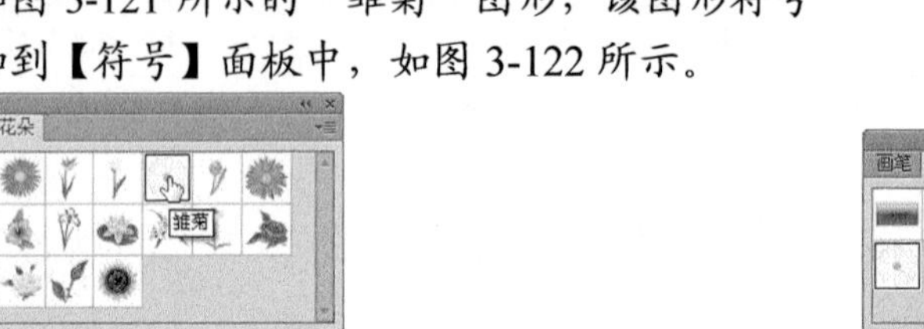

图3-121　选择的花朵

图3-122　添加的符号

4. 将鼠标指针放置到添加的符号上按下鼠标并向页面中拖曳，使其在页面中显示。
5. 打开【色板】面板，然后在页面中的符号上按住鼠标左键并向【色板】面板中拖曳，如图 3-123 所示，释放鼠标左键后建立色样，如图 3-124 所示。
6. 打开【画笔】面板，然后将如图 3-125 所示的名为“分割线”的画笔拖曳到页面中，然后再添加到【色板】面板中。

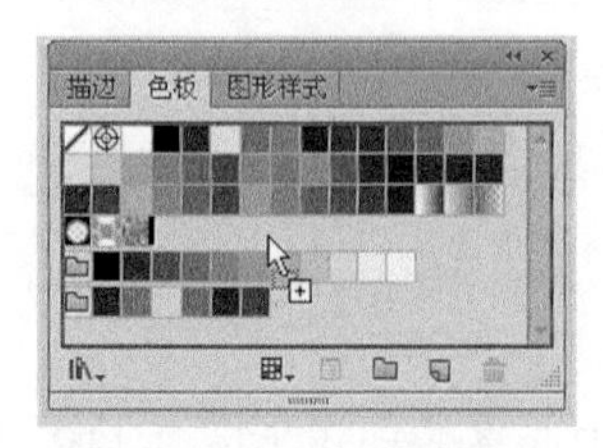

图3-123　拖曳建立色样状态

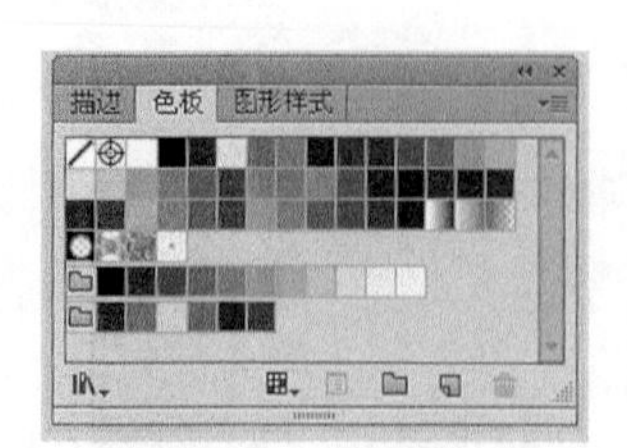

图3-124　新建的图案色样

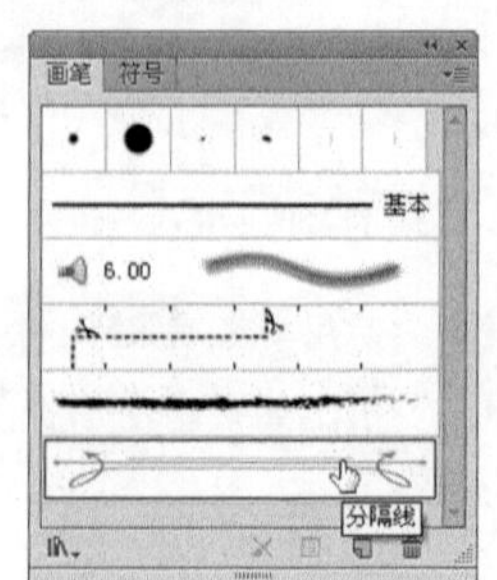

图3-125　选择的图形

7. 完成图案样式的添加后，将页面中的符号删除。
8. 在【画笔】面板底部单击按钮，弹出【新建画笔】对话框，选项设置如图 3-126 所示。
9. 单击 确定 按钮，在弹出的【图案画笔选项】对话框中单击如图 3-127 所示的【外角拼贴】按钮，在弹出的面板中拖动右侧的滑块，然后选择如图 3-128 所示的【新建图案色板 2】选项。

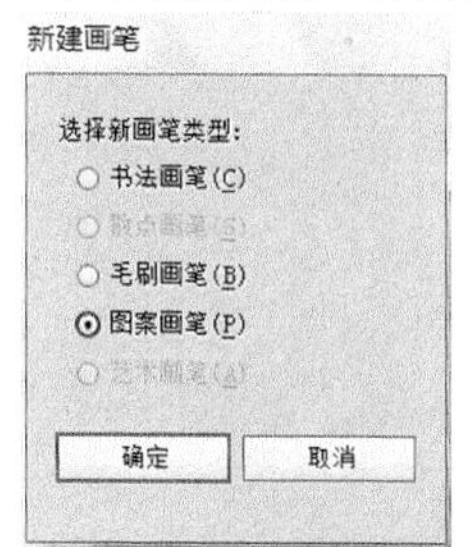
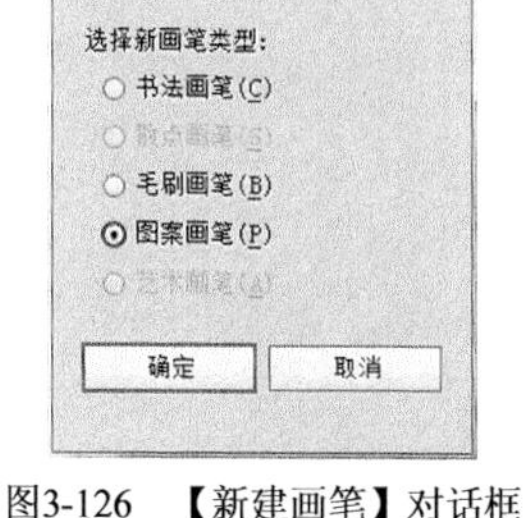

图3-126 【新建画笔】对话框

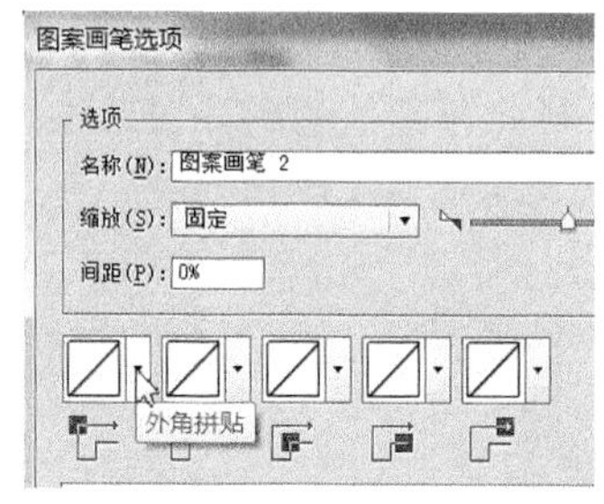

图3-127 单击的按钮

图3-128 选择的图案

10. 单击右侧的【边线拼贴】按钮，在弹出的面板中选择【新建图案色板 2】选项，定义的画笔样式如图 3-129 所示。
11. 单击 确定 按钮，完成画笔的定义，打开【画笔】面板，定义的画笔如图 3-130 所示。
12. 选择工具，在页面中绘制一个矩形，在【画笔】面板中单击定义的画笔，图形的边缘即显示定义的画笔样式，边框效果如图 3-131 所示。

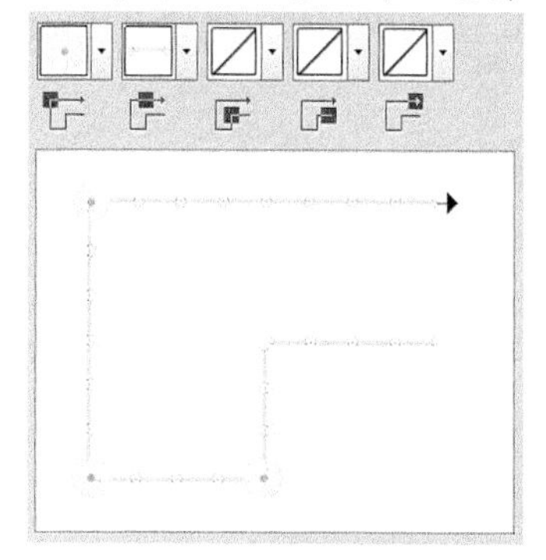

图3-129 定义的画笔样式

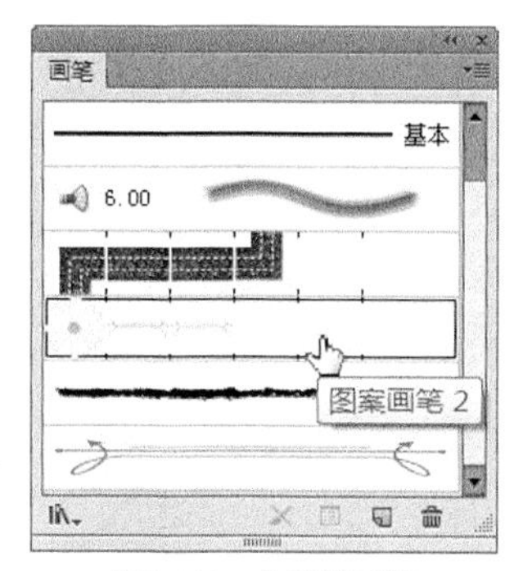

图3-130 定义的画笔

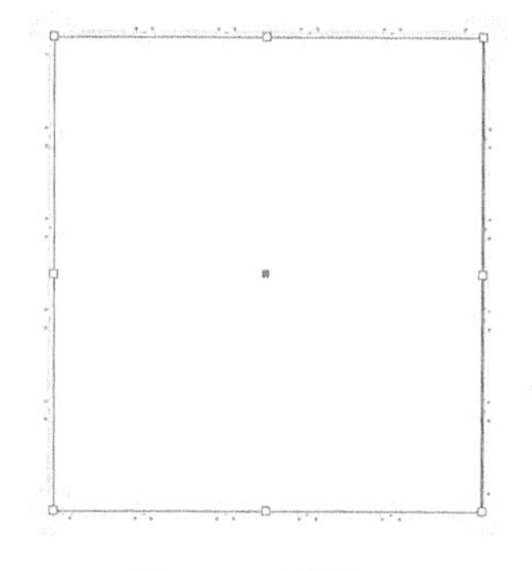

图3-131 边框效果

13. 为矩形填充粉红色（M:30），描边宽度设置为“1.5 pt”，效果如图 3-132 所示。
14. 选择按钮，根据绘制的矩形图形绘制出如图 3-133 所示的圆角矩形，然后将其填充色去除。

图3-132 设置填充色及描边宽度后的效果

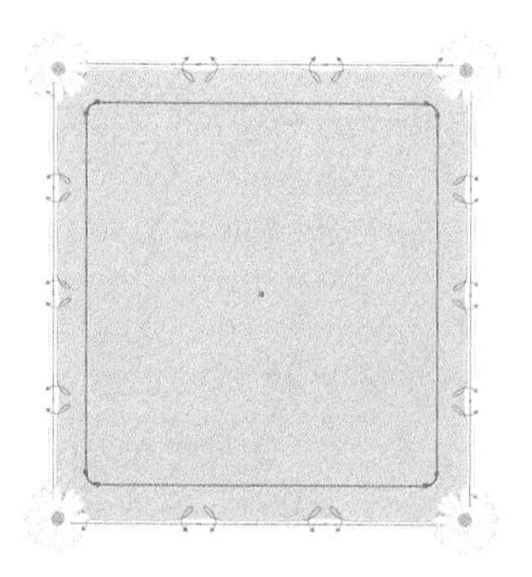

图3-133 绘制的圆角矩形

15. 按住Shift键，将绘制的矩形和圆角矩形同时选择。
16. 执行【窗口】/【对齐】命令，打开【对齐】面板，然后在【对齐】面板中分别单击按钮和按钮，将选择的图形对齐。
17. 执行【文件】/【置入】命令，置入附盘文件“图库\第 03 章\儿童 01.jpg”。
18. 执行【对象】/【排列】/【后移一层】命令，将置入的图片调整至圆角矩形的下面，并调整图片的位置如图 3-134 所示。
19. 按住Shift键单击圆角矩形，将其与置入的图片同时选择，执行【对象】/【剪切蒙版】/【建立】命令，创建蒙版，效果如图 3-135 所示。

图3-134　图片调整后的位置

图3-135　创建蒙版后的效果

20. 在【图层】面板中单击如图 3-136 所示的位置，将圆角矩形路径选择，然后为其添加白色的描边，并将描边宽度设置为“3 pt”。

    至此，为图像添加艺术边框绘制完成，整体效果如图 3-137 所示。

图3-136　单击的位置

图3-137　整体效果

21. 执行【文件】/【存储为】命令，将文件命名为“艺术边框.ai”并保存。

3.3.3　实训——绘制艺术相框

利用本章所学的【画笔】工具，绘制如图 3-138 所示的艺术相框。

【步骤提示】

1. 创建一个新的文档。
2. 选择工具，在页面中绘制一个矩形。
3. 打开【画笔】面板，单击面板右上角的按钮，在弹出的下拉列表中选择【打开画笔库】/【边框】/【边框_装饰】命令，在【边框_装饰】面板中选择如图 3-139 所示的装饰边框。

4. 继续利用工具，根据绘制的矩形图形绘制如图 3-140 所示的图形。

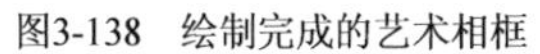

图3-138 绘制完成的艺术相框

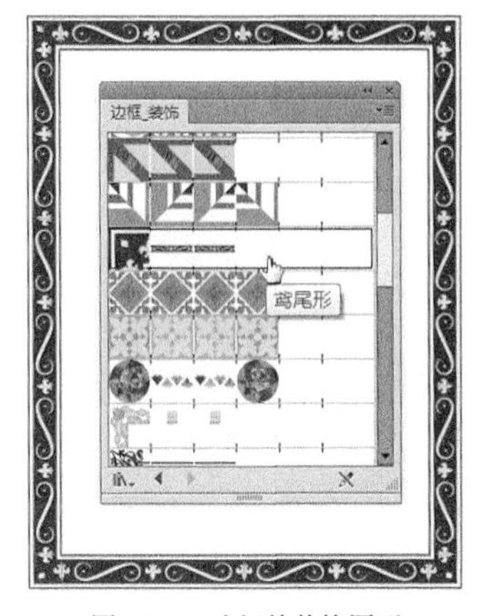

图3-139 选择的装饰图形

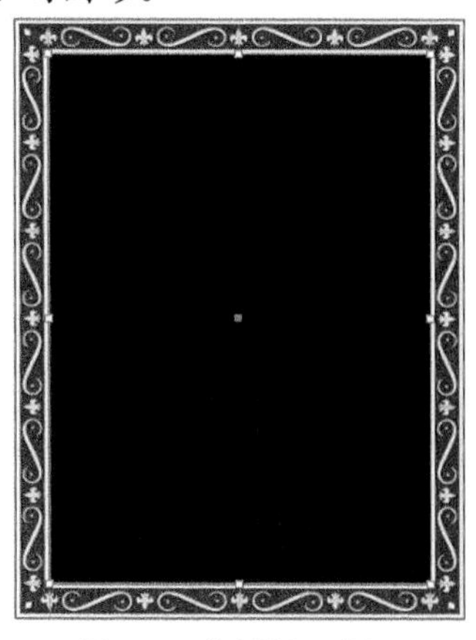

图3-140 绘制的矩形图形

5. 置入附盘文件“图库\第 03 章\儿童 02.jpg”，然后执行【对象】/【排列】/【后移一层】命令，将其调整至矩形图形的下面。
6. 调整图形的大小及位置，然后将矩形和图片同时选择，再执行【对象】/【裁切蒙版】/【建立】命令，制作裁切蒙版效果。
7. 执行【文件】/【存储为】命令，将文件命名为“相框.ai”并保存。

3.4 综合案例——绘制人物装饰画

本节通过绘制如图 3-141 所示的人物装饰画，来综合练习本章介绍的路径工具、画笔工具和其他工具的使用方法及技巧。

图3-141 绘制的人物装饰画

【步骤提示】

1. 创建一个新的文档。
2. 利用工具和工具，绘制并调整出如图 3-142 所示的人物轮廓。
3. 继续利用工具和工具，依次绘制出衣服的花纹，颜色填充依次为蓝色（C:75,M:18,Y:18）、褐色（C:51,M:100,Y:100,K:36）和橘红色（M:80,Y:95），效果如图 3-143 所示。
4. 用同样的方法绘制出人物身上的“腰带”及“手”图形，效果如图 3-144 所示。

图3-142 绘制的人物轮廓

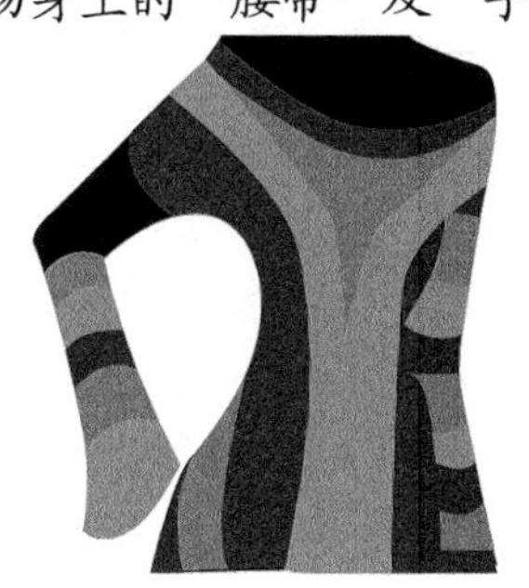

图3-143 绘制的衣服

图3-144 绘制的“腰带”及“手”图形

5. 在人物的头部绘制并调整出如图 3-145 所示的“帽子”轮廓形状。
6. 打开【色板】面板，在【色板】面板中单击“鱼形图案”色样，建立的色样如图 3-146 所示。
7. 在人物的颈部绘制出如图 3-147 所示的曲线，用来表示人物的项链。

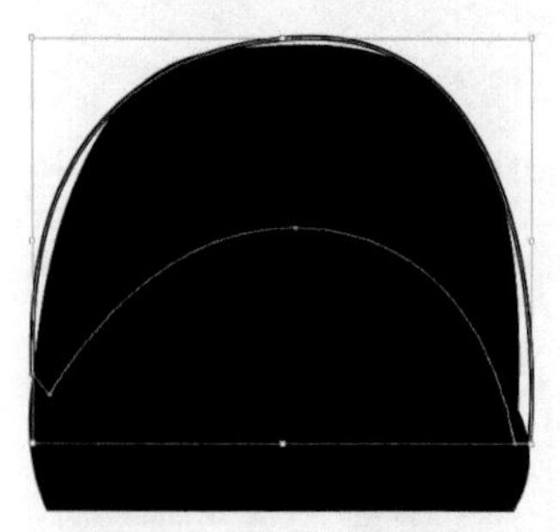

图3-145　绘制的轮廓图形

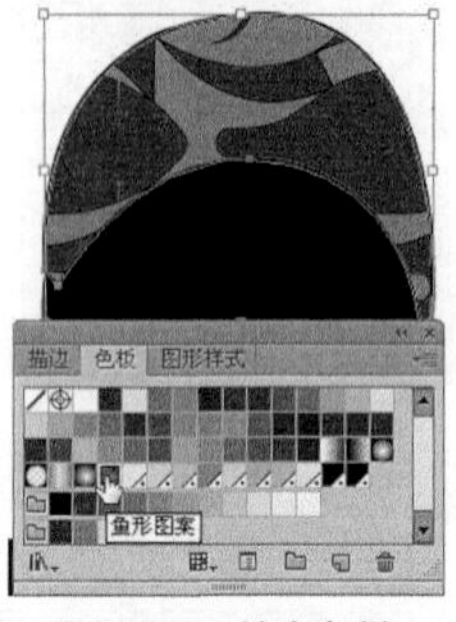

图3-146　填充色样

图3-147　绘制的曲线

8. 显示【画笔】面板，单击【画笔】面板左下角的按钮，在弹出的下拉菜单中选择【边框】/【边框_新奇】命令，弹出【边框_新奇】面板，然后选择如图 3-148 所示的图样。
9. 再次单击【画笔】面板左下角的按钮，在弹出的下拉菜单中选择【边框】/【边框_装饰】命令，弹出【边框_装饰】面板，在如图 3-149 所示的边框样式上按下鼠标左键不放。

图3-148　选择图样

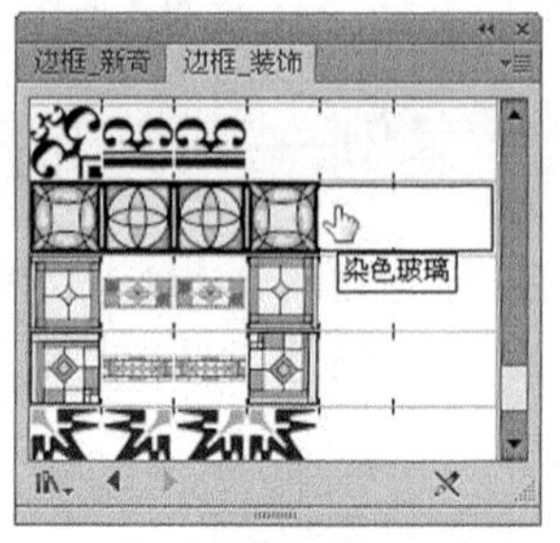

图3-149　选择图样

10. 将选中的边框拖曳到页面中，然后执行【取消编组】命令，取消图形的编组，再选择如图 3-150 所示后面的两个图形，按 Delete 键将其删除。

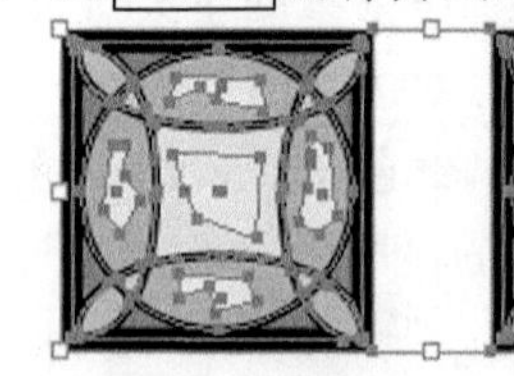

图3-150　需要删除的图形

11. 将剩下的一个图形放置到人物的耳朵下面，用来表示耳坠，起到装饰作用，然后按住 Shift+Alt 组合键，移动复制出另外一个，如图 3-151 所示。
12. 利用工具绘制出耳坠上面的线条，颜色为桔黄色（M:50,Y:100），描边宽度为“1pt”。再利用工具绘制人物的嘴巴，颜色为红色（C:15,M:100,Y:90,K:10），描边宽度为“1pt”，效果如图 3-152 所示。
13. 选择工具，在页面中单击鼠标左键，弹出【极坐标网格工具选项】对话框，参数设置如图 3-153 所示。

图3-151 移动复制出的耳坠

图3-152 绘制线条

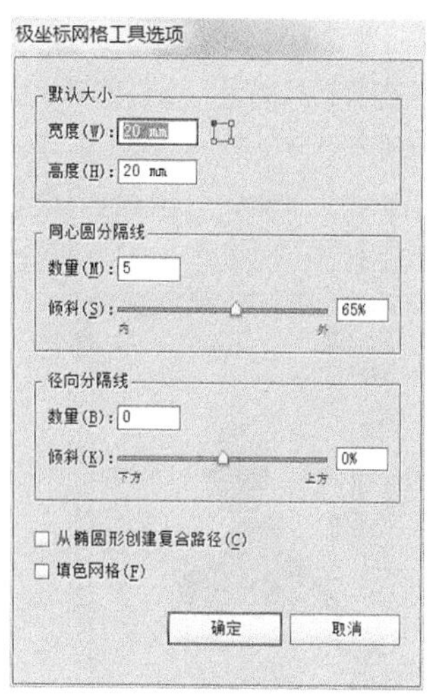

图3-153 【极坐标网格工具选项】对话框

14. 单击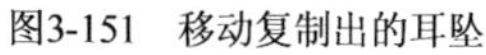按钮，在页面中创建如图 3-154 所示的黄色（M:50,Y:100）极坐标网格图形，轮廓宽度设置为“1pt”，把创建好的图形放置到“腰带”的中心位置。
15. 选择工具，在页面中绘制一个矩形，将矩形的轮廓设置为如图 3-155 所示的画笔，描边宽度设置为“1pt”。

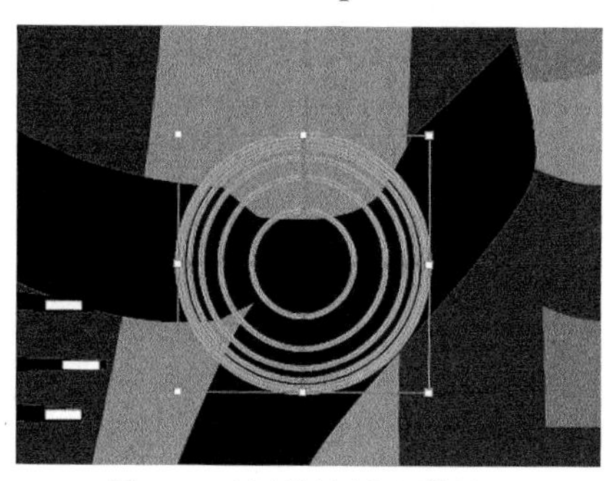

图3-154 创建的极坐标网格图形

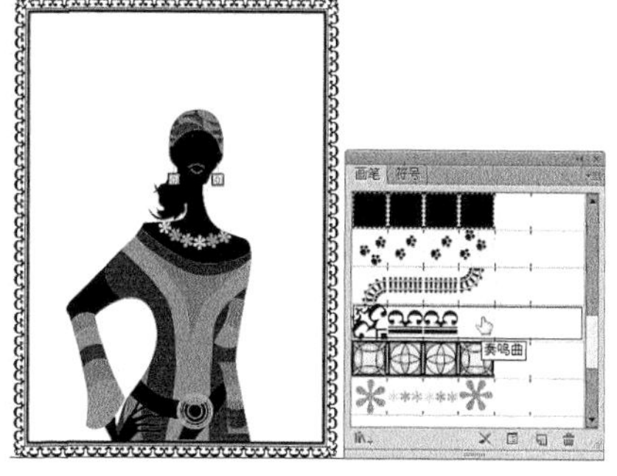

图3-155 设置画笔

16. 单击【符号】面板左下角的按钮，在弹出的下拉菜单中选择【花朵】命令，弹出【花朵】面板，选择如图 3-156 所示的花朵，将其拖曳到画面中旋转角度，效果如图 3-157 所示。
17. 按住 Alt 键，复制选中的花朵，并将复制的花朵自由改变位置、大小和角度，效果如图 3-158 所示。

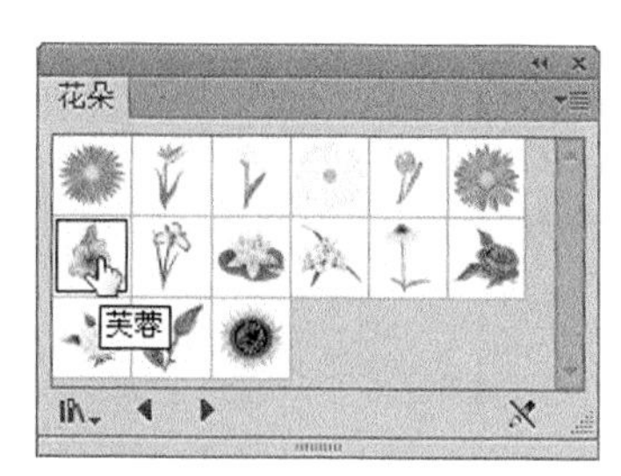

图3-156 选择花朵

图3-157 旋转角度

图3-158 复制出的花朵

18. 利用工具和工具，绘制如图 3-159 所示的花藤，填充颜色设置为淡绿色（C:20,Y:100），描边宽度为“2 pt”。
19. 选择工具，在页面中单击鼠标左键，弹出【螺旋线】对话框，参数设置如图 3-160 所示。
20. 单击 确定 按钮，在页面中创建黄色（M:50,Y:100）的螺旋线，然后利用工具将旋转中心移至如图 3-161 所示的位置。

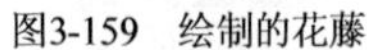
图3-159　绘制的花藤

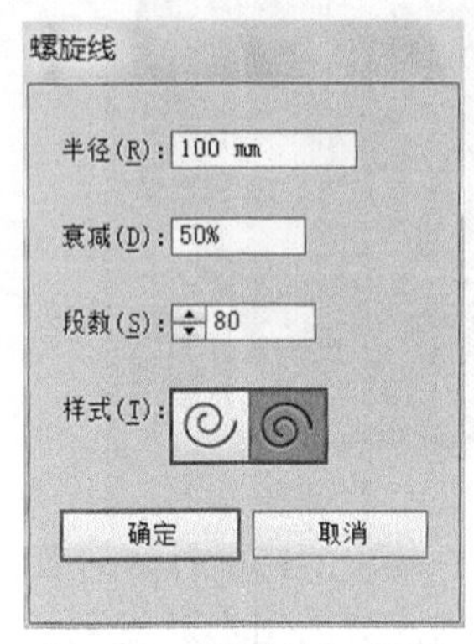

图3-160　【螺旋线】对话框

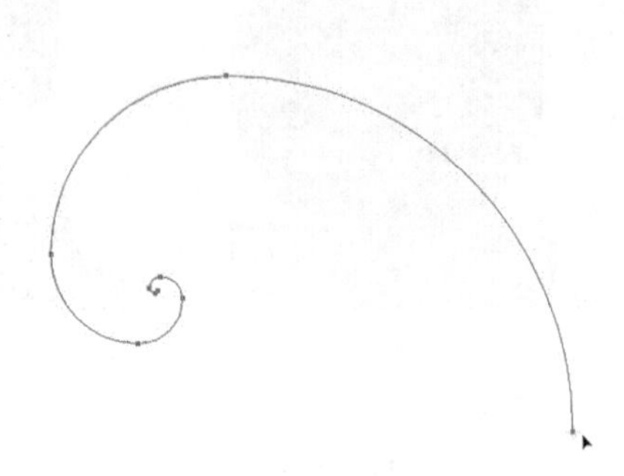
图3-161　旋转中心位置

21. 按住 Alt 键在旋转中心上单击，在弹出的【旋转】对话框中设置【角度】参数为“5°”，单击 复制(C) 按钮，复制出另外一条螺旋线，如图 3-162 所示。
22. 按住 Ctrl 键，然后连续按 6 次 D 键，重复执行螺旋线的旋转复制操作，旋转复制出如图 3-163 所示的形状。
23. 将复制出的线形全部选中，执行【对象】/【变换】/【旋转】命令，将线旋转 180°。
24. 执行【对象】/【排列】/【置于底层】命令，将线放置到如图 3-164 所示的位置。

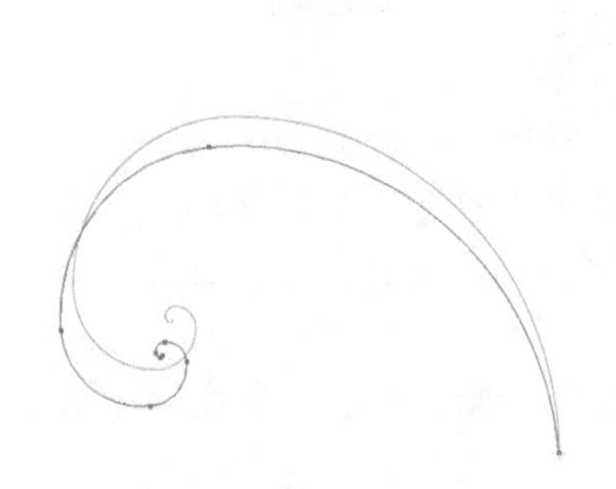
图3-162　复制出的螺旋线

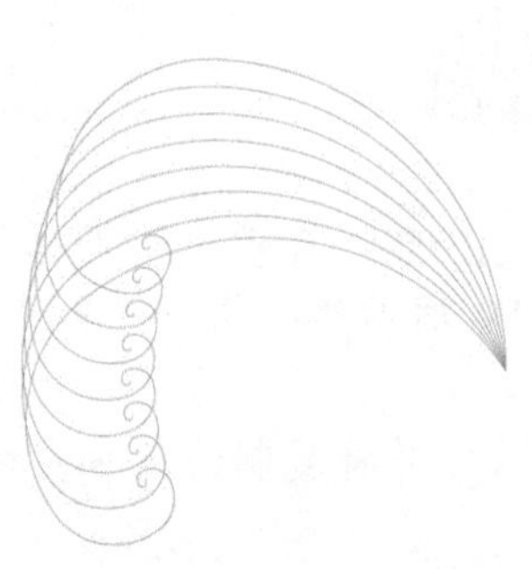
图3-163　最终复制出的螺旋线

图3-164　线放置的位置

25. 继续使用工具绘制出一些颜色和形状都不同的螺旋线，以此来增强画面的装饰效果，如图 3-165 所示。
26. 利用工具在画面中再绘制 3 个不同黄色和红色的极坐标网格图形，将它们分布到画面中，如图 3-166 所示。
27. 至此，人物装饰画绘制完成，执行【文件】/【存储为】命令，将文件命名为“人物装饰画.ai”并保存。

图3-165 绘制不同的螺旋线

图3-166 绘制的极坐标网格图形

3.5 习题

1. 下面通过绘制如图 3-167 所示的儿童画，来巩固并掌握本章学习的工具。

图3-167 绘制的儿童画

【步骤提示】

(1) 利用工具绘制一个矩形，然后为其填充淡绿色（C:33,M:10,Y:78）到淡黄色（C:4,M:4,Y:37）的线性渐变色，再利用工具将图形调整到如图 3-168 所示的形态。

(2) 绘制一个蓝色（C:49,M:12）矩形，调整到如图 3-169 所示的位置。

图3-168 调整的图形

图3-169 绘制的蓝色图形

(3) 利用工具在蓝色矩形上边缘的中心位置添加一个锚点，利用工具向下调整成如图 3-170 所示的形态。

(4) 选择按钮，绘制如图 3-171 所示的大小不一的圆形。

图3-170 调整图形

图3-171 绘制的圆形

(5) 将绘制的所有圆形和蓝色矩形同时选择，执行【对象】/【编组】命令，使其编组，成

为一个整体。

(6) 将编组后的图形填充淡蓝色（C:49,M:12）到淡黄色（C:9,Y:12）的线性渐变，效果如图 3-172 所示。

(7) 将绘制好的图形复制一个，并填充白色，再利用工具绘制一个矩形，填充从淡蓝色到淡黄色的渐变色并放置在最底层，作为天空，效果如图 3-173 所示。

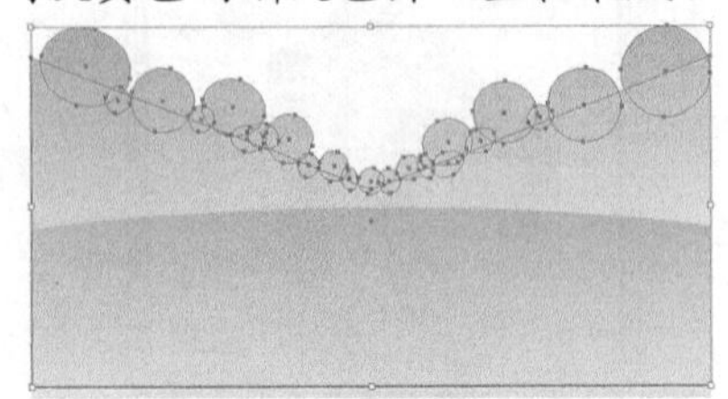

图3-172　填充颜色效果

图3-173　复制的图形

(8) 利用工具和工具绘制如图 3-174 所示的图形，颜色填充为深绿色（C:57,M:24,Y:100），描边设置为“1pt”，描边颜色为暗绿色（C:74,M:55,Y:100,K:20）。

(9) 执行【编辑】/【复制】和【编辑】/【贴在前面】命令，将绘制好的图形复制粘贴，并将它等比例缩小，填充草绿色（C:45,M:24,Y:95），采用同样的方法再次复制并粘贴图形，填充淡绿色（C:26,M:9,Y:73），最后效果如图 3-175 所示。

(10) 利用工具绘制出如图 3-176 所示的图形，填充颜色依次为褐色（C:52,M:66,Y:100,K:14）、土黄色（C:38,M:52,Y:100）和浅黄色（C:26,M:35,Y:72），描边设置为“1pt”，描边颜色设置为深褐色（C:65,M:78,Y:100,K:53）。

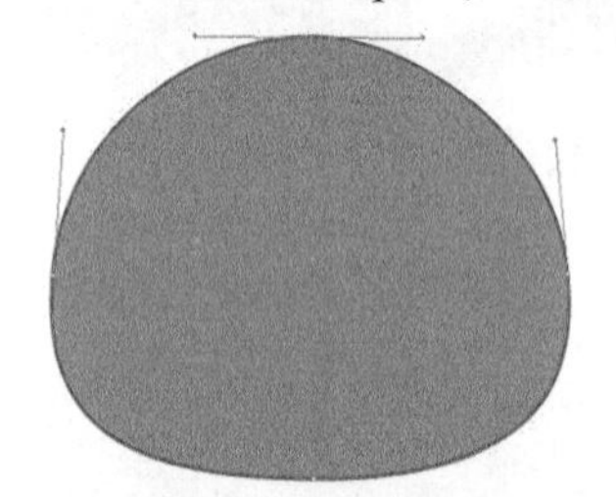

图3-174　绘制的图形

图3-175　复制出的图形

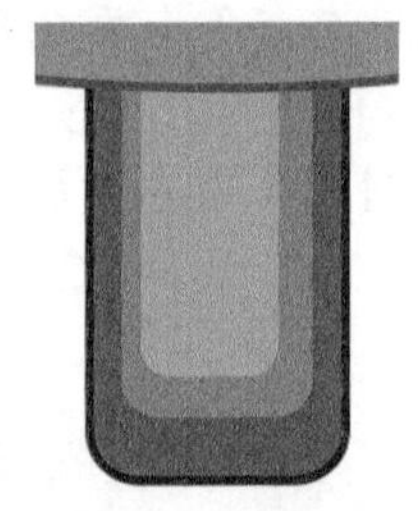

图3-176　绘制的图形

(11) 利用工具依次绘制眼睛和脸蛋图形，如图 3-177 所示。

(12) 利用工具绘制如图 3-178 所示的“嘴”形状，颜色设置为深绿色（C:90,M:30,Y:95,K:30），“小树”图形就绘制好了。

(13) 利用工具和工具绘制并调整出如图 3-179 所示的图形，填充颜色分别设置为黄灰色（C:43,M:53,Y:100）和深褐色（C:64,M:71,Y:100,K:41）。

图3-177　绘制眼睛和脸蛋

图3-178　绘制的“嘴”图形

图3-179　绘制的图形

(14) 继续绘制如图 3-180 所示的图形，填充颜色分别设置为红灰色（C:48,M:80,Y:100,K:16）和深红褐色（C:57,M:83,Y:100,K:43）。

(15) 将前面绘制好的“小树”复制几棵，并等比例改变大小，放置到画面中不同的位置。

(16) 在【符号】面板中找到“花朵”和“小草”图形，添加到画面中。至此，整幅儿童画绘制完毕，效果如图 3-181 所示。

图3-180 绘制的图形

图3-181 绘制完成的儿童画

2. 根据本章所学的内容，通过绘制如图 3-182 所示的卡通图形，来巩固和掌握路径工具的使用方法。

图3-182 绘制的卡通图形

【步骤提示】

(1) 执行【文件】/【置入】命令，置入附盘文件“图库\第 03 章\卡通形象.jpg”，如图 3-183 所示。

(2) 利用工具和工具，按照卡通形象线描稿绘制并调整出如图 3-184 所示的虎头轮廓形状。

(3) 利用工具，按住 Shift 键，将轮廓图形水平移动至卡通形象线描稿的右侧，然后将其填充色设置为黄色（C:6,M:2,Y:58），描边色设置为黑色，并将描边设置为“3 pt”。

(4) 利用工具和工具，继续绘制出两个“耳朵”图形，如图 3-185 所示。

图3-183 置入的图像

图3-184 绘制的虎头轮廓形状

图3-185 绘制的“耳朵”图形

(5) 按照卡通形象线描稿，依次绘制出如图 3-186 所示的装饰图形，其填充色为红色（M:80,Y:95）。

(6) 选择工具，在页面的空白区域处单击，取消对所有图形的选择，然后将工具箱中的填充色设置为无，描边颜色设置为黑色。

(7) 利用工具和工具，按照卡通形象线描稿，绘制并调整出如图 3-187 所示的图形。

图3-186　绘制出的装饰图形

图3-187　绘制出的图形

(8) 利用工具绘制如图 3-188 所示的圆形，将其作为“眼睛”图形，并复制得到右边的眼睛，如图 3-189 所示。

图3-188　绘制的眼睛图形

图3-189　复制出的图形放置的位置

(9) 其他部分的结构绘制方法基本相同，可按照卡通形象线描稿，依次绘制出卡通的其他结构，其绘制过程示意图如图 3-190 所示。

图3-190　绘制卡通图形时的过程示意图

第4章 填充工具及混合工具

【学习目标】

- 掌握填充工具的使用方法和技巧，其中包括【渐变】工具、【渐变】面板、【网格】工具、【实时上色】工具与【吸管】工具等。
- 学会各种渐变颜色的设置与编辑方法。
- 掌握【混合】工具的使用方法和技巧。

本章讲解图形的填充操作，包括单色填充、渐变色填充和图案填充等。对图形进行填充及制作艺术效果是必不可少的工作内容。在 Illustrator CC 中，系统为用户提供了多种填充方法，熟练掌握这些方法，可以提高用户的工作效率。另外，可以利用系统提供的混合工具对图形进行特殊效果的处理，使图形产生惟妙惟肖的动态效果。

4.1 填充工具

在 Illustrator CC 中，填充工具除了第 2 章介绍的各种颜色面板外，还有【渐变】工具、【渐变】面板、【网格】工具、【实时上色】工具与【吸管】工具等。本节将介绍这几个工具的使用方法。

4.1.1 功能讲解

本小节介绍上述几个填充工具的功能及使用方法。

一、【渐变】面板

执行【窗口】/【渐变】命令（其快捷键为 Ctrl+F9 组合键），或者双击工具，打开【渐变】面板，如图 4-1 所示。

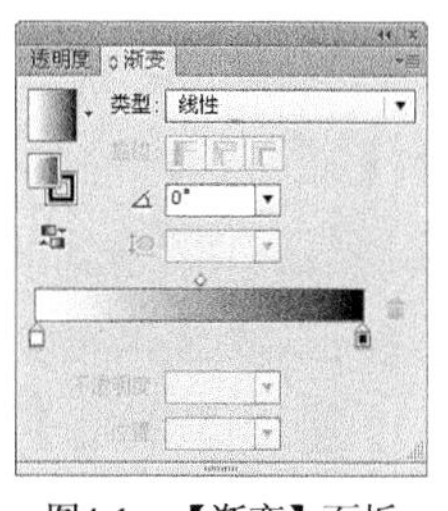

图4-1 【渐变】面板

- 【类型】选项：此选项左侧的选项窗口中显示了当前选用的渐变类型，在其下拉列表中提供了【线性】和【径向】两种渐变。图 4-2 所示为不同渐变类型产生的不同填充效果。
- 【反向渐变】按钮：单击该按钮，可以将填充的渐变色改变方向。
- 【角度】选项：其参数值决定了渐变颜色的方向。图 4-3 所示为不设置与设置渐变角度产生的效果。
- 【长宽比】选项：当给图形设置了径向渐变时，该选项才可用。通过设置该选项，可以定义渐变颜色的长宽比例。
- 【渐变滑块】图标和：“渐变滑块”代表渐变的颜色及所在色条中的位置。拖曳渐变滑块，即可对当前的渐变色进行调整。

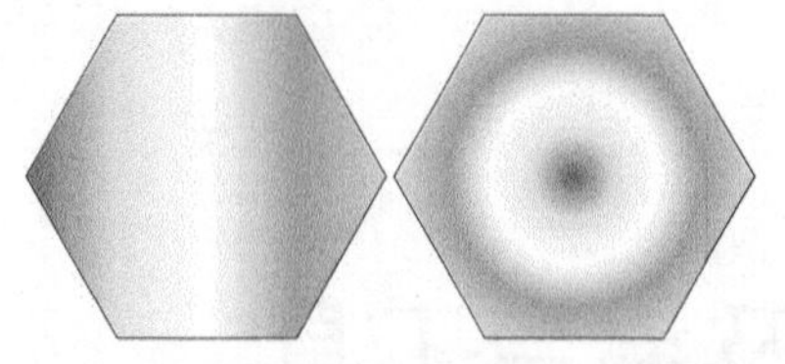

图4-2　不同渐变类型产生的不同填充效果

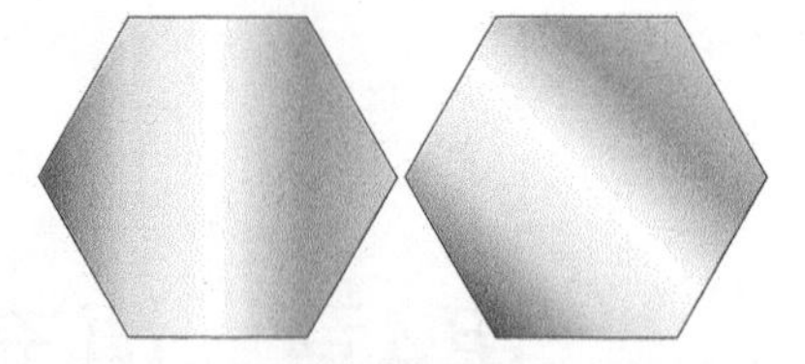

图4-3　不设置与设置渐变角度产生的效果

- 【位置】选项：只有在【渐变】面板中选择了【渐变滑块】后，此选项才可用，其右侧的参数显示了当前所选【渐变滑块】的位置。

二、【色板】面板

执行【窗口】/【色板】命令，弹出如图 4-4 所示的【色板】面板。用户在绘图过程中可以将创建的颜色、渐变以及图案保存在【色板】面板中，以便随时调用。如果用户保存的颜色、渐变或图案太多，就会使【色板】面板显得杂乱，此时可以利用面板下面的类型显示按钮使面板中只显示某一类型的色板。

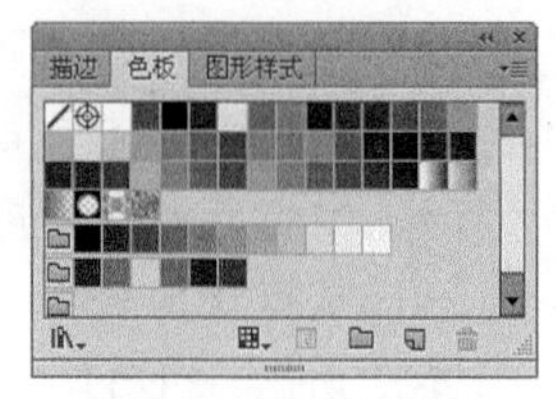

图4-4　【色板】面板

- 【“色板库”菜单】按钮：单击该按钮，可以弹出菜单，用来选择各种色板。
- 【显示“色板”类型菜单】按钮：单击该按钮，可以弹出菜单，用来设置显示色板的类型。
- 【色板选项】按钮：单击该按钮，弹出【色板选项】对话框，用来设置填充的颜色和类型。
- 【新建颜色组】按钮：单击该按钮，弹出【颜色组】对话框，用来设置颜色组。
- 【新建色板】按钮：单击该按钮，弹出【新建色板】对话框，用来设置新的颜色。
- 【删除色板】按钮：单击该按钮，可以在色板面板中删除选择的颜色。

为了更方便地查找所需色板，除了可以按各种模式显示色板外，系统还可以让用户按色板的名称、种类或载入位置重新排列。单击面板右上角的按钮，在弹出的下拉菜单中选择【按名称排序】命令，可以使色板按名称的字母顺序进行排列；选择【按类型排序】命令，可以使色板按单一的颜色、渐变或图案进行分类排列。

三、【网格】工具

使用【网格】工具可以在一个操作对象内创建多个渐变点，从而对图形进行多个方向和多种颜色的渐变填充。利用【网格】工具创建自然平滑的颜色过渡效果，如图 4-5 所示。

利用工具填充渐变色的工作原理是：在当前选择的操作对象中创建多个网格点，构成精细的网格，也就是将操作对象细分为多个区域（此时选择的对象即转换为网格对象），然后在每个区域或每个网格点上填充不同的颜色，系统会自动在不同颜色的相邻区域之间形成自然、平滑的过渡，从而创建多个方向和多种颜色的渐变填充效果。

网格对象由网格点、网格线和网格单元 3 部分组成，如图 4-6 所示。

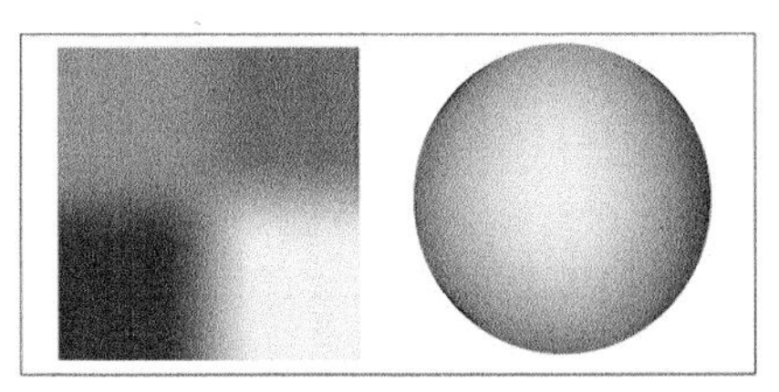

图4-5　网格工具产生的渐变效果

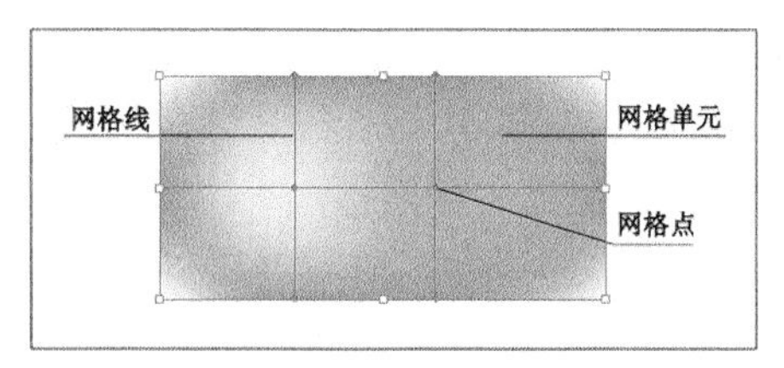

图4-6　网格对象的组成部分

(1) 创建网格对象。

创建网格对象的方法有两种：利用[图]工具创建或利用【对象】/【创建渐变网格】命令创建。下面分别进行讲解。

- 利用[图]工具。

选择[图]工具，然后将鼠标指针移动到页面中的任一图形上，当鼠标指针显示为"[图]"形状时，单击鼠标左键即可在该对象上创建一个网格点，同时将该图形创建为网格对象。

要点提示　默认情况下，添加的网格点以前景色作为其填充色。另外，利用[图]工具在图形中依次单击，可以创建多个网格点。

- 利用【对象】/【创建渐变网格】命令。

首先在页面中选择一个图形或导入的图像，然后执行【对象】/【创建渐变网格】命令，弹出如图 4-7 所示的【创建渐变网格】对话框。在该对话框中设置合适的参数及选项后，单击[确定]按钮，即可将当前选择的对象创建为网格对象，并在此对象内生成创建的网格点及网格单元。图 4-8 所示为把位图图像创建为渐变网格对象后生成的渐变网格颜色混合效果。

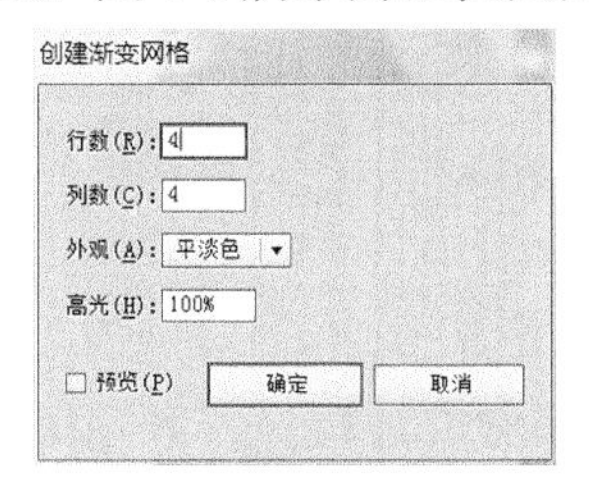

图4-7　【创建渐变网格】对话框

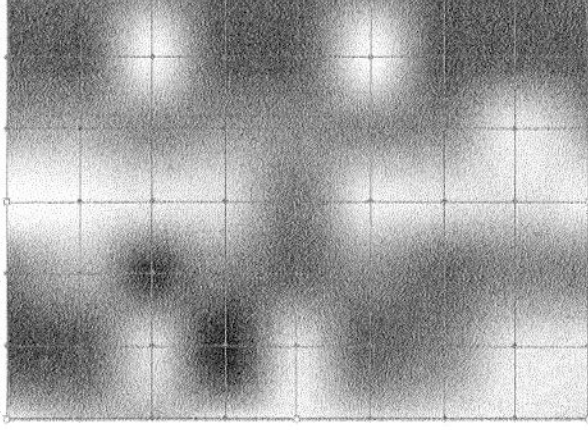

图4-8　创建的渐变网格颜色混合效果

(2) 编辑网格点。

将对象转换为网格对象后，便可以对其生成的网格点进行编辑。其编辑操作包括增加网格点、删除网格点、移动网格点和编辑网格点等。

- 增加网格点。

将对象转换为网格对象后，选择[图]工具，然后将鼠标指针移动到网格对象上并单击鼠标左键，可以添加一个网格点，同时相应的网格线通过新的网格点延伸至对象的边缘。如将鼠标指针移动到网格线上单击，也可增加一个网格点，同时生成一条与此网格线相交的网格线。在增加网格点时，按住 Shift 键同时单击，可以创建一个无颜色属性的网格点。

- 删除网格点。

按住 Alt 键，再将鼠标指针移动到网格点上，鼠标指针显示为"[图]"形状，此时单击，即可将此网格点及相应的网格线删除。

- 移动网格点。

将鼠标指针移动到创建的网格点上，当鼠标指针显示为"[图]"形状时，按下鼠标左键并拖曳，即可改变网格点的位置。在移动网格点的同时按住 Shift 键，可确保该网格点沿网格

线移动。

- 编辑网格点。

利用[图标]工具选择网格点后，此网格点将如路径上的锚点一样在其两侧显示调节柄，单击并拖曳调节柄，便可以编辑连接此网格点的网格线。利用工具箱中的[图标]和[图标]工具，也可以对网格点和网格线进行编辑，其方法与编辑路径的方法相同。

(3) 为网格对象填色。

将图形转换为网格对象后，最重要的一个环节就是为其填充颜色，从而获得最终的渐变效果。在为网格对象填色时，可以分别为网格点或网格单元进行填色。其方法为：首先利用工具箱中的网格工具或直接选择工具在网格对象中选择一个网格点或网格单元，然后在【颜色】面板或【色板】面板中单击所需的颜色，即可为网格点或网格单元进行填色。

四、【实时上色】工具

利用【实时上色】工具[图标]可以为图形进行着色，无论是复杂还是简单的复合路径，也不管是复合路径中前面的图形还是后面的图形，利用该工具就像对画布或纸上的绘画进行着色一样。用户可以使用不同颜色为每个路径段描边，并填充不同的颜色、图案或渐变填充每个路径。

图形应用了实时上色后，每条路径都会保持完全可编辑状态，且生成新的图形，原图形保持不变，如图 4-9 所示。

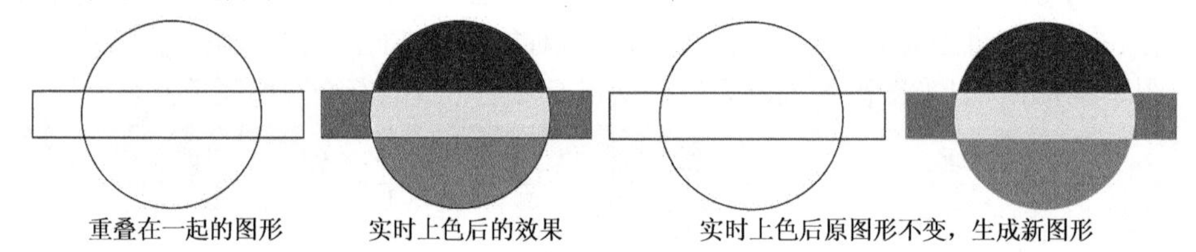

图4-9　实时上色

利用[图标]工具不但可以给图形内部填色，也可以给轮廓边缘描边。给图形内部填色可以是单色，也可以是渐变颜色或图案。例如，画一个圆，再画一条线穿过该圆，利用[图标]工具可以为分割后的两个面填色，也可以为轮廓描边，如图 4-10 所示。

在工具箱中双击[图标]按钮，或者在该工具被选取的状态下按 Enter 键，弹出如图 4-11 所示的【实时上色工具选项】对话框。

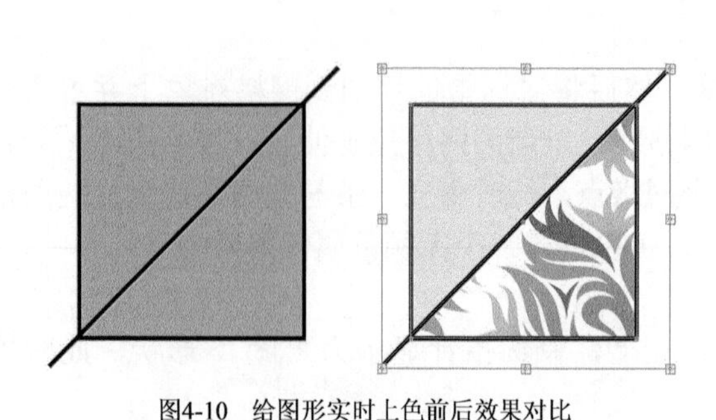

图4-10　给图形实时上色前后效果对比

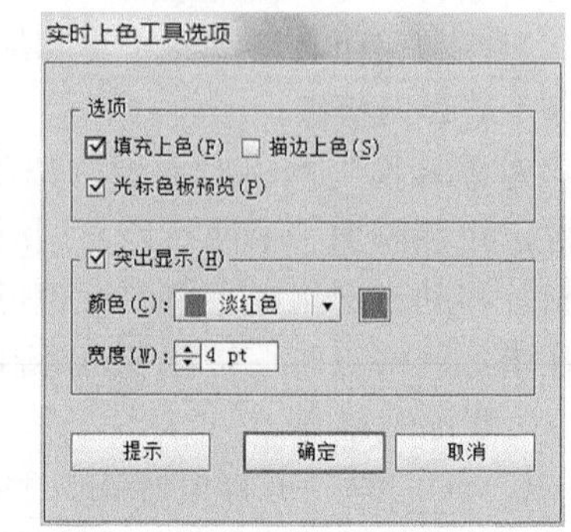

图4-11　【实时上色工具选项】对话框

- 【填充上色】选项：选择此复选项，可以给图形进行上色。
- 【描边上色】选项：选择此复选项，可以给图形的轮廓进行上色。

- 【光标色板预览】选项：选择此复选项，在进行实时上色时，可以随时预览当前图形选定的填充色或描边颜色。
- 【颜色】选项：设置突出显示线的颜色。用户可以从下拉列表中选择颜色，也可以单击上色色板，以指定自定颜色。
- 【宽度】选项：指定突出显示轮廓线的粗细。

如果对图形进行实时上色，可以执行以下操作。

(1) 选择【实时上色】工具。

(2) 指定所需的填充颜色或轮廓描边颜色和轮廓宽度。

(3) 在图形上单击鼠标左键对其进行填充。当鼠标指针位于图形上时，它将变为半填充的油漆桶形状，并且突出显示图形填充内侧周围的线条。

(4) 当拖动鼠标指针经过多个图形时，可以一次为多个图形添色。

(5) 在一个图形上双击鼠标左键，可以把未描边的相临近的图形一起填色。

(6) 在图形中连续单击 3 次，可以对当前所有填充相同颜色的图形进行实时上色。

当鼠标指针指向需要进行实时上色的图形时，鼠标指针显示为一种或 3 种颜色方块，这 3 种颜色方块表示选定填充或描边的颜色；如果使用【色板】面板中的颜色，该颜色方块表示所选颜色与两种相邻的颜色。通过按向左或向右的方向键，可以切换为用相邻的颜色进行填充。

如果对图形的轮廓进行上色，可以执行以下操作。

(1) 将鼠标指针移动到图形的轮廓边缘上，鼠标指针将显示为画笔形状并突出显示该边缘，单击即可给图形轮廓上色。

(2) 拖动鼠标指针经过多条图形边缘，可一次为多条边缘进行描边。

(3) 在一个图形的轮廓边缘双击，可对所有与其相连的边缘进行描边。

(4) 在图形轮廓边缘连续单击 3 次，可对所有边缘应用相同的描边。

五、【实时上色选择】工具

对于执行了实时上色后的复合路径图形，它们是组合在一起的，无法直接利用工具将某部分图形选取进行编辑，如图 4-12 所示。利用【实时上色选择】工具就可以解决这个问题，如图 4-13 所示，被选取的部分可以进行颜色再填充，如图 4-14 所示。

图4-12　实时上色图形

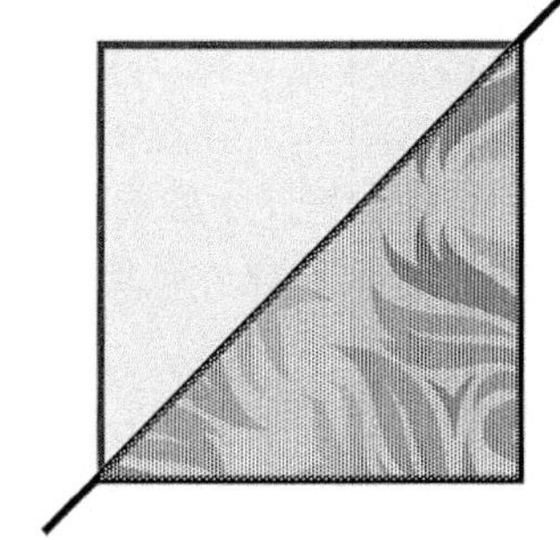

图4-13　选取状态

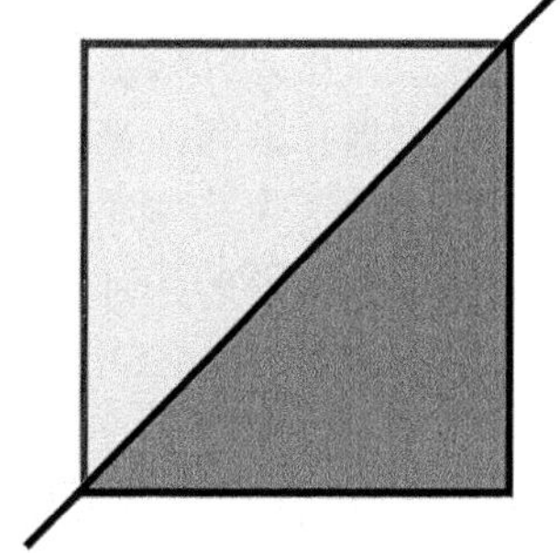

图4-14　重新填充颜色

六、【形状生成器】工具

实时上色工具组下面除了包括【实时上色】工具和【实时上色选择】工具外，还有【形状生成器】工具。

【形状生成器】工具是一个用于通过合并或擦除简单形状创建复杂形状的交互式工具，它对结构简单的复合路径有效。使用时，它直观地高亮显示所选复合路径中可合并为新形状的边缘和选区。“边缘”是指一个路径中的一部分，该部分与所选对象的其他任何路径都没有交集。默认情况下，该工具处于合并模式，允许用户合并路径或选区。当按住 Alt 键时，该工具变为抹除模式，可以删除复合路径中任何不想要的边缘或选区。

双击工具，或者在选取该工具的状态下按 Enter 键，弹出如图 4-15 所示的【形状生成器工具选项】对话框。

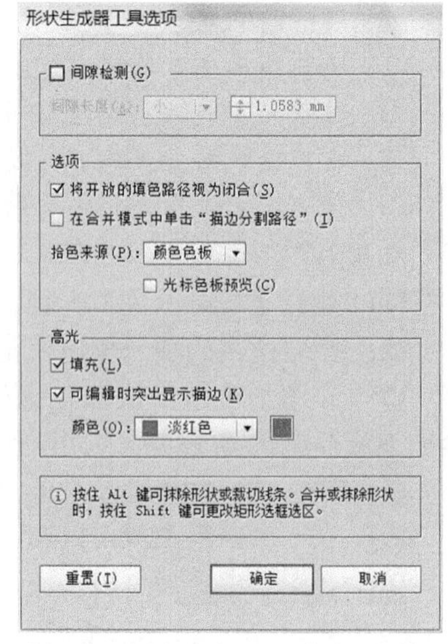

图4-15　【形状生成器工具选项】对话框

- 【间隙检测】分组框：【间隙长度】下拉列表中包含【小】、【中】、【大】3 个设置间隙长度的选项，用户根据使用情况可自行选择应用。

要点提示　选择间隙长度后，再使用工具时将查找仅接近指定间隙长度值的间隙，这时应确保间隙长度值与复合路径的实际间隙长度接近。如果数值太小，将无法查找生成新形状的间隙区域。例如，如果设置间隙长度为 2mm，而需要合并的路径间隙超过了 2mm，则合并时就无法检测此间隙。

- 【将开放的填色路径视为闭合】选项：如果选择此复选项，在捕捉开放的填色路径时，将会为开放路径创建不可见的边缘来生成选区。
- 【在合并模式中单击“描边分割路径”】选项：选择此复选项后，在合并模式中单击路径的描边即可分割路径。此选项允许用户将父路径拆分为两个路径。第一个路径将从单击的边缘创建，第二个路径是父路径中除第一个路径外剩余的部分。
- 【拾色来源】选项：右侧的下拉列表中包括【图稿】和【颜色色板】两个选项。用户可以从现有图形所用的颜色中选择，来给对象上色，或者从颜色色板中选择颜色，来给对象上色。
- 【填充】选项：该复选项默认为选中。如果选择此复选项，当鼠标指针滑过所选路径时，可以合并的路径或选区将以灰色突出显示。如果没有选择此复选项，所选选区或路径的外观将是正常状态。
- 【可编辑时突出显示描边】选项：如果选择此复选项，在编辑时将突出显示可编辑的路径轮廓颜色。在【颜色】右侧的下拉列表中可选择显示的颜色。

七、【吸管】工具

利用【吸管】工具，可以把画面中矢量图形或位图图像的颜色吸取为工具箱中的填色，这样可以有效节省在【颜色】面板中设置颜色的时间。利用工具不但可以快速地吸取颜色，还可以实现复制功能。利用该工具可以方便地将一个对象的属性按照另外一个对象的属性进行更新，其操作为：首先在页面中选择需要更新属性的对象，然后选择工具，将鼠标指针移动到页面中要复制属性的对象上单击，则选择的对象会按此对象的属性自动更新。例如，在页面中选择一个内部填充为蓝色、轮廓色为黑色的圆形，然后用工具单击一个内部填充为枫叶图案、轮廓色为红色的矩形，单击后，处于选择状态的圆形将填充为枫叶图案、轮廓色也将变为红色，如图 4-16 所示。

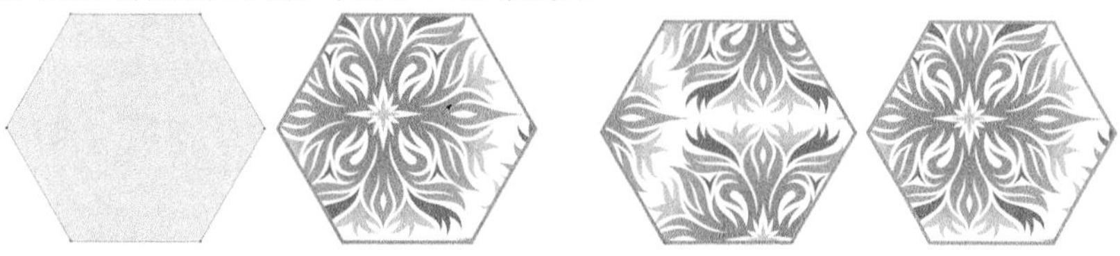

图4-16　利用【吸管】工具更新对象属性示意图

利用工具除了可以更新图形对象的属性外，还可以将选择的文本对象按照其他文本对象的属性进行更新。其操作与更新图形属性的方法相同，如图 4-17 所示。

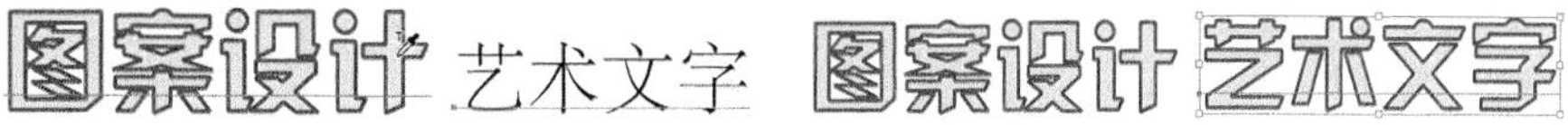

图案设计 艺术文字 图案设计 艺术文字

图4-17　利用【吸管】工具更新文本属性示意图

双击工具，弹出如图 4-18 所示的【吸管选项】对话框，在该对话框中可以对吸管工具的应用属性进行设置。如果不想使吸管工具具备某项控制功能，只须在该对话框中取消其选择状态即可；再次单击该选项将其选择，即可重新对操作对象的该属性进行控制。

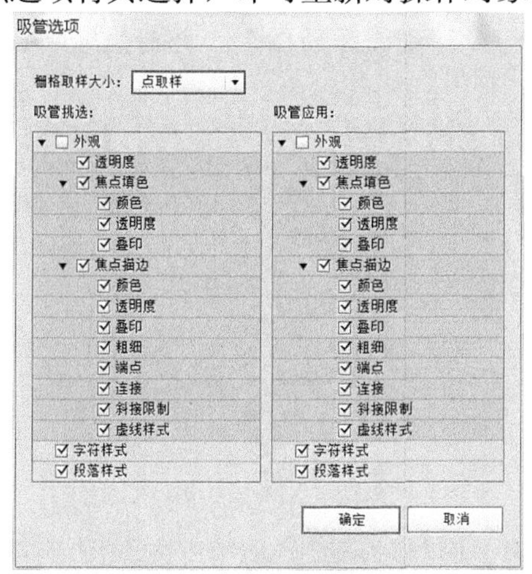

图4-18　【吸管选项】对话框

4.1.2　范例解析——创建渐变色

在实际工作过程中，【色板】面板中的几种渐变类型远远不能满足设计需要，因此，就需要用户自己创建渐变色。下面讲解创建渐变色的方法。

【步骤提示】

1. 创建一个新的文档。
2. 选择工具，按住 Shift 键绘制一个圆形图形。
3. 打开【色板】面板，单击如图 4-19 所示的渐变颜色，给图形填充白色到黑色的渐变颜色，如图 4-20 所示。

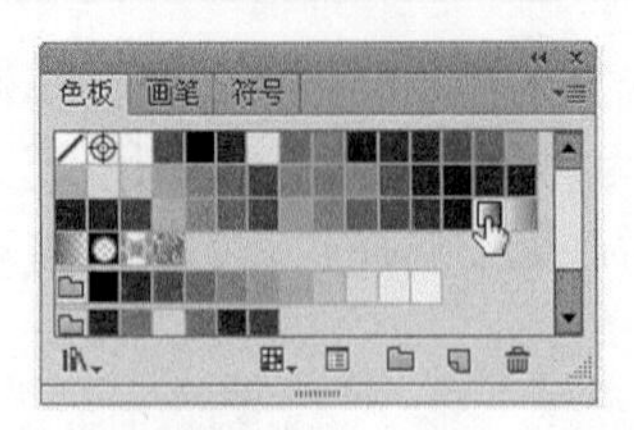

图4-19　单击渐变颜色

图4-20　填充的渐变颜色

4. 打开【渐变】面板，将鼠标指针移动到【渐变】面板颜色条下方需要更改颜色的渐变滑块上单击，将此渐变滑块设置为当前状态，如图 4-21 所示。
5. 打开【颜色】面板，设置需要的渐变颜色，如图 4-22 所示。此时【渐变】面板中被选择的渐变滑块的颜色即新设置的颜色，如图 4-23 所示。

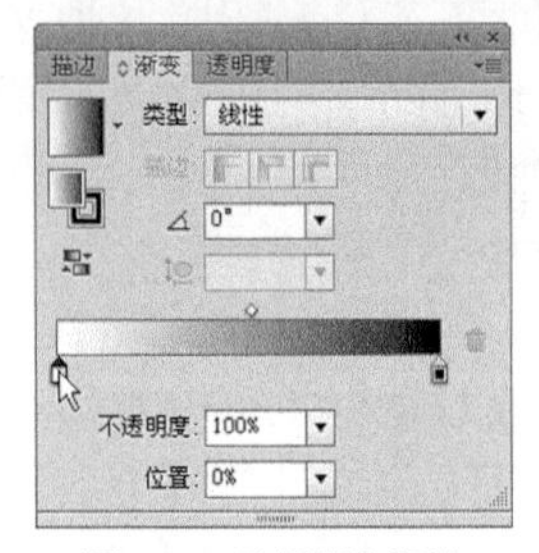

图4-21　选择渐变滑块

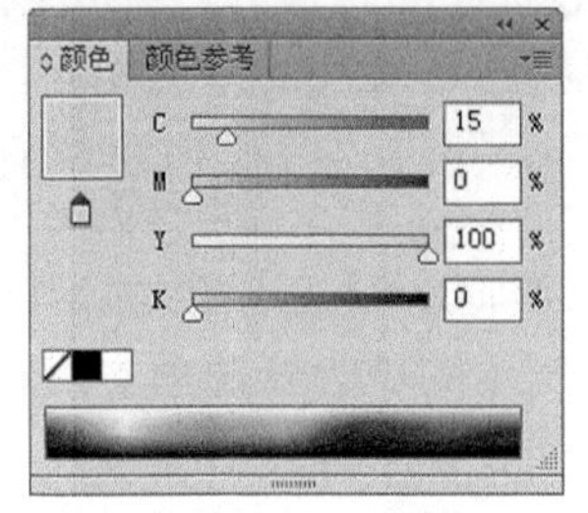

图4-22　设置颜色

图4-23　设置的滑块颜色

6. 当给渐变滑块设置了颜色后，被选择的图形会即时显示新设置的渐变颜色，如图 4-24 所示。
7. 在【渐变】面板中选择右边的滑块，然后在【颜色】面板中设置颜色，如图 4-25 所示，图形填充的渐变颜色如图 4-26 所示。

图4-24　填充的渐变颜色

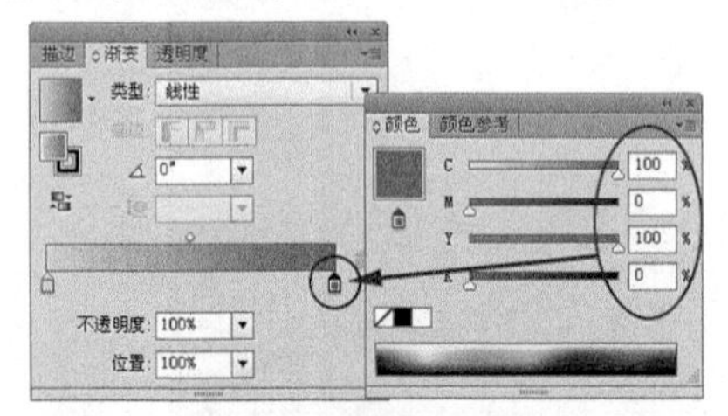

图4-25　设置渐变颜色

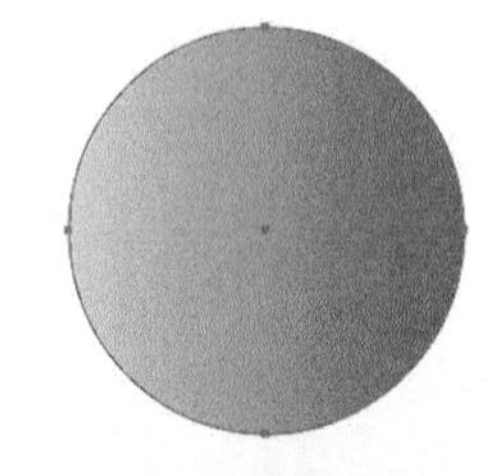

图4-26　填充的渐变颜色

8. 将鼠标指针移动到【渐变】面板的渐变颜色条下方如图 4-27 所示的位置单击，可以添加一个渐变滑块，如图 4-28 所示。
9. 把【位置】参数设置为 50%，渐变颜色滑块便移动到渐变颜色条的中间位置，如图 4-29 所示。

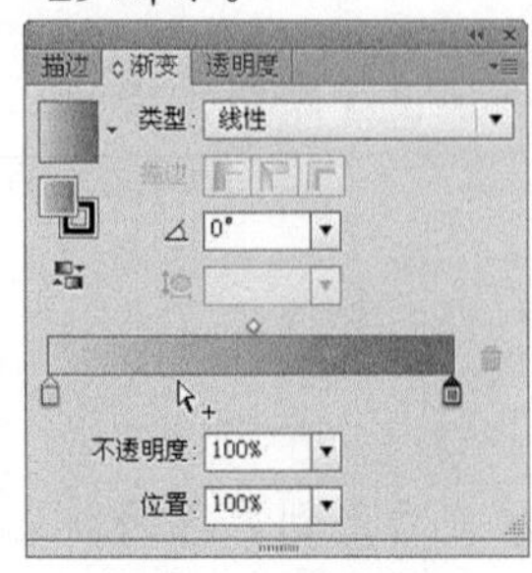

图4-27　单击位置

图4-28　添加的渐变滑块

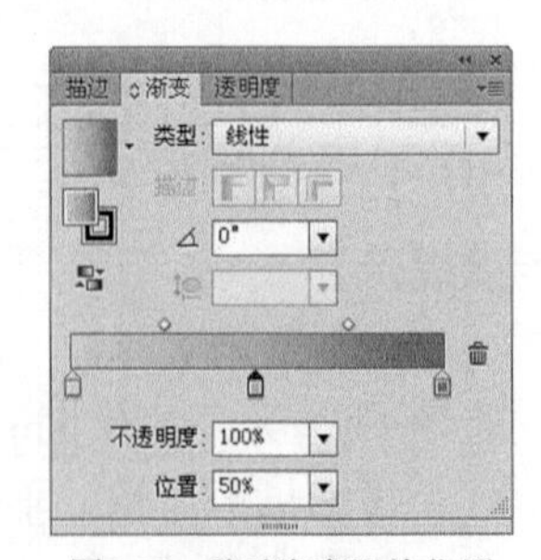

图4-29　移动渐变滑块位置

10. 将新添加的渐变颜色滑块颜色设置成白色，如图 4-30 所示。
11. 分别在 25%位置和 75%位置再各添加一个渐变颜色滑块，并设置颜色为绿色和黄色，如图 4-31 所示。

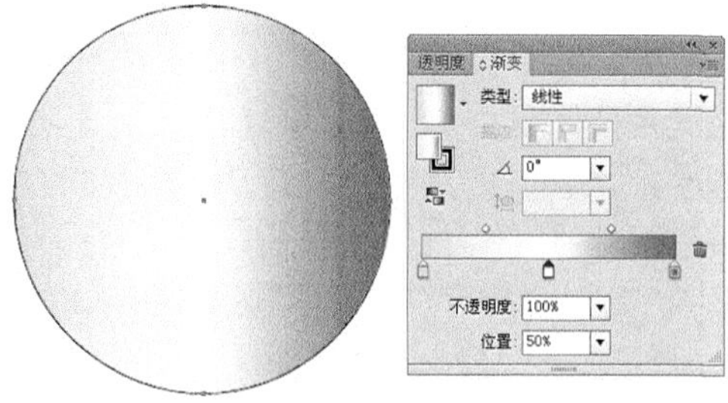
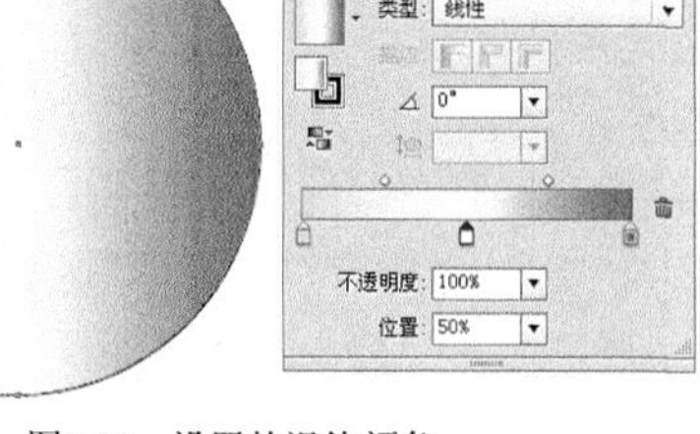

图4-30　设置的滑块颜色　　图4-31　新添加的滑块及颜色

12. 在【角度】选项右侧的下拉列表中选择一个渐变颜色的角度值，此时图形填充的渐变颜色角度发生了变化，如图 4-32 所示。
13. 在【类型】选项右侧的下拉列表中选择【径向】，此时图形填充的渐变颜色变成如图 4-33 所示的径向填充。

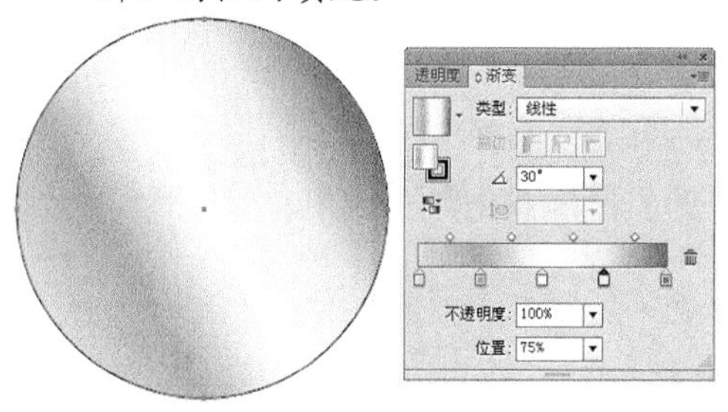

图4-32　设置填充角度

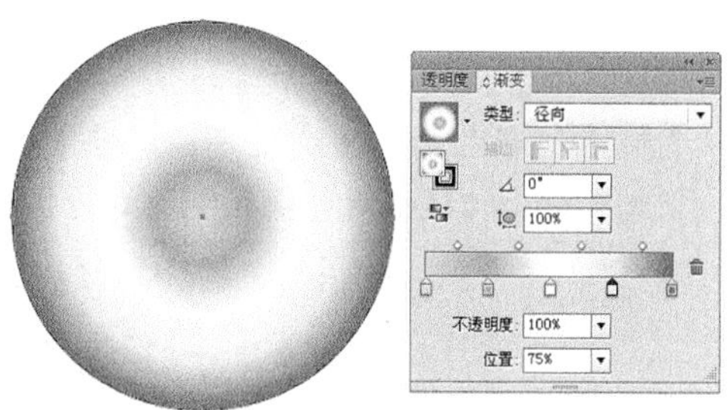

图4-33　径向填充

14. 在【长宽比】选项右侧设置参数为 30%，此时图形填充的径向渐变颜色变成如图 4-34 所示的比例。
15. 按 Ctrl+Z 组合键，恢复长宽比为 100%，然后单击【反向渐变】按钮，渐变颜色变成反向填充，如图 4-35 所示。

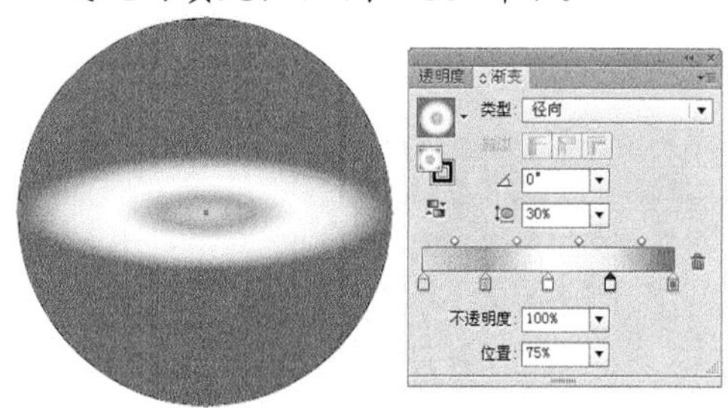

图4-34　设置长宽比

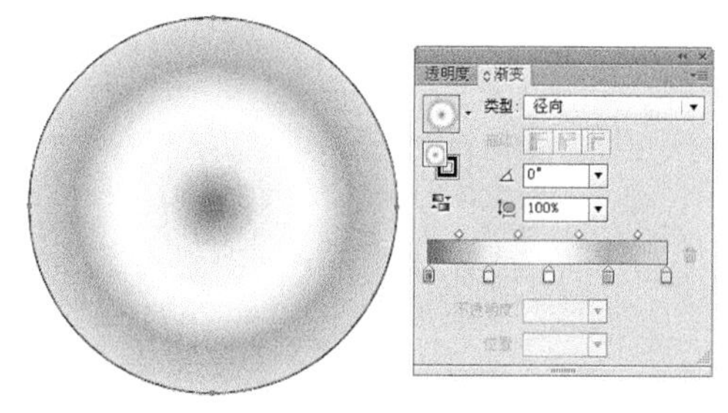

图4-35　反向填充

16. 如果想删除添加的渐变颜色滑块，在滑块上按住鼠标左键并拖动到面板下方，使其脱离颜色条即可。

另外，颜色条上方的渐变滑块可以调整渐变的中心点，此点代表的颜色是由距离此点最近的左侧及右侧的渐变滑块代表颜色的 50%混合而成的，调整颜色条上方的渐变滑块位置可以改变渐变的过渡程度，取值范围为 13%～87%。

4.1.3 范例解析——手动调整渐变色

本小节将练习利用▣工具，调整渐变颜色及方向的方法。

【步骤提示】

1. 接上例。打开【渐变】面板，在【类型】选项右侧的下拉列表中选择【线性】选项，此时图形填充的渐变颜色变成如图 4-36 所示的线性填充。
2. 选择▣工具，此时在图形上出现如图 4-37 所示的渐变控制。

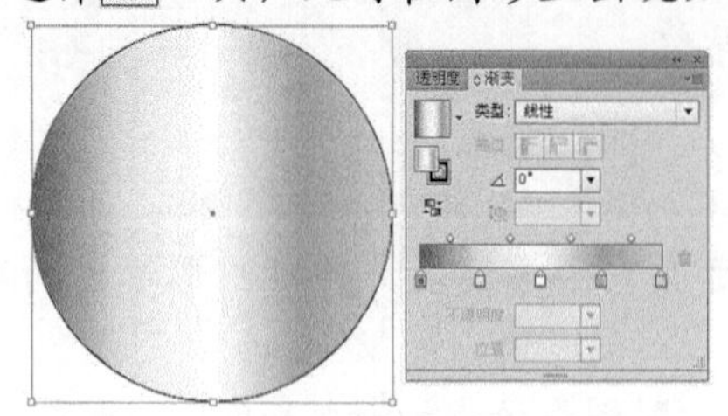

图4-36　改为线性填充

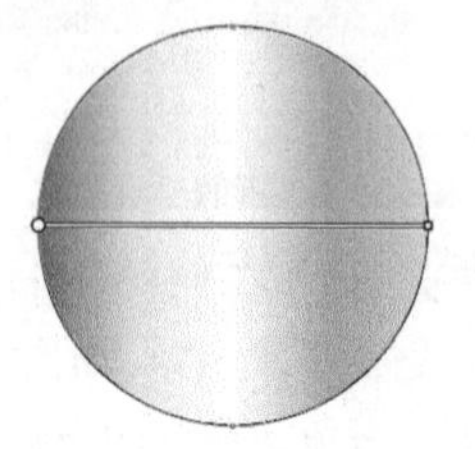

图4-37　出现的渐变控制

3. 当把鼠标指针移动到变换控制位置时，在变换控制上会显示如图 4-38 所示的渐变颜色滑块。
4. 直接拖动渐变颜色滑块，可以调整渐变颜色滑块的位置，如图 4-39 所示。
5. 当把鼠标指针移动到变换控制的右边位置时，鼠标指针将变为如图 4-40 所示的旋转形态。

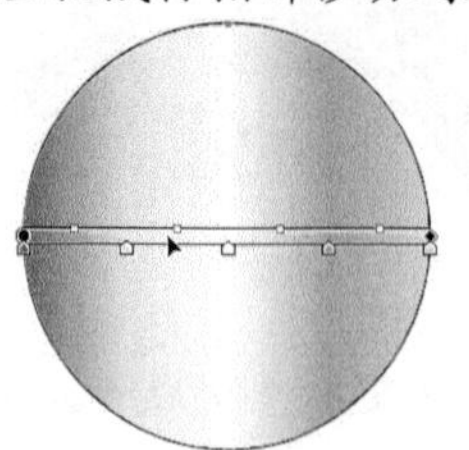

图4-38　显示的渐变颜色滑块

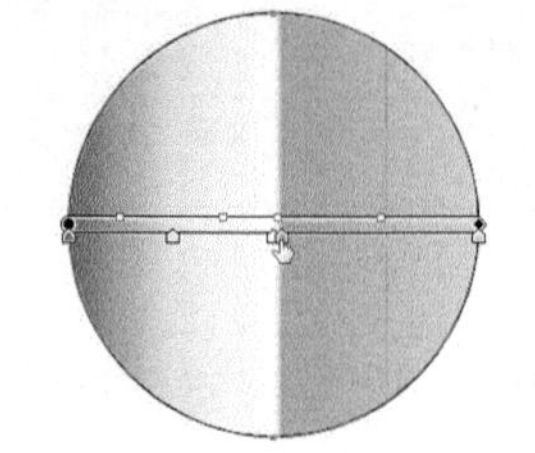

图4-39　调整渐变颜色滑块的位置

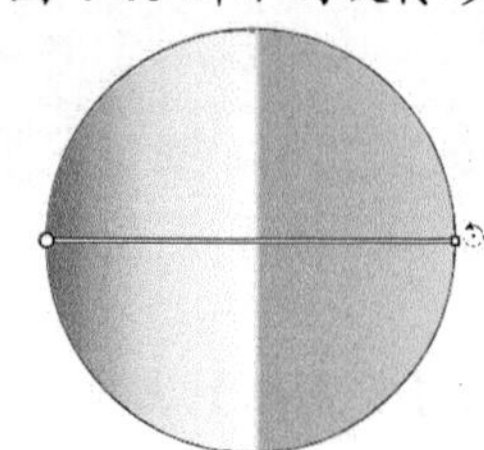

图4-40　出现的旋转符号

6. 单击鼠标左键并拖动可以调整渐变控制的角度，如图 4-41 所示。释放鼠标左键后图形的渐变颜色角度发生了变化，如图 4-42 所示。

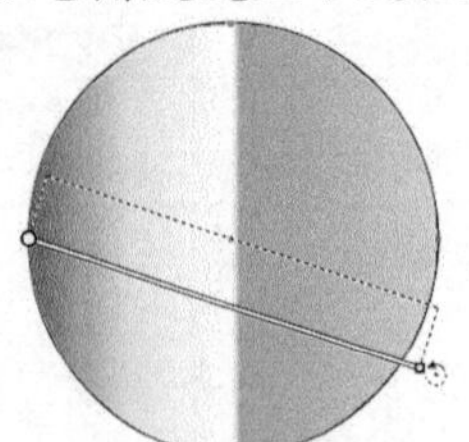

图4-41　旋转状态

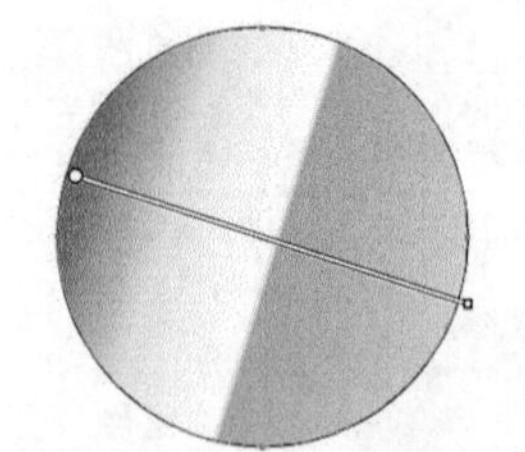

图4-42　调整渐变颜色角度后的效果

4.1.4 范例解析——调整渐变色中心点的位置

本小节将练习如何调整渐变色中心点的位置。

【步骤提示】

1. 接上例。在【渐变】面板中的【类型】选项右侧下拉列表中选择【径向】选项，此时图形填充的渐变颜色变成如图 4-43 所示的径向填充。

2. 当把鼠标指针移动到变换控制位置时，在变换控制上会显示如图 4-44 所示的渐变颜色滑块。
3. 在渐变控制的左端按下鼠标左键并拖曳，如图 4-45 所示。

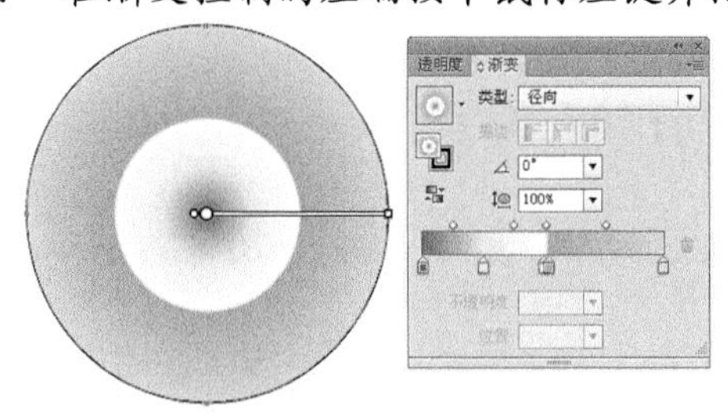

图4-43 设置径向渐变

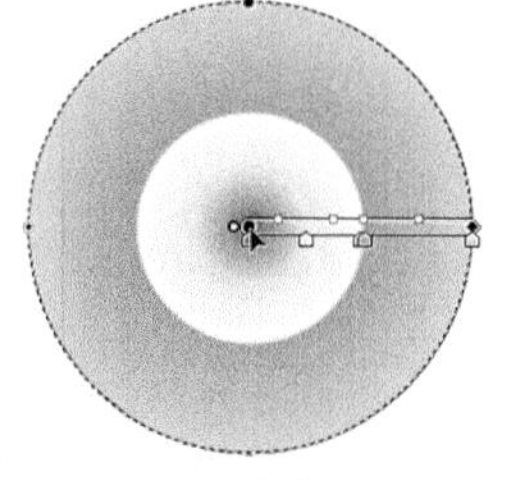

图4-44 显示渐变颜色滑块

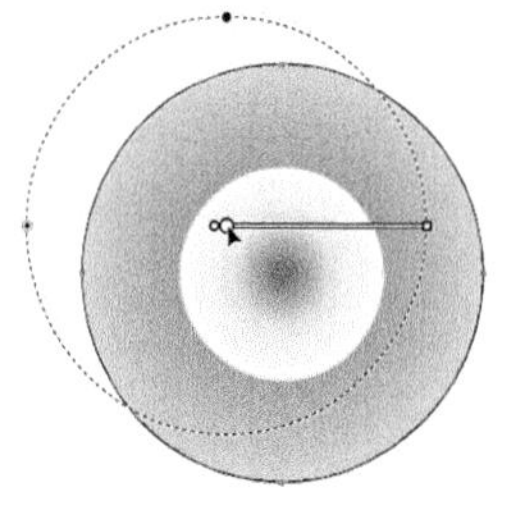

图4-45 拖动渐变控制位置

4. 释放鼠标左键后即可改变渐变中心点的位置，如图 4-46 所示。
5. 将鼠标指针放置到如图 4-47 所示的位置，按下鼠标左键并拖曳，通过改变渐变控制的长度可以得到不同渐变区域面积，如图 4-48 所示。

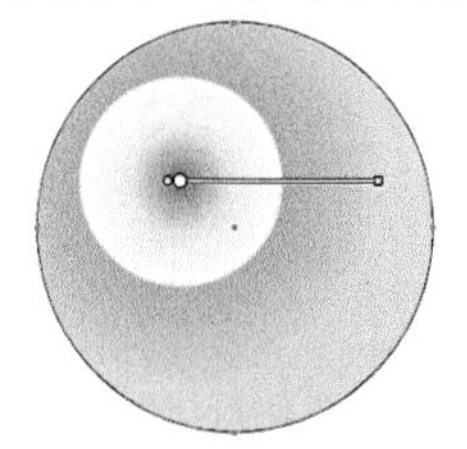

图4-46 改变渐变中心点的位置

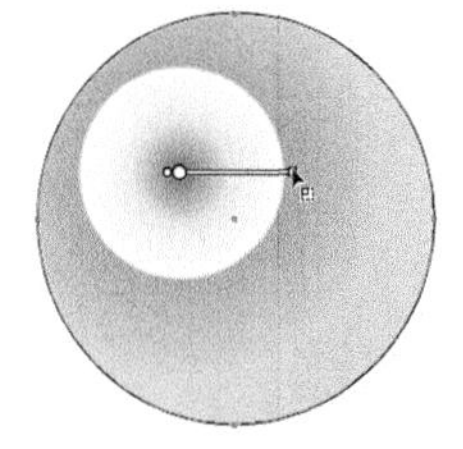

图4-47 改变渐变控制的长度

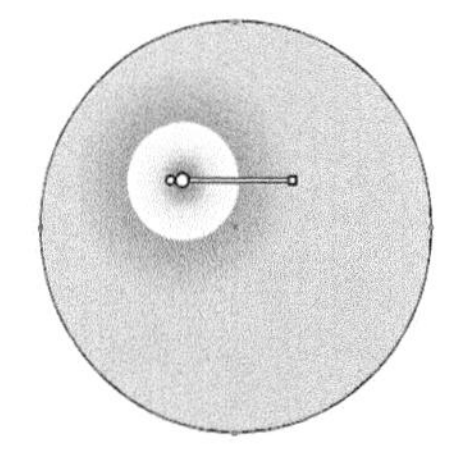

图4-48 改变渐变面积后的效果

6. 按下 Shift+Ctrl+S 组合键，将文件命名为“编辑渐变色.ai”并保存。

4.1.5 范例解析——设计吊牌

本小节通过设计如图 4-49 所示的吊牌，来练习实时上色工具的应用。

【步骤提示】

1. 创建一个新的文档。
2. 利用 工具绘制矩形图形，然后利用 工具依次绘制出如图 4-50 所示的线形。
3. 利用 工具将绘制的矩形和线形同时选择，执行【对象】/【实时上色】/【建立】命令，将图形转换为实时上色对象，如图 4-51 所示。

图4-49 制作的吊牌

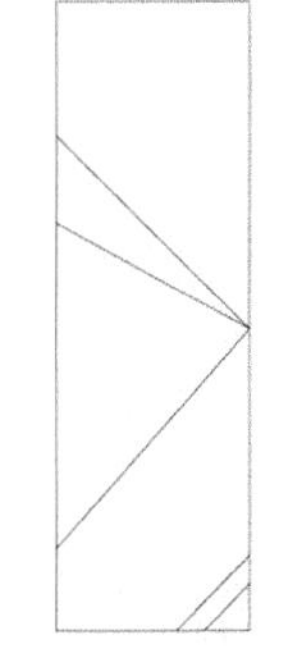

图4-50 绘制的图形

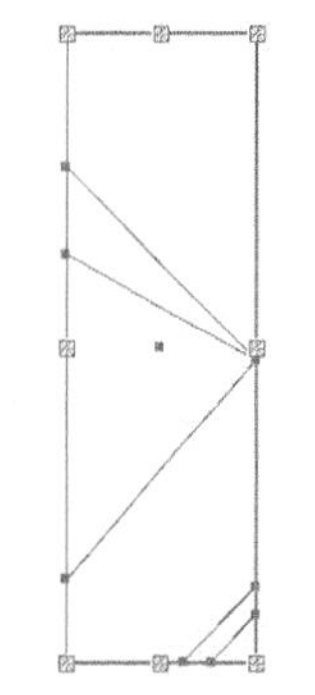

图4-51 转换为实时上色对象

4. 按 Esc 键，取消图形的选择状态，然后双击填色按钮，将颜色设置为橘黄色（C:12,M:65,Y:95）。
5. 选取工具，将鼠标指针移动到如图 4-52 所示的位置单击，即可在红色线形显示的区域填色。
6. 依次移动鼠标指针至下方相应的区域单击，在如图 4-53 所示的区域填充颜色。
7. 双击填色按钮，将颜色设置为橘红色（C:22,M:75,Y:80），然后利用工具为自上向下数的第 2 个图形填色。
8. 将填色设置为土黄色（C:13,M:50,Y:65），然后为剩余的图形填色，效果如图 4-54 所示。

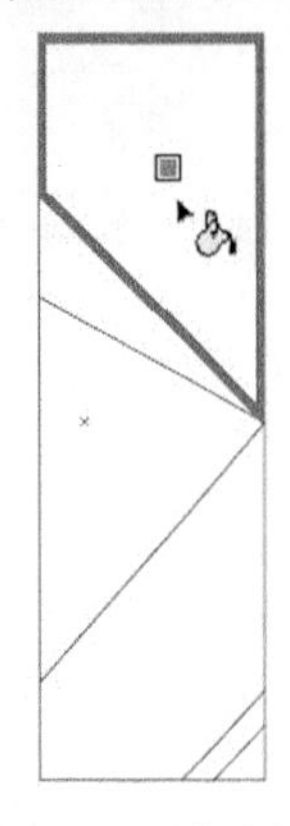

图4-52　填色状态

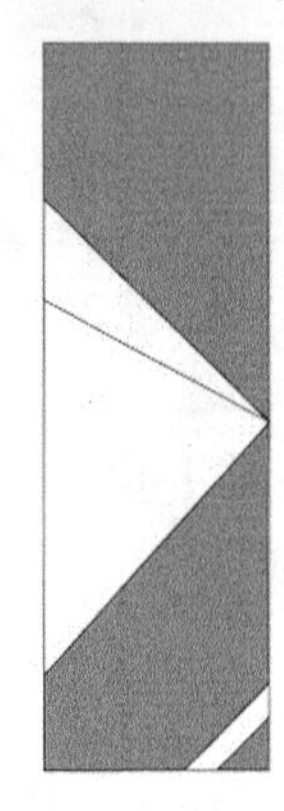

图4-53　填色效果

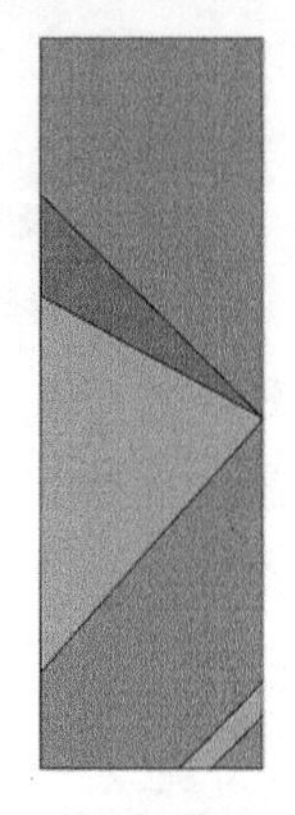

图4-54　填充颜色后的效果

9. 利用工具将实时上色的图形选择，然后去除描边色，再利用工具输入如图 4-55 所示的白色文字。
10. 将输入的文字旋转角度后放置到如图 4-56 所示的位置。
11. 执行【窗口】/【符号】命令，调出【符号】面板，然后单击右上角的按钮，在弹出的下拉菜单中选择【打开符号库】/【污点矢量包】命令，调出【污点矢量包】面板。
12. 在【污点矢量包】面板中的“污点矢量包 09”符号上按下鼠标左键并向画面中拖曳，然后将拖曳出的图形的颜色修改为橘红色（C:22,M:75,Y:80），如图 4-57 所示。

图4-55　输入的文字

图4-56　文字调整后的形态及位置

图4-57　添加的污点图形

13. 执行【对象】/【排列】/【后移一层】命令，或者按 Ctrl+[组合键，将污点图形调整至“饰”字的下方，如图 4-58 所示。
14. 利用工具，在图形上方的中间位置绘制出如图 4-59 所示的白色小圆形，即可完成吊牌的制作。

15. 用与以上相同的方法，再制作出另一色调的吊牌，效果如图 4-60 所示。

图4-58　调整堆叠顺序后的效果

图4-59　绘制的小圆形

图4-60　制作的吊牌

16. 按 Ctrl+S 组合键，将此文件命名为“吊牌.ai”并保存。

4.1.6　实训——绘制荷花装饰画

本小节通过绘制如图 4-61 所示的荷花装饰画，来练习本章介绍的渐变和网格工具。

图4-61　绘制的荷花装饰画

【步骤提示】

1. 执行【文件】/【新建】命令，在弹出的【新建文档】对话框中将【颜色模式】选项设置为“RGB”，单击 确定 按钮创建一个新的文档。

由于本例绘制的装饰画要求色彩比较艳丽，因此在新建文件时选用了 RGB 颜色模式。在其下的颜色参数设置时，本书也将给出 RGB 的颜色值，希望读者注意。

首先来绘制花瓣图形。

2. 利用和工具绘制出如图 4-62 所示的图形，然后为其填充如图 4-63 所示的线性渐变色。
3. 去除图形的描边色，效果如图 4-64 所示。

图4-62　绘制的图形 1

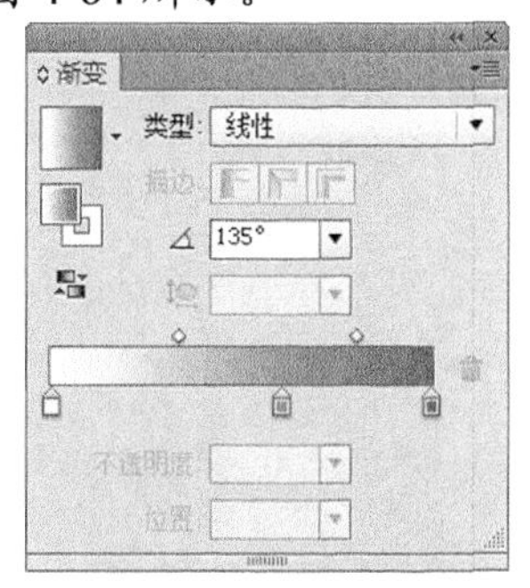

图4-63　设置的渐变色 1

图4-64　填充渐变色后的效果 1

4. 继续利用和工具绘制出如图 4-65 所示的图形，然后为其填充如图 4-66 所示的渐变色。
5. 将图形的描边色设置为白色，效果如图 4-67 所示。

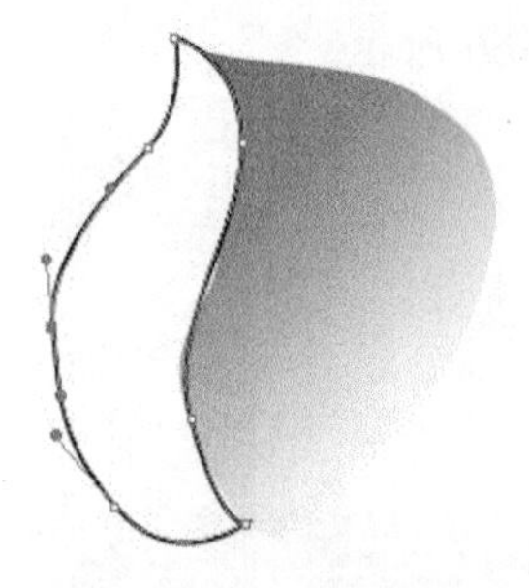

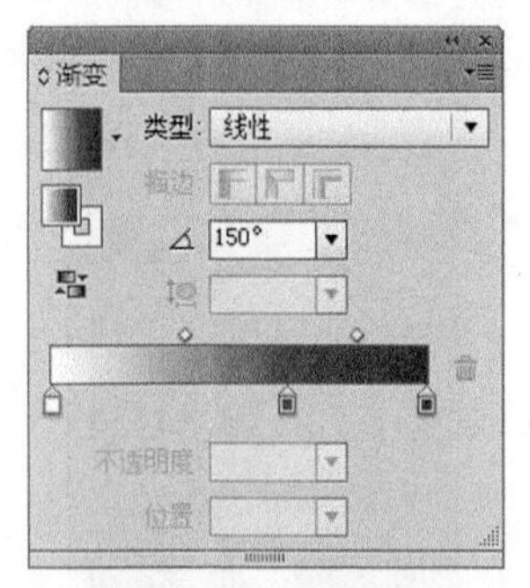

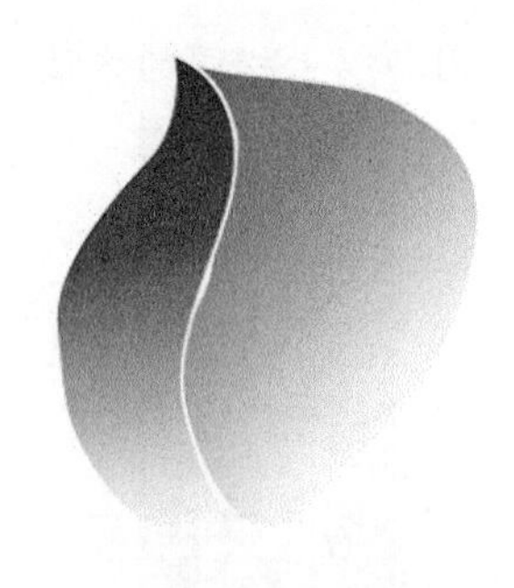

图4-65　绘制的图形 2

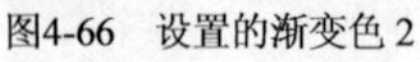
图4-66　设置的渐变色 2

图4-67　填充渐变色后的效果 2

6. 选择绘制的图形并在水平方向上镜像复制，然后分别调整各图形的形态及渐变颜色，如图 4-68 所示。
7. 用与以上相同的方法依次绘制图形，效果如图 4-69 所示。

图4-68　调整后的效果　　图4-69　绘制的花瓣图形

接下来绘制荷花杆、荷叶及莲蓬图形。

8. 利用和工具绘制出如图 4-70 所示的图形，然后为其填充灰绿色（R:100,G:128），并将描边色设置为酒绿色（R:153,G:204）。
9. 执行【对象】/【排列】/【置于底层】命令，将绘制的图形调整至荷花图形的后面。
10. 利用工具将所有花瓣图形选择，并按 Ctrl+G 组合键编组，然后旋转至合适的角度后，放置到如图 4-71 所示的位置。
11. 用与以上相同的方法绘制出另一朵荷花图形，如图 4-72 所示。

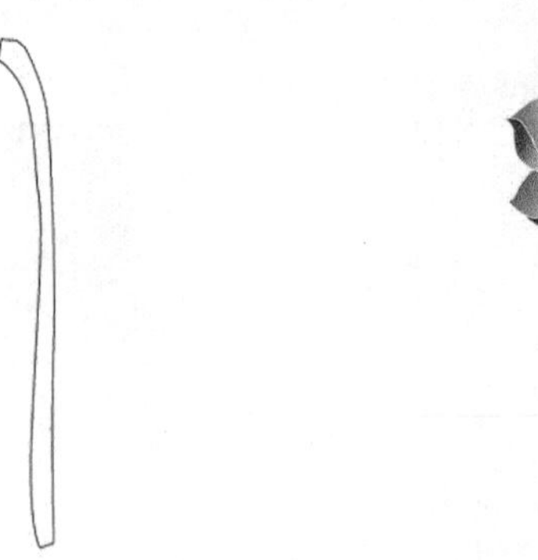
图4-70　绘制的图形 3

图4-71　组合效果

图4-72　绘制的荷花图形

12. 利用和工具绘制出如图 4-73 所示的荷叶图形，然后为上方图形填充绿色（R:87,G:203），并去除描边色；为下方图形填充深绿色（R:52,G:122），并将描边色设置为酒绿色（R:153,G:204）。

13. 继续利用[钢笔]和[形状]工具绘制出如图 4-74 所示的莲蓬图形，填充色为灰绿色（R:100,G:128），描边色为酒绿色（R:153,G:204）。

图4-73　绘制的荷叶图形

图4-74　绘制的莲蓬图形

14. 利用[钢笔]和[形状]工具依次绘制出如图 4-75 所示的酒绿色（R:153,G:204）线形，作为荷叶及莲蓬上的纹理。

最后利用[网格]工具来绘制荷花的背景。

15. 利用[矩形]工具绘制出如图 4-76 所示的矩形图形，然后为其填充浅蓝色（R:228,G:240,B:250），并去除描边色，再按 Shift+Ctrl+[组合键，置于图形的下方。

图4-75　绘制的纹理

图4-76　绘制的矩形图形

16. 选取[网格]工具，将鼠标指针移动到如图 4-77 所示的位置单击，即可在单击处添加一个颜色控制点，如图 4-78 所示。

图4-77　鼠标指针放置的位置

图4-78　添加的颜色控制点

17. 将工具箱中的填色按钮的颜色设置为白色，添加颜色控制点位置即显示为白色。

18. 再次移动鼠标指针至如图 4-79 所示的位置单击，添加颜色控制点，然后在该控制点位置按下鼠标左键并拖曳，即可调整该控制点的位置，如图 4-80 所示。

图4-79　添加的颜色控制点

图4-80　调整的位置

19. 继续移动鼠标指针至右下方位置单击添加控制点，然后将颜色设置为绿色（R:173,G:208,B:50），如图 4-81 所示。
20. 在荷叶的右上方位置单击鼠标左键，添加颜色控制点，然后选择工具，将鼠标指针移动到画面的左下方位置单击吸取背景的浅蓝色，使右下方的绿色区域减少，如图 4-82 所示。
21. 选取工具，单击荷叶下方的控制点，将该控制点选择，然后将颜色设置为浅绿色（R:203,G:225,B:158），再向左侧移动控制点，调大该颜色的区域。调整后的位置如图 4-83 所示。

图4-81　添加的控制点 1

图4-82　添加的控制点 2

图4-83　调整后的位置

至此，背景调整完成。

22. 利用工具在画面的右上方输入如图 4-84 所示的黑色文字。
23. 利用工具根据背景的大小绘制矩形图形，然后将【画笔】面板调出，并选择如图 4-85 所示的样式，完成装饰画的绘制。制作的装饰画效果如图 4-86 所示。

图4-84　输入的文字

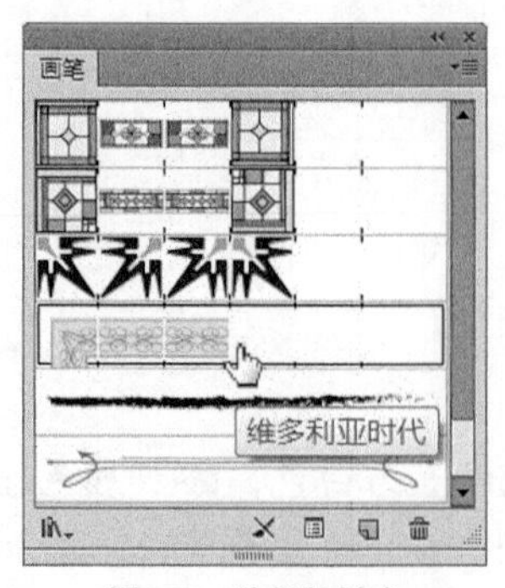

图4-85　选择的样式

图4-86　制作的装饰画效果

24. 按Ctrl+S组合键，将此文件命名为“荷花.ai”并保存。

4.2 混合工具

使用【混合】工具可以把两条或多条路径以及两个或多个图形创建为混合效果，使参与混合操作的图形或路径在形状、颜色等方面形成一种光滑的过渡效果。本节将介绍混合图形的制作、编辑以及混合选项的设置等内容。

4.2.1 功能讲解

利用【混合】工具或【对象】/【混合】/【建立】命令，均可将选择的路径或图形创建为混合效果。

Illustrator CC 软件中主要有 3 种混合效果：直接混合、沿路径混合和复合混合。直接混合是指在两个图形之间进行混合；沿路径混合是指图形在混合的同时是沿指定的路径混合的；复合混合是指在两个以上图形之间的混合。

一、 混合选项设置

创建混合效果时，混合步数是影响混合效果的重要因素。执行【对象】/【混合】/【混合选项】命令，或者双击工具箱中的工具，均会弹出如图 4-87 所示的【混合选项】对话框。

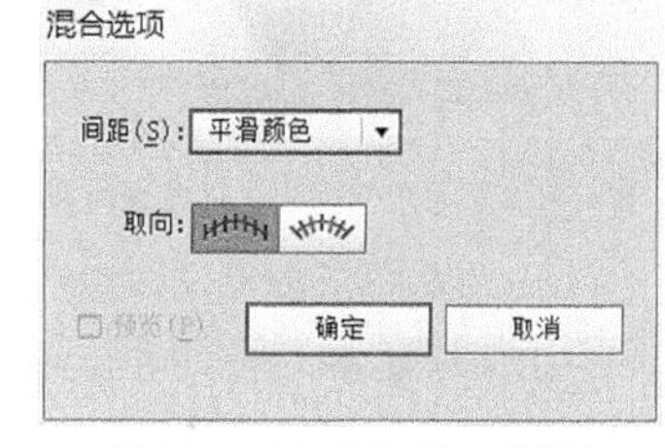

图4-87 【混合选项】对话框

- 【间距】选项：该选项用于控制混合图形之间的过渡样式，包括【平滑颜色】、【指定的步数】和【指定的距离】3 个选项。
- 【取向】选项：该选项右侧的两个按钮可以控制混合图形的方向。激活【对齐页面】按钮，可以使混合效果中的每一个中间混合对象的方向垂直于页面的 x 轴，其效果如图 4-88 所示。激活【对齐路径】按钮，可以使混合效果中的每一个中间混合路径的方向垂直于路径，其效果如图 4-89 所示。

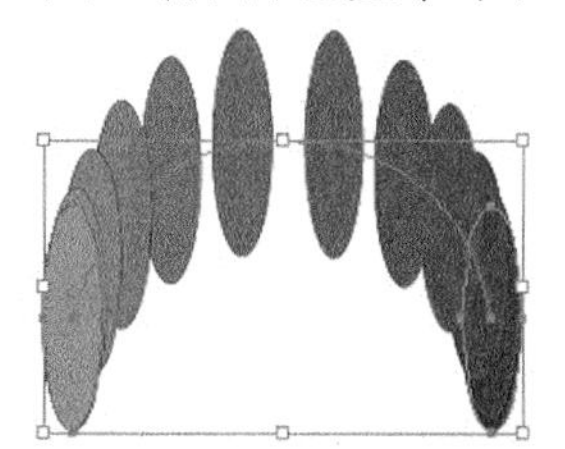
图4-88 混合对象垂直于页面时的效果

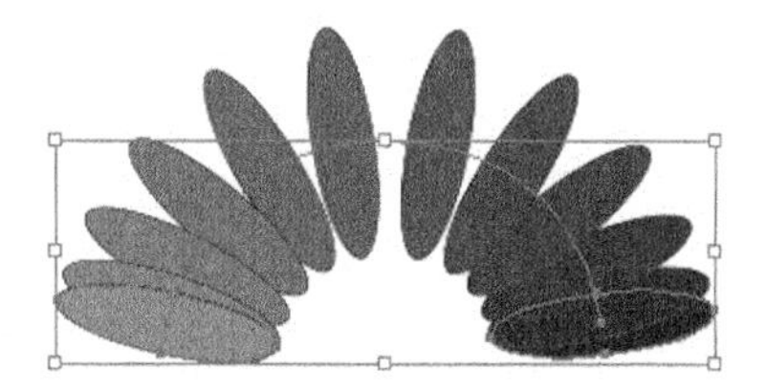
图4-89 混合对象垂直于路径时的效果

二、 混合图形的编辑

选择的图形进行混合后，就会形成一个整体，这个整体是由原混合对象以及对象之间形成的路径组成的。除了混合步数外，混合对象的层次关系以及混合路径的形态也是影响混合效果的重要因素。

(1) 对象的层次关系对混合效果的影响。

创建混合效果时，所选图形的层次关系很大程度上决定了混合操作的最终效果。图形的

层次关系在绘制图形时就已决定，即先绘制的图形在下层，后绘制的图形在上层。当在不同层次中的图形进行混合操作时，通常是由位于最下层的图形依次向上操作直到最上层。图 4-90 所示分别为圆形在下层、六边形在上层，以及圆形在上层、六边形在下层时得到的不同混合效果。

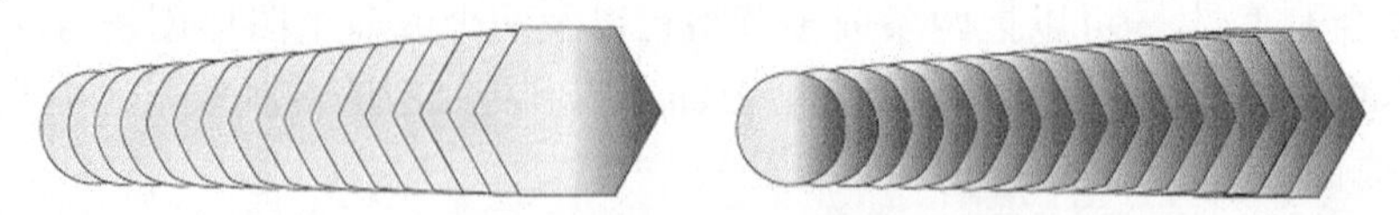

图4-90　图形层次对混合效果的影响对比

要点提示　在混合过程中，产生混合的顺序实际上就是在页面中绘制图形的顺序，因此在执行混合操作时，如果未得到满意的效果，可以尝试使用【对象】/【排列】命令调整图形的层次后再进行混合。

利用【对象】/【混合】/【反向混合轴】命令，可以改变图形的混合轴向，即将最前面的对象和最后面的对象的位置调换。图 4-91 所示为原混合效果和执行此命令后的效果。

利用【对象】/【混合】/【反向堆叠】命令，可以使混合效果中每个中间过渡图形的堆叠顺序发生变化，即将最前面的对象移动到堆叠顺序的最后面。图 4-92 所示为原混合效果和执行此命令后的效果。

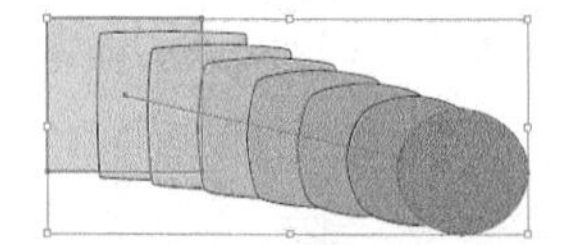

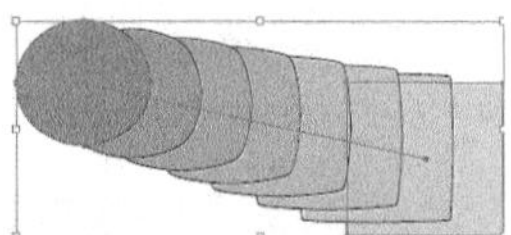

图4-91　原混合效果和执行【反向混合轴】命令后的效果

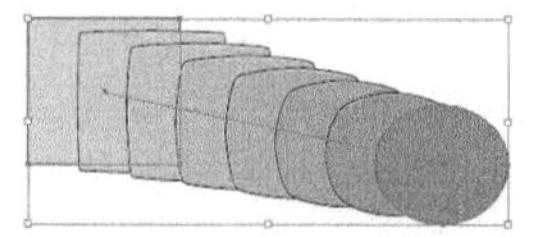

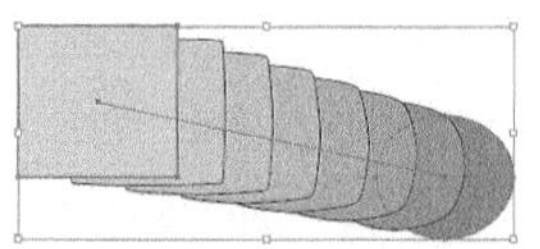

图4-92　原混合效果和执行【反向堆叠】命令后的效果

(2)　调整路径对混合效果的影响。

用户创建混合图形后，系统会自动在混合对象之间建立一条直线路径。利用工具箱中的编辑路径工具调整路径后，会得到更丰富的混合效果。图 4-93 所示为原混合效果和调整路径后的效果。

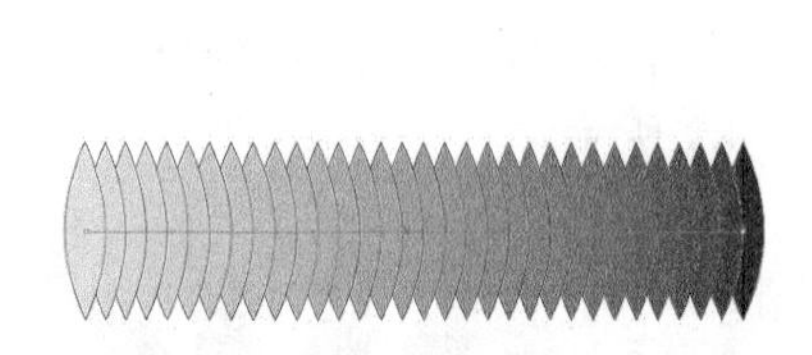

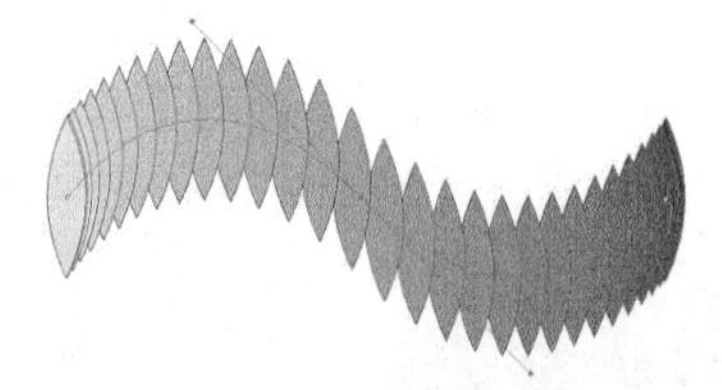

图4-93　原混合效果和调整路径后的效果

(3)　路径锚点对混合效果的影响。

制作混合效果时，利用工具单击混合对象中的不同锚点，可以制作出许多不同的混合效果。在操作对象上选择不同的锚点，可以使混合图形产生从一个对象的选中锚点到另一个对象的选中锚点上旋转的效果。选择的不同锚点及所产生的混合效果如图 4-94 所示。

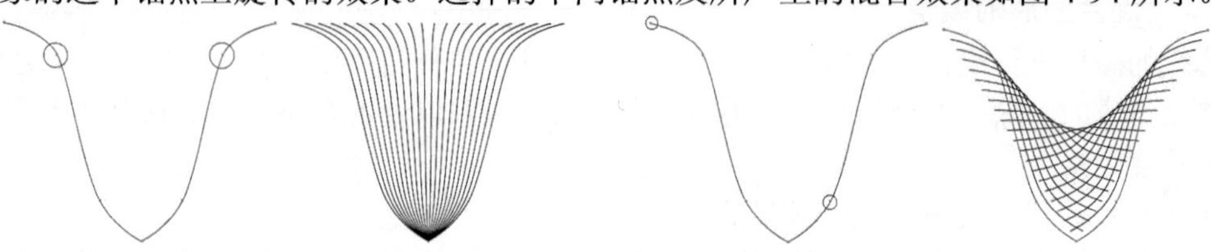

图4-94　选择的不同锚点及所产生的混合效果

(4) 混合图形的解散。

创建混合效果后，利用任何选择工具都不能选择混合图形中间的过渡图形。如果想对混合图形中的过渡图形进行编辑，则需要扩展混合图形，也就是将混合图形解散，使混合图形转换成一个路径组。

扩展混合图形的方法为：首先在页面中选择需要扩展的混合图形，然后执行【对象】/【混合】/【扩展】命令，即可将混合图形转换成一个路径组，此时利用工具箱中的【编组选择】工具便可选择路径组中的任意路径。

要点提示 当将混合图形扩展为路径组后，执行【对象】/【取消编组】命令，或者在此对象上单击鼠标右键，在弹出的快捷菜单中选择【取消编组】命令，可以取消路径的组合状态，路径中的混合图形变成独立的图形。

4.2.2 范例解析——直接混合图形

本小节将练习直接混合图形的方法。

【步骤提示】

1. 创建一个新的文档。
2. 利用工具和复制再缩小图形的方法，在页面中依次绘制出红色和黄色的五角星图形，如图 4-95 所示。
3. 选择工具，将鼠标指针移动到黄色的小五角星图形上单击，然后移动鼠标指针到大的红色五角星图形上单击，系统即可生成直接混合效果，如图 4-96 所示。
4. 双击工具，弹出【混合选项】对话框，设置选项和参数如图 4-97 所示。

图4-95 绘制的图形

图4-96 混合后的效果

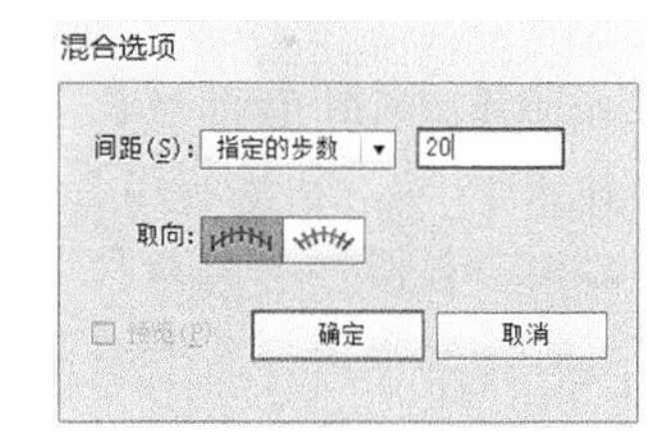

图4-97 【混合选项】对话框

5. 单击 确定 按钮，混合效果如图 4-98 所示，将图形的描边色去除，效果如图 4-99 所示。

图4-98 设置步数后的混合效果

图4-99 去除描边后的效果

6. 按 Ctrl+S 组合键，将文件命名为“五角星.ai”并保存。

创建混合图形后，执行【对象】/【混合】/【释放】命令，可将当前的混合图形释放，还原图形没混合前的状态。

4.2.3 范例解析——沿路径混合图形

本小节将练习沿路径混合图形的方法。

【步骤提示】

1. 创建一个新的文档。
2. 利用☆工具绘制一个红色星形，然后向右移动复制一个图形，并将其颜色修改为黄色，如图 4-100 所示。
3. 利用工具制作如图 4-101 所示的混合效果。

图4-100　绘制并复制出的图形

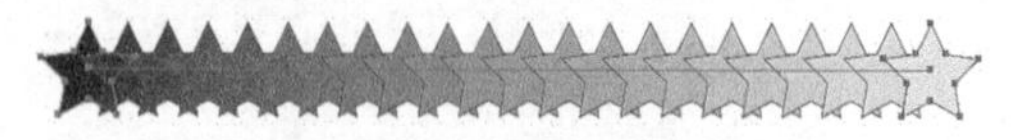

图4-101　混合后的效果

4. 利用工具，绘制出如图 4-102 所示的螺旋线图形。
5. 将混合的图形与螺旋线同时选择，执行【对象】/【混合】/【替换混合轴】命令，混合图形即跟随路径排列，如图 4-103 所示。

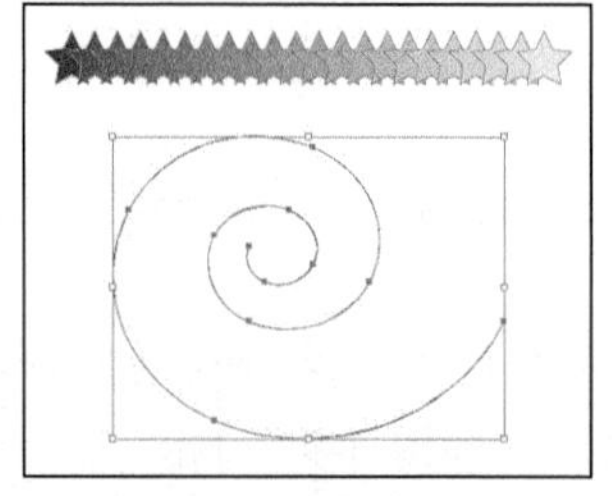

图4-102　绘制的螺旋线

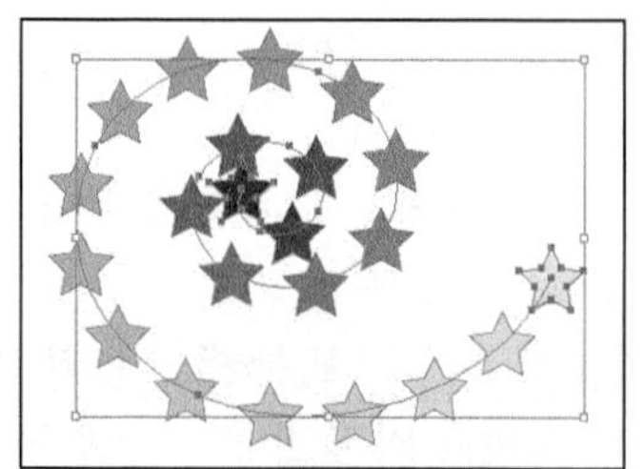

图4-103　生成的沿路径混合图形

6. 双击工具，在弹出的【混合选项】对话框中将【指定的步数】参数设置为“50”，效果如图 4-104 所示。
7. 选择工具，在鼠标指针移动中心的红色星形图形上双击，切换到图形编辑模式下，然后单击该图形将其选取。
8. 对选择的星形图形缩小调整，得到如图 4-105 所示的效果。

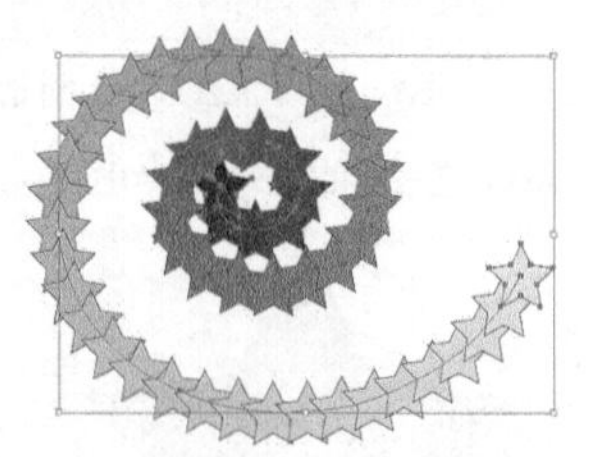

图4-104　调整混合步数后的效果

图4-105　调整图形大小后的效果

9. 按 Ctrl+S 组合键，将文件命名为“沿路径混合.ai”并保存。

4.2.4 范例解析——复合混合图形

本小节来学习复合混合图形的制作。

【步骤提示】

1. 创建一个新的文档。

2. 利用☆工具在页面中依次绘制出如图 4-106 所示的星形图形，分别填充不同的颜色。
3. 选择工具，将鼠标指针移动到左上角的星形图形上单击，然后移动至左下方的图形上单击，再依次移动至其他图形上单击，即可生成复合混合图形，如图 4-107 所示。

图4-106　绘制的五角星图形

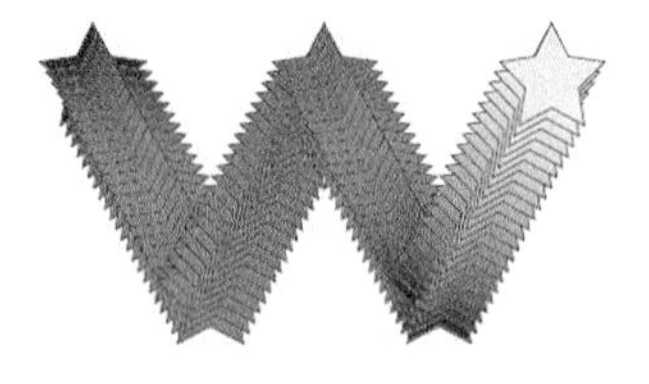
图4-107　生成的复合混合图形

4. 按 Ctrl+S 组合键，将文件命名为“复合混合效果.ai”并保存。

4.2.5　范例解析——混合轮廓线

除上述几种混合效果外，利用工具还可以对图形的轮廓线进行混合，具体操作如下。

【步骤提示】

1. 创建一个新的文档。
2. 利用☆工具，绘制一个五角星图形。
3. 双击工具，弹出【比例缩放】对话框，将【等比】选项的参数设置为“70%”，单击 复制(C) 按钮，缩小复制图形，再按 Ctrl+D 组合键，重复缩小复制操作，缩小复制出如图 4-108 所示的图形。
4. 将外侧和内侧的五角星轮廓颜色设置为青色，将中间的五角星轮廓颜色设置为白色。
5. 将 3 个五角星图形同时选择，并在属性栏中将描边宽度设置为“0.5 pt”，然后执行【对象】/【混合】/【建立】命令，生成如图 4-109 所示的轮廓混合效果。
6. 双击工具，弹出【混合选项】对话框，将【指定的步数】选项参数设置为“50”，单击 确定 按钮，混合后的效果如图 4-110 所示。

图4-108　缩小复制出的图形

图4-109　轮廓混合效果

图4-110　混合后的效果

7. 按 Ctrl+S 组合键，将文件命名为“轮廓混合.ai”并保存。

4.2.6　范例解析——混合开放路径

本小节来介绍开放路径的混合操作。

【步骤提示】

1. 创建一个新的文档。
2. 选取工具，按住 Shift 键拖曳鼠标光标，绘制出如图 4-111 所示的弧线图形。
3. 选取工具，根据弧线的两个端点绘制出如图 4-112 所示的直线。

4. 选择[图标]工具，分别在两条线形上单击，将其混合，效果如图 4-113 所示。

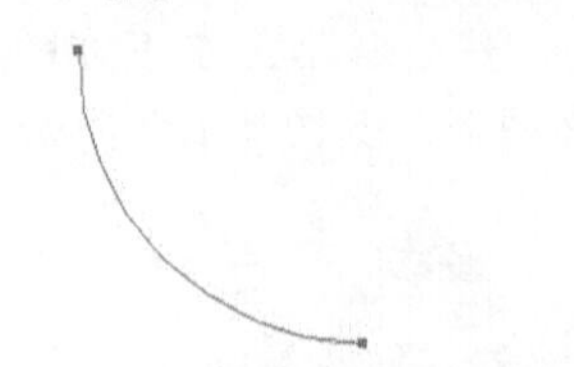
图4-111　绘制的弧线

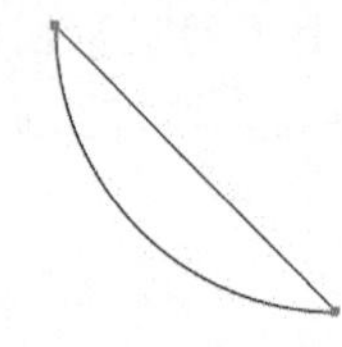
图4-112　绘制的直线

图4-113　混合后的效果

5. 选择混合后的图形，在[图标]工具上双击鼠标左键，在弹出的【旋转】对话框中将【角度】选项的参数设置为“180°”，单击 复制(C) 按钮，复制出的图形如图 4-114 所示。
6. 将两个图形同时选择并按 Ctrl+G 组合键编组，然后用旋转复制图形的方法将其旋转复制，效果如图 4-115 所示。
7. 将复制出的图形同时选择，然后为其填充由白色到红色的径向渐变色，效果如图 4-116 所示。

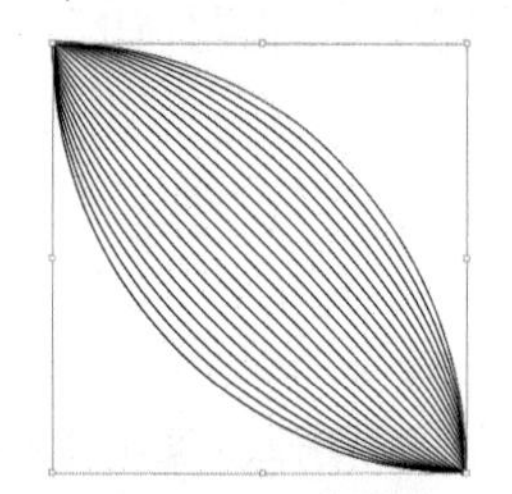
图4-114　复制出的图形

图4-115　再次复制出的图形

图4-116　调整渐变色后的效果

8. 按 Ctrl+S 组合键，将文件命名为“线形混合.ai”并保存。

4.2.7 实训——绘制花图形

本小节通过绘制如图 4-117 所示的花图形，来练习【混合】工具的使用技巧。

【步骤提示】

1. 创建一个新的文档。
2. 利用[图标]和[图标]工具绘制并调整出如图 4-118 所示的花瓣图形，填充色为黄色（Y:100）。
3. 通过缩小复制得到如图 4-119 所示的两个小花瓣图形，颜色分别为桔黄色（M:50,Y:100）和绿色（C:75,Y:100）。

图4-117　绘制的花图形

图4-118　绘制花瓣

图4-119　复制的图形

4. 利用[图标]工具将 3 个花瓣图形进行混合，得到如图 4-120 所示的效果。
5. 继续利用[图标]和[图标]工具绘制出如图 4-121 所示的两条曲线，颜色设置为橘黄色（M:50,Y:100）。

6. 利用[混合]工具将两条曲线混合，效果如图 4-122 所示。

图4-120 混合后的图形效果

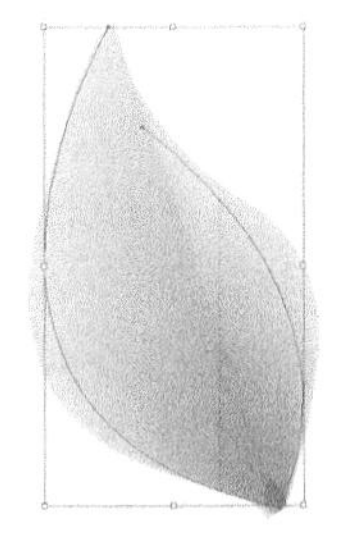
图4-121 绘制的曲线

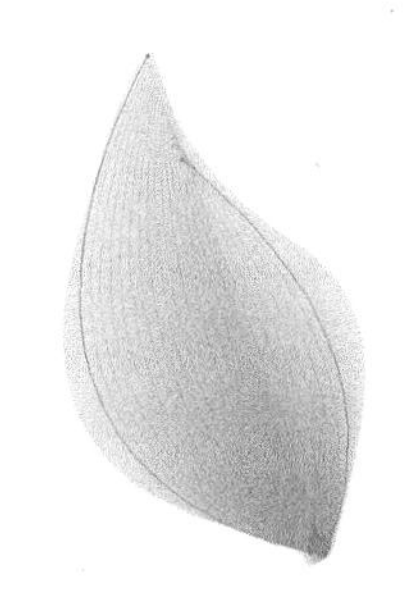
图4-122 混合后的线效果

7. 利用相同的绘制方法，绘制出其他花瓣，如图 4-123 所示。
8. 利用[画笔]工具在花的中心位置绘制一些小点作为花蕊，如图 4-124 所示。
9. 通过复制得到另一个花图形，如图 4-125 所示。

图4-123 绘制出的其他花瓣

图4-124 绘制的花蕊

图4-125 复制出的花

10. 按 Ctrl+S 组合键，将文件命名为“花.ai”并保存。

4.3 综合案例——设计音乐会海报

综合运用本章学习的工具设计如图 4-126 所示的音乐会海报。

图4-126 音乐会海报

【步骤提示】

1. 创建一个新的文档。
2. 利用[矩形]工具绘制一个矩形，然后利用[渐变]工具填充渐变颜色。在【渐变】面板中从左到右颜色值分别为黄色（Y:100）、紫色（C:70,M:80）、蓝色（C:100,M:80），效果如图 4-127 所示。
3. 利用[椭圆]工具绘制 3 个小的黄色图形，如图 4-128 所示。

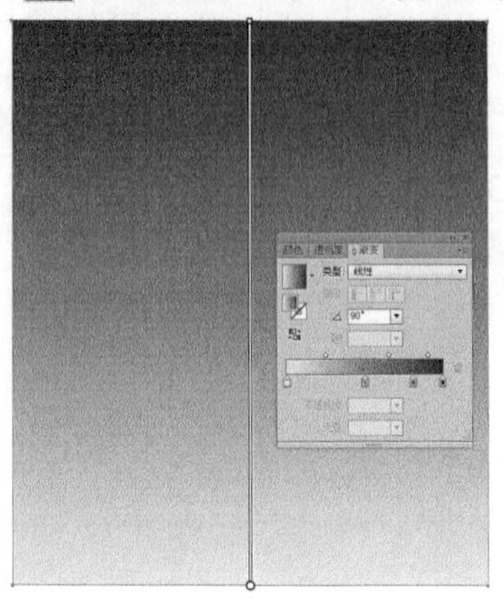

图4-127　绘制的图形

图4-128　绘制的小黄色图形

4. 选择[混合]工具，先在最上面的小圆形上单击，再单击中间的圆形，最后再单击下面的小圆形，将这 3 个小圆形进行混合，得到如图 4-129 所示的混合效果。
5. 利用[选择]工具选择混合后的圆形，按住 Alt 键向右移动复制，然后按 Ctrl+D 组合键，移动复制出如图 4-130 所示的圆形。
6. 将小圆形全部选择，按 Ctrl+G 组合键编组，然后利用[T]工具输入如图 4-131 所示的黑色文字。

图4-129　混合圆形

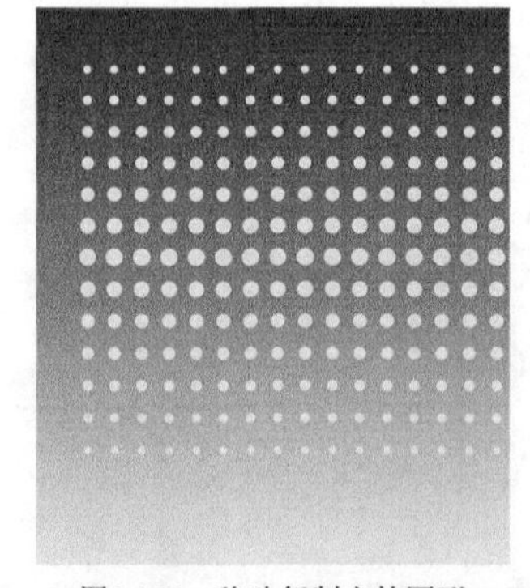

图4-130　移动复制出的圆形

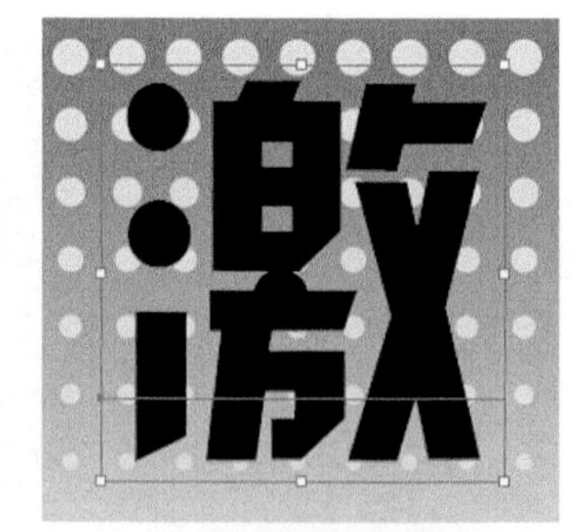

图4-131　输入的文字

7. 执行【文字】/【创建轮廓】命令，将文字转换成轮廓字，然后将文字填充为红色（C:25,M:100,Y:100），如图 4-132 所示。
8. 执行【编辑】/【复制】命令，然后执行【编辑】/【粘贴】命令，将文字复制一份，以备后用。
9. 执行【对象】/【路径】/【偏移路径】命令，弹出【偏移路径】对话框，设置参数如图 4-133 所示。
10. 单击[确定]按钮，偏移路径后的文字如图 4-134 所示。

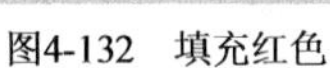
图4-132　填充红色

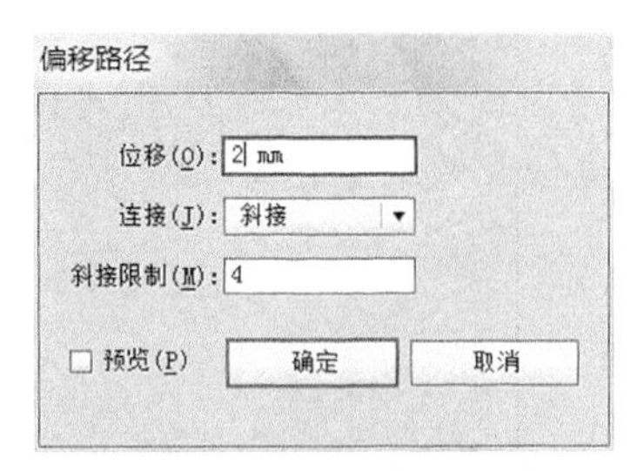

图4-133　【偏移路径】对话框

图4-134　偏移路径后的文字

11. 按住Alt键向上移动复制文字，然后将复制出的文字颜色设置为深红色（C:25,M:100,Y:100,K:80），如图 4-135 所示。
12. 执行【编辑】/【复制】命令，复制文字，以备后用。
13. 选择工具，将两个不同颜色的文字进行混合，混合效果如图 4-136 所示。
14. 执行【编辑】/【贴在前面】命令，将刚才复制的文字贴在深红色文字的前面，然后再将颜色设置为红色（M:100,Y:100,K:20），如图 4-137 所示。

图4-135　复制出的文字

图4-136　混合效果

图4-137　复制出的文字

15. 利用工具点选混合后的文字，然后执行【效果】/【风格化】/【投影】命令，弹出【投影】对话框，各项参数设置如图 4-138 所示，然后单击 确定 按钮。
16. 将步骤 8 复制的备用文字调整至所有图形的上方，然后移动到混合后文字的上面，并将颜色修改为橘黄色（M:60,Y:100,K:20），如图 4-139 所示。
17. 按住Alt键向上移动复制文字，然后将复制出的文字颜色设置为褐色（M:60,Y:100,K:50），如图 4-140 所示。

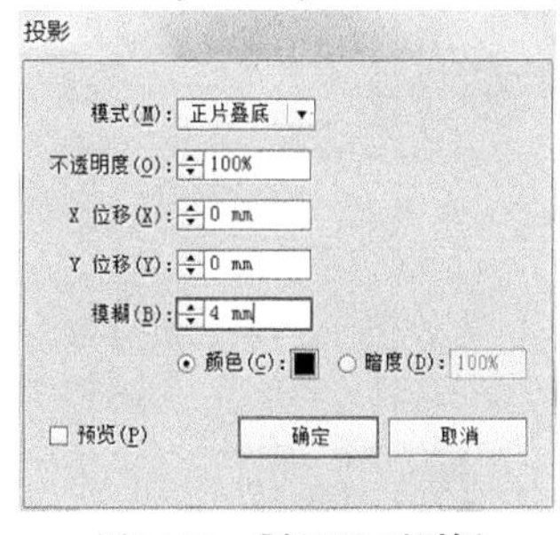

图4-138　【投影】对话框

图4-139　文字重叠位置

图4-140　复制出的文字

18. 执行【编辑】/【复制】命令，复制文字，以备后用。
19. 选择工具，将两个不同颜色的文字进行混合。
20. 执行【编辑】/【贴在前面】命令，将刚才复制的文字贴在褐色文字的前面。
21. 利用工具填充渐变颜色。在【渐变】面板中从左到右颜色值分别为黄色（Y:100）、

黄色（M:20,Y:100）、红色（M:100,Y:100），效果如图 4-141 所示。

22. 执行【效果】/【风格化】/【内发光】命令，弹出【内发光】对话框，参数设置如图 4-142 所示，单击 确定 按钮，效果如图 4-143 所示。

图4-141　填充渐变颜色

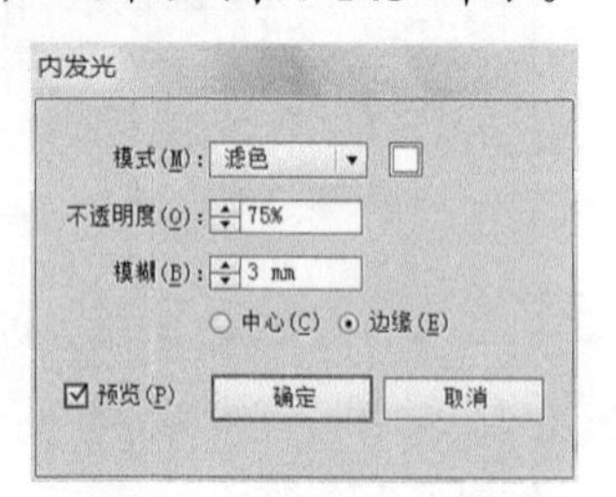

图4-142　【内发光】对话框

图4-143　内发光效果

23. 利用 工具点选混合后的文字，如图 4-144 所示。

24. 执行【效果】/【风格化】/【投影】命令，弹出【投影】对话框，各项参数设置如图 4-145 所示，单击 确定 按钮，文字投影效果如图 4-146 所示。

图4-144　选择文字

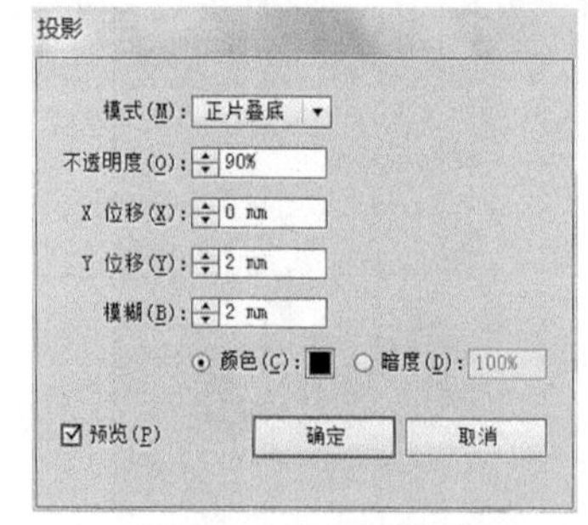

图4-145　【投影】对话框

图4-146　文字投影效果

25. 使用上面步骤讲解的制作方法，读者可以自己动手练习，制作出如图 4-147 所示的立体字。

图4-147　制作的立体字

26. 利用 T 工具输入如图 4-148 所示的文字。

27. 选择 工具，在页面中单击弹出【星形】对话框，参数设置如图 4-149 所示，单击 确定 按钮。

我是大明星歌咏赛

图4-148　输入的文字

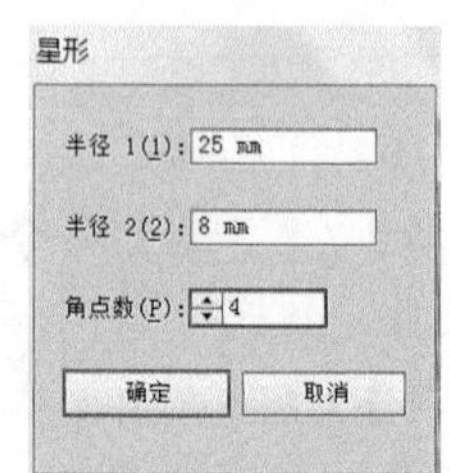

图4-149　【星形】对话框

28. 在文字的两边绘制如图 4-150 所示的星形图形。
29. 利用[选择]工具，将图形和文字同时选择。
30. 执行【对象】/【扩展】命令，弹出【扩展】对话框，单击[确定]按钮。
31. 使用与上面步骤讲解的制作方法，读者自己再动手制作出如图 4-151 所示的立体字。

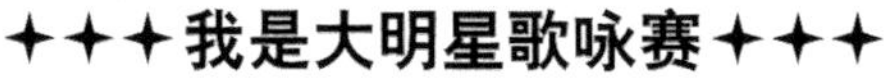

✦✦✦我是大明星歌咏赛✦✦✦

图4-150　绘制的图形

图4-151　制作的立体字

32. 利用[选择]工具，将渐变颜色背景、混合的黄色小圆形以及制作完成的立体字进行大小以及角度的调整，调整后的画面如图 4-152 所示。
33. 执行【文件】/【打开】命令，打开附盘文件"图库\第 04 章\音乐符号.ai"，如图 4-153 所示。
34. 将素材中的麦克风和喇叭图形复制到海报画面中，调整大小以及前后位置，把素材放置到如图 4-154 所示的位置。

图4-152　调整后的画面

图4-153　打开的素材

图4-154　放入的素材

35. 利用[星形]工具绘制一个五角星图形，然后采用与制作立体字相同的操作方法，为五角星制作出立体效果，如图 4-155 所示。
36. 将立体五角星移动放置到画面中，复制一个并调整一下方向，然后放置到如图 4-156 所示的位置。
37. 利用[椭圆]工具在画面中绘制横竖两个白色的椭圆图形，如图 4-157 所示。

图4-155　立体五角星

图4-156　五角星在画面中的位置

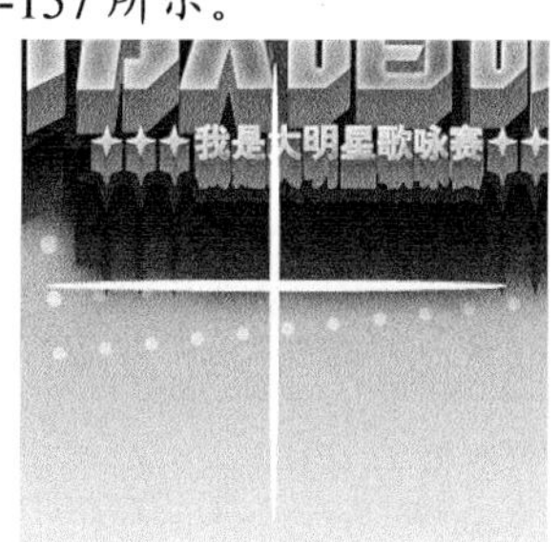

图4-157　绘制的椭圆图形

38. 选择白色椭圆图形，然后执行【效果】/【模糊】/【高斯模糊】命令，弹出【高斯模糊】对话框，设置参数如图 4-158 所示，然后单击 确定 按钮。
39. 利用 工具再绘制一个白色圆形，如图 4-159 所示。
40. 再次执行【效果】/【模糊】/【高斯模糊】命令，在弹出的【高斯模糊】对话框中将【半径】选项的参数设置为“65”像素，然后单击 确定 按钮，模糊后的效果如图 4-160 所示。

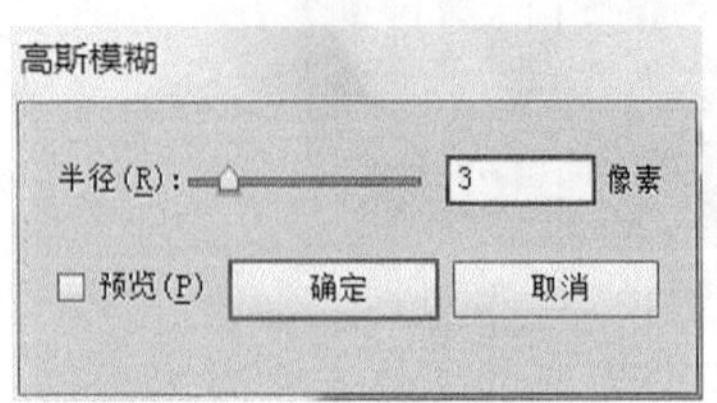

图4-158　【高斯模糊】对话框

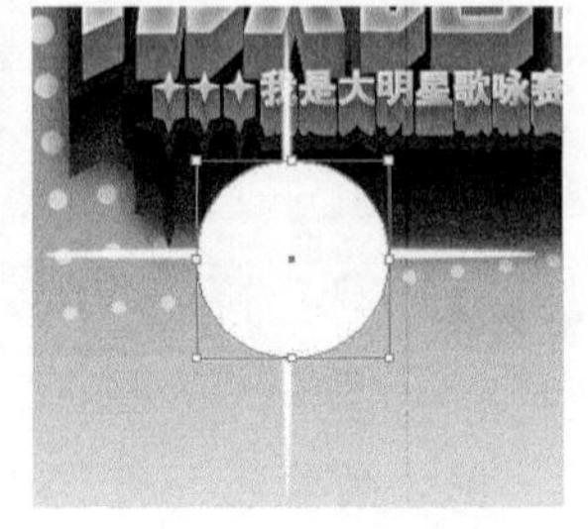

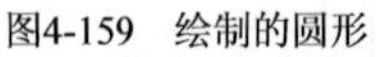

图4-159　绘制的圆形

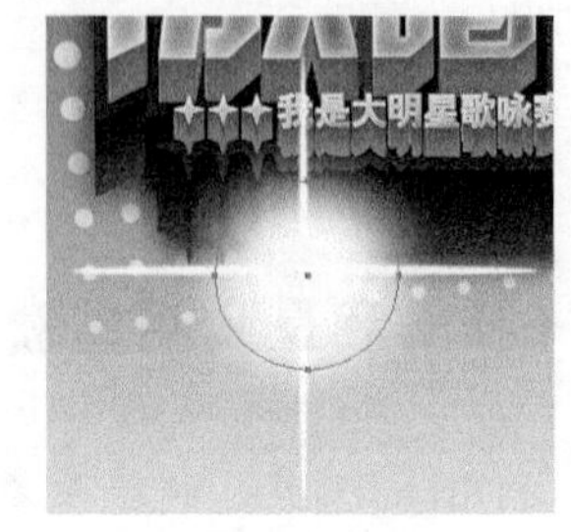

图4-160　模糊后的效果

41. 将圆形和下面的十字图形同时选择，然后按 Ctrl+G 组合键编组。
42. 按住 Alt 键，将组合后的图形复制几个并调整不同的大小，使其分布到立体字上面，如图 4-161 所示。
43. 将素材中的音乐符号复制到画面中，调整大小后放置到如图 4-162 所示的位置。

图4-161　复制出的图形

图4-162　放入的音乐符号

44. 选择红色的音乐符号，打开【透明度】对话框，设置混合模式如图 4-163 所示，效果如图 4-164 所示。
45. 复制素材中的音乐符号粘贴到画面中，并在【透明度】对话框设置【混合模式】为【叠加】，在画面中多复制几个，注意大小和位置的分布。复制的音乐符号效果如图 4-165 所示。

图4-163　【透明度】对话框

图4-164　设置混合模式后的效果

图4-165　复制的音乐符号

46. 利用工具绘制几个圆形，同样设置“叠加”混合模式，效果如图 4-166 所示。
47. 在画面下面输入如图 4-167 所示的文字，然后执行【文字】/【创建轮廓】命令，将文字转换成轮廓字。

图4-166　绘制的圆形

图4-167　设计完成的音乐海报

48. 为文字填充红色（M:100,Y:100），然后执行【对象】/【路径】/【偏移路径】命令，在弹出的【偏移路径】对话框中将【位移】选项的参数设置为“1mm”，然后单击 确定 按钮，偏移路径后的文字如图 4-168 所示。

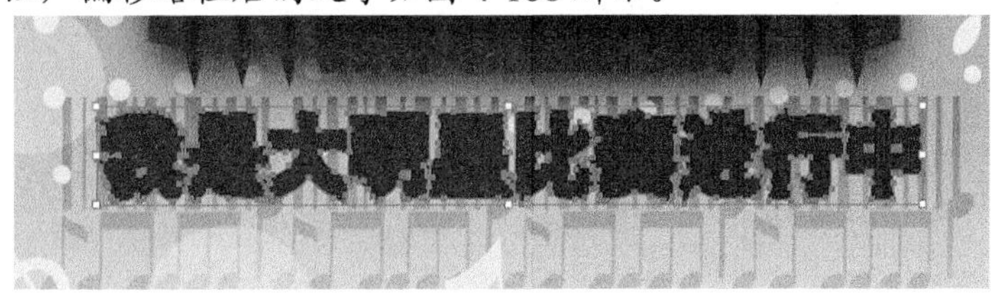

图4-168　偏移路径后的文字

49. 在【色板】面板中单击如图 4-169 所示的白色块，为文字添加白色的描边效果。
50. 执行【效果】/【风格化】/【投影】命令，给文字添加投影效果，如图 4-170 所示。

图4-169　填充白色

图4-170　投影效果

51. 在画面的下方位置输入如图 4-171 所示的文字内容，即可完成海报的设计。

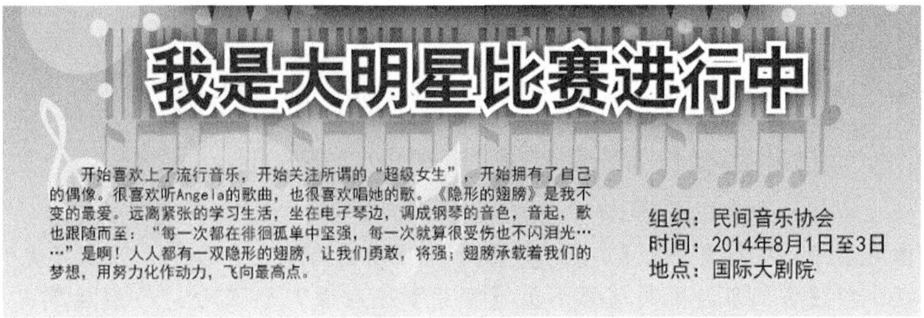

图4-171　输入的文字内容

52. 按 Ctrl+S 组合键，将文件命名为“音乐海报.ai”并保存。

4.4 习题

1. 根据本章所学的内容，制作出如图 4-172 所示的立体字。

【步骤提示】

图4-172　制作的立体字

(1) 利用 T 工具输入文字，颜色填充为深红色（M:100,Y:100,K:80），如图 4-173 所示。
(2) 执行【对象】/【扩展】命令，将文字扩展。
(3) 按住 Alt 键向上移动复制文字，并将复制出的文字的颜色设置为黄色（Y:100）。
(4) 确认复制出的文字处于选择状态，按 Ctrl+C 组合键，将其复制，以备后用。
(5) 利用 工具，将文字制作成混合效果，如图 4-174 所示。

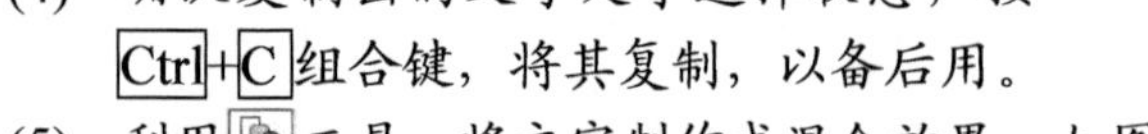

图4-173　输入的文字

图4-174　混合效果

(6) 执行【编辑】/【贴在前面】命令，将刚才复制的文字粘贴至混合图形的上方，然后为其设置白色的描边，并将宽度设置为“2 pt”，效果如图 4-175 所示。
(7) 把文字全部选择，然后执行【对象】/【编组】命令，把文字编组。
(8) 置入附盘文件“图库\第 04 章\背景.jpg”，然后执行【对象】/【排列】/【置于底层】命令，把背景放置到立体字下面，并调整至如图 4-176 所示的大小。

图4-175　描边效果

图4-176　调整的背景大小

(9) 再次置入附盘文件“图库\第 04 章\礼品.psd”，调整大小后放置到文字的下方位置。
(10) 将立体字选择，执行【对象】/【封套扭曲】/【用变形建立】命令，弹出【变形选项】对话框，将【样式】设置为【弧形】，【弯曲】选项设置为“20%”，然后单击 确定 按钮，即完成立体字的制作。

2. 根据本章所学的内容，绘制如图 4-177 所示的卡通图形。

【步骤提示】

(1) 利用和工具，绘制并调整出如图 4-178 所示的路径。

(2) 选择工具，选择如图 4-179 所示的画笔，将绘制好的路径设置为选中的画笔。

图4-177 绘制的卡通图形

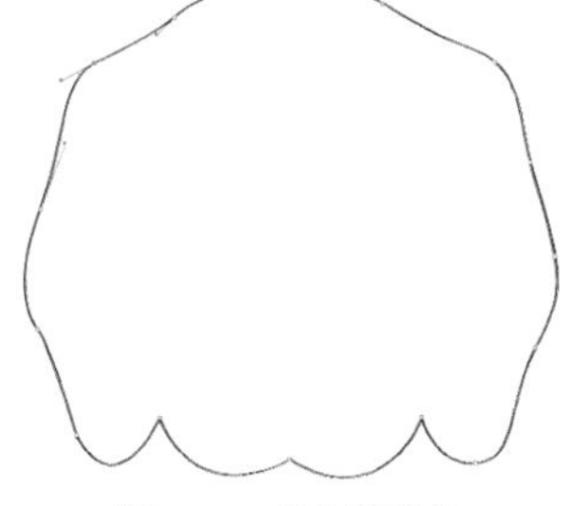

图4-178 绘制的路径

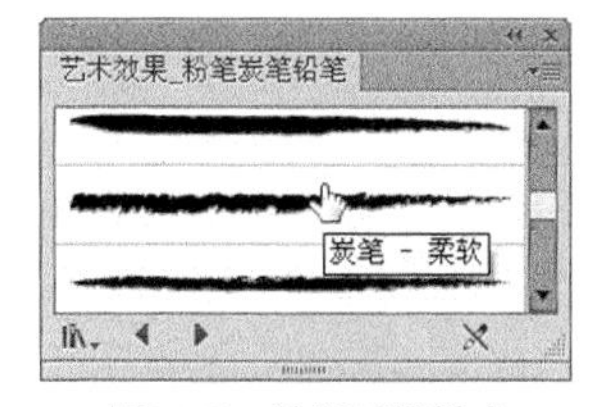

图4-179 选择画笔样式

(3) 利用和工具依次绘制出如图 4-180 所示的图形。

(4) 选中小狗的头部轮廓线，执行【编辑】/【复制】命令，将轮廓线复制到剪切板上。

(5) 为小狗的头部填充褐色（C:26,M:58,Y:58），选择工具为小狗头部添加上网格，如图 4-181 所示。

图4-180 绘制的图形

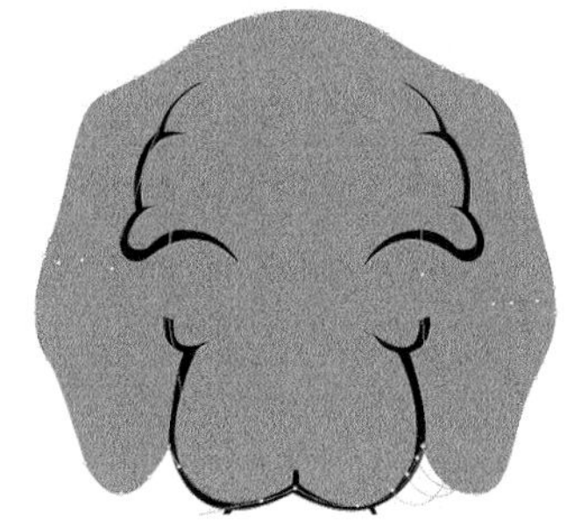

图4-181 添加的网格

(6) 利用工具，依次选择网格点，然后为网格点填充颜色，将填充色依次设置为黄色（C:16,M:48,Y:86）、棕色（C:40,M:70,Y:100,K:5）、咖啡色（C:49,M:72,Y:100,K:20），效果如图 4-182 所示。

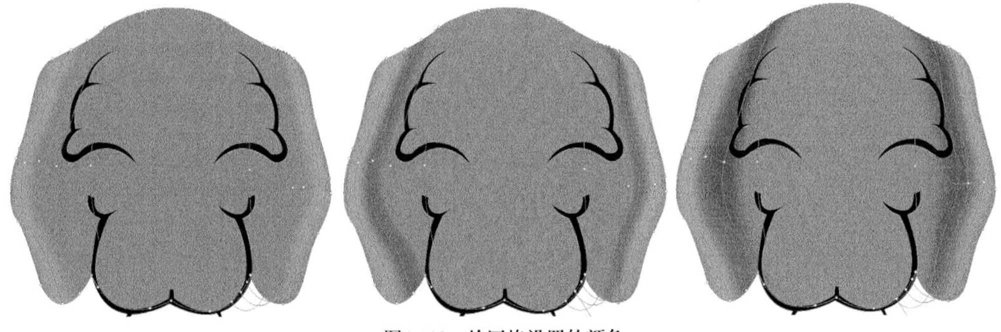

图4-182 给网格设置的颜色

(7) 用同样的调整方法继续添加网格，并给网格点设置颜色，调整出“小狗头”效果，如图 4-183 所示。

(8) 执行【编辑】/【贴在前面】命令，将前面复制的“小狗头”的轮廓线粘贴出来，效果如图 4-184 所示。

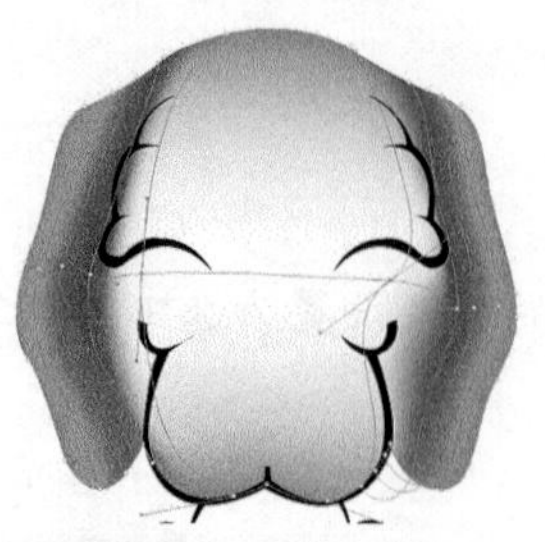

图4-183　调整的效果

图4-184　粘贴出的轮廓线

(9) 利用工具绘制并调整出小狗的“眼睛”和“嘴巴”图形，颜色填充分别为蓝色（C:64,M:35,Y:10）和灰色（K:30），效果如图 4-185 所示。

(10) 利用和工具，绘制并调整出如图 4-186 所示的“小狗身子”图形，即可完成卡通小狗的绘制。

图4-185　绘制的眼睛等

图4-186　绘制的图形

3. 根据本章所学的内容，绘制出如图 4-187 所示的易拉罐图形。

图4-187　绘制的易拉罐图形

【步骤提示】

(1) 利用和工具绘制出如图 4-188 所示的灰色图形。

(2) 利用工具为图形添加上网格，然后分别调整各控制点的颜色，效果如图 4-189 所示。

图4-188　绘制的灰色图形

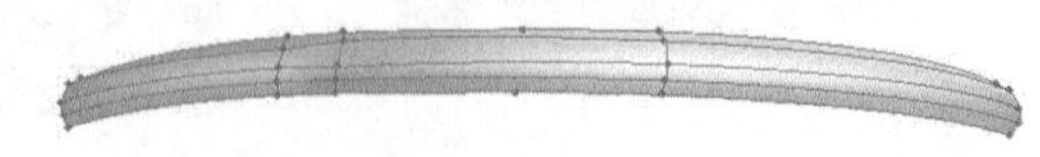

图4-189　设置网格填色后的效果

(3) 继续利用和工具绘制出如图 4-190 所示的罐体图形。

(4) 利用工具为图形添加上网格，然后分别调整各控制点的颜色，效果如图 4-191 所示。

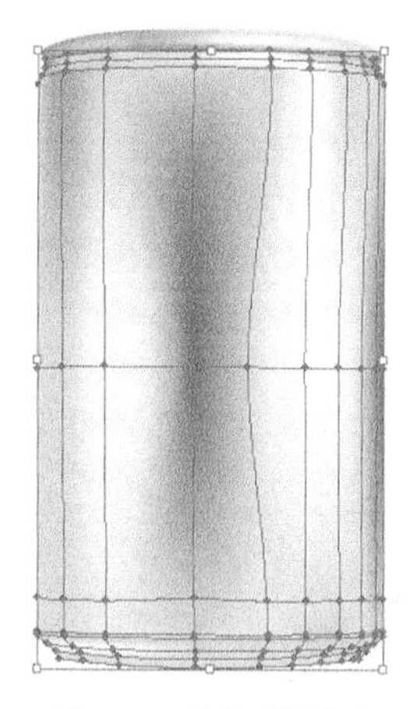

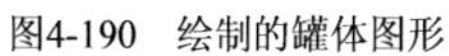

图4-190 绘制的罐体图形　　图4-191 填色后的效果

(5) 利用工具绘制灰色的椭圆形，然后将其调整至所有图形的下方，如图 4-192 所示。

(6) 执行【效果】/【模糊】/【高斯模糊】命令，在弹出的【高斯模糊】对话框中将【半径】选项的参数设置为“50”像素，然后单击 确定 按钮，模糊后的效果如图 4-193 所示。

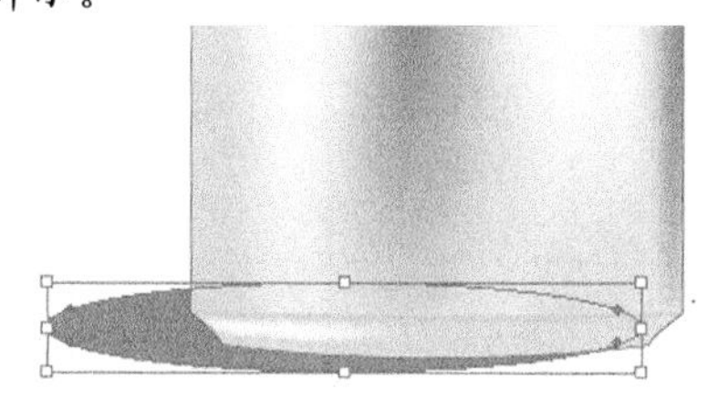

图4-192 绘制的椭圆形　　图4-193 模糊后的效果

(7) 将 4.2.7 小节绘制的花形置入，调整大小后放置到罐体上方，并将其【混合模式】设置为【变暗】，【不透明度】选项的参数设置为“80%”，如图 4-194 所示。

(8) 输入文字，将其填充色去除，描边色设置为黑色，然后为其添加如图 4-195 所示的画笔样式，即可完成易拉罐的绘制。

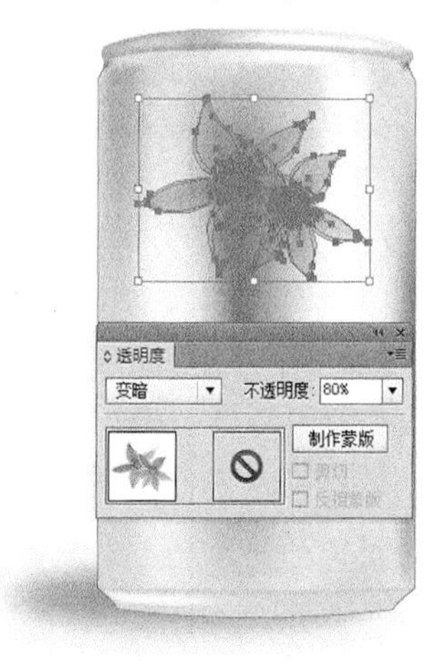

图4-194 置入的花图案

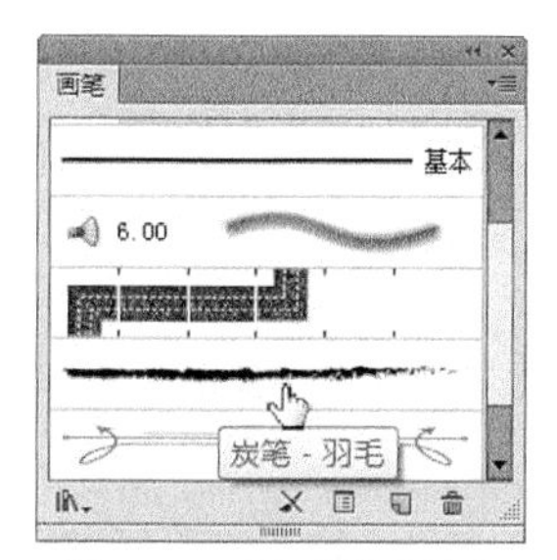

图4-195 选择的描边样式

第5章 文字工具

【学习目标】

- 掌握【文字】工具、【区域文字】工具、【路径文字】工具、【直排文字】工具、【直排区域文字】工具以及【直排路径文字】工具等 6 种文字工具的使用方法。
- 学会沿路径输入与编排文字的操作。
- 掌握文字的编辑、排列等操作。
- 熟练应用各种文字控制面板进行设置。

Illustrator CC 软件对文字的处理功能是其他绘图软件无法比拟的。它不但能够有效地控制文本的属性，如字体、字号、字间距、行间距及文字的对齐等，还提供了各种弯曲的文字变形效果，并且可以将文字沿着任意路径输入，或者将文字输入任意形状的闭合路径中。该软件还可以将文本转化为轮廓图形进行编辑处理。

5.1 文字工具概述

工具箱为用户提供了【文字】工具、【区域文字】工具、【路径文字】工具、【直排文字】工具、【直排区域文字】工具、【直排路径文字】工具以及【修饰文字】工具，其中前 3 种工具用于处理横排文字，后 3 种工具用于处理竖排文字，最后一种工具用于对单个文字进行调整。

5.1.1 功能讲解

下面介绍文字工具的功能。

一、 文字工具

在 Illustrator 工具箱中选择【文字】工具或【垂直文字】工具，然后在页面中单击鼠标左键插入一个输入点，该输入点将在页面中闪动，此时就可以输入文字了。如果有大量的文字输入，需要首先确定文字的范围，方法是：选择【文字】工具或【垂直文字】工具，然后在页面中按住鼠标左键并拖曳，此时将出现一个矩形框，拖曳矩形框到适当大小后释放鼠标左键，形成矩形的范围框，左上角有鼠标光标闪动，此时即可输入文字。在文字的输入过程中，当输入文字到达范围框的边框位置时会自动换行。

二、 区域文字

利用【区域文字】工具和【直排区域文字】工具可以在路径内部输入水平或垂直的文字。使用这两个工具输入文字时，当前页面中必须有一个处于选择状态的路径，此路径可以是开放的，也可以是闭合的。

选择【区域文字】工具Ⓣ，在路径的边线上单击，此时路径图形中将出现闪动的鼠标光标，而且带有填充色的路径将变为无色，此时即可输入文字，输入的文字将会按照路径的形状自动排列。图 5-1 所示为路径与输入到路径区域中的文字效果。

要点提示 文字的最后都有一个小的红色矩形符号，当出现此符号时，表示输入的文字没有在路径中完全显示出来，有一部分文字被隐藏了。

三、 路径文字

利用【路径文字】工具和【直排路径文字】工具可以在页面中沿路径输入文字。这两种工具在使用时与【区域文字】工具Ⓣ相似，必须在页面中先选择一个路径，然后才可以输入文字。

选择【路径文字】工具，在曲线路径的边缘处单击，将出现闪动的鼠标光标，此时进行文字的输入，所输入的文字将会按照路径分布，并且输入文字后路径将变为无色，如图 5-2 所示。

图5-1 路径与输入到路径区域中的文字效果

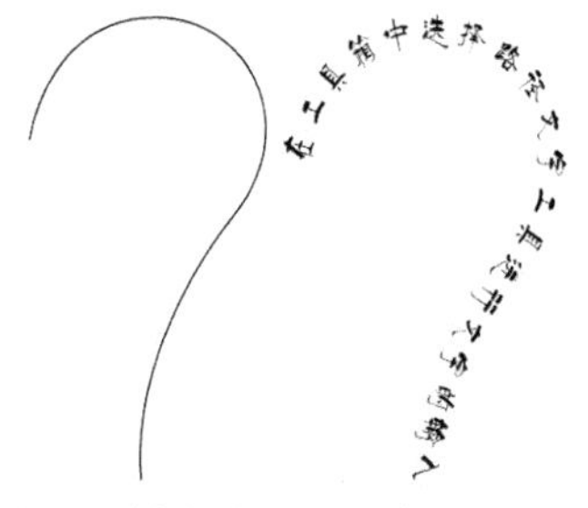

图5-2 路径与输入的沿路径排列的文字

要点提示 如果在输入文字后想改变文字的横排或竖排方式，可以利用菜单命令【文字】/【文字方向】来实现。

四、 修饰文字

Illustrator CC 中的【修饰文字】工具可以让用户创造性地处理文本。文本的每个字符都可以进行编辑，就像每个字符都是一个独立的对象一样，其使用方法非常简单。选取工具，在需要调整的一个字符号或文字上单击鼠标左键将其选择，通过调整显示的选择框，即可对其进行移动、缩放或旋转。图 5-3 所示为原文字与调整后的效果对比。

CC
Illustrator
Adobe

图5-3 原文字与调整后的效果对比

5.1.2 范例解析——输入文字练习

利用T和↓T工具可以进行常规文字的输入，具体操作如下。

1. 在工具箱中选择T工具（或↓T工具），然后将鼠标指针移动到页面中，此时鼠标指针将显示为“I”或“⊢”形状。
2. 在页面中单击鼠标左键，此时会出现闪烁的文字插入光标。

3.　选择自己熟悉的输入法，开始输入文字。

要点提示　输入文字时，按 Ctrl+Shift 组合键，可以在各种输入法之间切换。当选择英文输入法时，按 Caps Lock 键或按住 Shift 键，可以输入大写英文字母；当选择除英文输入法外的输入法时，按 Ctrl+空格键，可以在当前输入法与英文输入法之间切换。

4.　输入完毕后，选择 工具即可确认文字输入并退出文字输入状态。

5.1.3 范例解析——在指定的范围内输入文字

输入文字前，可以先确定文字的范围，然后再进行输入，具体操作如下。

1.　在工具箱中选择 T 工具（或 IT 工具）。
2.　在页面中按住鼠标左键并拖曳，绘制出一个区域文本框，此时文本框内的左上角（或右上角）会出现闪烁的文字插入光标。
3.　选择自己熟悉的输入法，开始输入文字。输入完毕后，单击工具箱中的 工具，完成文字的输入。在指定范围内绘制文本框及输入文字示意图如图 5-4 所示。

图5-4　在指定范围内绘制文本框及输入文字示意图

实际工作过程中，一定要严格区分在指定范围内输入的文本与直接输入的文本。

(1)　直接输入的文本，第一行的左下角有一个实点，在指定范围内输入的文本没有。

(2)　拖动在指定范围内输入文本生成的文本框的边界时，系统只改变文本框的大小，文字的大小不会发生改变，如图 5-5 所示。而拖动直接输入的文字时，文字的大小会被改变，如图 5-6 所示。

拖动在指定范围内输入文字生成的文字块边界时，系统将只改变文字框的大小，文字的大小不会发生改变，改变的只是文字框的大小和行数

拖动在指定范围内输入文字生成的文字块边界时，系统将只改变文字框的大小，文字的大小不会发生改变，改变的只是文字框的大小和行数

图5-5　拖动文本框前后的形态

拖动在指定范围内输入文字生成的文字块边界时，系统将只改变文字框的大小，文字的大小不会发生改变，改变的只是文字框的大小和行数

拖动在指定范围内输入文字生成的文字块边界时，系统将只改变文字框的大小，文字的大小不会发生改变，改变的只是文字框的大小和行数

图5-6　拖动直接输入的文字前后的形态

(3)　旋转在指定范围内输入文本生成的文本块时，系统将只改变文本框的形态，文字的方向不会被改变，如图 5-7 所示。而旋转直接输入的文字时，文字的方向会发生变化，如图 5-8 所示。

拖动在指定范围内输入文字生成的文字块边界时，系统将只改变文字框的大小，文字的大小不会发生改变，改变的只是文字框的大小和行数

图5-7　旋转文本框前后的形态

拖动在指定范围内输入文字生成的文字块边界时，系统将只改变文字框的大小，文字的大小不会发生改变，改变的只是文字框的大小和行数

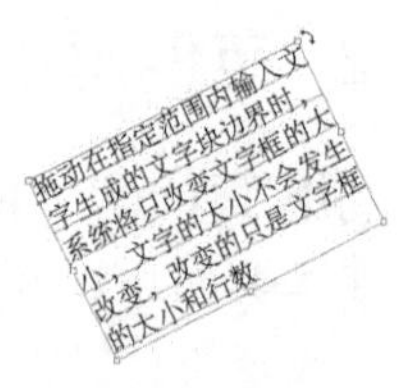

图5-8　旋转直接输入的文字前后的形态

5.1.4 范例解析——输入区域文字

利用[T]或[T]工具可以在路径内部输入水平或垂直的文字。使用这两个工具输入文字时，当前页面中必须有一个处于选择状态的路径，此路径可以是开放的，也可以是闭合的。下面以实例的形式，来讲解这两个工具的使用方法。

1. 新建一个文档。
2. 置入附盘文件“图库\第 05 章\七夕.jpg”，如图 5-9 所示。
3. 选择[T]工具，在画面中输入如图 5-10 所示的文字。

图5-9　置入的图片

图5-10　输入的文字

4. 选择[椭圆]工具，在画面中绘制一个椭圆形，如图 5-11 所示。
5. 选择【区域文字】工具[T]，在椭圆形的左上方位置单击鼠标左键，出现闪动的文字插入光标，如图 5-12 所示。

图5-11　绘制的椭圆

图5-12　出现的文字插入光标

6. 此时，便可以输入文字了。输入的文字会按照路径的形状填充至椭圆形路径中，如图 5-13 所示。
7. 选择[选择]工具，选取文字块，如图 5-14 所示。

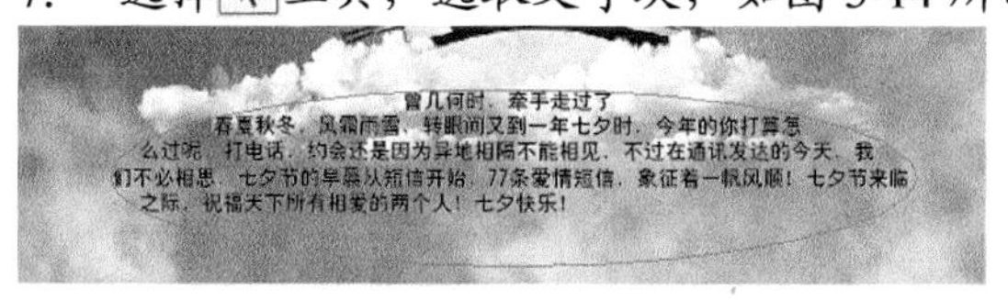

图5-13　输入横排文字后的效果

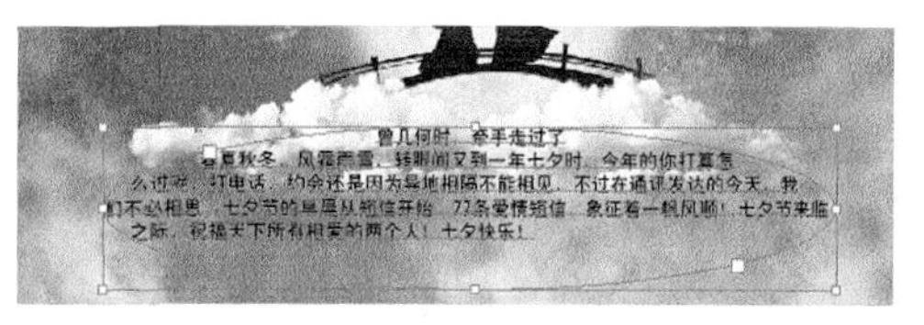
图5-14　选取文字块

8. 执行【窗口】/【文字】/【字符】命令（快捷键为 Ctrl+T），打开【字符】面板，设置【字体大小】和【行距大小】参数如图 5-15 所示，设置文字后效果如图 5-16 所示。

图5-15　【字符】面板

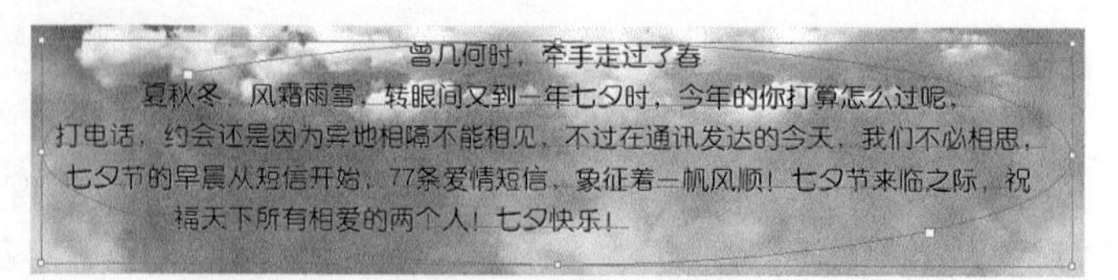

图5-16　设置文字后效果

9. 同样，如果绘制路径后，利用工具在路径中输入竖排文字，得到的文字效果如图 5-17 所示。

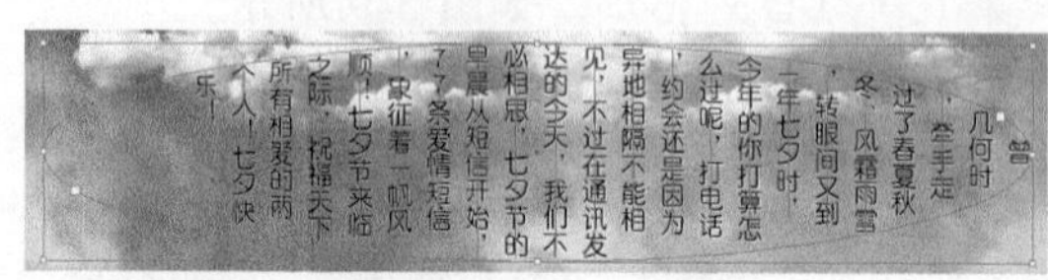

图5-17　输入的竖排文字

10. 按 Ctrl+S 组合键，将文件命名为“区域文字.ai”并保存。

5.1.5　范例解析——输入路径文字

利用工具和工具可以在页面中输入沿路径排列的文字。这两个工具在使用时与【区域文字】工具相似，必须在页面中先选择一个路径，然后再进行文字的输入。下面以实例的形式，来讲解该工具的使用方法。

1. 新建文件，置入附盘文件“图库\第 05 章\七夕.jpg”。
2. 选择工具，在画面中绘制一条开放的钢笔路径，如图 5-18 所示。
3. 保持刚才绘制的路径处于选择状态，选择工具，然后在路径的左端单击鼠标左键，会出现闪动的文字插入光标。
4. 此时，便可以输入文字了，且输入的文字将沿路径排列，如图 5-19 所示。

图5-18　绘制的路径

图5-19　沿路径输入的文字

5. 选择工具，选中路径，出现路径控制柄，如图 5-20 所示。
6. 当调整修改路径形状后，文字会跟随路径的变化而变化，如图 5-21 所示。

图5-20　路径控制柄

图5-21　调整修改路径形状

7. 如果输入的文字没有全部在路径上显示出来，是因为文字的字号过大，路径排列不开，此时在路径的末端会出现一个红色小矩形，里面带有“+”符号，如图 5-22 所示。
8. 选择[↖]工具，选取文字。在属性栏中查看文字的字号大小，如图 5-23 所示。可以看到当前文字的大小是“21 pt”。

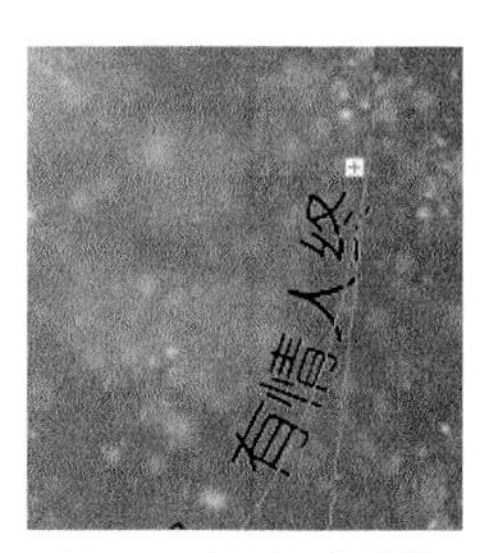

图5-22　显示红色符号

图5-23　查看文字的字号大小

9. 把字号改成“14 pt”，这样在路径上输入的文字就全部显示了，如图 5-24 所示。
10. 在路径文字的左端、中间和右端各有一个蓝色的类似文字输入光标的细线，如图 5-25 所示。

图5-24　全部显示的文字

图5-25　路径文字符号

11. 当向右移动路径左边的符号时，路径上的文字会向右移动，如图 5-26 所示。
12. 当移动路径中间的符号时，路径上的文字会被移动到路径的另一侧，如图 5-27 所示。

图5-26　向右移动文字

图5-27　文字被移动到另一侧

13. 当移动路径右边的符号时，会缩小文字在路径上的显示，如图 5-28 所示。

执行【文字】/【路径文字】命令，会显示如图 5-29 所示的关于路径文字的命令。

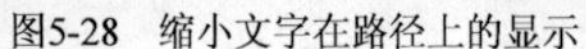

图5-28　缩小文字在路径上的显示

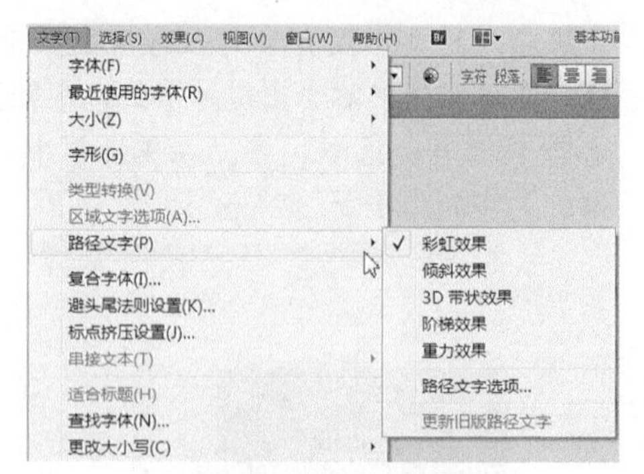

图5-29　关于路径文字的命令

- 执行【文字】/【路径文字】/【倾斜效果】命令，路径文字变成如图 5-30 所示的倾斜形态。
- 执行【文字】/【路径文字】/【3D 带状效果】命令，路径文字变成如图 5-31 所示的形态。

图5-30　倾斜的路径文字

图5-31　3D 带状效果路径文字

- 执行【文字】/【路径文字】/【阶梯效果】命令，路径文字变成如图 5-32 所示的形态。
- 执行【文字】/【路径文字】/【重力效果】命令，路径文字变成如图 5-33 所示的形态。

图5-32　阶梯效果路径文字

图5-33　重力效果路径文字

- 执行【文字】/【路径文字】/【路径文字选项】命令，弹出【路径文字选项】对话框。利用该对话框可以设置路径文字的效果、文字对齐路径的位置以及路径文字的间距等。

【直排路径文字】工具和【路径文字】工具的使用方法完全相同，读者可以自己练习使用。

5.1.6 实训——制作公益广告牌

本小节通过制作如图 5-34 所示的公益广告牌，来练习文字工具的输入及编辑方法。

道德与你同行
文明从我做起

图5-34 制作的公益广告牌

【步骤提示】

1. 新建一个文件。
2. 选取 T 工具，将鼠标指针移动到页面中单击，确定文字输入的起点，然后选择一个合适的输入法，输入“道德与你同行”文字，按 Enter 键，切换到下一行，然后输入“文明从我做起”文字，如图 5-35 所示。
3. 将鼠标指针移动到第二行行首单击，使文字输入光标插入到“文”字的前面，然后依次按空格键，将下方文字向右调整，如图 5-36 所示。
4. 将鼠标指针移动到“道德”文字的后面按下并向左拖曳，选择“道德”文字，如图 5-37 所示。

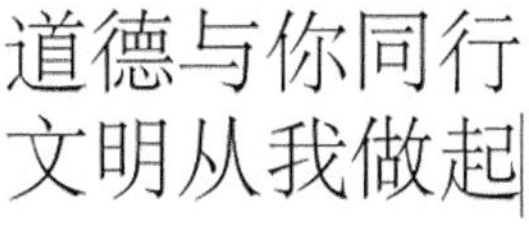

道德与你同行
文明从我做起

图5-35 输入的文字

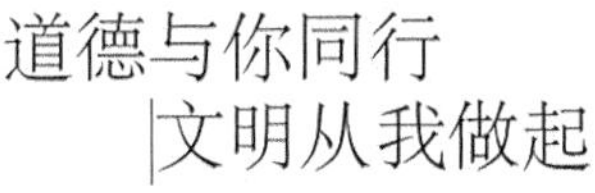

道德与你同行
文明从我做起

图5-36 调整的文字位置

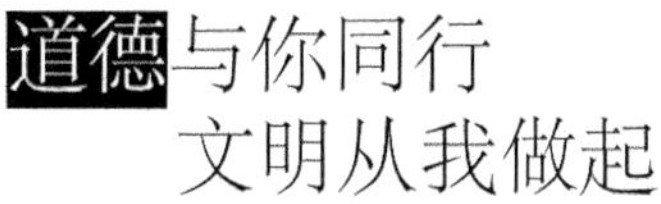

道德与你同行
文明从我做起

图5-37 选择的文字

5. 单击属性栏中的 字符 按钮，在弹出的【字符】面板中设置文字的字体为“汉仪行楷简”，字号为“20 pt”，如图 5-38 所示。
6. 单击属性栏中左侧的黑色色块，在弹出的颜色面板中选择红色，调整后的文字效果如图 5-39 所示。

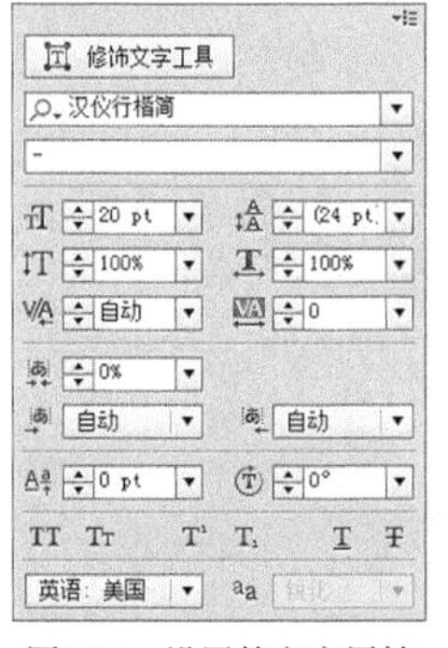

图5-38 设置的文字属性

道德与你同行
文明从我做起

图5-39 调整后的文字效果 1

7. 用相同的方法调整“文明”两字，然后分别选择“与你同行”和“从我做起”文字，将其字体设置为“汉仪粗宋简”，如图 5-40 所示。
8. 再次将鼠标指针移动到“文”字的前方，并向右调整第二行文字，如图 5-41 所示。

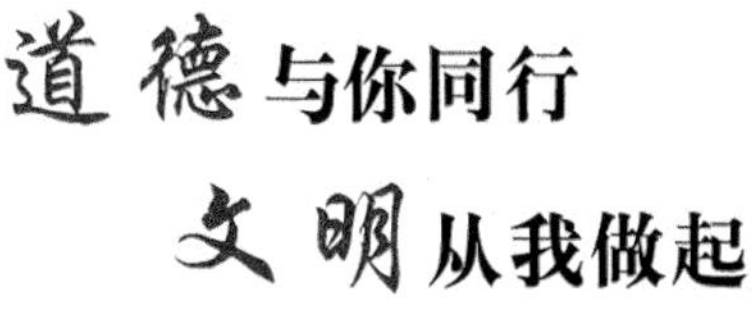

道德与你同行
文明从我做起

图5-40 调整后的文字效果 2

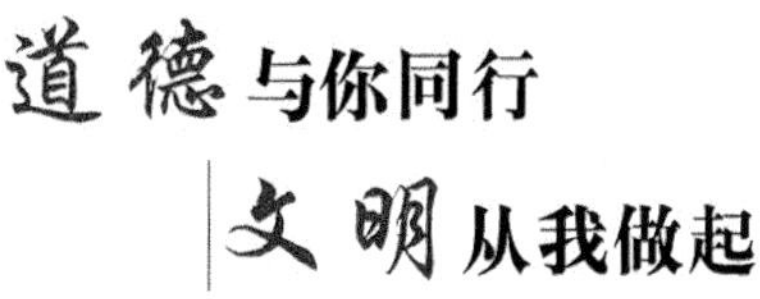

道德与你同行
文明从我做起

图5-41 向右调整文字

9. 单击[按钮图标]按钮，完成文字的调整，然后置入附盘文件“图库\第 05 章\城市.jpg”。
10. 执行【对象】/【排列】/【置于底层】命令，将图片调整至文字的下方。
11. 选择文字，然后将其调整至如图 5-42 所示的大小。
12. 再次单击 字符 按钮，在弹出的【字符】面板中将【行间距】选项 100 pt 设置为“100 pt”，调整行间距后的效果如图 5-43 所示。

图5-42　调整后的文字大小

图5-43　调整行间距后的效果

13. 单击[按钮图标]按钮，完成文字的调整，然后执行【对象】/【扩展】命令，在弹出的【扩展】对话框中单击 确定 按钮。

要点提示　执行【扩展】命令前，要确保文字不再需要调整，否则执行此命令后，文字将不具有文字属性，而是转换为图形。

14. 为转换后的文字添加白色的描边，并将描边宽度设置为“3 pt”。
15. 执行【窗口】/【描边】命令，在弹出的【描边】对话框中单击如图 5-44 所示的按钮，将描边位于文字的外侧，此时的文字效果如图 5-45 所示。

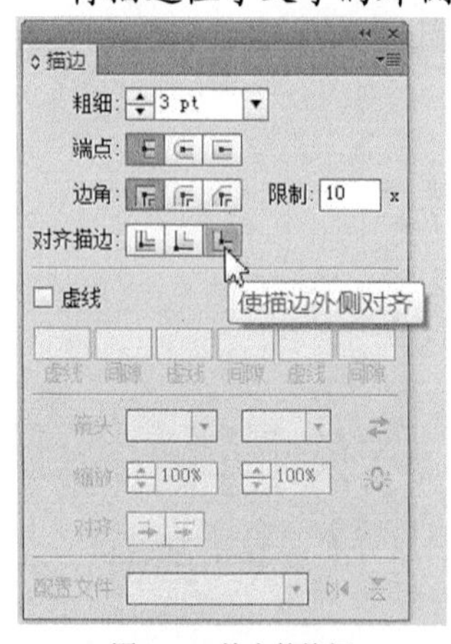

图5-44　单击的按钮

图5-45　文字效果

16. 按 Ctrl+S 组合键，将此文件命名为“公益广告牌.ai”并保存。

5.1.7　实训——设计服饰广告

本小节通过设计如图 5-46 所示的服饰广告，来练习修饰文字工具的应用。

【步骤提示】

1. 新建一个文件。

疯狂抢购
更多时候，你的欢乐
尽在百搭俱乐部！
Garment Show!
秀出你自己
百搭俱乐部，总是给你最新的惊喜.....

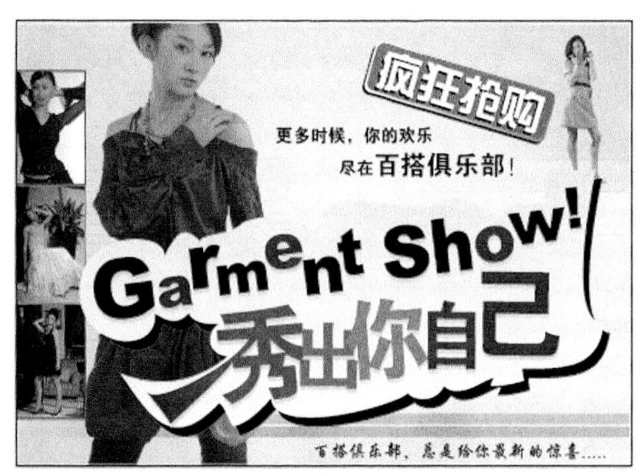

图5-46　设计的服饰广告

2. 利用T工具输入如图 5-47 所示的英文字母。
3. 选取工具，单击选择第一个字母，然后将鼠标指针放置到右上角的控制点上按下并向右上方拖曳，可将该字母放大，如图 5-48 所示。

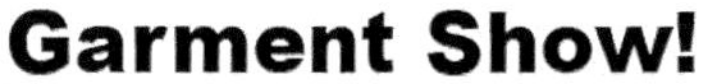
Garment Show!

图5-47　输入的字母

Garment Show!

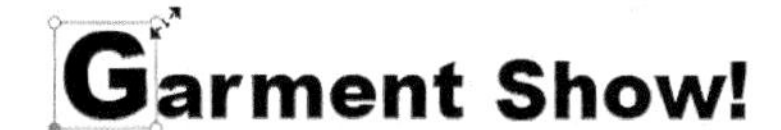

图5-48　放大字母状态

4. 单击第 2 个字母，将其颜色修改为红色，如图 5-49 所示。
5. 单击第 3 个字母，将其调大，然后将鼠标指针移动到选择框内按下并向上拖曳，可调整字母的位置，如图 5-50 所示。

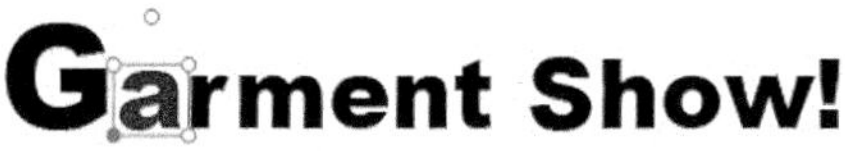
Garment Show!

图5-49　修改字母的颜色

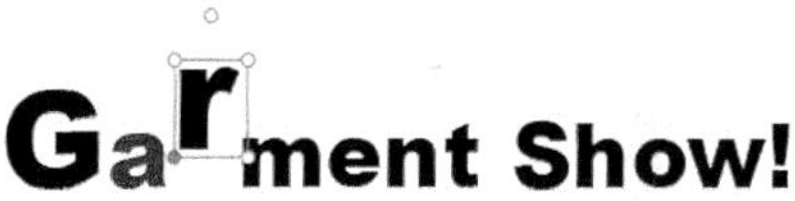
Garment Show!

图5-50　调整字母的位置

6. 用与以上相同的方法分别对其他字母进行调整，效果如图 5-51 所示。
7. 继续利用T工具输入如图 5-52 所示的文字。

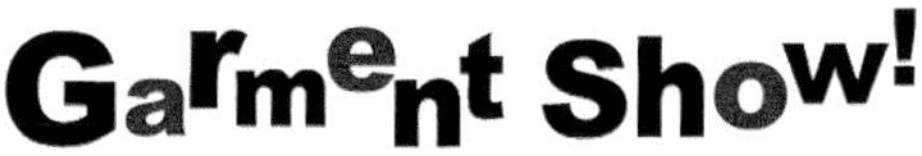
Garment Show!

图5-51　调整后的英文字母

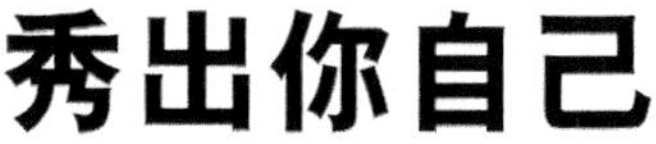
秀出你自己

图5-52　输入的文字

8. 利用工具依次选择各个文字，分别调整其颜色、大小及角度和位置，最终效果如图 5-53 所示。

要点提示　旋转文字时，将鼠标指针放置到选择框最上侧的控制点上，当鼠标指针显示为旋转符号时按下鼠标左键并拖曳，即可对选择的文字进行旋转。

9. 执行【对象】/【扩展】命令，在弹出的【扩展】对话框中单击 确定 按钮，将文字转换为图形。
10. 利用工具选取“秀”字，然后为其填充由红色（C:90,Y:78）到紫色（C:70,M:94,K:40）的线性渐变色，再进行变形调整，形状如图 5-54 所示。

图5-53　文字调整后的形态　　图5-54　调整后的“秀”字形态

11. 利用【置入】命令，置入附盘文件“图库\第 05 章\广告背景.jpg”，然后按 Shift+Ctrl+[组合键，将其调整至所有图形的下方。
12. 调整导入图片的大小，使其与页面大小相同，然后分别将上面制作的两组文字调整大小后放置到如图 5-55 所示的位置。
13. 同时选择两组文字，并复制一组，然后分别选择下方的一组文字，将其颜色修改为灰色（K:20），效果如图 5-56 所示。

图5-55　文字调整后的形态

图5-56　复制出的文字

14. 利用钢笔和直接选择工具根据文字的形态绘制出如图 5-57 所示的图形。
15. 为绘制的图形填充由黄色到白色的线性渐变色，然后去除描边色，效果如图 5-58 所示。

图5-57　绘制的图形

图5-58　填充的颜色

16. 将图形向右下方移动复制一组，并为其填充黑色，然后按 Ctrl+[组合键，将其调整至原图形的下方，如图 5-59 所示。
17. 利用圆角矩形工具绘制一个圆角矩形，为其填充由白色到绿色（C:74,Y:100）的线性渐变色，然后去除描边色，效果如图 5-60 所示。

图5-59　复制出的图形

图5-60　绘制的圆角矩形

18. 执行【效果】/【风格化】/【投影】命令，弹出【投影】对话框，选项及参数设置如图5-61所示。
19. 单击 确定 按钮，为圆角矩形添加如图5-62所示的投影效果。

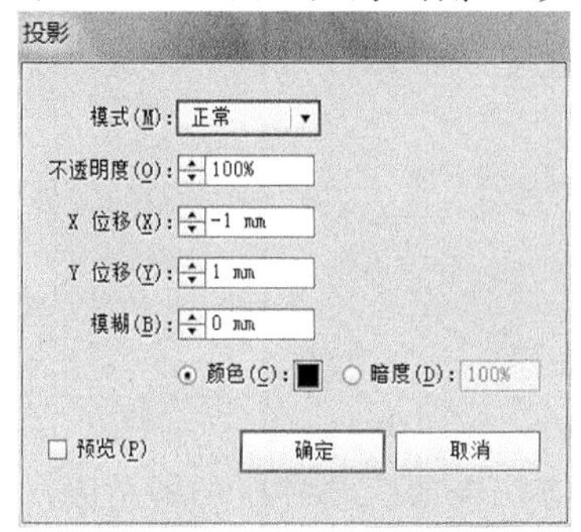

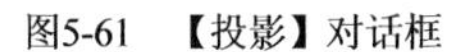
图5-61 【投影】对话框

图5-62 制作的投影效果

要点提示 制作图形投影的方法有两种：一是将图形复制，填充黑色并调整图形的堆叠顺序；二是直接利用【投影】命令。在工作过程中，读者可根据实际情况灵活运用。

20. 再绘制一个圆角矩形，为其填充黑色，如图5-63所示。
21. 复制黑色图形，并为其填充粉红色（M:85）到桔红色（M:77,Y:90）的线性渐变色，再将其分别向下、向左各移动1个单位，效果如图5-64所示。

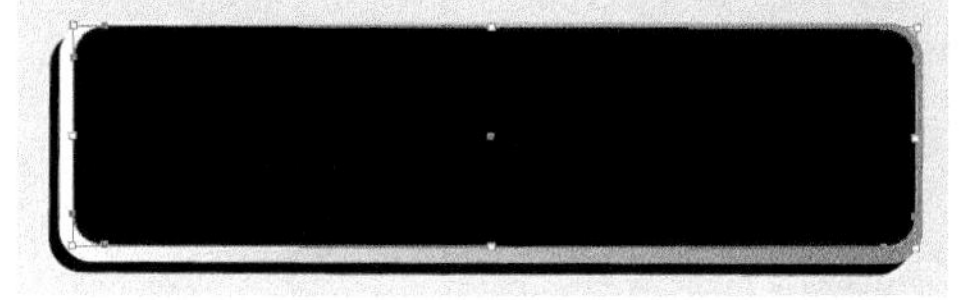
图5-63 绘制的圆角矩形

图5-64 复制出的图形

22. 利用 T 工具在圆角矩形上输入“疯狂抢购”4个字，并对这4个字也执行【投影】命令，参数设置同图5-61，效果如图5-65所示。
23. 同时选择圆角矩形与文字，调整大小后，移动到画面的右上方位置，然后利用 T 工具依次输入如图5-66所示的文字，即可完成服饰广告的设计。

图5-65 输入的文字1

图5-66 输入的文字2

24. 按 Ctrl+S 组合键，将此文件命名为“服饰广告.ai”并保存。

5.2 编辑文字

Illustrator 软件具有强大的文字编排功能，可以让用户自由、方便地对文本进行各种处理。文本的编辑操作主要包括字符和段落属性的设置、文本块的链接与调整、文本绕图设置及将文字转换为图形等。

5.2.1 功能讲解

本小节将介绍有关文字工具的各项功能。

一、 文本的选择

要对文字进行操作，必须先将其选中。选中文字的方法主要有两种：一种是选择整个文本块；另一种为选择文本块中的一部分文字。

(1) 选择整个文本块。

选择整个文本块的方法比较简单，只须利用【选择】工具对其进行单击即可。选中的文本块四周将显示文本框。

(2) 选择文本块中的某一部分文字。

选择【文字】工具T，然后在要选择的文字前面或后面单击鼠标左键并拖曳，此时，鼠标光标经过的文字将反白显示，即表示选择了这部分文字。

鼠标光标在文本段落中闪动时，按住 Shift+Ctrl 组合键，然后再按键盘中的↑方向键，可选择本段落中鼠标光标上面的文字；若按住 Shift+Ctrl 组合键的同时，再按键盘中的↓方向键，可选择本段落中鼠标光标下面的文字，每多按一次↑键（或↓键）便多选择一段文字。将文本光标放置到某一文字段落中，连续快速地单击 3 次，可选择整个段落。

二、 字符和段落面板

【字符】及【段落】面板的主要功能是对文字的字体、字号、字间距、行间距及段落的对齐方式和段落缩排等进行设置。

(1) 【字符】面板。

执行【窗口】/【文字】/【字符】命令，将弹出如图 5-67 所示的【字符】面板。单击该面板右上角的按钮，在弹出的菜单中选择【显示选项】命令，此时的【字符】面板形态如图 5-68 所示。

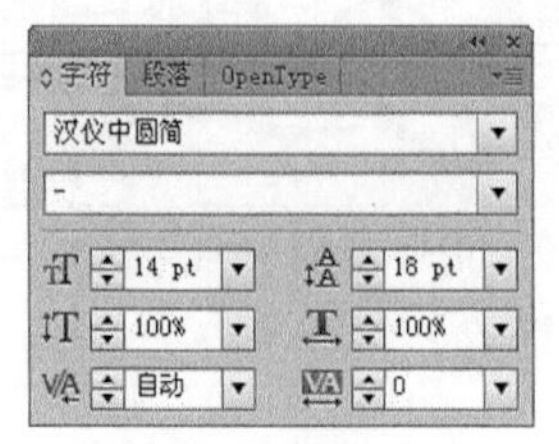

图5-67 【字符】面板

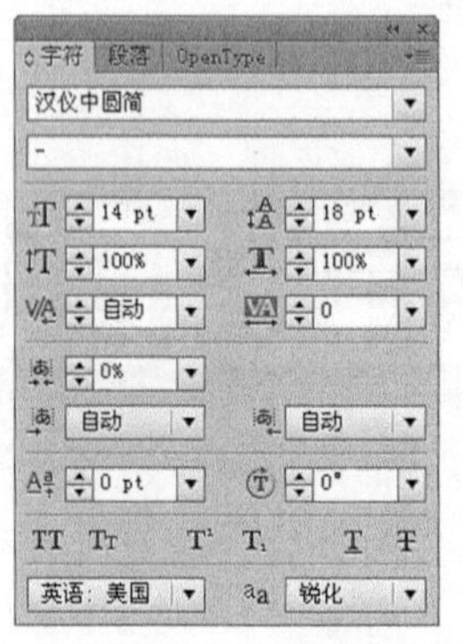

图5-68 显示更多选项后的【字符】面板

要点提示 将【字符】面板的隐藏选项显示后，【显示选项】命令将变为【隐藏选项】，再次选择此命令，系统将还原刚调出时的【字符】面板状态。

- 【设置字体系列】选项 汉仪中圆简 ：用于设置或修改选择文字的字体。
- 【设置字体样式】选项 - ：用于设置输入英文文字的字体样式，包括【Narrow】（收缩）、【Regular】（规则的）、【Italic】（斜体）、【Bold】（粗体）、【Bold Italic】（粗斜体）和【Black】（黑体）6个选项。

要点提示 当选择不同的字体时，【设置字体样式】中的选项也各不相同。一般情况下，当选择中文字体时，该下拉列表中无选项。

- 【设置字体大小】选项 14 pt ：用于设置文字的大小。按 Shift+Ctrl+> 组合键可增大所选文字的字号；按 Shift+Ctrl+< 组合键可减小所选文字的字号。
- 【设置行距】选项 18 pt ：用于设置文本中行与行之间的距离。按 Alt+↓ 组合键可增大所选文字的行距，按 Shift+↑ 组合键可减小所选文字的行距。
- 【垂直缩放】选项 100% 和【水平缩放】选项 100% ：用于设置所选文字在垂直方向和水平方向上的缩放比例。数值为 100％时，表示未对其进行缩放；数值小于 100％时，表示在该方向上对所选文字进行缩小变形；数值大于 100％时，表示在该方向上对所选文字进行放大变形。
- 【设置两个字符间的字距微调】选项 自动 ：用于控制相邻两个字符之间的距离。
- 【设置所选字符的字距调整】选项 0 ：用于控制所选文本中字与字之间的距离。按 Alt+→ 组合键或按 Alt+Ctrl+→ 组合键，可增大所选文字的字距；按 Shift+← 组合键或按 Shift+Ctrl+← 组合键，可减小所选文字的字距。注意，这两种快捷键调整字距的幅度不同。
- 【比例间距】选项 0% ：用于设置所选字符的间距缩放比例，可以在其下拉列表中选择 0%～100%的缩放数值。
- 【插入空格（左）】选项 自动 和【插入空格（右）】选项 自动 ：用于在所选文本中各字符的前面或后面插入指定字符大小的空格。
- 【设置基线偏移】选项 0 pt ：用于调整文本中被选文字的上下位置。利用此选项可以在文本中创建上标或下标，如图 5-69 所示。当参数为正值时，表示将文字上移；为负值时，表示将文字下移。另外，利用基线微调还可以将路径文本移动到路径的上方或下方而不更改文本的方向，如图 5-70 所示。

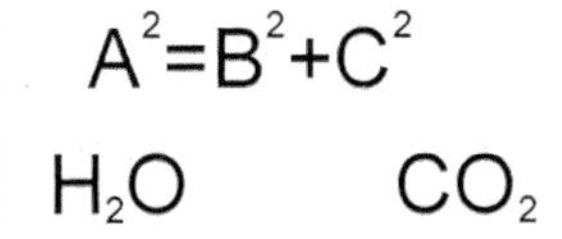

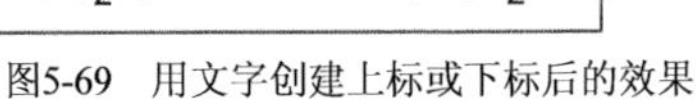

图5-69 用文字创建上标或下标后的效果

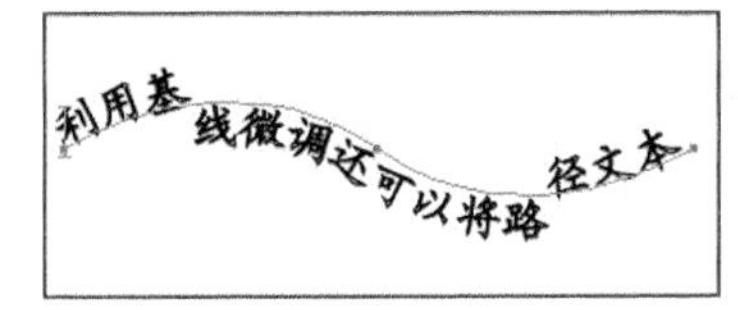

图5-70 路径文字下移后的效果

- 【字符旋转】选项 0° ：用于设置所选字符的旋转角度。
- 【下划线】按钮 T ：激活此按钮，可在选择的字符下方添加下划线。
- 【删除线】按钮 T ：激活此按钮，可在选择的字符上添加删除线。

- 【语言】选项：在此下拉列表中可以选择不同国家的语言。

(2) 【段落】面板。

执行【窗口】/【文字】/【段落】命令或在【字符】面板组中单击【段落】选项卡，将弹出如图 5-71 所示的【段落】面板。单击该面板右上角的按钮，在弹出的菜单中选择【显示选项】命令，即可在面板中显示更多的选项，如图 5-72 所示。

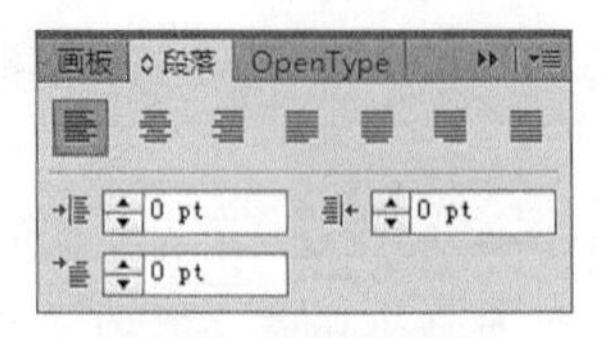

图5-71　【段落】面板

图5-72　显示更多选项后的【段落】面板

(3) 段落的对齐方式。

- 【左对齐】按钮、【居中对齐】按钮和【右对齐】按钮：这 3 个按钮的功能是设置横向文本的对齐方式，分别为左对齐、居中对齐和右对齐。
- 【末行左对齐】按钮、【末行居中对齐】按钮、【末行右对齐】按钮和【全部两端对齐】按钮：只有选择横向的文本段落时，这 4 个按钮才可用。它们的功能是调整段落中最后一行的对齐方式，分别为左对齐、居中对齐、右对齐和两端对齐。

当选择竖向的文本时，【段落】面板最上一行各按钮的功能分别如下。

- 【顶对齐】按钮、【居中对齐】按钮和【底对齐】按钮：这 3 个按钮的功能是设置竖向文本的对齐方式，分别为顶对齐、居中对齐和底对齐。
- 【末行顶对齐】按钮、【末行居中对齐】按钮、【末行底对齐】按钮和【全部两端对齐】按钮：只有选择竖向的文本段落时，这 4 个按钮才可用。它们的功能是调整段落中最后一列的对齐方式，分别为顶对齐、居中对齐、底对齐和两端对齐。

(4) 段落缩进。

- 【左缩进】选项 0 pt：在此选项的文本框中输入正值，表示文字左边界与文字框的距离增大；输入负值，则表示文字左边界与文字框的距离缩小。当负值足够大时，文字有可能溢出文字框。
- 【右缩进】选项 0 pt：在此选项的文本框中输入正值，表示文字右边界与文字框的距离增大；输入负值，则表示文字右边界与文字框的距离缩小。当负值足够大时，文字有可能溢出文字框。
- 【首行左缩进】选项 0 pt：只对文字段落的首行文字进行缩进。
- 【段前间距】选项 0 pt 和【段后间距】选项 0 pt：用于设置段落与段落之间的距离。

(5) 段落选项。

- 【避头尾集】选项和【标点挤压集】选项：用于设置文本的编排方式，可以控制中文标点不被放置到行首位置。

- 【连字】选项：此复选项是针对英文文本设置的。选择此复选项，表示允许使用连字符连接单词。也就是说，单词在一行中不能被完全放下时，放不下的部分会转移到下一行，并且单词隔开部位出现连字符。图 5-73 所示为不选择与选择此复选项时的文本效果。

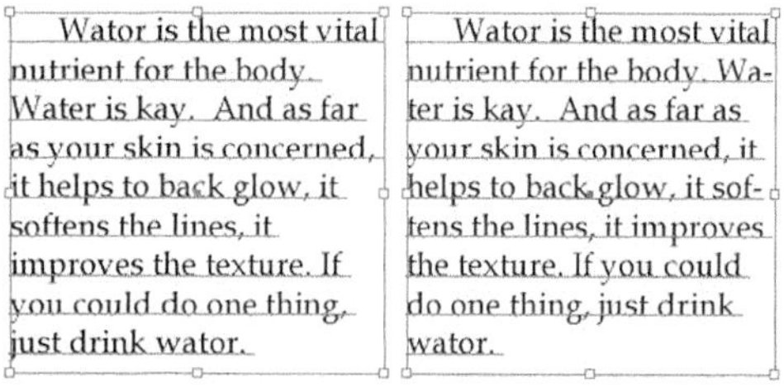

图5-73　不选择与选择【连字】复选项时的文本效果

三、 文本块的调整

有时设置的文本框可能较小，不能容纳所有的文字，此时就需要对文本框进行调整。选择【选择】工具，在文本框的任意控制点处按住鼠标左键同时向外拖曳，对文本框进行放大调整，即可将没有显示的文字全部显示出来。

当文本块中有被隐藏的文字时，除了利用【选择】工具对文本框进行调整外，还可以将隐藏的文字转移到其他文本块中。利用【文字】工具T在页面中拖曳，绘制出另一个文本框，即隐藏文字要转移的文本框；然后利用工具将绘制的文本框与原文本块同时选择；再执行【文字】/【串接文本】/【创建】命令，即可将隐藏的文字移动到新绘制的文本框中。

四、 文本绕图

在排版过程中，经常会遇到图片和文字并存的情况，这时就需要使用【文本绕排】命令对文档进行排版。在 Illustrator 软件中，不仅可以让文本围绕图形，而且还可以使文本围绕路径和置入的图像进行排列。具体操作为：在页面中输入文字，如图 5-74 所示，此时需要在文字中添加如图 5-75 所示的几个图形，利用工具将文字与图形一起选择，然后执行【对象】/【文本绕排】/【建立】命令，此时文字就会绕图进行排列，如图 5-76 所示。

图5-74　输入的文字

图5-75　绘制的图形

图5-76　文字绕图排列

如果对产生的绕图效果不满意，执行【文字】/【文本绕排】/【释放】命令，即可取消对文字的绕图操作。

五、 将文字转换为图形

Illustrator 软件虽然为用户提供了强大的文字处理功能，但在处理过程中仍然有一定的局限性，这在绘图中给用户带来了不便。而且【滤镜】菜单中的各种命令也只有对图形才起作用，所以很多情况下需要先将文字进行图形化（通过菜单命令将文字转化成图形），然后再对其进行处理。

在页面中输入文字，利用工具选择文字，然后执行【文字】/【创建轮廓】命令，即

可将选择的文字转化为图形。

在 Illustrator 中，一旦将文字转化为图形后，就不能再对其进行文字属性的设置，且也没有相应的命令再将其转化为文字，所以在将文字转化为图形前，要想清楚是否必须将其转化为图形。

六、 制表符

【制表符】命令具有使文字缩排定位的功能。执行【窗口】/【文字】/【制表符】命令，弹出如图 5-77 所示的【制表符】面板。

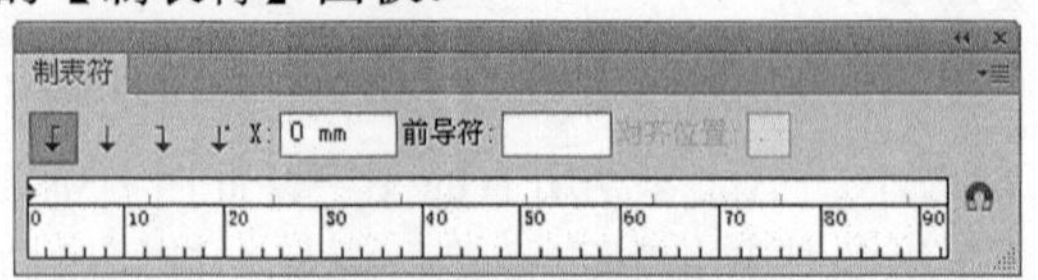

图5-77　【制表符】面板

- 制表符最上面的一排按钮为定位标志，由左至右分别为【左对齐制表符】、【居中对齐制表符】、【右对齐制表符】和【小数点对齐制表符】按钮。【对齐位置】数值为定位标志的位置。

利用工具箱中的文字工具在页面中绘制一个文本框，然后双击制表符上方的蓝色条，制表符会自动移动到文本框的上方并与文本框对齐。

在文本框中需要对齐的位置按 Tab 键，如图 5-78 所示。单击制表符中的图标，然后在制表符中单击确定文字的对齐位置，此时制表符中出现定位标记，刚才用过 Tab 键的地方就会与这个标记对齐。对齐定位标记后的文字形态如图 5-79 所示。

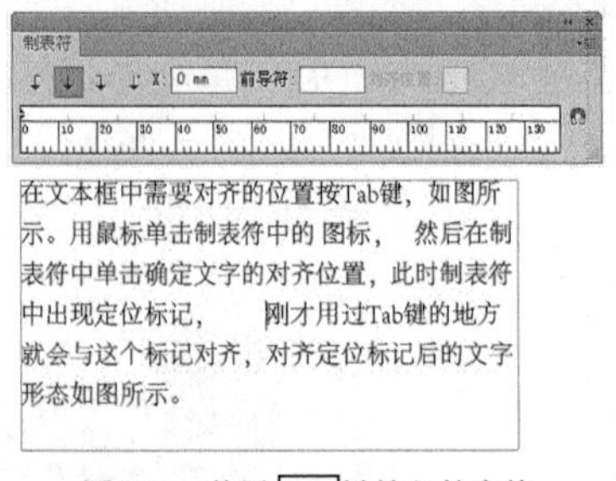

图5-78　使用 Tab 键输入的空格

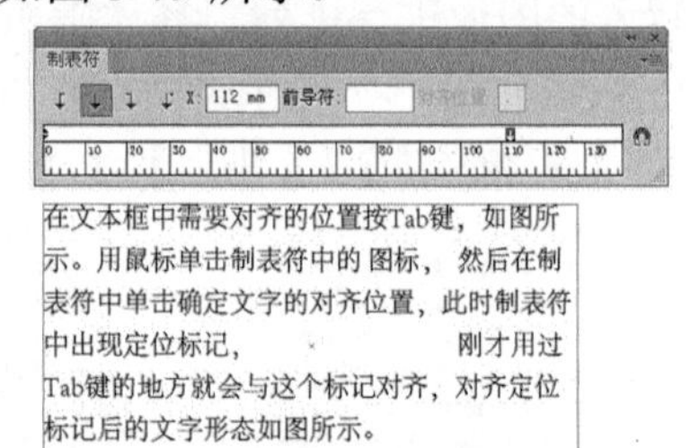

图5-79　对齐定位标记后的文字形态

设置缩排时，用鼠标指针拖曳标尺中的首行和悬挂缩排标记，可以调整段落文字首行和悬挂的缩排量。文本设置不同缩排后的效果如图 5-80 所示。

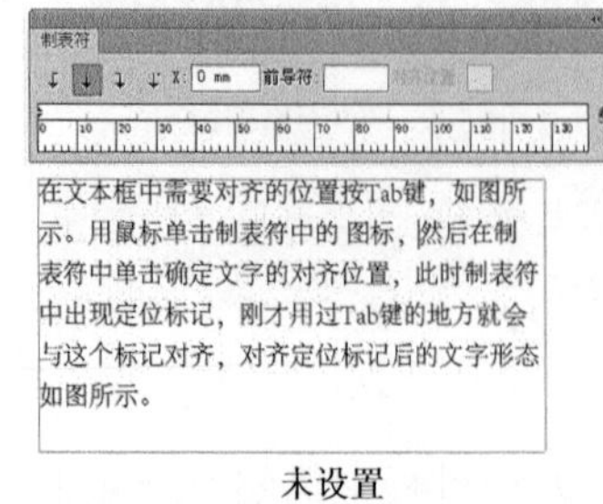

未设置

首行缩排

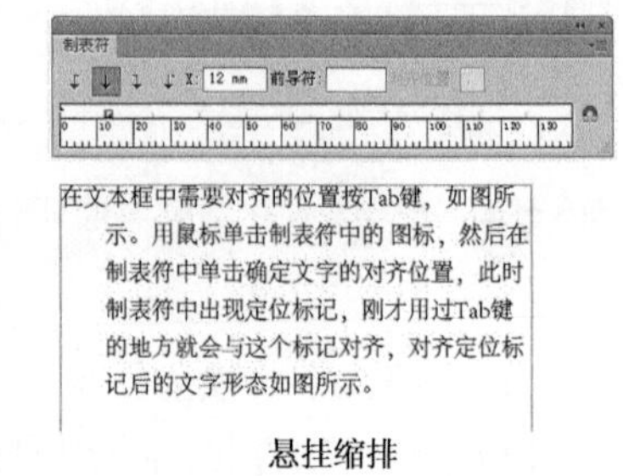

悬挂缩排

图5-80　文本设置不同缩排后的效果

七、 适合标题

【适合标题】命令可以将文本块中的标题与正文对齐。在工作页面中选择需要对齐的标题和正文，然后执行【文字】/【适合标题】命令，系统即可将选择的文本对齐。图 5-81 所

示为适合标题之前和之后的文本效果。

适合大标题
【适合大标题】命令，
可以将文本块中的标题与正文对齐。

适 合 大 标 题
【 适 合 大 标 题 】 命 令 ，
可以将文本块中的标题与正文对齐。

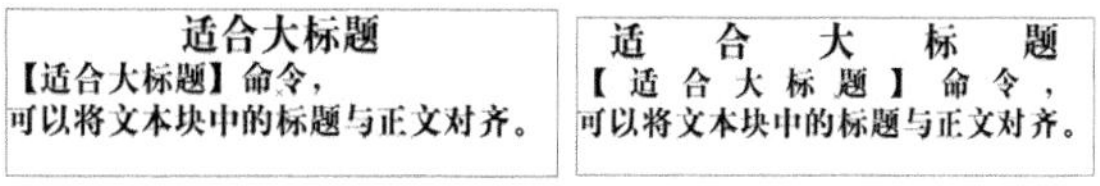

图5-81　适合标题之前和之后的文本效果

八、 查找字体

利用【查找字体】命令，可以查找并改变文字的字体。执行【文字】/【查找字体】命令，系统将弹出如图 5-82 所示的【查找字体】对话框。

- 【文档中的字体】分组框：其下的列表框中罗列了当前文档中所有的字体。
- 【替换字体来自】分组框：其右侧的下拉列表中包括【文档】和【系统】两个选项。当选择【文档】选项时，在其下的列表窗口中将只罗列当前文档中的字体；当选择【系统】选项时，其下的列表窗口中将罗列当前操作系统中的所有可用字体。
- 【包含在列表中】栏：取消其下任一复选项的选择，都将在【替换字体】列表中取消此类字体的显示。
- 查找(F) 按钮、更改(C) 按钮和 全部更改(H) 按钮：这些按钮与【查找和替换】对话框中相对应按钮的功能相同，在此不再赘述。

九、 更改大小写

利用【更改大小写】命令，可以将当前所选的英文单词更改为全部大写、全部小写或混合大小写（即每个单词的第一个字母为大写）的形式。

利用文字工具在文本中选择需要更改大小写的英文单词，然后执行【文字】/【更改大小写】命令，在弹出的菜单中选择相应的命令即可根据需要更改字母的大小写。

十、 智能标点

【智能标点】命令可以在输入的文本中查找文本符号，并用出版文本符号替代。此命令如进行设置，还可以报告替换的符号数量。执行【文字】/【智能标点】命令，将弹出如图 5-83 所示的【智能标点】对话框。

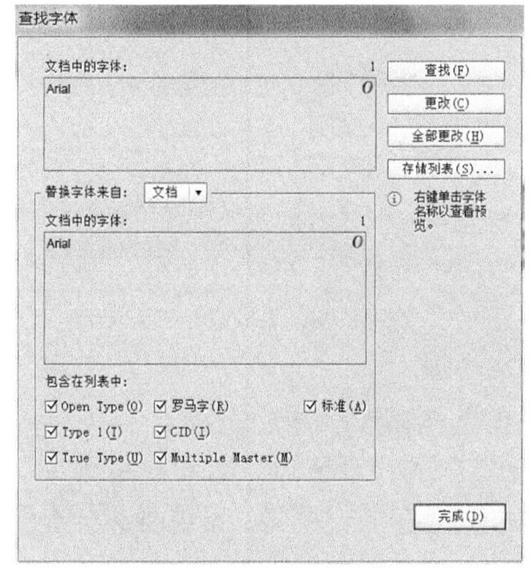

图5-82　【查找字体】对话框

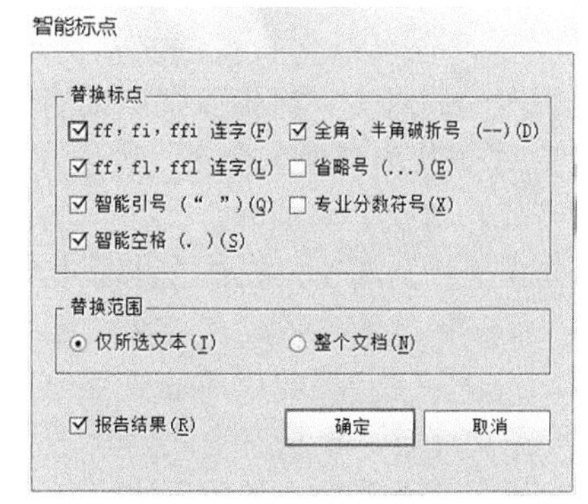

图5-83　【智能标点】对话框

- 【ff，fi，ffi 连字】选项：选择此复选项，当所选单词中出现 ff、fi 或 ffi 形式的字母组合时，系统会自动将其更改为连字。
- 【ff，fl，ffl 连字】选项：选择此复选项，当所选单词中出现 ff、fl 或 ffl 形式的字母组合时，系统会自动将其更改为连字。

- 【智能引号（“”)】选项：选择此复选项，可将文本中输入的半角引号（ " " 或 ' ' ）转换为全角引号（“ ”或‘ ’）。
- 【智能空格（.)】选项：选择此复选项，可将句号后的多个空格转换为一个空格。
- 【全角、半角破折号（—)】选项：选择此复选项，可以将两个或 3 个连续的虚线（--）或（---）转换为一个破折号（——）。
- 【省略号（...)】选项：选择此复选项，可用省略号代替文本中的点（ … ）。
- 【专业分数符号】选项：当小数用分数的形式表现时，选择此复选项，系统可用正确的表现形式表现分数的分子和分母。
- 【仅所选文本】选项：选择此单选项，替换操作将只在选中的文本中进行。
- 【整个文档】选项：选择此单选项，替换操作将在整篇文档中进行。
- 【报告结果】选项：选择此复选项，进行替换符号后，可以查看所替换符号的数量列表。

十一、 显示隐藏字符

默认情况下，创建文本中的空格、换行和制表符等非打印字符是隐藏不可见的，如图 5-84 所示。当选择创建的文本，执行【文字】/【显示隐藏字符】命令时，可将这些非打印字符显示出来，如图 5-85 所示。

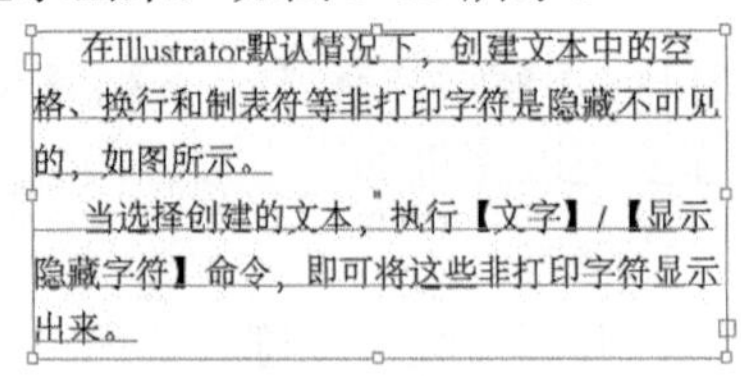

图5-84　没有显示字符时的文字形态

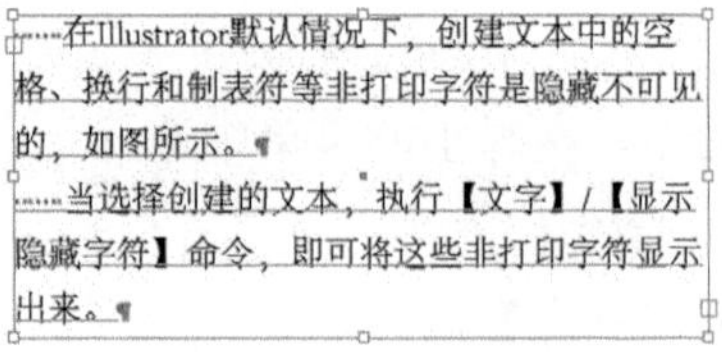

图5-85　显示字符时的文字形态

在非打印字符处于可见的情况下，再次执行【文字】/【显示隐藏字符】命令，即可将这些字符重新隐藏。

十二、 查找和替换

利用【查找和替换】命令可以在文本块中查找指定的文字，也可以将查找的文字更改为其他文字，且更改的同时文字将仍保持原来的样式。执行【编辑】/【查找和替换】命令，弹出如图 5-86 所示的【查找和替换】对话框。

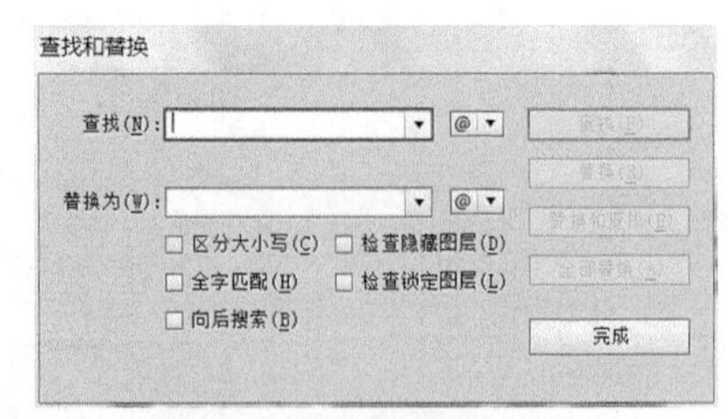

图5-86　【查找和替换】对话框

- 【查找】选项：在该文本框中输入需要查找的文字。
- 【替换为】选项：在该文本框中输入要将查找内容替换为的文字。
- 查找(F) 按钮：单击此按钮，系统将查找需要查找的文字，当查找出第一个文字后，该按钮变成 查找下一个(F) 按钮，单击 查找下一个(F) 按钮，系统将继续查找下一个需要查找的文字。
- 替换(R) 按钮：单击此按钮，系统将以【替换为】窗口中的文字替换【查找】窗口中的文字。
- 替换和查找(E) 按钮：单击此按钮，系统将替换查找到的第一处符合条件的文字，同时查找到下一个符合条件的文字。相当于依次单击 查找下一个(F) 按钮和替换(R) 按钮。

- 全部替换(A) 按钮：单击此按钮，系统将会把文本中所有【查找】窗口中的文字全部替换。
- 完成 按钮：单击此按钮，表示查找与替换操作已经完成，同时关闭【查找和替换】对话框。

替换(R) 按钮、全部替换(A) 按钮和 替换和查找(E) 按钮，只有在文本中查找到符合条件的文字后，它们才显示为可用状态。如果在文本中查找不到符合条件的文字，这 3 个按钮将显示为灰色。

- 【区分大小写】选项：选择此复选项，系统将只查找与【查找内容】文本框中大小写完全相同的单词。如要查找“Box”，则单词“box”就不会被查找到。
- 【全字匹配】选项：勾选此复选项，系统将只查找与【查找内容】文本框中完全相同的单词，如要查找“Box”，则单词“Boxes”就不会被查找到。
- 【向后搜索】复选项：选择此复选项，系统在查找时，将由文字插入光标所在位置向文字的开头部分查找。
- 【检查隐藏图层】选项：勾选此复选项，系统在查找时会对隐藏图层中的文字进行查找。
- 【检查锁定图层】选项：勾选此复选项，系统在查找时会对锁定图层中的文字进行查找。

十三、拼写检查

【拼写检查】命令主要用于检查文本块中英文单词的拼写错误，如英文字母的错拼、少写字母及重复键入字母等错误，但它不能检查语法错误。

选择一组英文单词，执行【编辑】/【拼写检查】命令，系统将弹出【拼写检查】对话框，单击 开始 按钮，在【拼写检查】对话框中即罗列出检查出的问题，如图 5-87 所示。

图5-87 【拼写检查】对话框

- 【准备开始】栏：其下的列表框中列有系统所查到的所有错误单词。
- 【建议单词】栏：在【准备开始】列表框中选择错误的单词后，此栏的列表框中将会列出供参考的正确单词。
- 开始 按钮：选择需要检查的单词后，单击该按钮即可循序查找拼写错误的单词。
- 忽略 按钮：单击此按钮，可以将当前的错误单词忽略，不做任何更改。
- 全部忽略 按钮：单击此按钮，可以将当前有相同拼写错误的单词全部忽略。
- 更改 按钮：在【建议单词】下方的列表框中选择正确的单词后，单击此按钮，可以将文本块中错误的单词更正。
- 全部更改 按钮：单击此按钮，可以将有相同拼写错误的单词同时更正。

5.2.2　范例解析——展板排版

Illustrator 软件具有强大的文字编辑功能，可以让用户自由、方便地对文字进行各种处理操作。文字的编辑操作主要包括文字的选择、改变文字方向、文字块的调整及链接的设置等。通过本范例的制作，将学习编辑文字操作。

【步骤提示】

1. 打开附盘文件“图库\第 05 章\工作制度展版.ai”，如图 5-88 所示。

图5-88　打开的文件

2. 利用 T 工具将左上方的“教师职责”文字选择，单击属性栏中的 字符 按钮，在弹出的【字符】面板中设置选项参数如图 5-89 所示。
3. 单击属性栏中的 按钮，将选择的文字居中显示，效果如图 5-90 所示。

图5-89　设置的字体及字号

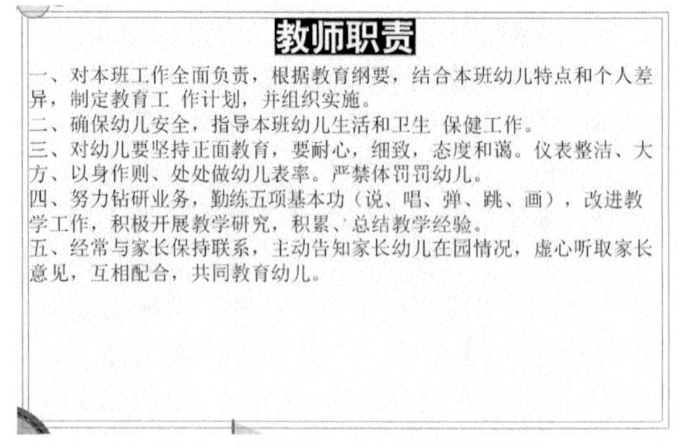

图5-90　调整字体、大小及位置后的效果

4. 继续利用 T 工具，将下方的文字全部选择，并在【字符】面板中，将字体设置为“黑体”，字号大小设置为“22 pt”，如图 5-91 所示。
5. 执行【窗口】/【文字】/【制表符】命令，弹出【制表符】面板，将面板移动到文本框的上方，然后按住 Alt 键向右移动悬挂缩进标记，状态如图 5-92 所示。
6. 调整后，关闭【制表符】对话框，调整后的文字效果如图 5-93 所示。

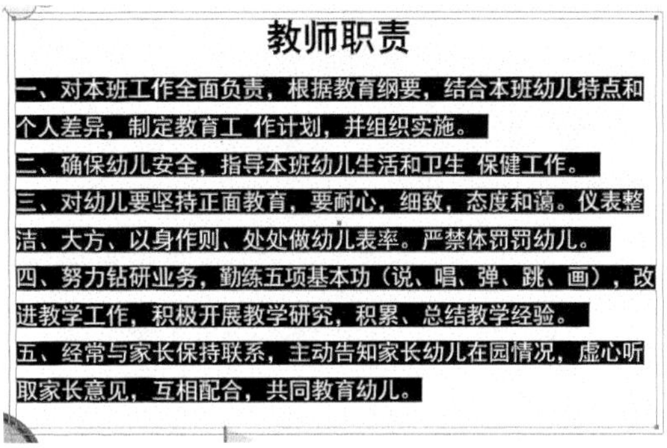

图5-91　设置字体及字号后的效果

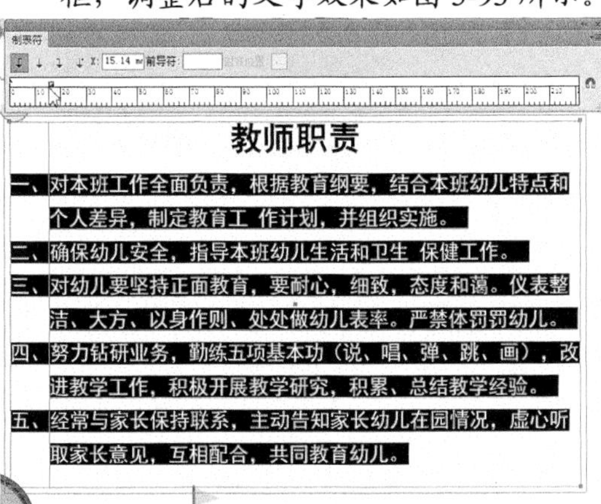

图5-92　调整悬挂缩进状态

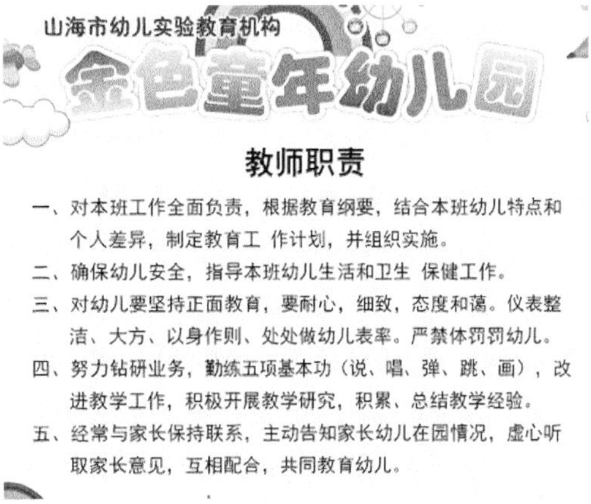

图5-93　调整后的文字效果

7. 用与以上相同的调整方法对右侧的文本块进行调整，效果如图 5-94 所示。
8. 按住 Shift 键单击右侧的文字和右下方的城堡图形，将文字和城堡图形同时选择。
9. 执行【对象】/【文本绕排】/【建立】命令，将文本绕图形排列，效果如图 5-95 所示。

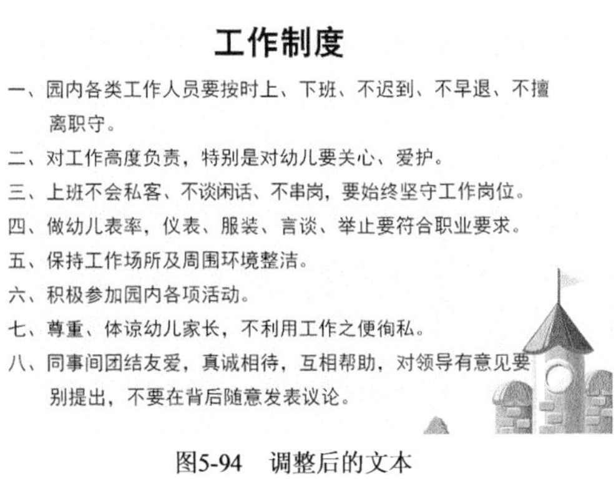

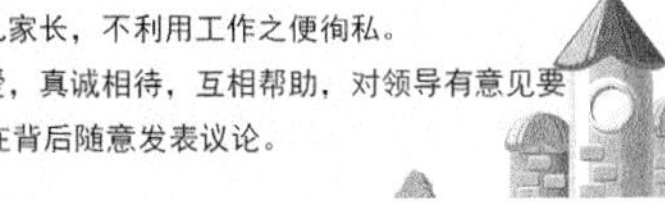

图5-94　调整后的文本

图5-95　文本绕图形排列后的效果

至此，文本调整完成。调整后的文本效果如图 5-96 所示。

图5-96　调整后的文本效果

10. 按 Shift+Ctrl+S 组合键，将此文件另命名为“展板调整.ai”并保存。

下面学习改变文字方向并重新排列的方法。

1. 利用 [选择] 工具选择文字块，执行【文字】/【文字方向】/【垂直】命令，即可把选择的横排文字改变为垂直方向排列，如图 5-97 所示。

> **要点提示** 若当前所选的文字为竖排方式，执行【文字】/【文字方向】/【水平】命令，可以将文字改变为水平方向排列。

图5-97　改变文字方向

2. 利用 T 工具选择“教师职责”文字，然后在【字符】面板中将行间距设置为“48 pt”，用相同的方法选择“工作制度”文字，并调整其行间距。调整标头和正文行间距后的效果如图 5-98 所示。

图5-98　调整标头和正文行间距后的效果

3. 由图 5-98 可发现，左侧的文本框没有将文字全部显示，此时将鼠标指针移动到文本块左侧中间的控制点上按下并向右拖曳，即可将文字全部显示，如图 5-99 所示。
   通过图示还发现，有很多标点符号位于行首，下面来进行调整。
4. 利用[T]工具将如图 5-100 所示的文字选择。

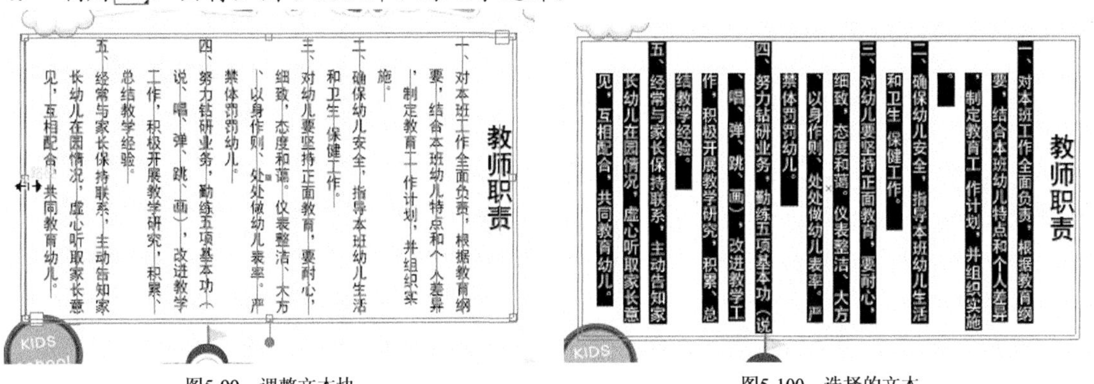

图5-99　调整文本块　　　　图5-100　选择的文本

5. 执行【文字】/【避头尾法则设置】命令，弹出【避头尾法则设置】对话框，单击如图 5-101 所示的中文悬挂标点。
6. 单击右上角的[删除]按钮，此时将弹出【新建避头尾法则集】面板，直接单击[确定]按钮，创建一个新的避头尾法则集。
7. 依次选择【中文悬挂标点】分组框下方的标点，并单击[删除]按钮，将其删除，全部删除后，单击[确定]按钮，此时将弹出如图 5-102 所示的询问面板。
8. 单击[是(Y)]按钮，保存新的避头尾法则集，此时标点符号即不位于行首，如图 5-103 所示。
9. 用相同的方法对右侧文本块中的避头尾法则进行设置，然后调整文本块的高度如图 5-104 所示。

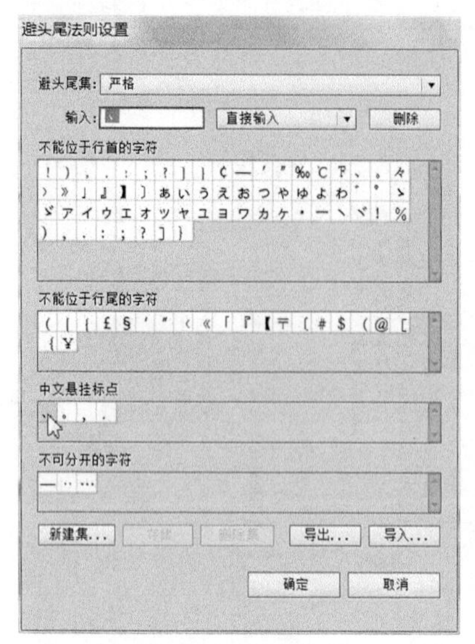

图5-101 选择的标点

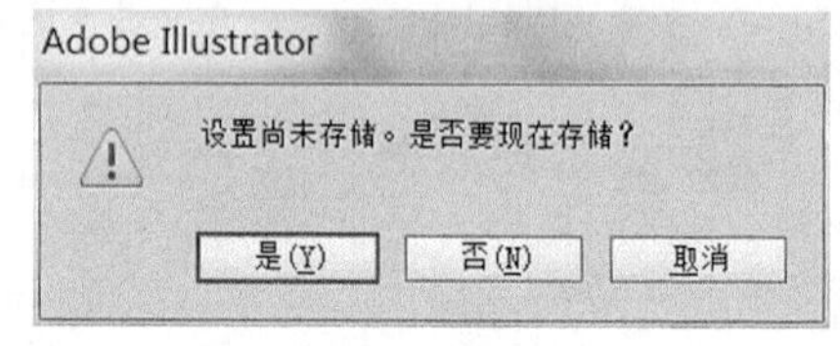

图5-102 询问面板

教师职责

一、对本班工作全面负责，根据教育纲要，结合本班幼儿特点和个人差异，制定教育工 作计划，并组织实施。

二、确保幼儿安全，指导本班幼儿生活和卫生 保健工作。

三、对幼儿要坚持正面教育，要耐心，细致，态度和蔼。仪表整洁、大方，以身作则，处处做幼儿表率。严禁体罚幼儿。

四、努力钻研业务，勤练五项基本功（说、唱、弹、跳、画），改进教学工作，积极开展教学研究，积累、总结教学经验。

五、经常与家长保持联系，主动告知家长幼儿在园情况，虚心听取家长意见，互相配合，共同教育幼儿。

图5-103 设置避头尾法则后的效果

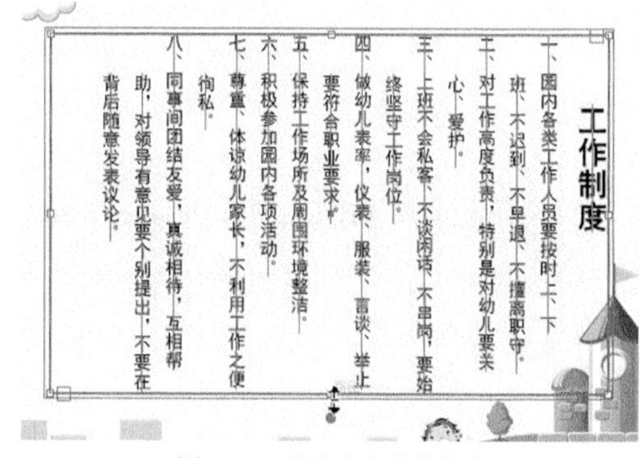

图5-104 调整文本块的高度

至此，竖向文本调整完成。调整后的竖向排列展板如图 5-105 所示。

图5-105 调整后的竖向排列展板

10. 再次按 Shift+Ctrl+S 组合键，将此文件另命名为“展板调整 02.ai”并保存。

5.2.3 范例解析——文本块的调整

当文字块中有被隐藏的文字时，除了利用调整文字框的大小把隐藏的文字显示出来外，还可以将隐藏的文字转移到其他文字块中。

【步骤提示】

1. 打开前面保存的“展板调整.ai”文件。
2. 利用 工具选择左侧的文本块，然后将鼠标指针移动到右下方的空方格 位置单击，此时鼠标指针会显示为 状态。
3. 将鼠标指针移动到如图 5-106 所示的位置单击，即可将两个文本块合并为一个文本，且中间显示一条连接线，如图 5-107 所示。

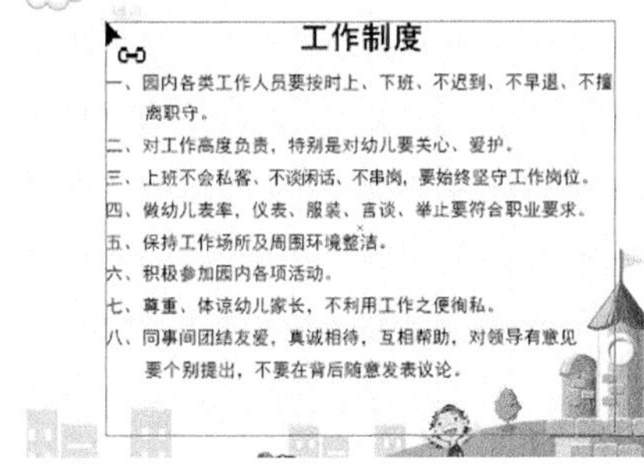

图5-106　鼠标单击的位置

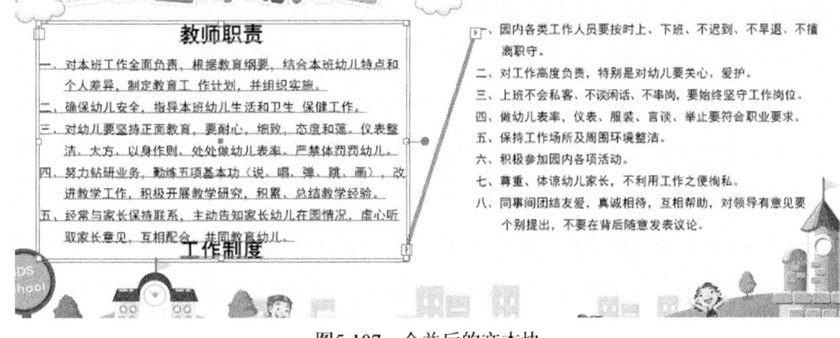

图5-107　合并后的文本块

4. 向上调整左侧的文本块，使“工作制度”文字显示在右侧的文本块中，如图 5-108 所示。

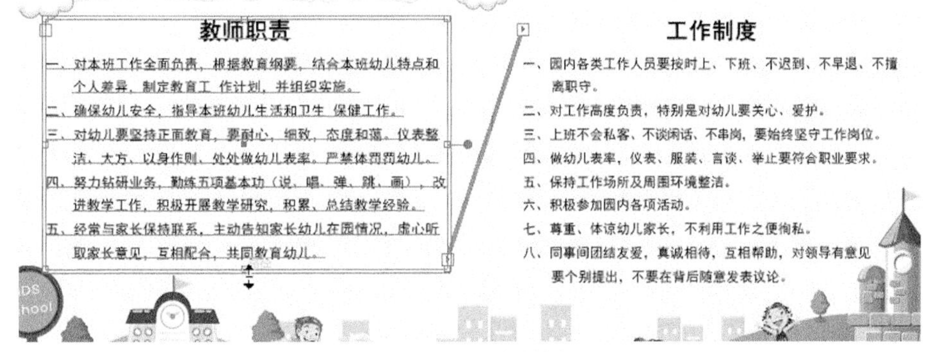

图5-108　调整文本块的大小

5. 选择右侧的文本块，执行【文字】/【串接文本】/【释放所选文字】命令，此时所选文字块中的文字被释放出去，只剩下一个文字框，且左侧文本块的右下方显示⊞图标，表示其下还有隐藏的文字，如图 5-109 所示。

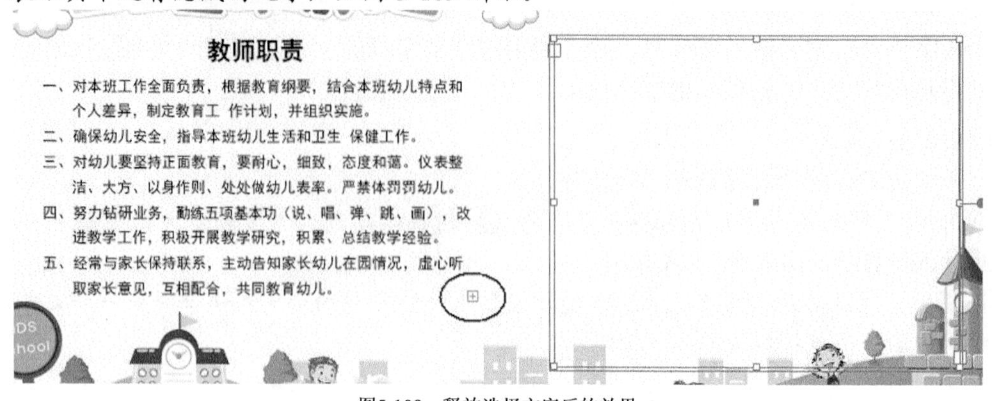

图5-109 释放选择文字后的效果

6. 按住 Shift 键再将左边的文字同时选择，执行【文字】/【串接文本】/【创建】命令，即可将隐藏的文字移动到右边的文字框中。
7. 执行【文字】/【串接文本】/【移去串接文字】命令可以把这两个文字块断开，被转移的文字不会再回到原来的文字块中，即恢复刚打开文件时的状态。

5.2.4 实训——制作 POP 海报

本小节通过设计如图 5-110 所示的 POP 海报，来练习特殊文字效果的制作方法。

图5-110 制作的 POP 海报

【步骤提示】

1. 创建一个新的文档。
2. 选取 T 工具，输入如图 5-111 所示的文字。
3. 在文字的右下角位置重新再输入“庆新年”文字，字体和字号与上方文字的相同，如图 5-112 所示。
4. 利用 ↖ 工具，将两组文字同时选择，然后选取 ⧄ 工具，并在文字的右边按住鼠标左键向上拖动，状态如图 5-113 所示。
5. 选取“庆新年”文字，然后利用选择框对文字进行轻微旋转，状态如图 5-114 所示。

图5-111　输入的文字

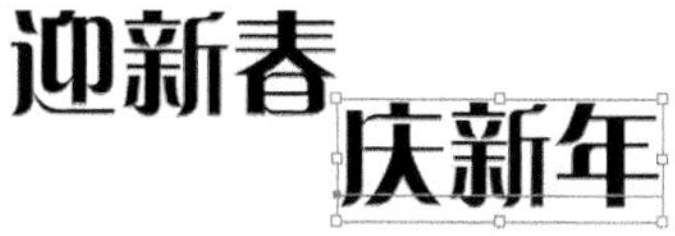

图5-112　输入的文字

图5-113　向上拖动文字

图5-114　文字旋转时的状态

6. 利用相同方法对“迎新春”文字进行轻微旋转，旋转后的文字如图 5-115 所示。
7. 利用[T]文字工具选中如图 5-116 所示的文字。

图5-115　旋转后的文字

图5-116　选中的文字

8. 在【字符】面板中设置文字字号为“47 pt”，效果如图 5-117 所示。
9. 将“迎”字后面的“新”字的字号设置为“52pt”，把“年”字的字号设置为“59pt”，效果如图 5-118 所示。

图5-117　设置字号后的文字

图5-118　设置字符大小后的文字

10. 选取[✎]工具，在属性栏中将填充色设置为“无”，描边色设置为“黑色”，描边宽度为“7pt”，然后绘制一条如图 5-119 所示的路径。
11. 再在“迎”字和“庆”字的左边绘制上如图 5-120 所示的路径。

图5-119　绘制的路径 1

图5-120　绘制的路径 2

12. 按[Ctrl]+[A]组合键，将路径和文字同时选择。
13. 执行【对象】/【扩展】命令，在弹出的【扩展】对话框中单击[确定]按钮，扩展后的文字和路径形态如图 5-121 所示。

图5-121　扩展后的文字和路径形态

14. 利用工具，选取“年”字右上方如图 5-122 所示的锚点。
15. 移动锚点的位置，并调整控制柄，如图 5-123 所示。

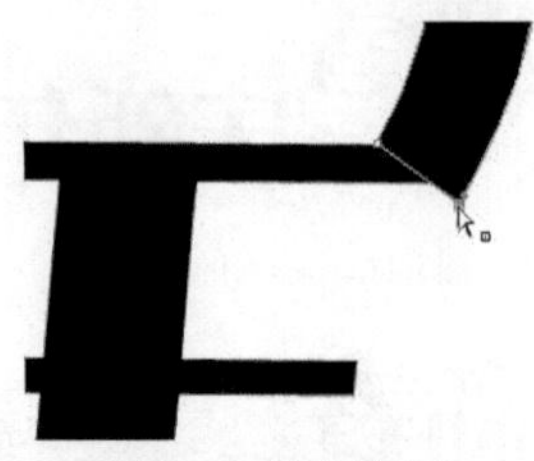

图5-122　选取的锚点

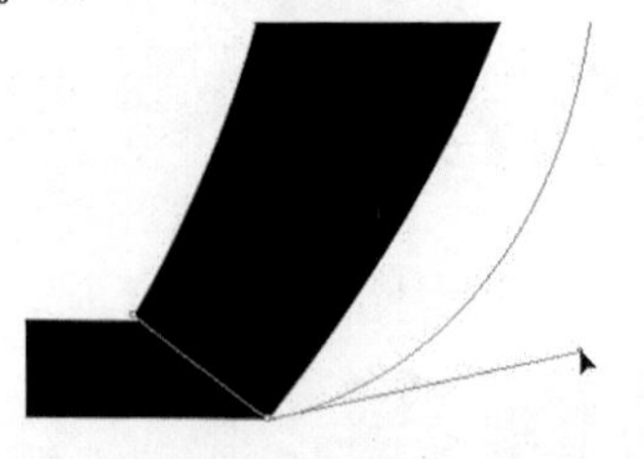

图5-123　调整锚点位置

16. 继续利用工具再调整如图 5-124 所示的锚点。
17. 利用工具并结合工具，把“年”字上面的路径调整成如图 5-125 所示的形状。

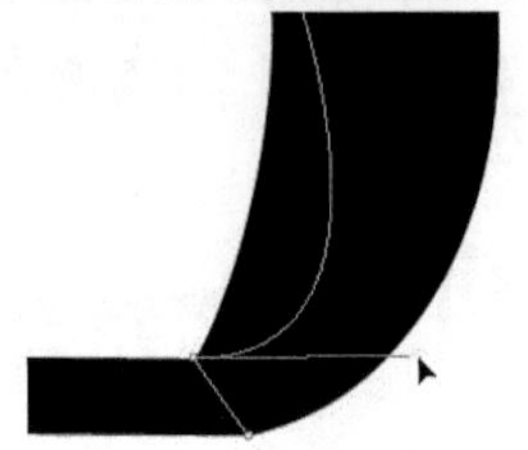

图5-124　调整锚点

图5-125　调整出的形状

18. 使用相同的调整方法，将“庆”字和“迎”字左边的路径进行调整，调整后的艺术文字整体效果如图 5-126 所示。

图5-126　调整后的艺术文字整体效果

19. 按 Ctrl+A 组合键，把路径和文字同时选择，然后执行【窗口】/【路径查找器】命令，打开【路径查找器】面板。
20. 单击如图 5-127 所示的【联集】按钮，将路径与文字结合在一起。
21. 执行【对象】/【复合路径】/【建立】命令（快捷键为 Ctrl+8），将结合在一起的文字创建为复合路径。
22. 选取工具，将鼠标指针放置到如图 5-128 所示的锚点位置单击，将锚点删除，然后再删除如图 5-129 所示的锚点。

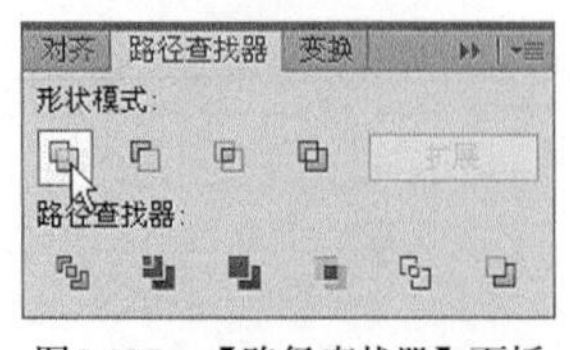

图5-127　【路径查找器】面板

图5-128　删除锚点 1

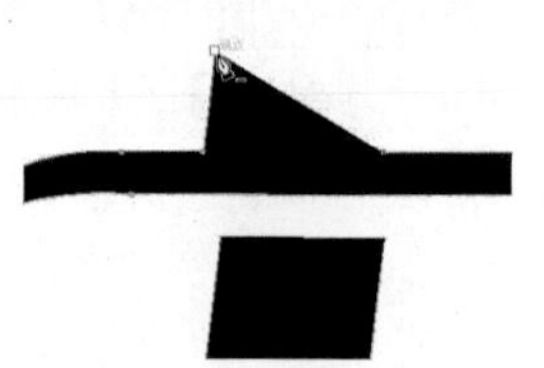

图5-129　删除锚点 2

23. 利用工具，在删除笔画的位置绘制一个黑色无描边的椭圆形，如图 5-130 所示。
24. 利用相同方法将“迎”字的笔画替换为椭圆形，如图 5-131 所示。

25. 再次按Ctrl+A组合键，把路径和文字同时选择。
26. 按Ctrl+8组合键，将文字和椭圆形创建为复合路径，效果如图 5-132 所示。

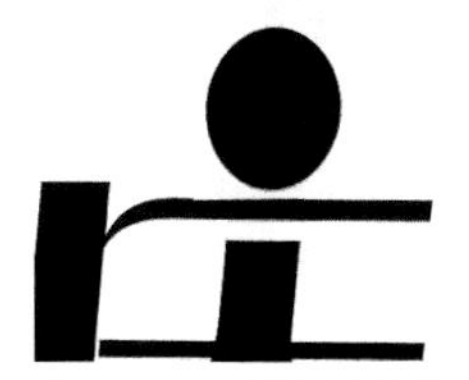
图5-130　绘制的椭圆形

图5-131　替换笔画

图5-132　创建为复合路径

27. 按Ctrl+F9组合键调出【渐变】面板，在面板中设置如图 5-133 所示的渐变色，渐变滑块的颜色从左到右分别为（Y:100）、（Y:90）、（Y:40）、（Y:20），设置渐变色后的艺术字如图 5-134 所示。

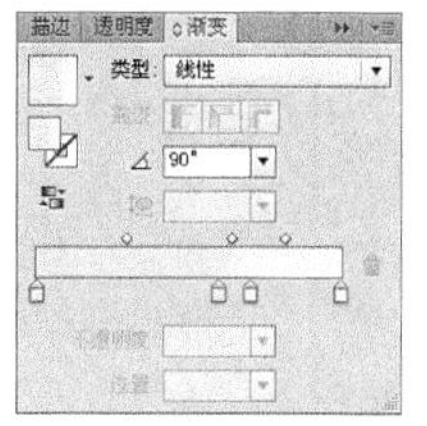

图5-133　【渐变】面板

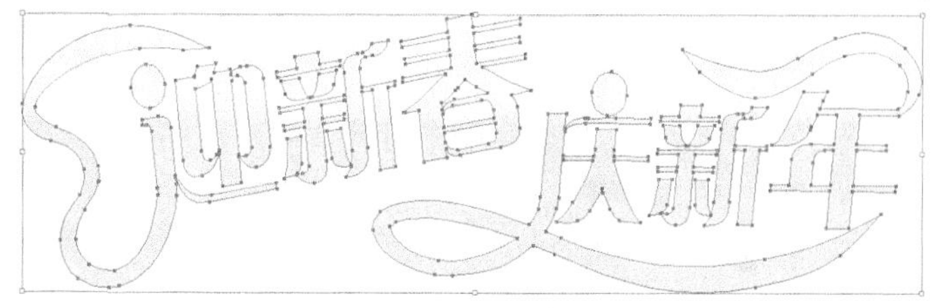

图5-134　设置渐变色后的艺术字

28. 执行【对象】/【路径】/【偏移路径】命令，弹出【偏移路径】对话框，将【位移】选项的参数设置为“4 mm”，单击 确定 按钮，效果如图 5-135 所示。

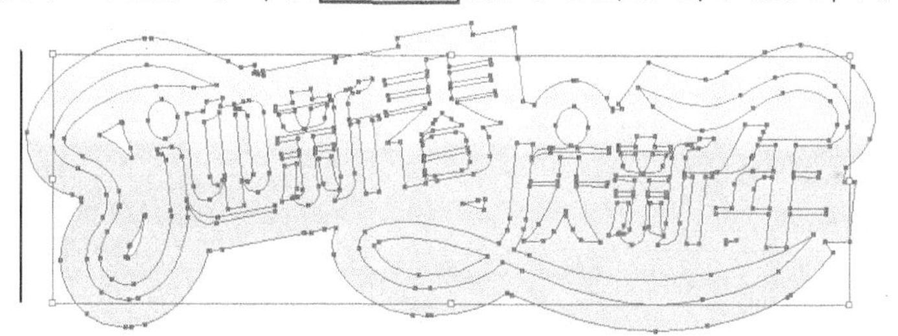

图5-135　偏移路径后的效果

29. 按Ctrl+F9组合键，再次调出【渐变】面板，设置渐变色，并在属性栏中将描边色设置为黄色（M:20,Y:100），描边宽度设置为“1.5 pt”，设置的渐变填充和描边效果如图 5-136 所示。

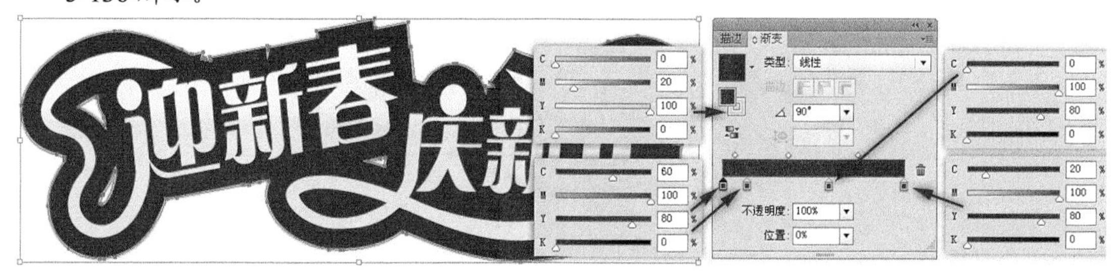

图5-136　设置的渐变填充和描边效果

30. 利用工具将黄色渐变艺术文字选择，按Ctrl+C组合键复制，再按Ctrl+F组合键在原位置粘贴。
31. 利用工具在文字上绘制如图 5-137 所示的路径。

32. 选取工具，按住 Shift 键再单击黄色渐变艺术文字，将其同时选择，如图 5-138 所示。

图5-137　绘制的路径

图5-138　同时选择

33. 按 Ctrl+Shift+F9 组合键，调出【路径查找器】面板，单击【交集】按钮，得到的交集图形形态如图 5-139 所示。
34. 在【颜色】面板中设置颜色为深黄色（M:35,Y:85），填充颜色效果如图 5-140 所示。

图5-139　交集图形形态

图5-140　填充颜色效果

35. 利用和工具绘制一个几何图形，如图 5-141 所示。
36. 利用工具复制上面图形的渐变颜色及轮廓属性，复制的填充色如图 5-142 所示。

图5-141　绘制的几何图形

图5-142　复制的填充色

37. 执行【对象】/【排列】/【置于底层】命令，把图形调整到艺术文字的下面。
38. 利用工具在几何图形上输入如图 5-143 所示的文字。

图5-143　输入的文字

39. 按 Ctrl+A 组合键，选择所有内容，按 Ctrl+G 组合键编组。
40. 利用【置入】命令，置入附盘文件“图库\第 05 章\背景.jpg”。
41. 执行【对象】/【排列】/【置于底层】命令，把背景调整到艺术文字的下面，然后调整背景及文字的大小，如图 5-144 所示。

42. 利用【置入】命令，再置入附盘文件“图库\第 05 章\星光.psd”，然后调整大小并依次复制，完成 POP 海报的设计，如图 5-145 所示。

图5-144　置入的图片

图5-145　制作的 POP 海报

43. 按 Ctrl+S 组合键，将文件命名为“POP 海报.ai”并保存。

5.3 综合案例——设计音响广告

本节将综合运用本章学习的工具，来设计如图 5-146 所示的音响广告。

图5-146　设计完成的音响广告

【步骤提示】

1. 创建一个新的文档，然后置入附盘文件“图库\第 05 章\音响背景.jpg”。
2. 利用 T 工具在背景素材中输入如图 5-147 所示的文字。
3. 选择输入的文字，执行【文字】/【创建轮廓】命令，将文字转换为图形。

图5-147　输入的文字

4. 打开【渐变】面板，设置渐变颜色如图 5-148 所示，颜色设置从左向右依次为浅蓝色（C:80）、蓝色（C:100,M:100）和浅蓝色（C:80）。填充渐变颜色后的文字效果如图 5-149 所示。

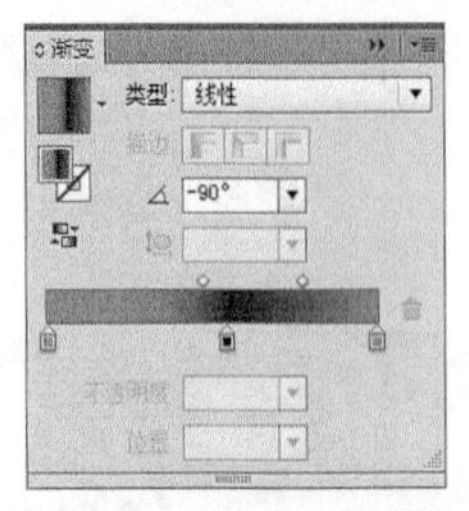

图5-148　【渐变】面板

图5-149　填充渐变颜色后的效果

5. 选择文字，执行【编辑】/【复制】命令和【编辑】/【贴在后面】命令，并将复制的文字颜色修改为灰色（K:20），再向左下方稍微移动位置，描边效果如图 5-150 所示。
6. 用同样的方法，再复制出另外一组文字并填充黑色，然后按方向键分别向左、向下各移动 5 个单位，体现出投影效果，如图 5-151 所示。

图5-150　描边效果

图5-151　投影效果

7. 将制作好的文字全选，执行【对象】/【编组】命令，将文字组成一个整体。
8. 选取☆工具，将鼠标指针移动到页面中单击，在弹出的【星形】对话框中将【角点数】选项的参数设置为“20”，单击 确定 按钮，绘制星形图形。
9. 为星形图形填充红色，并去除描边色，然后调整至如图 5-152 所示的形态。
10. 用与前面制作文字相同的方法，在红色星形的后面复制一个星形并将其颜色修改为白色，调整位置后的效果如图 5-153 所示。
11. 用与制作标题文字相同的方法，在星形图形上制作出如图 5-154 所示的文字效果。

图5-152　绘制的星形

图5-153　调整位置后的效果

图5-154　制作的文字

12. 将星形及其上的文字同时选择，然后旋转一定角度后放置到音响图的右上角位置，如图 5-155 所示。
13. 继续利用 T 工具输入如图 5-156 所示的黑色文字。

图5-155　星形及文字调整后的位置

图5-156　输入的文字

14. 执行【对象】/【封套扭曲】/【用变形建立】命令，在弹出的【变形选项】对话框中将【样式】设置为【旗形】，【弯曲】选项的参数设置为“100%”，如图 5-157 所示。
15. 单击 确定 按钮，文字变形后的效果如图 5-158 所示。

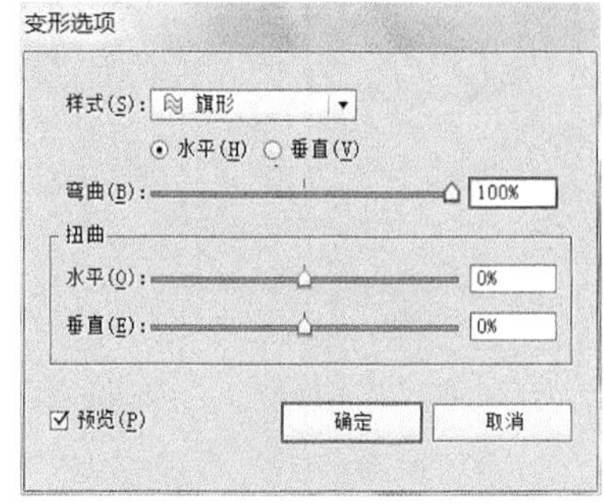

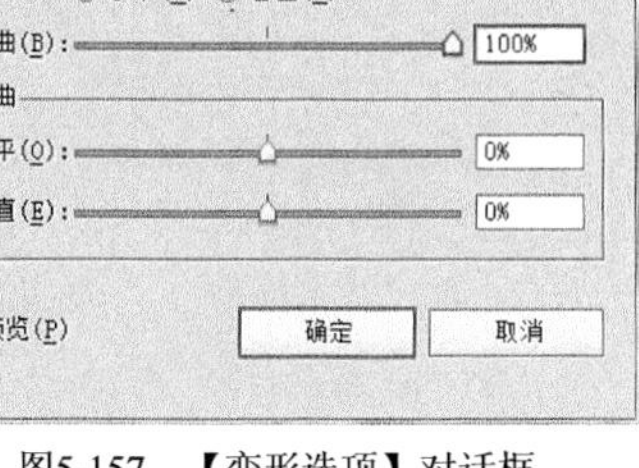

图5-157 【变形选项】对话框

图5-158 文字变形后的效果

16. 依次按 Ctrl+C 组合键和 Ctrl+F 组合键，复制变形文字并粘贴到原文字的上方。
17. 执行【文字】/【创建轮廓】命令，将文字转换为图形，然后为其填充由红色（M:80,Y:90）到洋红色的（M:85）的线性渐变色。
18. 为填充渐变色后的文字添加白色的描边，注意在【描边】面板中单击按钮，使描边位于原文字的外侧，然后将复制的文字向左上方稍微移动位置，效果如图 5-159 所示。

图5-159 复制出的文字

19. 继续利用 T 工具在变形文字的下方输入如图 5-160 所示的黑色文字，即可完成音响广告的制作。

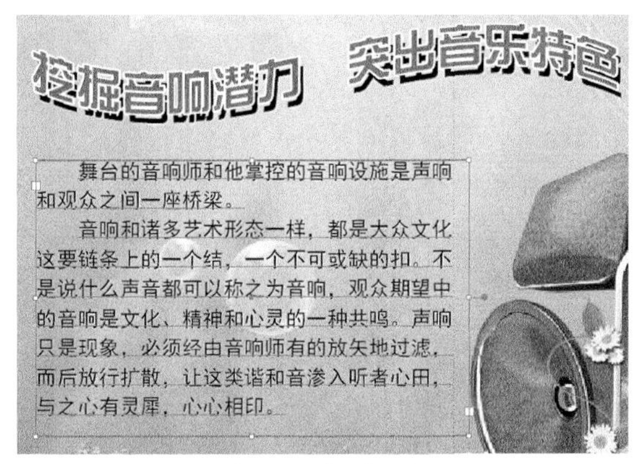

图5-160 输入的文字

20. 按 Ctrl+S 组合键，将文件命名为“音响广告.ai”并保存。

5.4 习题

1. 灵活运用文字工具，设计出如图 5-161 所示的化妆品广告。

散发你的独特芳香
释出属于你的魅力所在，
每天及时补充健康肌肤所必需的维他命营养，滋润调理，
令肌肤白皙润泽，焕发健康青春光彩。

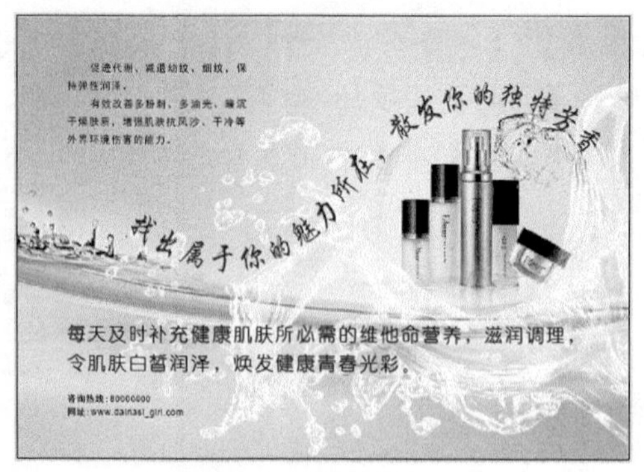

图5-161　设计的化妆品广告

【步骤提示】

(1) 创建一个新的文档。

(2) 选取T工具，将鼠标指针移动到画面的左上方位置按下并向右下方拖曳，绘制如图 5-162 所示的文字框。

要点提示 此处也可先利用工具绘制一个矩形，然后利用工具在矩形内输入文字，之后选择矩形去除其描边色。

(3) 选择合适的输入法输入如图 5-163 所示的文字。

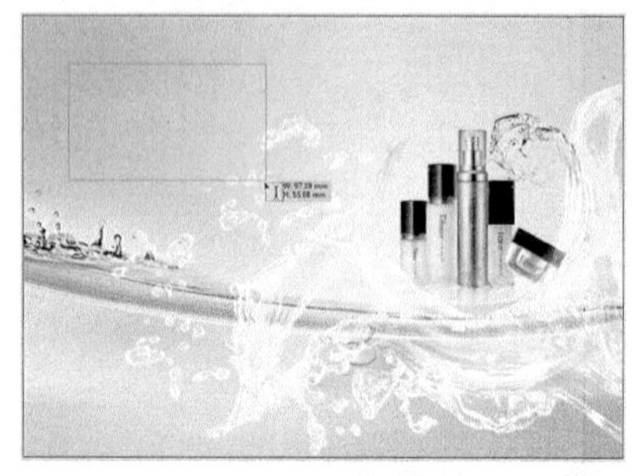

图5-162　绘制的文字框

促进代谢，减退幼纹、细纹，保持弹性润泽。
有效改善多粉刺、多油光、暗沉干燥肤质，增
强肌肤抗风沙、干冷等外界环境伤害的能力。

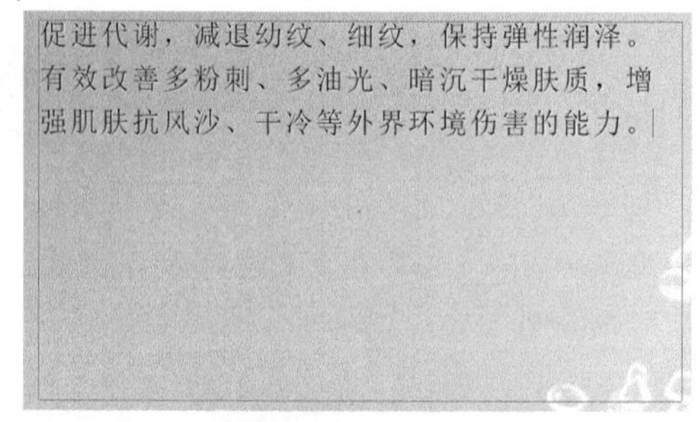

图5-163　输入的文字

(4) 选取工具确认文字的输入，然后依次单击属性栏中的字符和段落按钮，在弹出的【字符】和【段落】面板中设置如图 5-164 所示的选项参数。调整后的文字效果如图 5-165 所示。

修饰文字工具
黑体
14 pt
24 pt
100%
100%
0
0%
自动
自动
0 pt
0°
英语：美国
锐化
0 pt
0 pt
32 pt
0 pt
0 pt
避头尾集：无
标点挤压集：无
连字

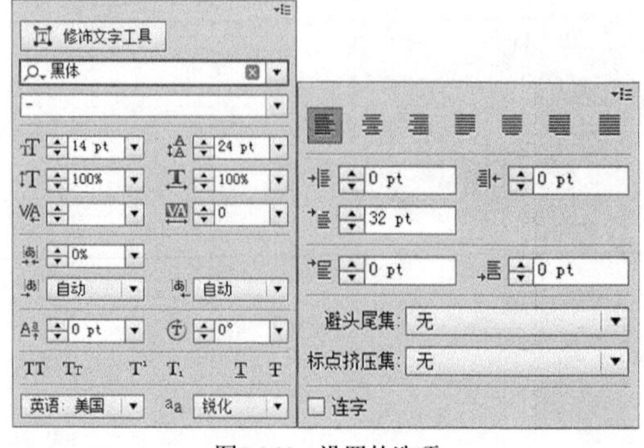

图5-164　设置的选项

促进代谢，减退幼纹、细纹，保持
弹性润泽。
有效改善多粉刺、多油光、暗沉干
燥肤质，增强肌肤抗风沙、干冷等外界
环境伤害的能力。

图5-165　调整后的文字效果

(5) 利用和工具绘制出如图 5-166 所示的路径。

(6) 选取工具，在路径的左侧端点位置单击确认鼠标左键，输入文字起点，然后依次输

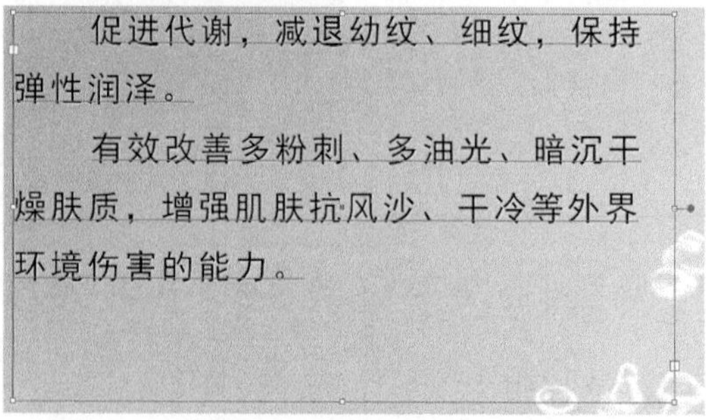

入文字。

(7) 选择输入的文字，在【字符】面板中调整字体、字号等各项参数，如图 5-167 所示。

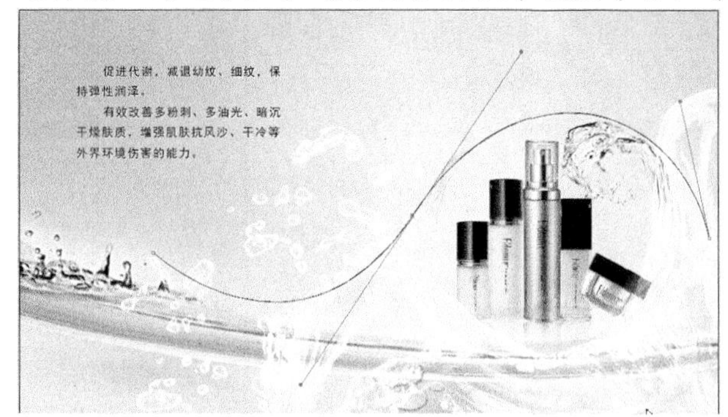

图5-166　绘制的路径

图5-167　设置的选项

(8) 将文字的颜色修改为洋红色，文字效果如图 5-168 所示。

(9) 利用工具选择绘制的路径，然后将其描边色去除。

(10) 继续利用工具在画面的下方依次输入如图 5-169 所示的文字，即可完成化妆品广告的设计。

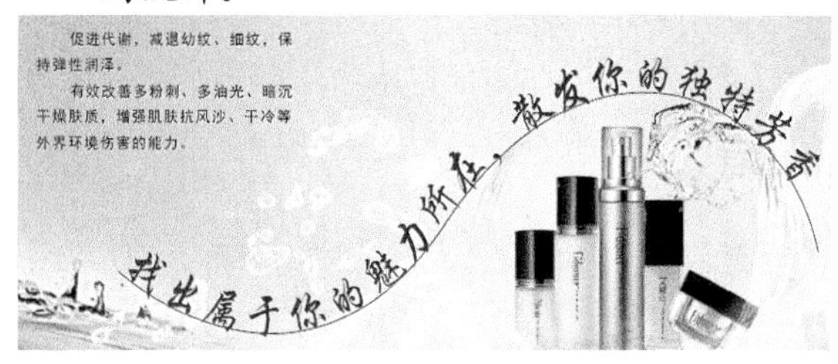

图5-168　调整后的路径文字效果

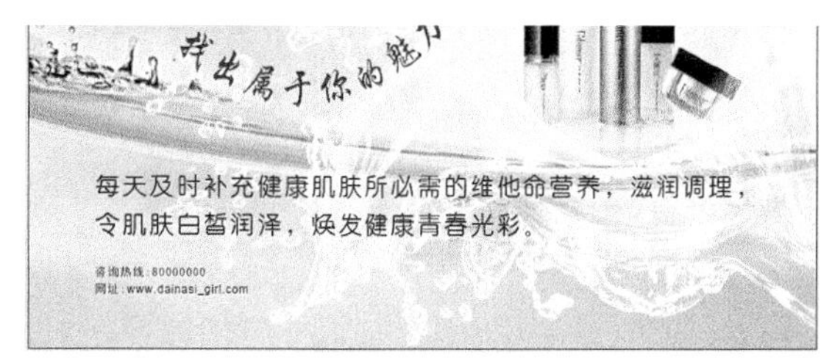

图5-169　输入的文字

2. 结合本章所学习的内容，设计出如图 5-170 所示的沙发广告。

图5-170　设计的沙发广告

【步骤提示】

(1) 新建一个【宽度】为“336mm”，【高度】为“160mm”的文件。

(2) 利用工具绘制一个与页面相同大小的矩形图形，然后为其填充灰色（C:18,M:18,Y:28），并去除描边色。

(3) 置入附盘文件“图库\第 05 章\沙发.ai”，然后调整大小后放置到如图 5-171 所示的位置。

图5-171　置入的沙发图片

(4) 继续利用▢工具根据置入的图片绘制相同大小的矩形图形，然后将其填充色去除，将描边色设置为白色，描边宽度设置为 “5 pt”，如图 5-172 所示。

图5-172　绘制的矩形图形

(5) 选择置入的沙发图片，执行【效果】/【风格化】/【投影】命令，在弹出的【投影】对话框中设置选项参数，如图 5-173 所示。

(6) 单击 确定 按钮，添加投影后的效果如图 5-174 所示。

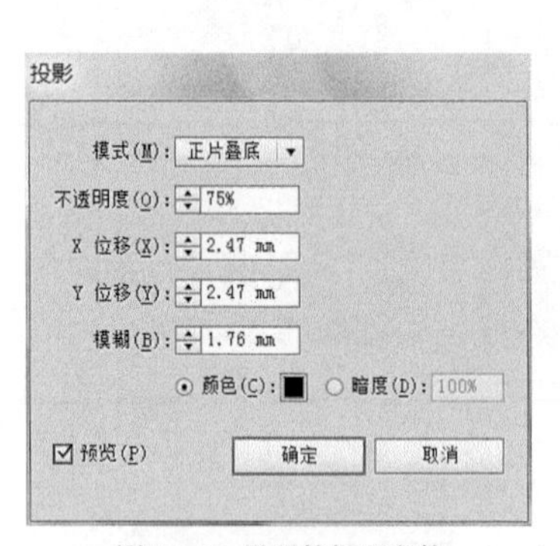

图5-173　设置的投影参数

图5-174　添加投影后的效果

(7) 灵活运用 T 工具及基本绘图工具在沙发图片的右侧依次输入相关文字，即可完成沙发广告的设计。

第6章　变形、图表和其他工具

【学习目标】

- 掌握变形工具的使用方法。
- 掌握各种图表工具的使用，包括图表的分类、创建和编辑等操作。
- 掌握形状生成器工具和其他工具的使用方法。
- 掌握透视网格工具的使用方法，包括利用【透视网格】工具创建透视网格和利用【透视选区】工具选择并编辑透视网格。

本章将重点介绍图形的变形工具、图表工具，并对工具箱中剩余的其他工具进行简单介绍。利用【变形】工具可以对图形的形状进行改变；利用【图表】工具可以使用户在进行数据统计和比较时更加方便，更加得心应手。

6.1　变形工具

变形工具是一个功能强大的图形变形工具组，其下包括【宽度】工具、【变形】工具、【旋转扭曲】工具、【缩拢】工具、【膨胀】工具、【扇贝】工具、【晶格化】工具和【皱褶】工具。另外，Illustrator CC 中还提供了擦除和裁剪等工具。下面来分别介绍这几个工具的功能。

6.1.1　功能讲解

选择变形工具组中的不同工具对图形进行操作，可以得到不同的效果，但这几种工具的使用方法相同，即在工具箱中单击相应的按钮后，将鼠标指针移动到页面中，在需要变形的对象上单击或拖曳鼠标指针，即可得到相应的效果。

在操作过程中，鼠标指针默认情况下显示为空心圆，其半径越大，操作中受影响的区域也就越大。如按住 Alt 键，同时拖曳鼠标指针可以动态改变空心圆的大小及形态。另外，如果需要精确控制每一种变形工具的操作参数，双击该工具，在弹出的相应对话框中设置即可。

要点提示　如要对符号图形进行变形，首先选择图形，然后单击属性栏中的 断开链接 按钮，使其断开链接。

一、【宽度】工具

利用【宽度】工具可以在图形轮廓线的任一点快速、自由流畅地调节宽度。在该工具的工具栏中，还可以创建和保存宽度配置文件，并将其应用到任意描边中或使用可变宽度预设数值。图 6-1 所示为原图与改变描边宽度后的效果对比。

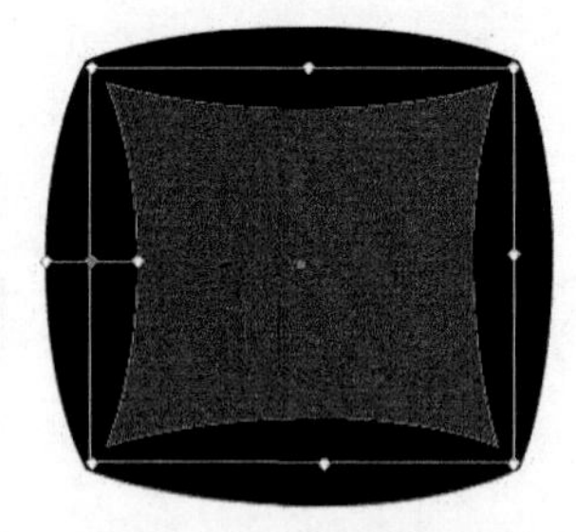
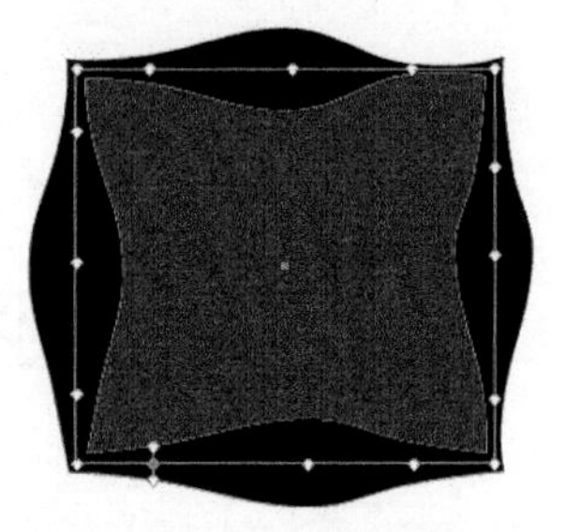

图6-1　原图与改变描边宽度后的效果对比

二、【变形】工具

利用【变形】工具可以模仿手指涂抹的方式对图形进行变形。图 6-2 所示为原图与涂抹后的效果对比。

三、【旋转扭曲】工具

利用【旋转扭曲】工具可以对图形做旋转扭曲变形操作。图 6-3 所示为利用此命令制作的旋转扭曲效果对比。

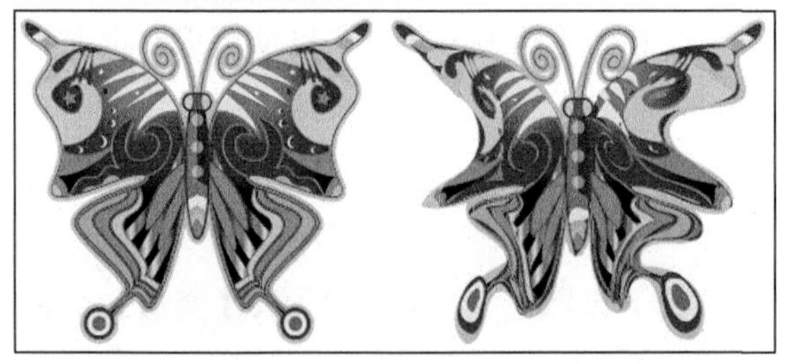

图6-2　原图与涂抹后的效果对比

图6-3　图形旋转扭曲效果对比

四、【缩拢】工具

利用【缩拢】工具可以对图形做挤压操作。图 6-4 所示为原图与缩拢后的效果对比。

五、【膨胀】工具

利用【膨胀】工具可以对图形做扩张膨胀变形操作。图 6-5 所示为原图与扩张膨胀后的效果对比。

图6-4　原图与缩拢后的效果对比

图6-5　原图与扩张膨胀后的效果对比

六、【扇贝】工具

利用【扇贝】工具可以对图形进行扇形扭曲操作，使图形产生向某一点聚集的效果。图 6-6 所示为原图与向某一点聚集后的效果对比。

七、【晶格化】工具

利用【晶格化】工具可以对图形进行细化处理，使图形产生放射效果。图 6-7 所示为原图与晶格化后的效果对比。

图6-6　原图与向某一点聚集后的效果对比

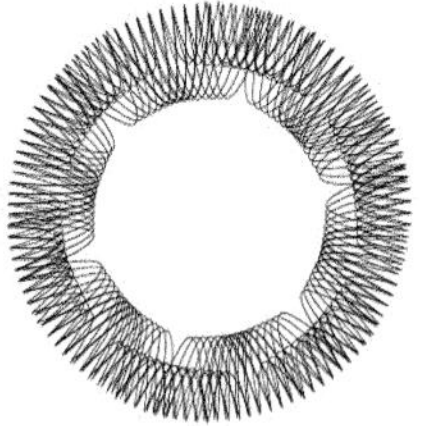

图6-7　原图与晶格化后的效果对比

八、　【皱褶】工具

利用【皱褶】工具可以对图形进行折皱变形操作，使图形产生抖动效果。图 6-8 所示为原图与产生抖动后的效果对比。

九、　【橡皮擦】工具

【橡皮擦】工具与 Photoshop 软件中的【橡皮擦】工具相似，其使用方法也相同。通过在图形上拖动或单击鼠标指针，可以把橡皮擦经过的图形区域擦除，如图 6-9 所示。

图6-8　原图与产生抖动后的效果对比

图6-9　橡皮擦擦除的效果

擦除面积的大小由橡皮擦的直径来控制。双击工具箱中的【橡皮擦】工具，可弹出【橡皮擦工具选项】对话框，在该对话框中可以设置该工具的角度、圆度及直径大小。按键盘中的]键，可以快速地增加直径；按[键，可以快速地减小直径。

十、　【剪刀】工具

利用【剪刀】工具在路径上单击，可以将一条开放路径拆分成两条路径，或者将一条闭合路径拆分成多条开放路径。

选择【剪刀】工具，然后在路径中的任意位置单击，该位置就会出现两个重叠的锚点，其中一个处于选择状态，利用【直接选择】工具可以将其移动。图 6-10 所示为原路径与裁切并移动锚点后的效果对比。

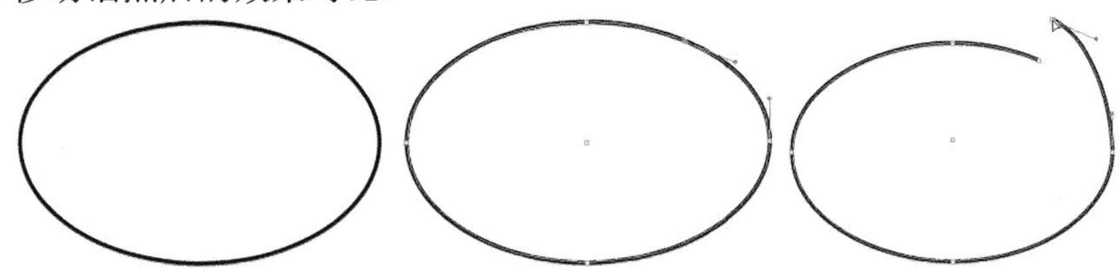

图6-10　原路径与裁切并移动锚点后的效果对比

十一、【刻刀】工具

利用【刻刀】工具在一个或多个图形上按下鼠标左键并拖曳，会沿着鼠标指针拖曳的轨迹把图形剪切为两个或多个闭合的填充图形，如图 6-11 所示。

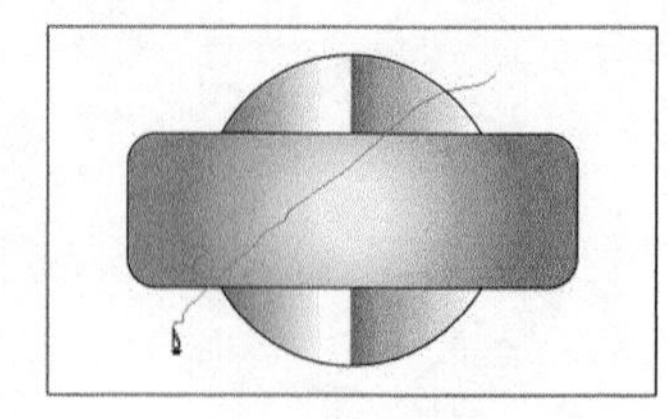
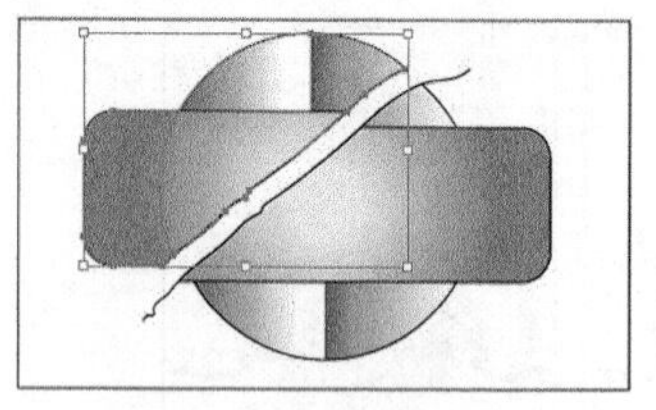

图6-11 【刻刀】工具使用操作

6.1.2 范例解析——绘制爱心树

本案例灵活运用【变形】工具，来绘制如图 6-12 所示的爱心树。

图6-12 绘制的爱心树

【步骤提示】

1. 创建一个新的文档。
2. 选取工具，在页面中绘制出如图 6-13 所示的黑色矩形图形。
3. 选取工具，按住 Alt 键调整鼠标指针的形态，使其显示为如图 6-14 所示的椭圆形。
4. 将鼠标指针移动到矩形图形的左侧按下向右拖曳，然后移动鼠标至矩形图形的右侧按下向左拖曳，将图形调整至如图 6-15 所示的形态。

图6-13 绘制的矩形图形

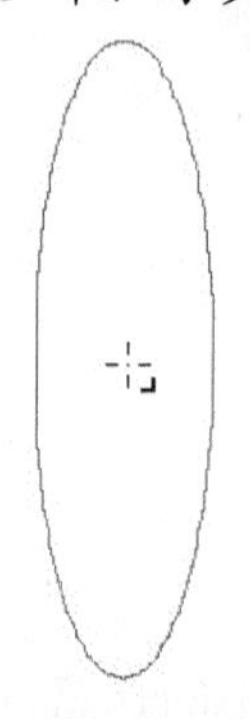

图6-14 调整的鼠标指针形态

图6-15 调整的图形形态

5. 再次按住 Alt 键，缩小调整鼠标指针的形态，然后将其移动到矩形图形的左下方，按下并向左下方拖曳，状态如图 6-16 所示。
6. 释放鼠标左键后，再次按下鼠标左键并拖曳，将该区域继续向外延伸，状态如图 6-17 所示。
7. 至合适位置后释放鼠标左键，然后将鼠标指针的大小调小，并对图形的右下方进行涂抹处理，状态如图 6-18 所示。
8. 用相同的方法，将鼠标指针移动到下方的中间位置按下鼠标左键并向下拖曳，状态如图 6-19 所示。
9. 按住 Alt 键，将鼠标指针的大小调大，然后将鼠标指针放置到如图 6-20 所示的位置按下并向上拖曳，对涂抹后的图形进行调整。
10. 用与以上相同的调整方法依次对图形的上方进行涂抹，制作出如图 6-21 所示的树干图形。

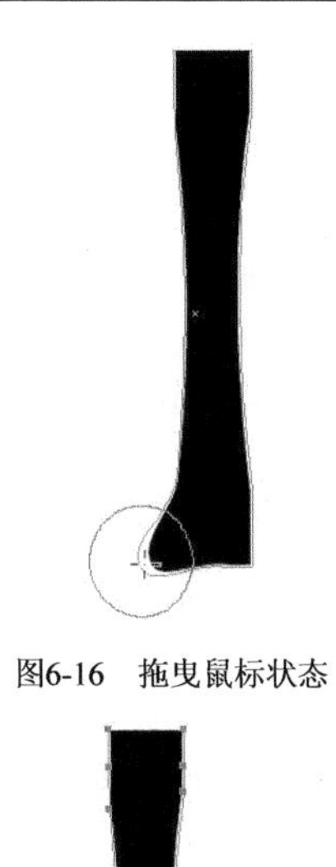

图6-16　拖曳鼠标状态

图6-17　继续对图形进行涂抹

图6-18　涂抹右下角图形状态

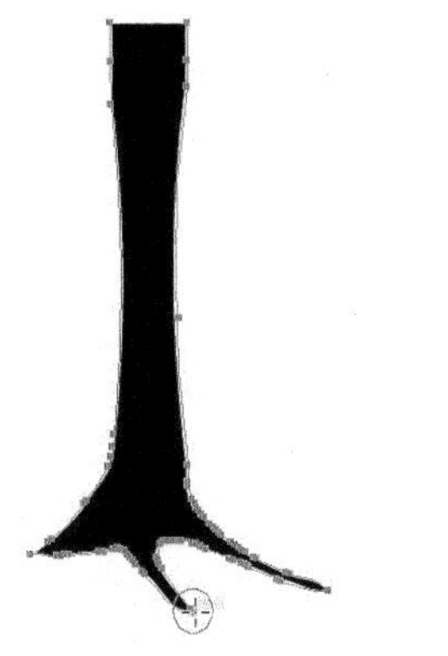

图6-19　涂抹下方中间图形状态

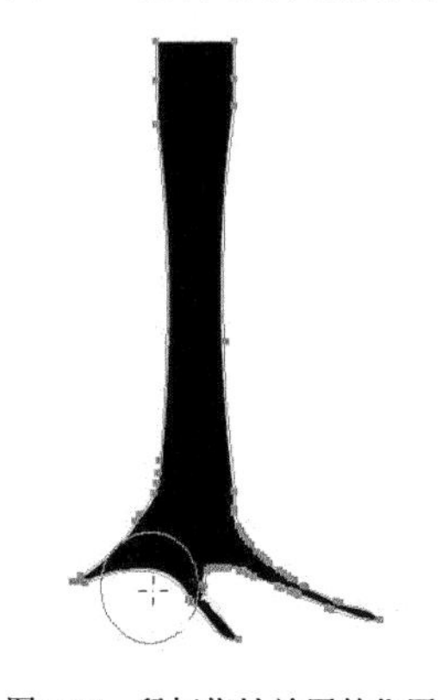

图6-20　鼠标指针放置的位置

图6-21　涂抹出的树干图形

11. 选取工具，在树图形的下方绘制如图 6-22 所示的椭圆形。
12. 为椭圆形填充如图 6-23 所示的径向渐变色，颜色自左向右分别为灰色（K:50）、灰色（K:30）和白色。注意，最右侧白色渐变滑块处的【不透明度】选项参数为“0%”。

图6-22　绘制的椭圆形

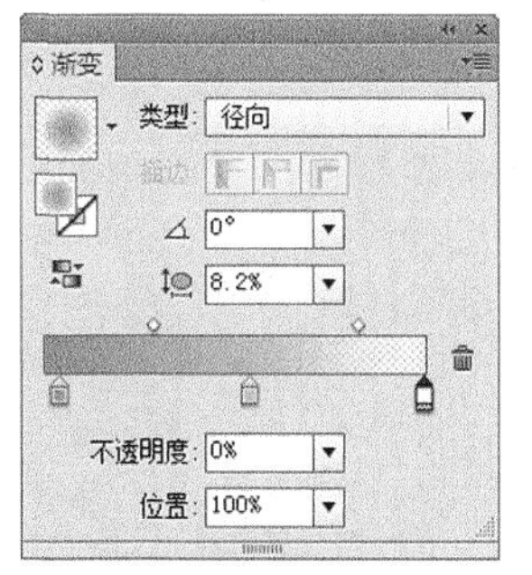

图6-23　填充的渐变色

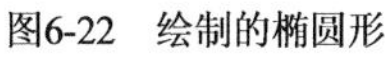
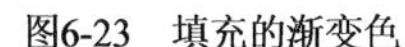

13. 按 Shift+Ctrl+[组合键，将椭圆形调整至树干图形的下方，制作出树图形的阴影效果，如图 6-24 所示。

接下来，我们来绘制爱心图形。

14. 按 Shift+Ctrl+F11 组合键，将【符号】面板调出，然后单击其左下方的按钮，在弹出的菜单中选择【网页图标】。
15. 在弹出的【网页图标】面板中选择如图 6-25 所示的爱心图形。

图6-24　调整顺序后的效果

图6-25　选择的爱心图形

16. 将选择的图形拖曳至页面中，然后单击属性栏中的 断开链接 按钮，断开图形的符号链接。
17. 选取工具，并框选如图 6-26 所示的锚点，然后按 Delete 键，将选择的锚点删除，效果如图 6-27 所示。
18. 依次将心形图形内部的锚点选择并删除，将心形图形调整至如图 6-28 所示的形态。

图6-26　框选锚点状态

图6-27　删除锚点后的形态

图6-28　调整后的心形图形

19. 将调整后心形的颜色修改为绿色（C:75,Y:100），然后调整至合适的大小，并移动到如图 6-29 所示的位置。
20. 用移动复制操作依次将心形图形复制，然后分别调整复制图形的大小、角度及位置，效果如图 6-30 所示。
21. 再次复制心形图形，并修改其颜色，然后对修改颜色后的图形再进行复制，得到如图 6-31 所示的爱心树图形。

图6-29　心形图形放置的位置

图6-30　复制出的图形

图6-31　制作的爱心树图形

22. 至此，一颗漂亮的爱心树绘制完毕，按 Ctrl+S 组合键，将文件命名为“爱心树.ai”并保存。

6.1.3 实训——绘制漂亮的桌面壁纸

本小节通过绘制如图 6-32 所示的壁纸，练习图形变形工具的使用。

图6-32 绘制的壁纸

【步骤提示】

1. 创建一个新的文档。
2. 利用工具绘制一个半径为 50mm 的圆形，填充色为红色（M:100,Y:100），描边色为无。
3. 执行【对象】/【变换】/【缩放】命令，在弹出的【比例缩放】对话框中设置【比例缩放】参数为“80%”，单击 复制(C) 按钮，将圆形等比例缩小复制，如图 6-33 所示。
4. 执行【对象】/【路径】/【分割下方对象】命令，利用小圆形对其下方的圆形进行修剪，然后将小圆形删除，得到如图 6-34 所示的圆环。
5. 选择圆环，按 Ctrl+C 组合键将其复制以备后用，然后执行【对象】/【路径】/【添加锚点】命令，在图形原有的锚点之间各添加一个锚点。
6. 执行【效果】/【扭曲和变换】/【收缩和膨胀】命令，在弹出的【收缩和膨胀】对话框中设置参数，如图 6-35 所示。

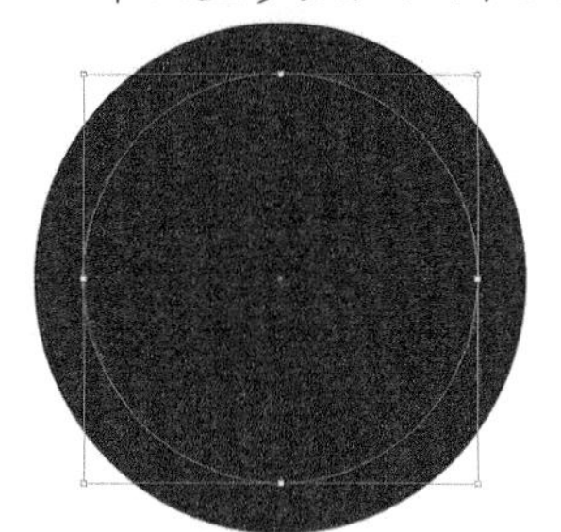

图6-33 缩小复制出的图形

图6-34 修剪后的图形

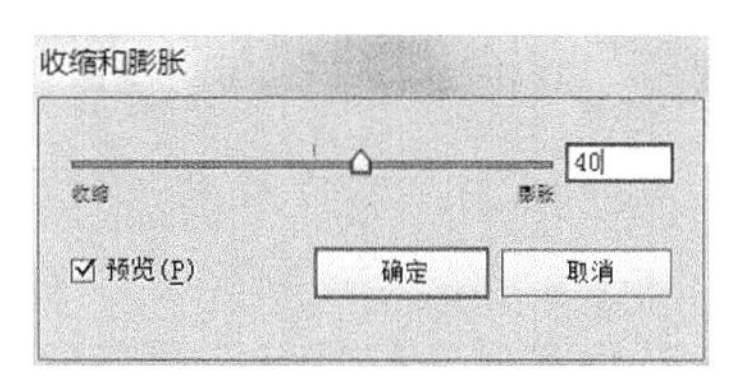

图6-35 【收缩和膨胀】对话框

7. 单击 确定 按钮，图形变形后的形态如图 6-36 所示。
8. 按 Ctrl+V 组合键，将刚才复制的圆环图形粘贴至当前页面中，然后将其颜色修改为青色（C:100）。
9. 双击【扇贝】工具，弹出【扇贝工具选项】对话框，设置各项参数如图 6-37 所示，然后单击 确定 按钮。
10. 将鼠标指针移动到如图 6-38 所示的位置按下，此时该处图形向鼠标指针的中心点聚集，然后向下拖曳鼠标指针，状态如图 6-39 所示。
11. 至合适位置后释放鼠标左键，然后将鼠标指针移动到如图 6-40 所示的位置按下并向左拖曳。
12. 确认后，在两处变形位置的中间按下鼠标左键并向左下方拖曳，然后用相同的方法依次对圆环的各个部位进行变形处理，最终效果如图 6-41 所示。

图6-36　图形变形后的形态

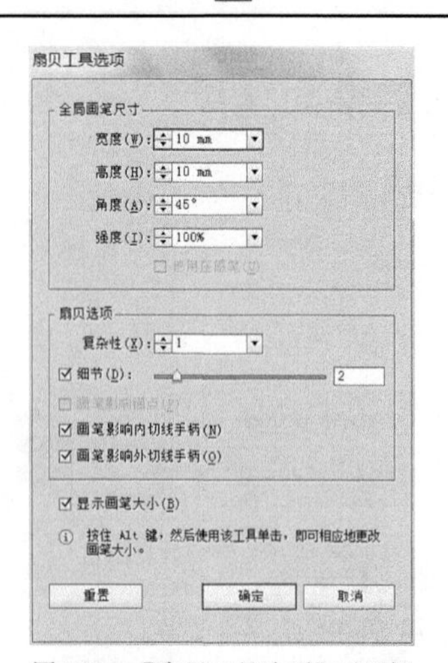

图6-37　【扇贝工具选项】对话框

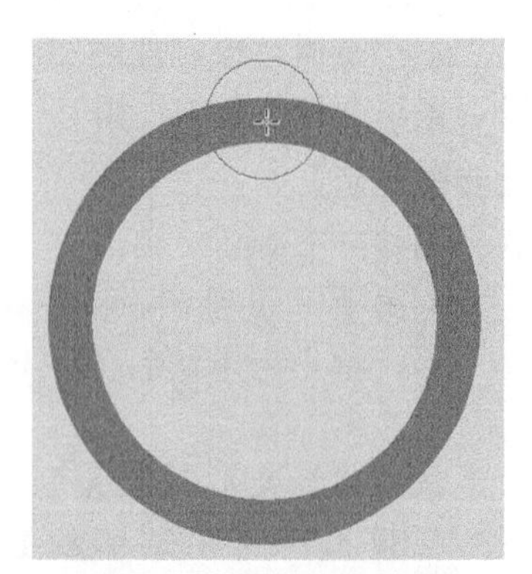

图6-38　鼠标指针按下的位置 1

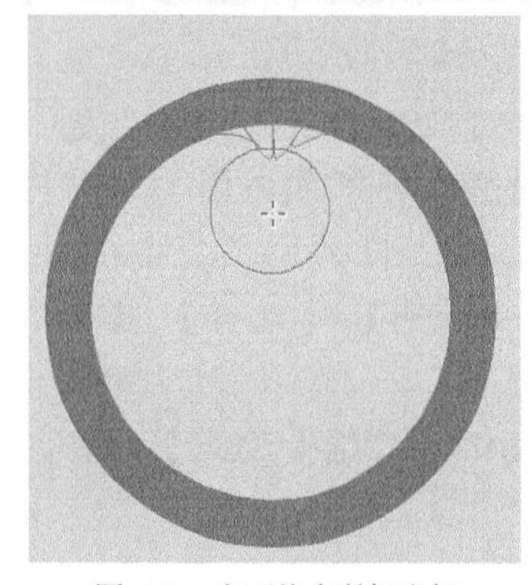

图6-39　向下拖曳鼠标光标

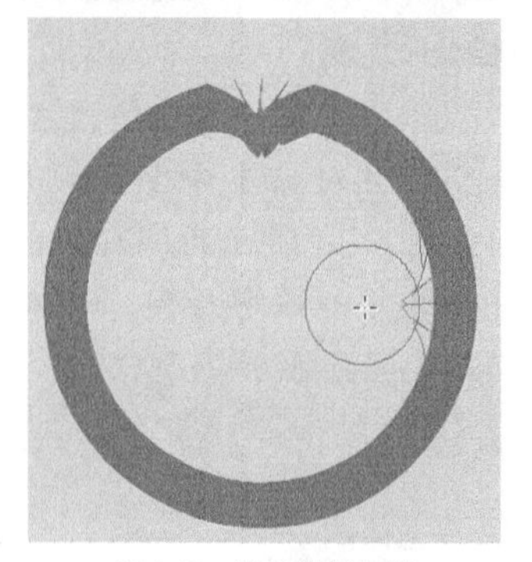

图6-40　拖曳鼠标位置

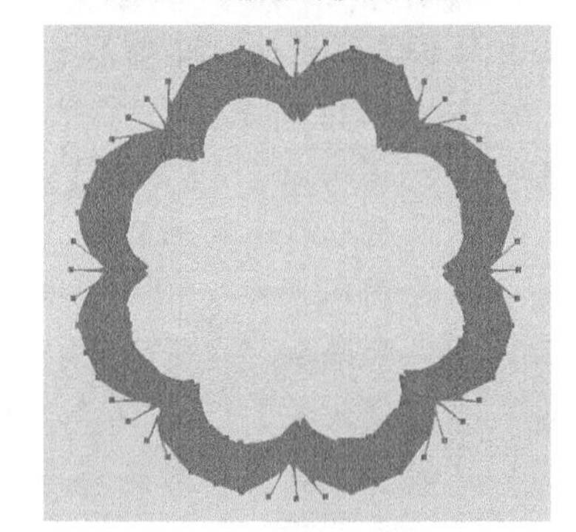

图6-41　变形后的图形 1

13. 再次按 Ctrl+V 组合键，将刚才复制的圆环图形粘贴至当前页面中，然后将复制图形的颜色修改为绿色（C:60,M:5,Y:95）。
14. 双击【晶格化】工具，在弹出的【晶格化工具选项】对话框中设置各项参数如图 6-42 所示，然后单击 确定 按钮。
15. 将鼠标指针移动到如图 6-43 所示的位置按下，对该处进行变形调整。
16. 依次移动鼠标指针至圆环的各个部位对其进行变形调整，最终效果如图 6-44 所示。

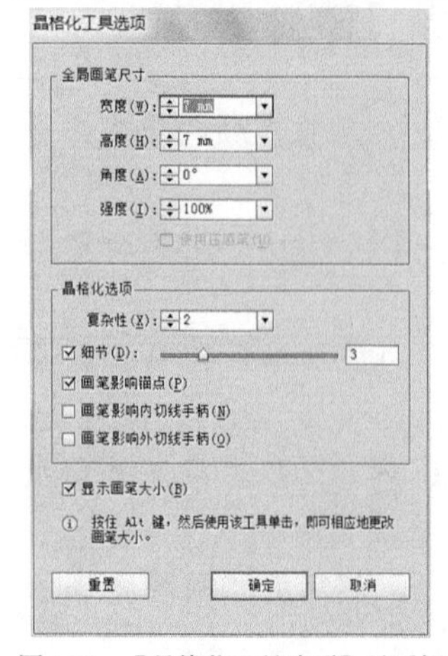

图6-42　【晶格化工具选项】对话框

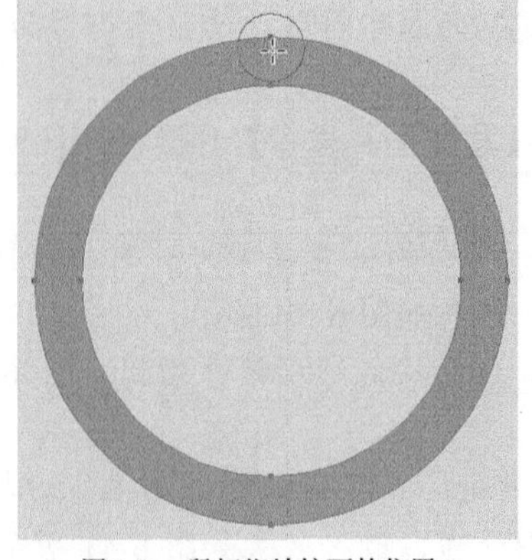

图6-43　鼠标指针按下的位置 2

图6-44　变形后的图形 2

17. 按Ctrl+V组合键，复制圆环图形，然后将其颜色修改为洋红色（M:100）。
18. 双击【旋转扭曲】工具，在弹出的【旋转扭曲工具选项】对话框中设置各项参数如图 6-45 所示，单击确定按钮。
19. 依次在圆环图形上单击，对圆环进行变形调整。变形后的图形形态如图 6-46 所示。

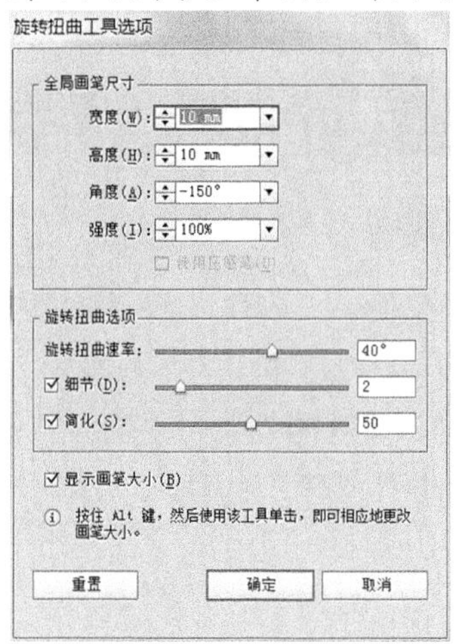

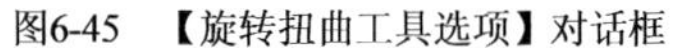
图6-45 【旋转扭曲工具选项】对话框

图6-46 变形后的图形形态

20. 利用工具绘制一个浅黄色（C:2,M:5,Y:11）的矩形图形，然后按Shift+Ctrl+[组合键，将其调整至所有图形的后面。
21. 将前面制作的变形图形依次调整大小后移动到如图 6-47 所示的位置。注意，各图形的前后位置，可以通过执行【对象】/【排列】菜单下的相应命令来调整。
22. 选择红色的花形将其移动复制，然后将复制出图形的颜色修改为橘红色（M:80,Y:95），并缩小调整放置到红色花形的左上方位置。
23. 利用和工具及移动复制操作，依次绘制如图 6-48 所示的小圆形。

图6-47 各图形的位置

图6-48 绘制的图形

24. 利用工具绘制一个矩形，填充色为红色（M:80,Y:95），然后利用工具对其进行旋转变形，状态如图 6-49 所示。
25. 通过复制操作依次得到如图 6-50 所示的图形，颜色可以遵循漂亮的原则随意设置。
26. 在画面中输入颜色为深褐色（C:35,M:100,Y:35,K:10）的英文字母，然后利用工具在画面的下方绘制几个小矩形，即可完成壁纸效果，如图 6-32 所示。
27. 按Ctrl+S组合键，将此文件命名为“漂亮的壁纸.ai”并保存。

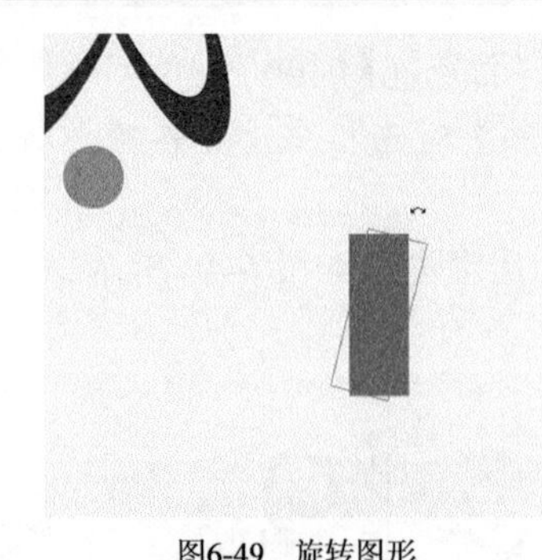

图6-49　旋转图形

图6-50　绘制出的图形

6.2　图表工具

在对各种数据进行统计和比较时，为了获得更加精确、直观的效果，人们经常运用绘制图表的方式表达数据。Illustrator 软件为用户提供了丰富的图表类型和强大的图表功能，下面来具体讲解。

6.2.1　功能讲解

本小节介绍图表的分类、创建和编辑等操作。

一、　图表的分类

Illustrator CC 中共包括 9 种图表工具，每种图表都有自身的优越性，用户可以根据不同的需要选择相应的工具。下面对工具箱中的图表工具分别进行讲解。

(1)　【柱形图】工具。

柱形图表是最基本的图表表示方法，它以坐标轴的方式，逐栏显示输入的所有数据资料，柱的高度代表所比较的数值，柱的高度越高，代表的数值就越大，其主要优点是可以直接读出不同形式的统计数值，如图 6-51 所示。

(2)　【堆积柱形图】工具。

此类型的图表同柱形图表类似，不同之处是所要比较的数值叠加在一起，而不是并排放置的，此类图表一般用来反映部分与整体的关系，如图 6-52 所示。

(3)　【条形图】工具。

此类型的图表与柱形图表的本质一样，只是它是在水平坐标轴上进行数据比较，用横条的长度代表数值的大小，如图 6-53 所示。

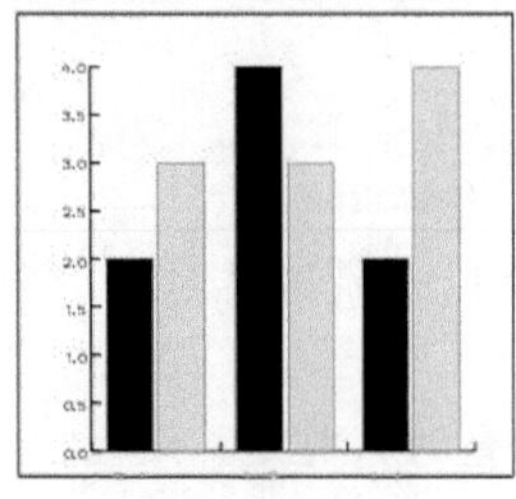

图6-51　柱形图表示例

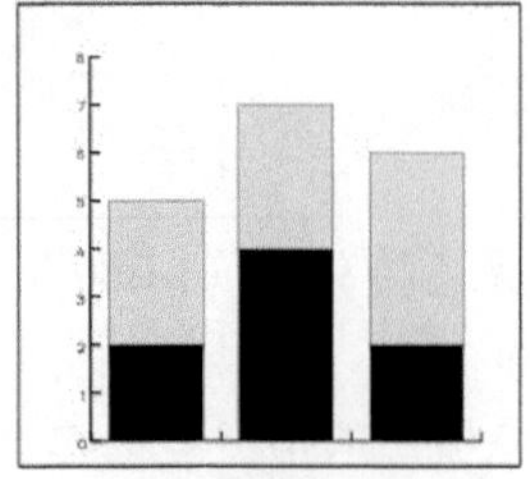

图6-52　堆积柱形图表示例

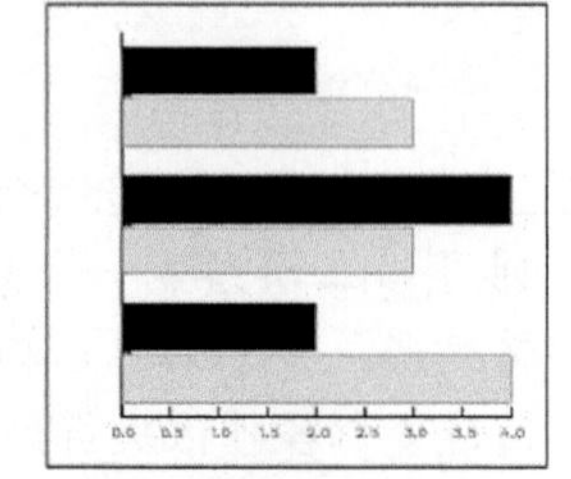

图6-53　条形图表示例

(4)　【堆积条形图】工具。

此图表工具与条形图表类似，不同之处是所要比较的数值叠加在一起，如图 6-54 所示。

(5) 【折线图】工具。

此图表工具用来表示一组或者多组数据，并用折线将代表同一组数据的所有点进行连接，不同组的折线颜色不相同，如图 6-55 所示。用此类型的图表来表示数据，便于表现数据的变化趋势。

(6) 【面积图】工具。

此类图表与折线图表类似，只是在折线与水平坐标之间的区域填充不同的颜色，便于比较整体数值上的变化，如图 6-56 所示。

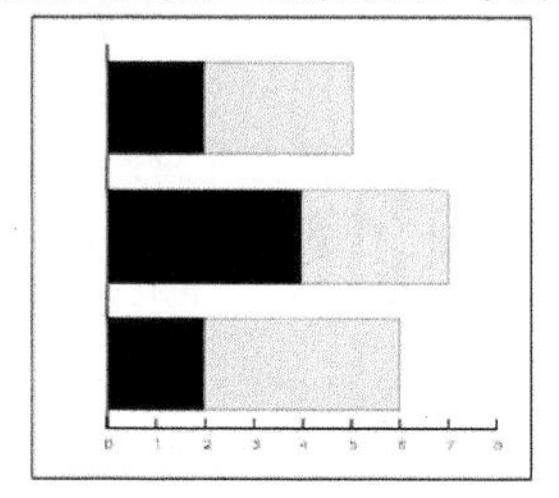

图6-54 堆积条形图表示例

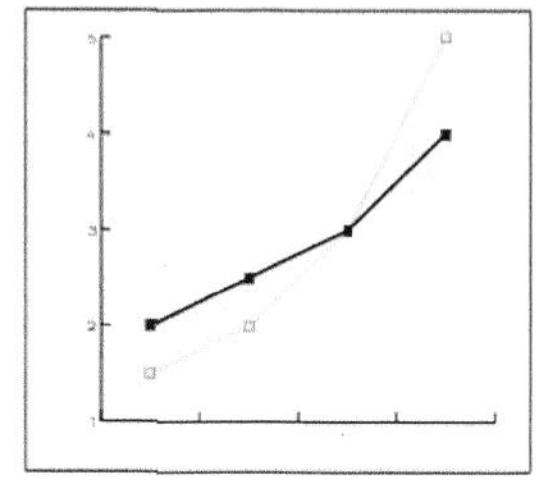

图6-55 折线图表示例

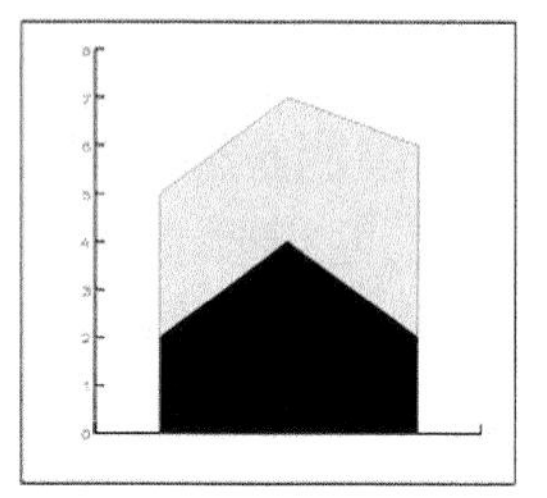

图6-56 面积图表示例

(7) 【散点图】工具。

此类图表的 x 轴和 y 轴都为数据坐标轴，在两组数据的交汇处形成坐标点，并由线段将这些点连接。使用这种图表也可以反映数据的变化趋势，如图 6-57 所示。

(8) 【饼图】工具。

此类图表的外形是一个圆形，圆形中的每个扇形表示一组数据。应用此类图表便于表现每组数据所占的百分比，百分比越高，所占的面积越大，如图 6-58 所示。

(9) 【雷达图】工具。

此类图表是以一种环形方式显示各组数据，以便进行比较，如图 6-59 所示。

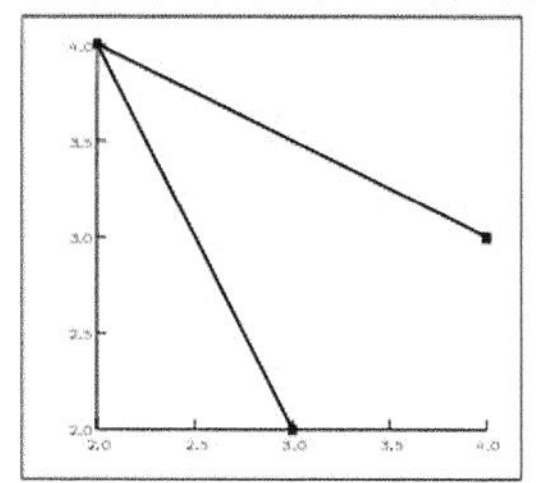

图6-57 散点图表示例

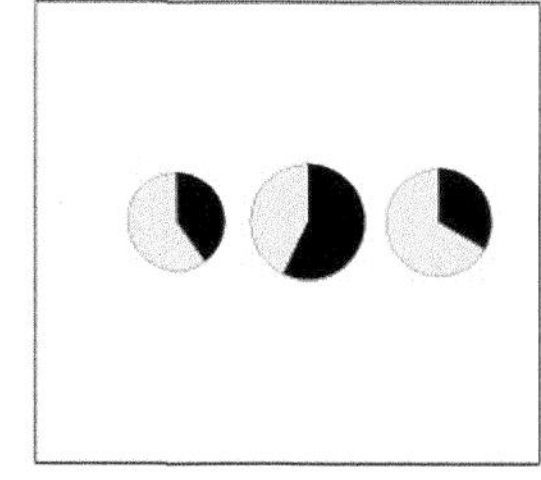

图6-58 饼图表示例

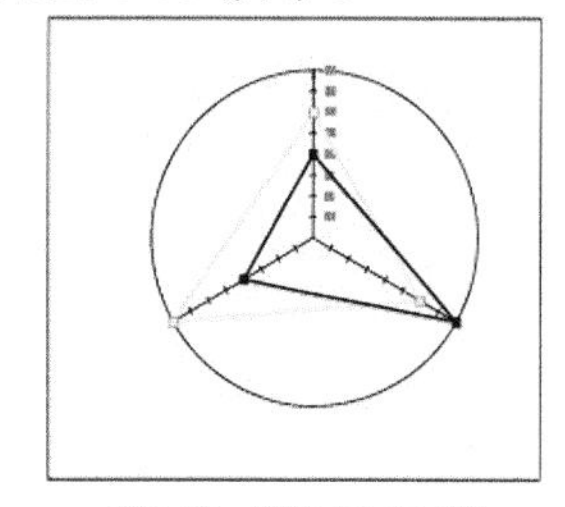

图6-59 雷达图表示例

要点提示 在饼形图表上，可以使用【编组选择】工具选择其中一组数据，将它拉出图表，以达到特别的效果。雷达图表和其他图表不同，它经常被用于自然科学上，一般情况下不常见。

二、 图表的创建

创建图表包括设定图表的长度和宽度以及创建图表数据。图表的长度和宽度用来确定图表的范围，控制图表的大小。数据是图表的灵魂，用来进行图表数据比较。

(1) 设定图表的长度和宽度。

在创建图表前，首先要确定需要创建的图表类型，选择相应的工具后在页面中按下鼠标左键，拖曳出一个矩形框，该矩形框的长度和宽度即为图表的长度和宽度，释放鼠标左键将弹出图表数据输入框。在图表数据输入框中输入相应的图表数据，然后单击右上角的按钮，即可创建相应的图表。

> 要点提示　在拖曳鼠标指针的过程中按住 Shift 键，拖曳出的矩形框为正方形，创建的图表长度与宽度值相等。创建时，按住 Alt 键，将从矩形的中心向外扩张，即起点为图表的中心。

另外，在工具箱中选择相应的图表工具后，将鼠标指针移动到页面中单击，将弹出【图表】对话框，设置图表的长度和宽度值后同样会弹出图表数据输入框。

(2)　输入图表数据。

输入图表数据是创建图表过程中尤为关键的一个环节。在 Illustrator CS6 中可以通过 3 种方法输入图表数据。

- 利用图表数据输入框输入数据。

在图表数据输入框中，第一排左侧的文本框为数据输入框，一般图表的数据都在此文本框中输入。图表数据输入框中的每一个方格就是一个单元格，在实际的操作过程中，单元格内既可以输入图表数据，也可以输入图表标签和图例名称。

图表标签和图例名称是组成图表的必要元素，一般情况下需要先将标签和图例名称输入，然后在与其对应的单元格内输入数据，数据输入完毕后单击✓按钮，即可创建相应的图表。

输入数据时，按 Enter 键，鼠标光标会跳到同列的下一个单元格。按 Tab 键，鼠标光标会跳到同行的下一个单元格。利用方向键可以使鼠标光标在图表数据输入框中向任意方向移动。单击任意一个单元格即可将该单元格激活。在输入标签或图例名称时，如果标签和图例名称是由单纯的数字组成的，如输入年份、月份等，而不输入其单位时，则需要为其添加引号或括号，以免系统将其与图表数据混淆。

> 要点提示　如想按 Enter 键将鼠标光标转到同列的下一个单元格，此时按的 Enter 键不能为数字区中的 Enter 键，数字区中的 Enter 键是确认整个图表数据输入的，即按此键后系统会根据图表数据输入框中的数据自动在页面中生成图表，不需要单击✓按钮。

- 在其他应用程序中导入数据。

如果其他应用程序中的数据文件被保存为文本格式，则可以将该文件导入到 Illustrator CS6 中作为图表数据。

首先利用图表工具在页面中创建一个图表，然后在弹出的图表数据输入框中单击右侧的【导入数据】按钮，并在弹出的【输入图表数据】对话框中选择需要导入的文件，即可将数据导入图表数据输入框中。

在实际的工作过程中，也可以将图表中需要的数据先输入到记事本中，然后在图表数据输入框中直接调用。在导入的文本文件中，数据之间必须用制表符加以分隔，并且行与行之间用回车符分隔。

- 在其他应用程序中复制数据。

利用复制、粘贴的方法，可以在某些电子表格或文本文件中复制需要的数据，其具体步骤与复制文本文件完全相同。首先选择数据，执行【编辑】/【复制】命令，将图表数据输入框调出，利用鼠标光标选择数据粘贴的单元格，再执行【编辑】/【粘贴】命令即可，如需要复制的数据很多，可依次执行复制和粘贴命令，直至完成。

三、 图表的编辑

图表制作完成后，还可以利用图表数据输入框对其进行修改。

首先利用【选择】工具选择需要修改的图表，然后执行【对象】/【图表】/【数据】命令，此时系统会弹出图表数据输入框，在此输入框中重新设置图表数据即可对选择的图表进行修改。

在图表数据输入框上方，除了【导入数据】按钮与【应用】按钮外，还有【换位行/列】按钮、【切换 x/y】按钮、【单元格样式】按钮和【恢复】按钮。利用这些按钮也可以对图表进行调整，其功能如下。

- 【换位行/列】按钮：单击该按钮，可以将行与列中的数据进行调换。
- 【切换 x/y】按钮：只有选择散点图表方式时此按钮才可用。当选择一个散点图表并单击此按钮后，可以将散点图表的 x 轴与 y 轴进行调换。
- 【单元格样式】按钮：单击此按钮，将会弹出如图 6-60 所示的【单元格样式】对话框。其中，【小数位数】选项用来控制输入数据的小数点位数，【列宽度】选项用来设置单元格的宽度。
- 【恢复】按钮：单击此按钮，可使数据输入框中的数据恢复到初始状态，即打开数据输入框时的状态。

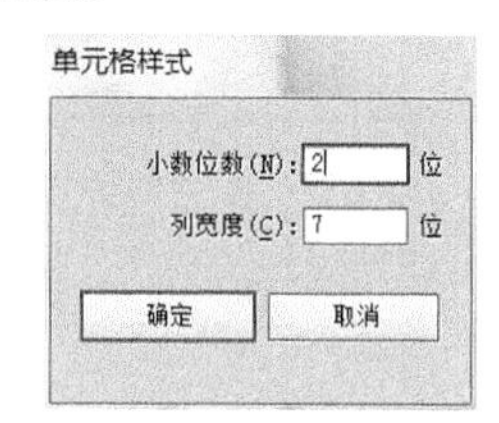

图6-60 【单元格样式】对话框

6.2.2 范例解析——创建图表

本案例灵活运用图表工具来创建一个如图 6-61 所示的土地面积调查统计表。

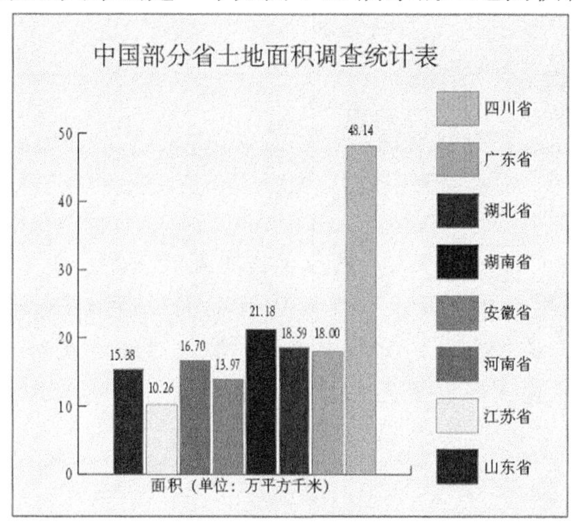

图6-61 土地面积调查统计表

1. 创建一个新的文档。
2. 选择工具，在页面中单击鼠标左键，弹出【图表】对话框，其参数设置如图 6-62 所示。
3. 单击 确定 按钮，弹出如图 6-63 所示的图表数据输入框，并在页面中自动生成如图 6-64 所示的图形。
4. 在图表数据输入框左上角的文本框中选择数字“1”，按 Delete 键将其删除。
5. 单击选择一个单元格，被选择的单元格将显示黑色边框。图 6-65 所示为被选择的单元格形态。
6. 选择单元格，在图表数据输入框左上角的文本框中输入文字“山东省”，如图 6-66 所示。

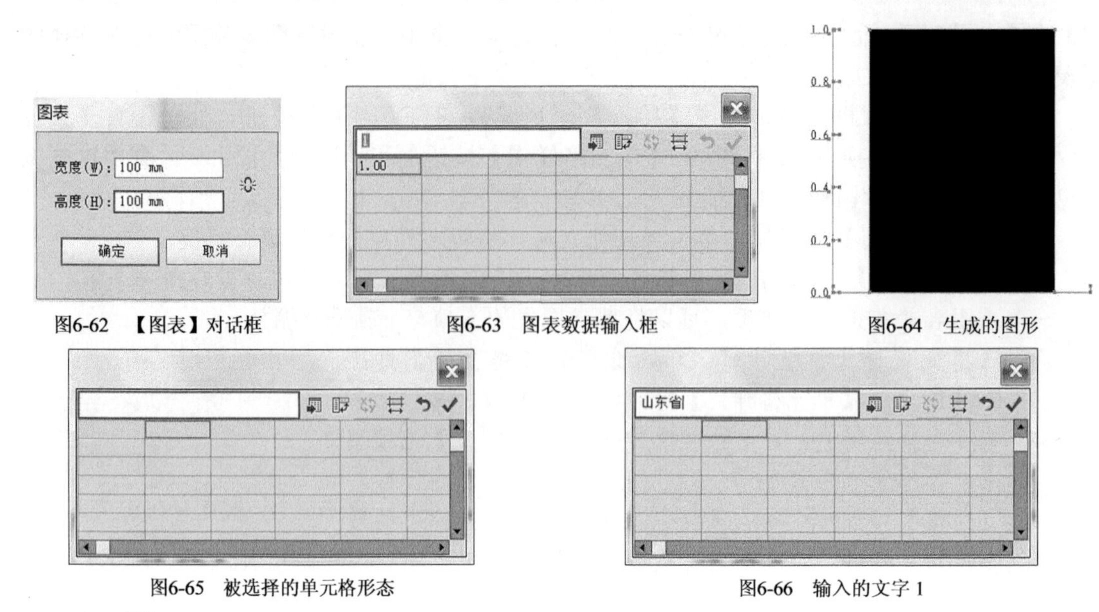

图6-62　【图表】对话框　　图6-63　图表数据输入框　　图6-64　生成的图形

图6-65　被选择的单元格形态　　图6-66　输入的文字 1

7. 单击✓按钮，确定文字的输入。用同样的方法再次选择其他单元格，然后分别输入其他省市的名称，如图 6-67 所示。
8. 在下面一行的单元格中输入数据，如图 6-68 所示。

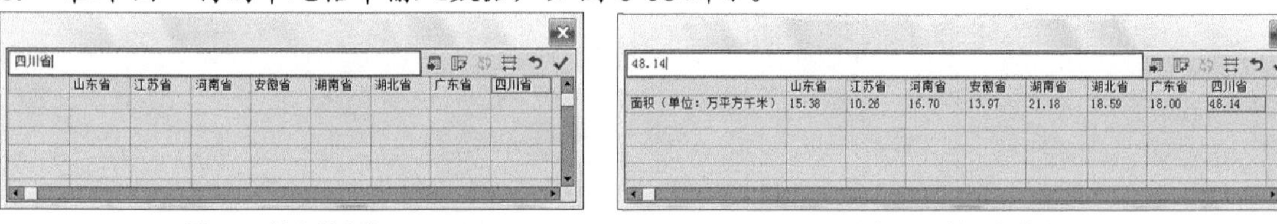

图6-67　输入的文字 2　　图6-68　输入的数据

9. 数据输入完成后，按 Enter 键确认，然后单击图表数据输入框右上角的☒按钮，关闭图表数据输入框。此时页面中将显示如图 6-69 所示的柱形图统计表。
10. 选择工具，在柱形统计表外的页面中单击，取消对统计表的选择。
11. 在统计表右侧图例中最下面的黑色色块上单击两次，将其与柱形统计表中相同色值的黑色色块一起选择，如图 6-70 所示。

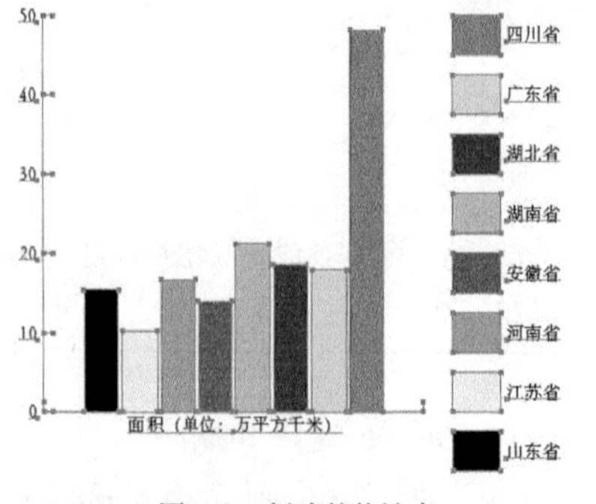

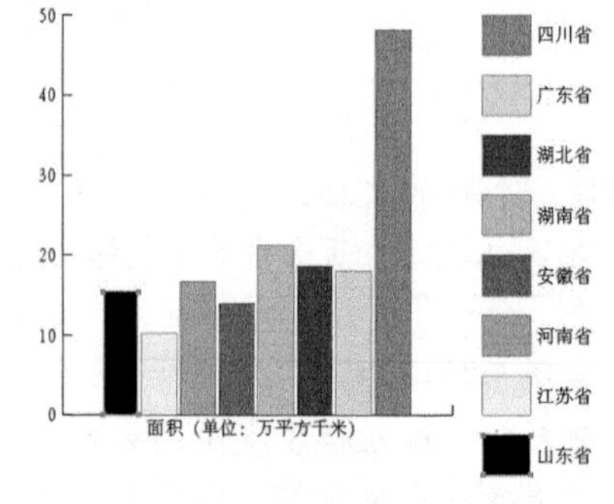

图6-69　创建的统计表　　图6-70　选择图形

12. 将选择的色块填充为红色（M:100,Y:100），效果如图 6-71 所示。
13. 用同样的方法将其他色块分别填充上不同的颜色，效果如图 6-72 所示。

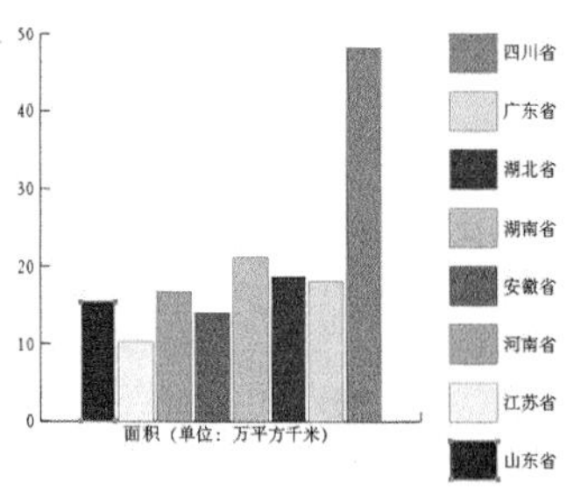

图6-71　填充颜色后的效果

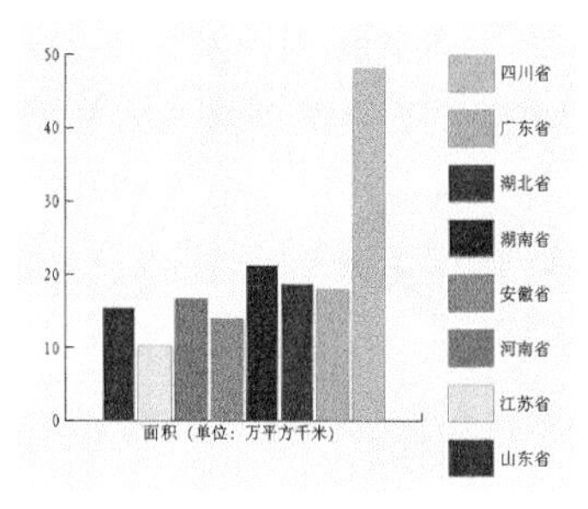

图6-72　分别填充的颜色

14. 选择[T]工具，在柱形统计表中输入文字和数字，如图 6-73 所示。
15. 选择[▢]工具，绘制一个矩形，填充为淡蓝色（C:17,Y:7），然后执行【对象】/【排列】/【置于底层】命令，将绘制的矩形放置在最下面，完成统计表的制作。绘制完成的统计表如图 6-74 所示。

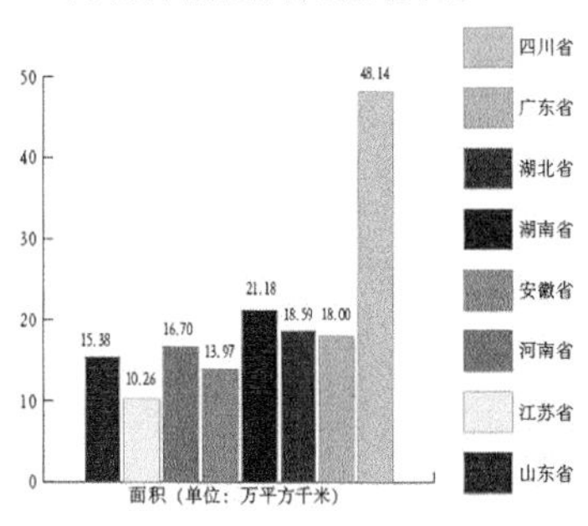

图6-73　输入的文字和数字

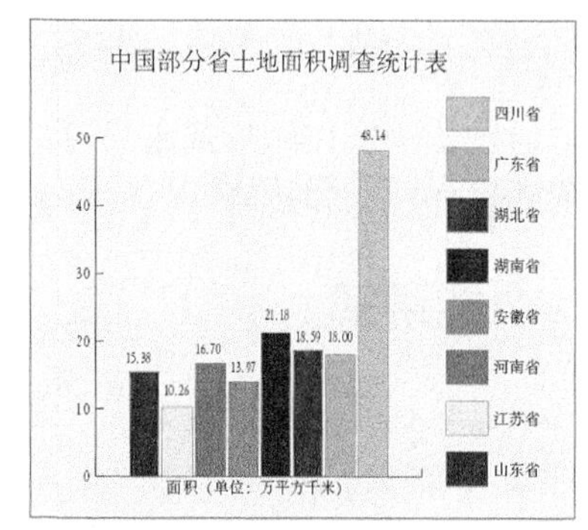

图6-74　绘制完成的统计表

16. 按[Ctrl]+[S]组合键，将文件命名为“土地面积统计表.ai”并保存。

6.2.3 实训——创建期末考试成绩分析图

通过对统计表工具的学习，来绘制如图 6-75 所示的期末考试成绩统计表。

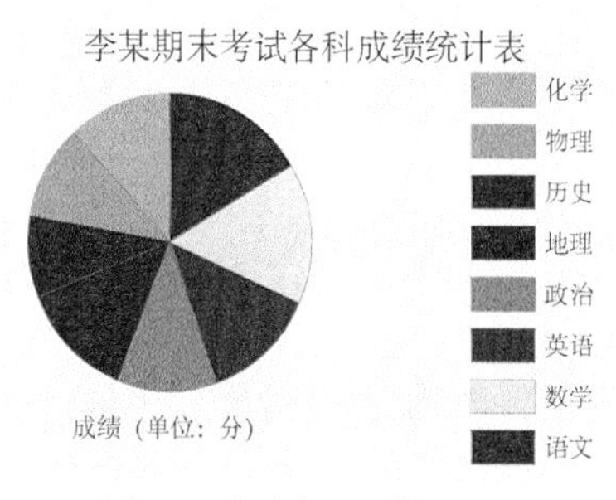

图6-75　期末考试成绩统计表

【步骤提示】

1. 创建一个新的文档。
2. 选择[◕]工具，在页面中拖曳鼠标指针确定统计表的大小，释放鼠标左键，此时将弹出图表数据输入框。在图表数据输入框中输入科目及分数，如图 6-76 所示。
3. 关闭图表数据输入框，在页面中将按照输入的数据出现饼形统计表，如图 6-77 所示。

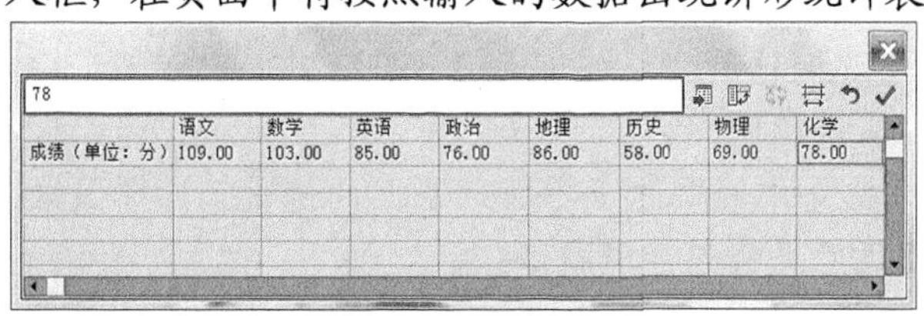

78

	语文	数学	英语	政治	地理	历史	物理	化学
成绩（单位：分）	109.00	103.00	85.00	76.00	86.00	58.00	69.00	78.00

图6-76　输入科目及分数

4. 利用工具选择图形后，分别给图形填充上不同的颜色，然后利用T工具在饼形统计表中输入文字。填充颜色效果如图6-78所示。

图6-77 生成的饼形统计表　　图6-78 填充颜色效果

5. 利用工具绘制一个矩形，填充上淡黄色（Y:20），并调整至统计表的下方。
6. 按Ctrl+S组合键，将此文件命名为"成绩统计表.ai"并保存。

6.3 透视工具

本节通过范例操作的形式来学习透视网格的创建、编辑和调整，以及在透视网格中绘制透视图形的操作方法和技巧。

6.3.1 功能讲解

透视工具包括【透视网格】工具和【透视选区】工具。

(1) 【透视网格】工具。

在Illustrator软件中，利用【透视网格】工具可使用户在透视图平面上绘制出1点、两点、3点透视图形或立体透视场景。

(2) 【透视选区】工具。

【透视选区】工具与工具的使用方法相同，都可以完成对图形的选择、移动、复制、大小调整等操作。其不同点是：利用工具对图形操作时，是在透视网格内进行的，对图形移动位置、复制后，图形会保持相应的透视。

6.3.2 范例解析——创建透视网格

首先学习创建透视网格的方法。

1. 打开附盘文件"图库\第06章\建筑.ai"。
2. 选择【透视网格】工具，画板中显示出了透视网格，当前默认的透视网格为两点透视图。通过图示的形式来认识网格各部分的名称，如图6-79所示。
3. 执行【视图】/【透视网格】/【一点透视】/【一点-正常视图】命令，即可把当前的两点透视图转换为一点透视图。
4. 执行【视图】/【透视网格】/【三点透视】/【三点-正常视图】命令，即可把当前的一点透视图转换为三点透视图。

   下面来调整透视网格，使网格适合当前效果图的透视。由于该效果图是两点透视图，所以需要先把网格设置成两点透视网格。

5. 执行【视图】/【透视网格】/【两点透视】/【两点-正常视图】命令，将当前的三点透

视图转换为默认的两点透视图。

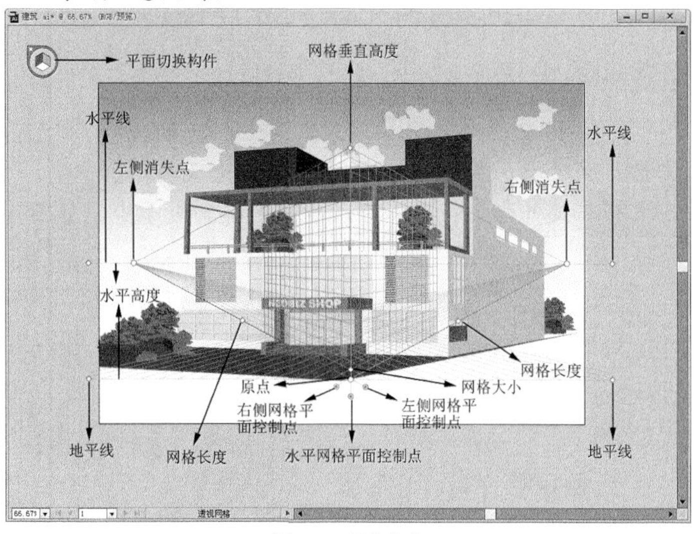

图6-79　网格名称

6. 在地平线的控制点上按下鼠标左键并向右拖动，使透明网格整体移动位置，如图 6-80 所示。
7. 在水平线的控制点上按下鼠标左键并向下拖动，调整水平线的位置，如图 6-81 所示。

图6-80　整体移动网格位置

图6-81　调整水平线的位置

8. 在网格的垂直高度上按下鼠标左键并向下拖动，使网格的高度和建筑物的高度持平，如图 6-82 所示。
9. 分别拖动左右两侧消失点的位置，使透视网格和建筑物平行，如图 6-83 所示。

图6-82　调整垂直高度

图6-83　透视网格与建筑物平行

10. 按Shift+Ctrl+S组合键，将文件命名为“透视网格练习.ai”并保存，关闭该文件。

6.3.3 范例解析——在透视网格中绘制立体图形

下面学习如何在透视网格中绘制立体图形。

【步骤提示】

1. 创建一个新的文档，然后添加如图 6-84 所示的三点透视网格。
2. 在地平线上按下鼠标左键并向上拖动，移动透视网格到页面中，如图 6-85 所示。

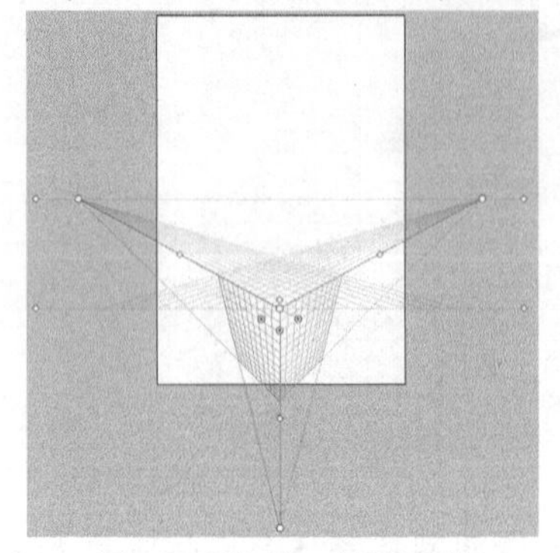

图6-84　添加的三点透视网格

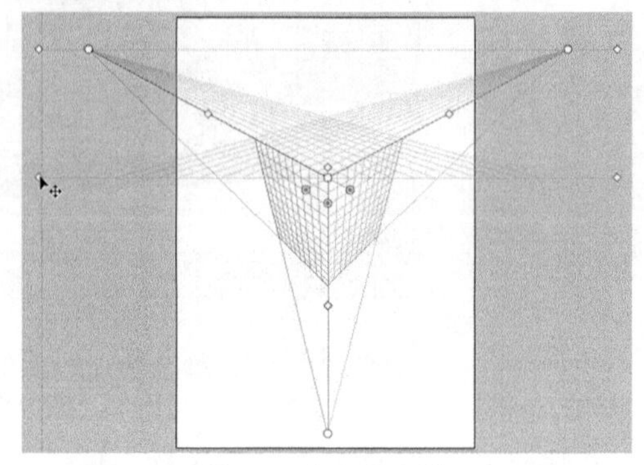

图6-85　移动透视网格

3. 向下拖动网格垂直高度点，将网格变矮，如图 6-86 所示。
4. 向左拖动右侧的消失点，调整网格的透视，如图 6-87 所示。

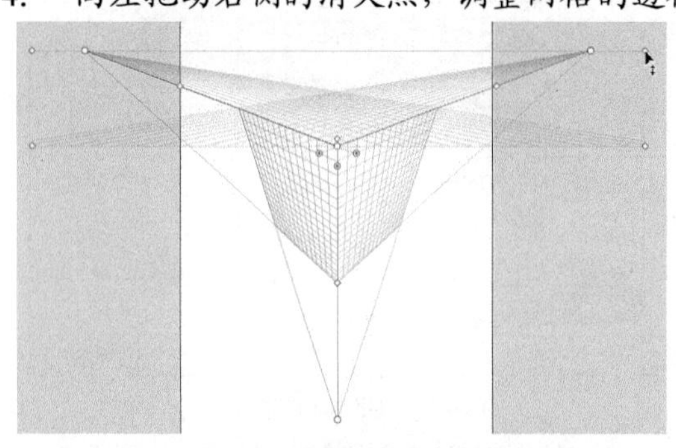

图6-86　调整透视网格高度

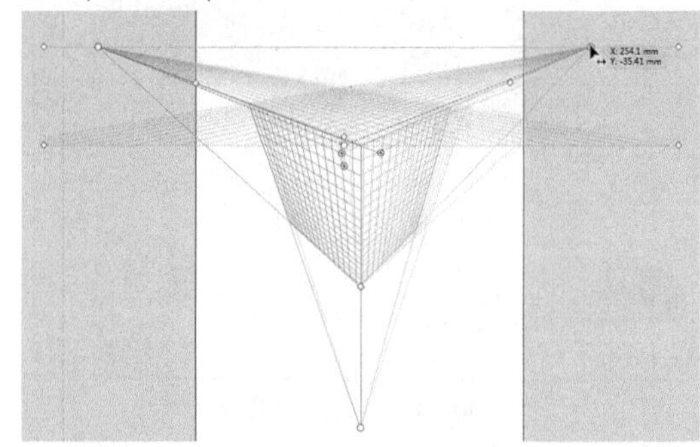

图6-87　调整消失点

5. 用相同的方法将左侧的消失点向右稍微调整，使两侧对称，如图 6-88 所示。
6. 选择▣工具，将鼠标指针移动到如图 6-89 所示的网格点位置。

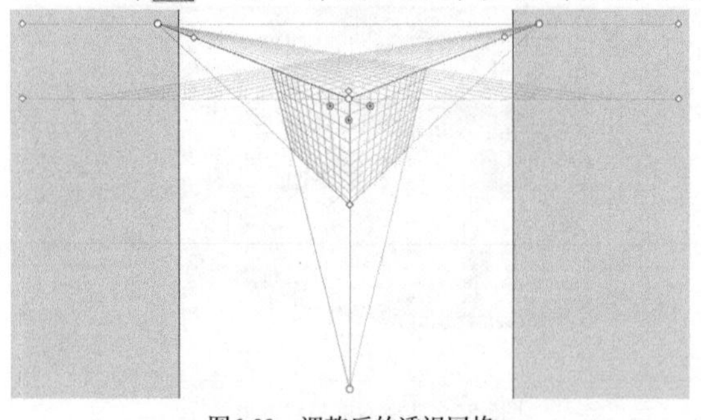

图6-88　调整后的透视网格

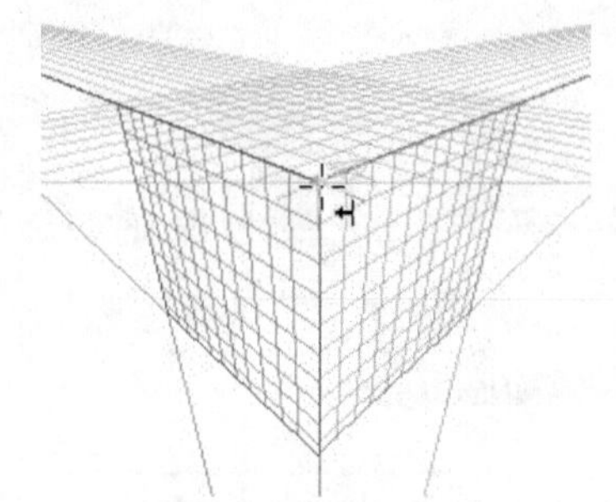

图6-89　鼠标光标位置

7. 按下鼠标左键并向左边网格的对角线方向拖动绘制透视矩形，如图 6-90 所示。
8. 双击▣工具，打开【渐变】面板，给图形填充如图 6-91 所示的由深绿色到绿色的渐变颜色。

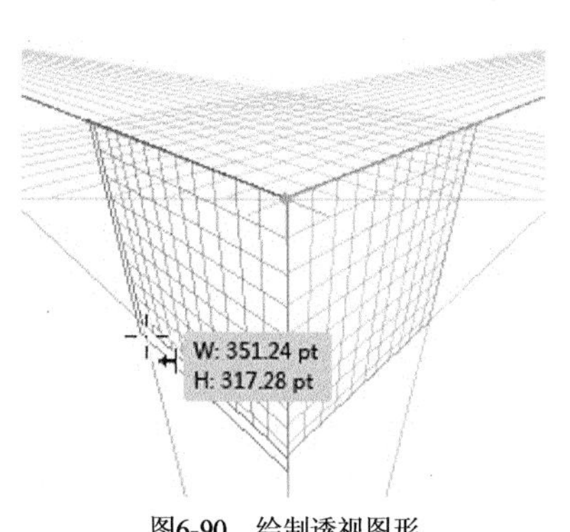

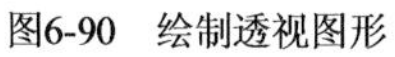
图6-90　绘制透视图形

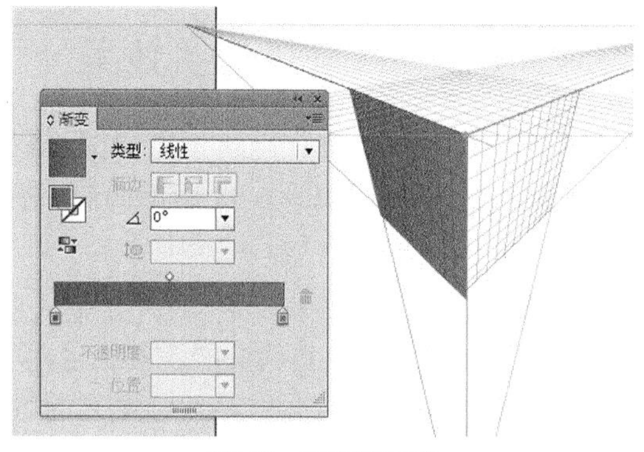

图6-91　填充的渐变色

9. 创建透视网格后，默认的【透视面切换构件】中左侧面为编辑面，显示蓝色。
10. 选择工具，单击下边的面，将透视网格的底面设置为可编辑面，颜色显示绿色，如图 6-92 所示。
11. 在透视网格的顶面，利用工具绘制透视矩形，如图 6-93 所示。
12. 在【渐变】对话框中将【角度】选项的参数设置为“-90”，填充后的效果如图 6-94 所示。

图6-92　设置另一面为可编辑状态

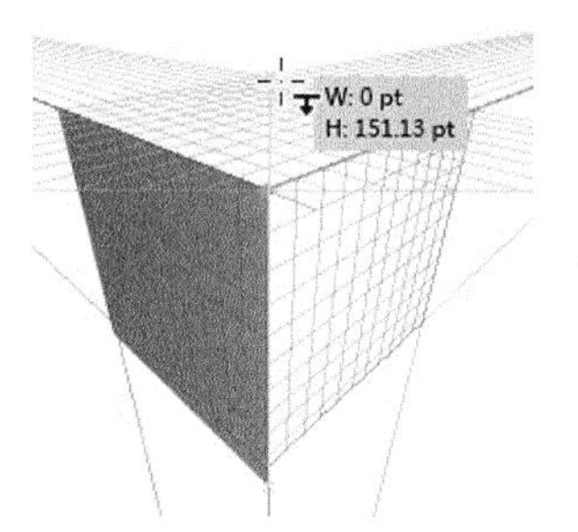

图6-93　绘制透视矩形

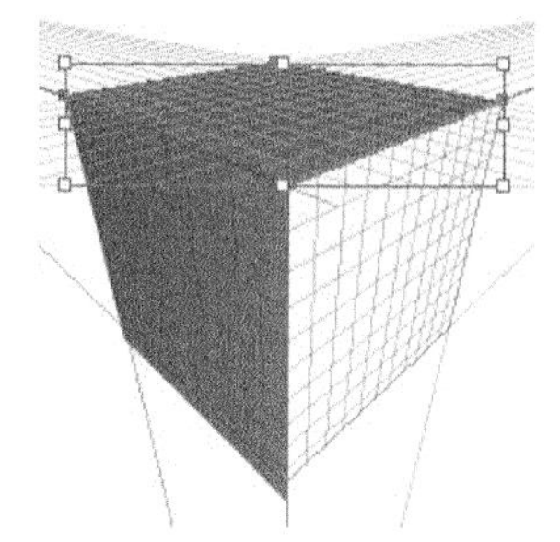
图6-94　填色后的效果

13. 单击右侧的网格面，将透视网格的侧面设置为可编辑面，颜色显示为橘红色。
14. 在侧面利用工具绘制透视矩形，然后选择工具，在【透视面切换构件】中单击左上角的图标，隐藏透视网格，绘制的透视图形如图 6-95 所示。
    绘制透视图形后，还可以利用编辑工具对其进行再编辑。
15. 利用工具框选如图 6-96 所示的锚点，然后将其向下拖曳，可将图形调整至如图 6-97 所示的形态。

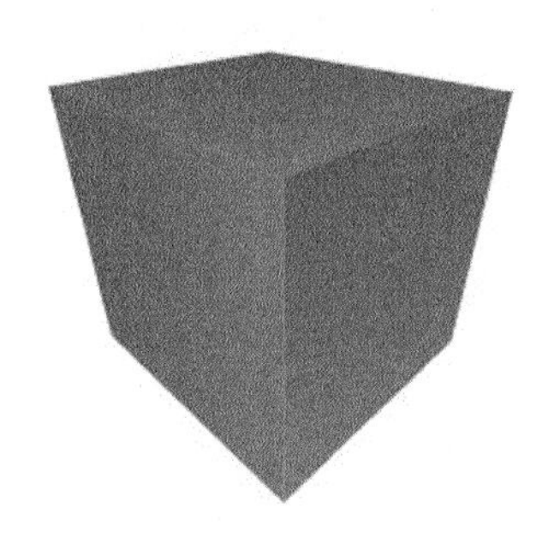
图6-95　绘制的透视图形

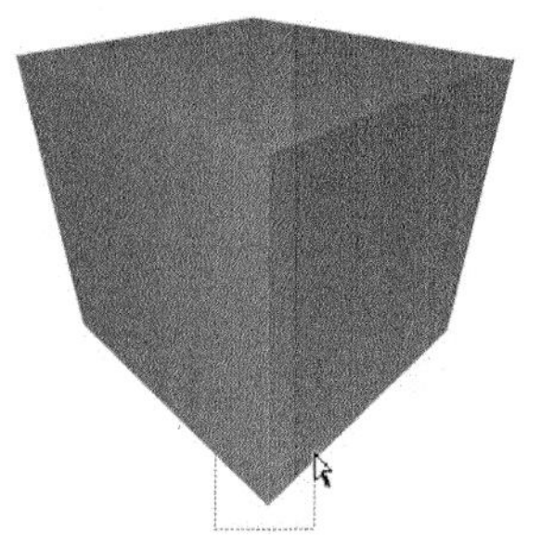
图6-96　选择的锚点

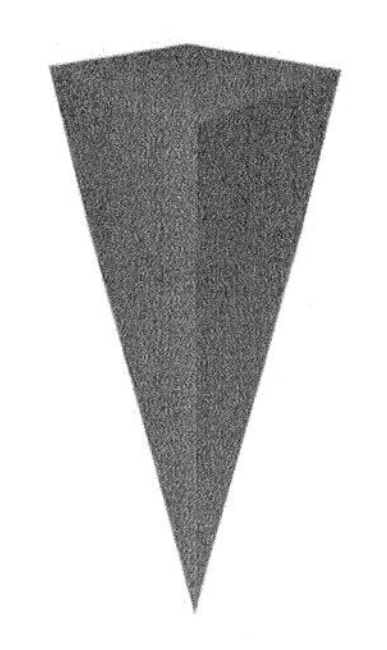
图6-97　调整后的形态

16. 按 Ctrl+S 组合键，将文件命名为“立体图形.ai”并保存。

6.3.4 实训——制作门头效果

图6-98　制作的门头效果

下面灵活运用【透视网格】工具和【透视选区】工具，来制作如图 6-98 所示的门头效果。

【步骤提示】

1. 创建一个横向的画板文件，然后导入附盘文件"图库\和经 06 章\店铺.jpg"，如图 6-99 所示。
2. 利用工具根据门头上方的灰色区域依次单击，绘制出如图 6-100 所示的白色图形。

图6-99　导入的图片

图6-100　绘制的白色图形

3. 利用工具输入如图 6-101 所示的黑色文字。
4. 选取工具，显示透视网格，然后执行【视图】/【透视网格】/【一点透视】/【一点-正常视图】命令，创建一点透视网格。
5. 将鼠标指针移动到如图 6-102 所示的消失点位置，按下鼠标左键并向左拖曳，调整透视状态如图 6-103 所示。

名流服饰名品专卖店

图6-101　输入的文字

图6-102　鼠标指针放置的位置

6. 选择【透视选区】工具，将鼠标指针移动到文字上按下鼠标左键并向蓝色的透视网格中拖曳，状态如图 6-104 所示。

图6-103 调整透视状态

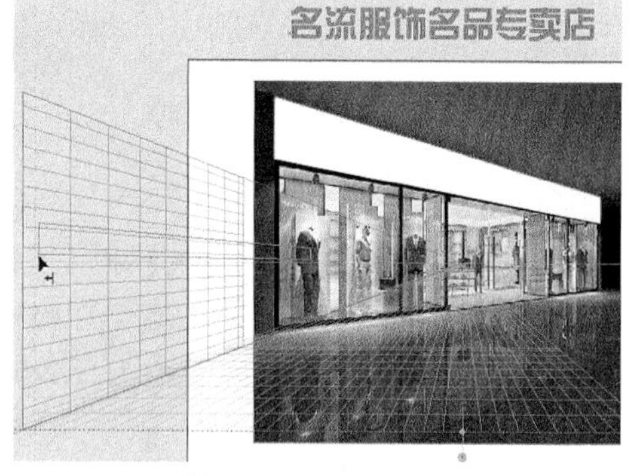

图6-104 拖曳文字状态

7. 释放鼠标后，生成的透视文字效果如图 6-105 所示。

要点提示 将文字拖曳至透视网格后，文字即被扩展为图形，此时将无法利用编辑文字工具对其进行属性的修改，希望读者注意。

8. 选择工具，在【透视面切换构件】中单击左上角的图标，隐藏透视网格，然后将透视文字移动到白色图形上，再利用工具对其进行倾斜调整，使其与白色图形相吻合。调整后的文字形态如图 6-106 所示。

图6-105 生成的透视文字效果

图6-106 调整后的文字形态

9. 按 Ctrl+S 组合键，将文件命名为“门头制作.ai”并保存。

6.4 其他工具

除了本章及前面章节讲解的工具外，工具箱中还有一些常用的其他工具，如【度量】工具、【画板】工具、【切片】工具、【切片选择】工具、【抓手】工具、【打印拼贴】工具、【缩放】工具、【导航器】面板、绘图【模式】工具、屏幕【模式】工具。熟练掌握这些工具有助于读者对 Illustrator 软件的整体认识。

(1) 【度量】工具。

【度量】工具的主要功能是用来度量两点之间的距离和角度。度量时，将鼠标指针移动到页面中，在需要度量的第一点处按下鼠标左键并拖曳至第 2 点。在确定度量的第一点时，系统会自动弹出【信息】面板，拖曳至第 2 点位置时，【信息】面板中会显示度量的结果，如图 6-107 所示。

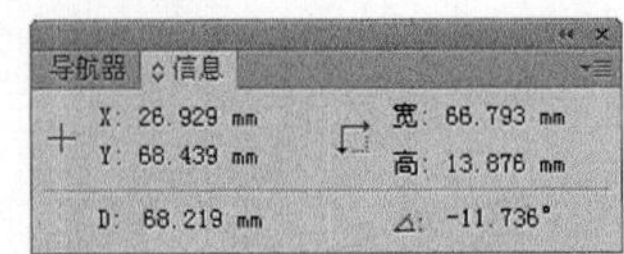

图6-107　度量两点间的距离和角度

在【信息】面板中，【X】和【Y】分别表示第一点的 x 轴坐标和 y 轴坐标；【宽】和【高】分别表示两点之间的水平距离和竖直距离；【D】表示两点之间的绝对距离；∠后的数值表示所度量两点生成的边线与水平方向的角度。

(2)　【画板】工具。

选择【画板】工具后即可切换到画板编辑模式状态。拖动画板框的大小，可以定义画板的大小以及位置。在画板以外的区域还可以创建或复制多个画板，其操作分别如下。

- 如果要使用预设画板，则双击工具，在弹出的【画板选项】对话框中选择一个预设，单击 确定 按钮。如果在现用画板中创建画板，按住 Shift 键并使用工具拖动即可。
- 如果要复制现有画板，则选择工具，单击以选择要复制的画板，并单击选项栏中的按钮；然后单击放置复制画板的位置。要创建多个复制画板，可按住 Alt 键单击多次，直到获得所需的数量。
- 要复制带内容的画板，可选择工具，单击选项栏中的按钮，按住 Alt 键并拖曳鼠标指针。
- 要确认该画板并退出画板编辑模式，可单击工具面板中的其他工具或按 Esc 键。

(3)　【切片】工具。

利用【切片】工具在页面中拖曳鼠标指针，释放鼠标左键后，可在页面中创建切片。

(4)　【切片选择】工具。

利用【切片选择】工具可以选择切片。对于选择后的切片，可以进行位置的移动和大小的调整等操作。

(5)　【抓手】工具。

利用【抓手】工具，可以在不影响图形间相对位置的前提下移动整个页面。当工作页面大于当前的工作窗口时，使用此工具可平移工作窗口中页面的显示位置。

(6)　【打印拼贴】工具。

使用【打印拼贴】工具，可以调整页面中可打印区域的位置，从而避免图形超出当前页面的可打印区域。

(7)　【缩放】工具。

【缩放】工具的主要功能是对页面中的图形进行等比例放大或缩小显示，以便于对图形进行观察或修改。在页面中单击，可将图形放大显示；按住 Alt 键在页面中单击，可将图形缩小显示。双击工具箱中的工具，可将当前页面以实际大小显示，即 100%显示。

要点提示　无论当前工具箱中选择的是什么工具，按住 Ctrl 键，可将当前使用的工具暂时切换为选择工具；按空格键，可将当前工具暂时切换为手形工具；按 Ctrl+[+] 组合键，可放大显示图形；按 Ctrl+[-] 组合键，可缩小显示图形；按 Ctrl+0 组合键，可将图形自动适配至屏幕显示。但使用这些快捷键时，必须确保当前的输入法为英文输入法。

(8) 【导航器】面板。

在绘制图形或处理图像时，经常需要对视图大小进行变换，或将图形或图像放大显示。在页面中无法看到整个图形或图像时，【导航器】面板可以帮助快速定位图形或图像的位置。在工作页面中随意导入一幅图像，其【导航器】面板如图 6-108 所示，通过设置数值可以自定义页面的显示比例。

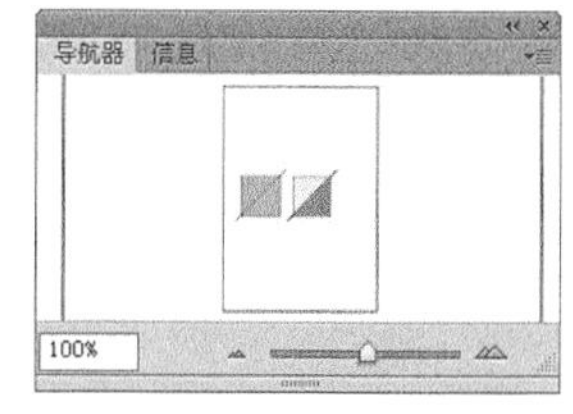

图6-108 【导航器】面板

(9) 绘图【模式】工具。

工具箱中提供了 3 种绘图模式，分别为【正常绘图】、【背面绘图】和【内部绘图】，它们的快捷键为 Shift+D。

- 按钮：激活此按钮，在绘制图形时，是在现有图形的上面绘制新图形，如图 6-109 所示。
- 按钮：激活此按钮，在绘制图形时，是在现有图形的下面绘制新图形，如图 6-110 所示。
- 按钮：激活此按钮，在绘制图形时，是在现有被选择图形的内部绘制新图形，如图 6-111 所示。

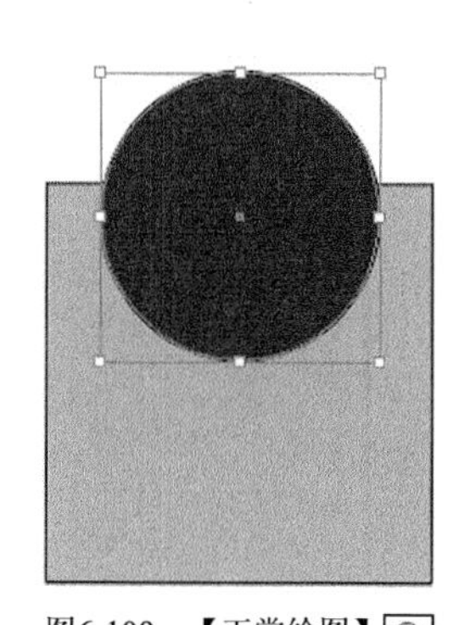
图6-109 【正常绘图】

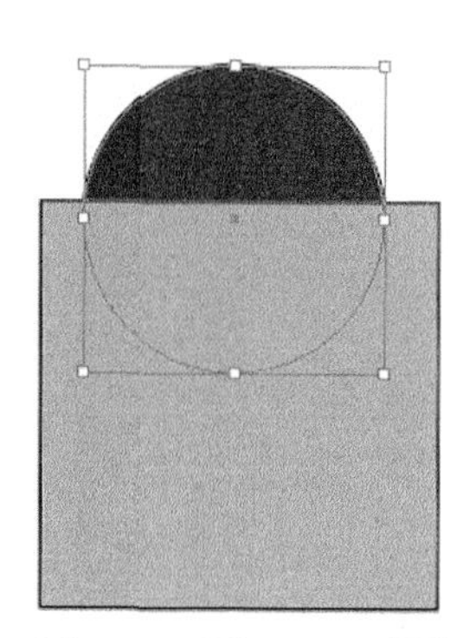
图6-110 【背面绘图】

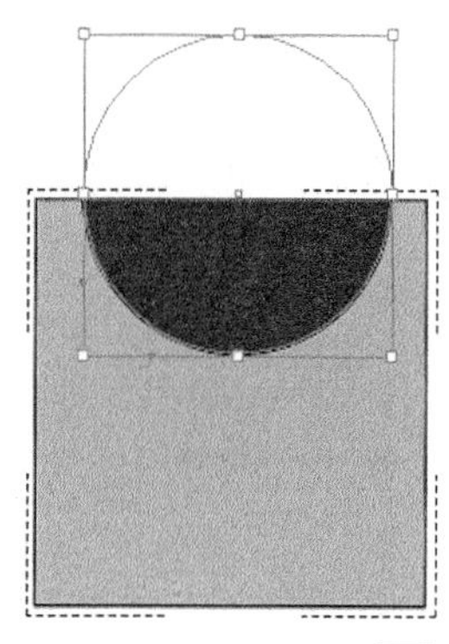
图6-111 【内部绘图】

(10) 屏幕【模式】工具。

工具箱中提供了 3 种屏幕显示模式，分别为【正常屏幕模式】、【带有菜单栏的全屏模式】和【全屏模式】，它们的快捷键为 F，依次按键盘上的 F 键，可在这 3 种模式之间进行切换。

- 按钮：激活此按钮时的显示模式为软件默认的显示模式，即安装完此软件启动后的显示模式。
- 按钮：激活此按钮，软件会将顶部的标题栏隐藏。
- 按钮：激活此按钮，软件界面会将顶部的标题栏、菜单栏和底部的状态栏全部隐藏，以全屏幕的形式显示。

6.5 综合案例——定义图形创建统计表

本节通过绘制如图 6-112 所示的统计表，来综合练习图表工具的使用方法和技巧。

【步骤提示】

1. 打开附盘文件“图库\第 06 章\人物图形.ai”。

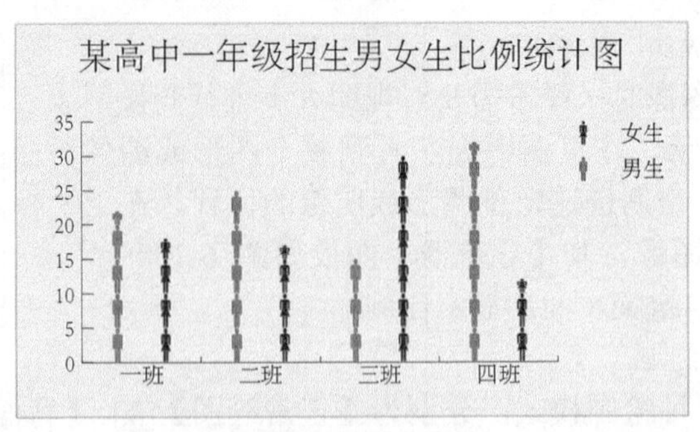

图6-112　绘制的统计表

2. 利用[选择]工具选择如图 6-113 所示的图形。
3. 执行【对象】/【图表】/【设计】命令，弹出【图表设计】对话框。
4. 单击[新建设计(N)]按钮，此时对话框左侧的灰色矩形框中出现“新建设计”文字，如图 6-114 所示。

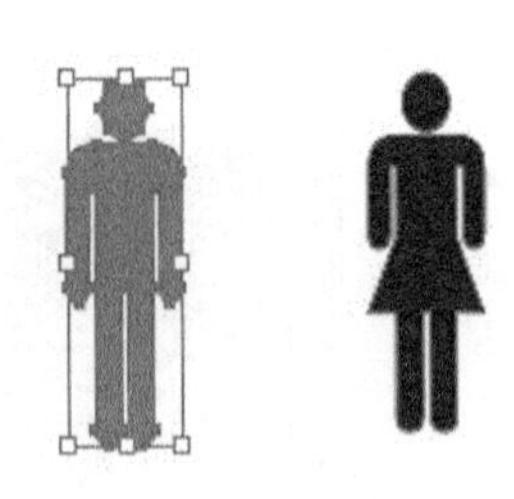

图6-113　选择图形

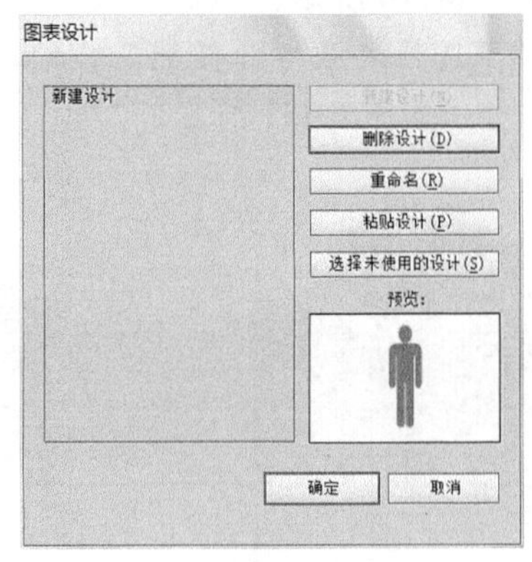

图6-114　【图表设计】对话框

5. 单击[重命名(R)]按钮，在弹出的【图表设计】对话框中输入名称“男生”。
6. 单击[确定]按钮，关闭【重命名】对话框，继续单击[确定]按钮，关闭【图表设计】对话框。
7. 用同样的方法将画板中的另一个女生图形也创建为“图表设计”，并重命名为“女生”，然后将图形选中并删除。
8. 选择【柱形图】工具[柱形图]，在画板中用拖动鼠标指针的方式确定图表的大小，释放鼠标左键后弹出图表数据输入框，输入数据，如图 6-115 所示。
9. 单击图表数据输入框右上角的【应用】按钮[✓]，将数据应用到图表中。应用数据后的图表如图 6-116 所示。然后单击[×]按钮，关闭图表数据输入框。

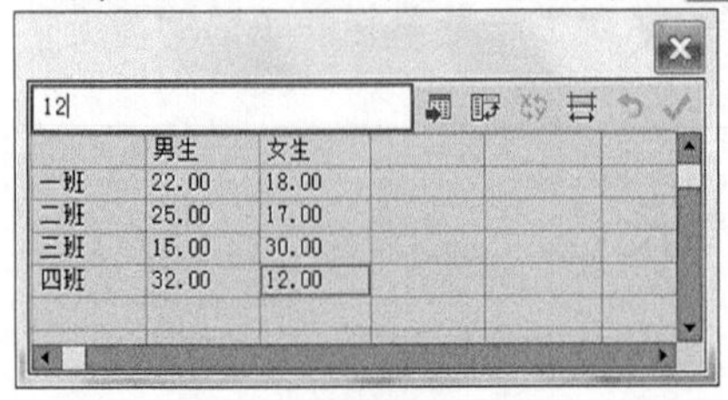

12

	男生	女生
一班	22.00	18.00
二班	25.00	17.00
三班	15.00	30.00
四班	32.00	12.00

图6-115　图表数据输入框

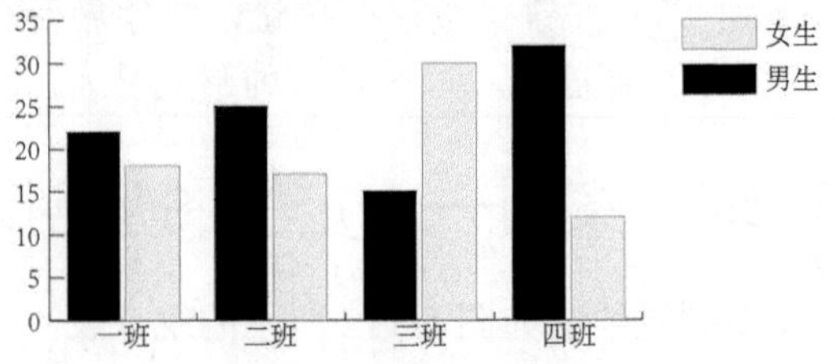

图6-116　应用数据后的图表

10. 选中图表，执行【对象】/【图表】/【柱形图】命令，弹出【图表列】对话框，在【选取列设计】栏中选择“男生”，然后设置其他选项和参数如图 6-117 所示。

11. 单击 确定 按钮，利用“男生”图形创建图表列后的图表如图 6-118 所示。

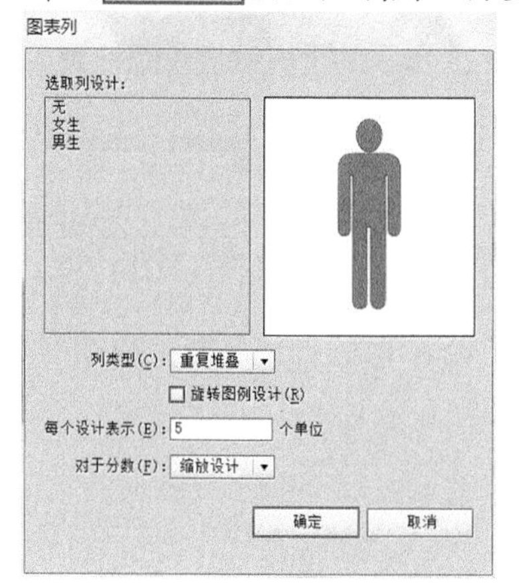

图6-117 【图表列】对话框

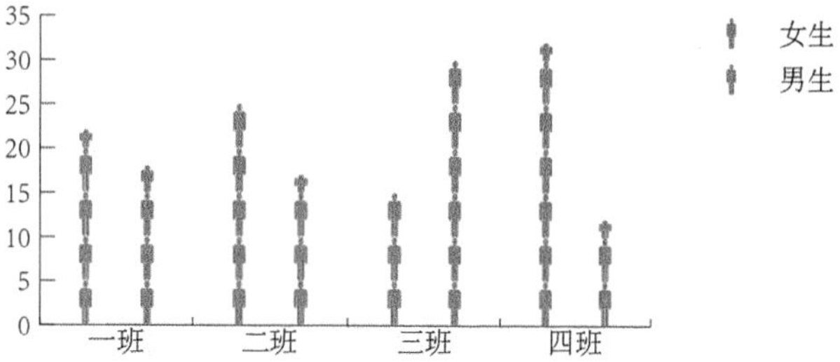

图6-118 创建的图表

12. 选择工具，在图表外的地方单击鼠标左键，取消图表的选中状态。
13. 利用工具选择如图 6-119 所示的图形，然后执行【对象】/【图表】/【柱形图】命令，在弹出的【图表列】对话框中选择“女生”选项。
14. 单击 确定 按钮，此时的图表形态如图 6-120 所示。

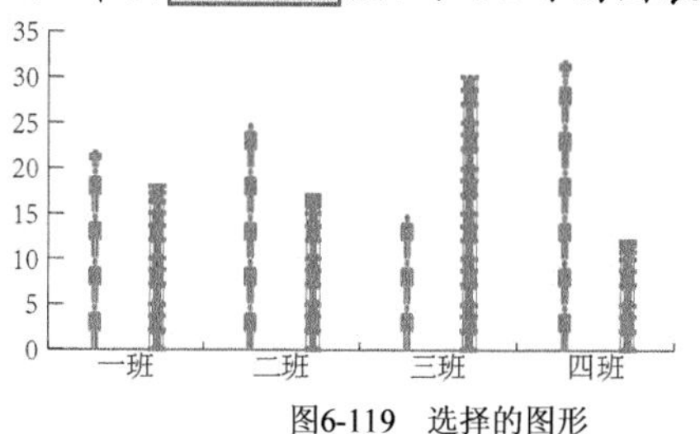

图6-119 选择的图形

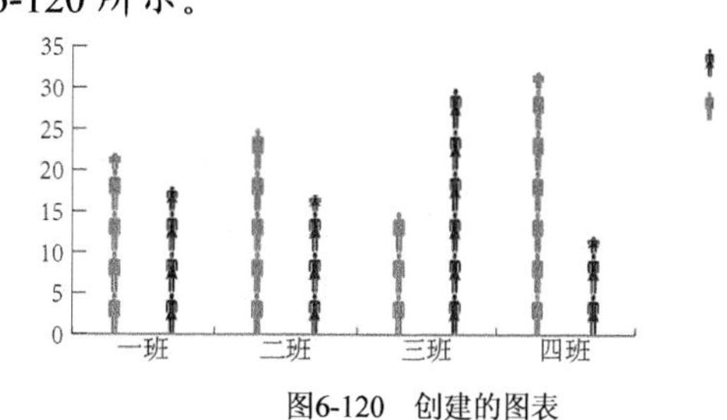

图6-120 创建的图表

15. 选择工具，选择右上角的“男生”、“女生”文字及其左侧的小图标并向左稍微移动位置。
16. 选择工具，绘制一个灰色（K:10）矩形，并按 Ctrl+Shift+[组合键将其置于底层，效果如图 6-121 所示。
17. 选择 T 工具，在图表的上方输入如图 6-122 所示的文字，即完成统计表的绘制。

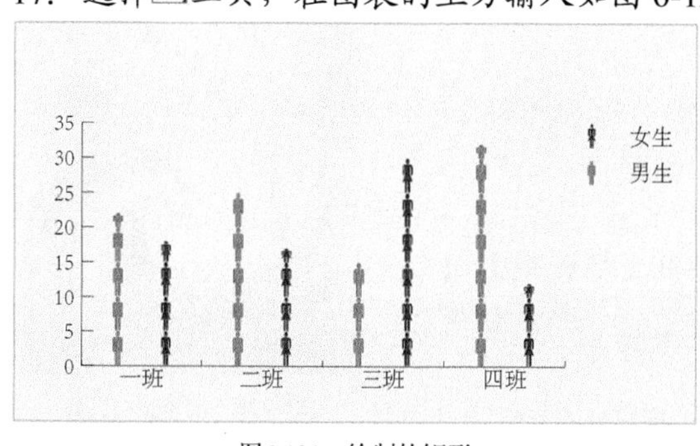

图6-121 绘制的矩形

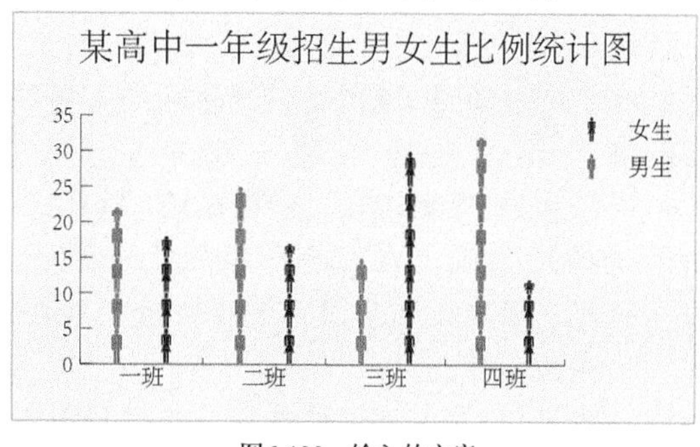

图6-122 输入的文字

18. 按 Shift+Ctrl+S 组合键，将文件命名为“统计表.ai”并保存。

6.6 习题

1. 结合本章学习的内容，用【折线图】工具绘制如图 6-123 所示的手机销售量统计表。

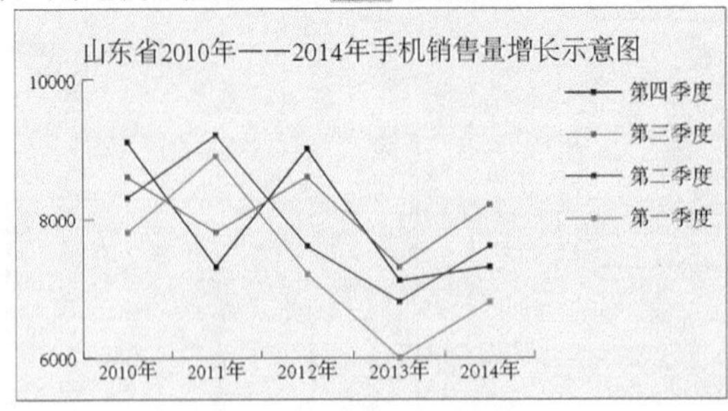

图6-123　手机销售量统计表

【步骤提示】

(1) 选择工具，在页面中拖曳鼠标指针，在弹出的图表数据输入框中输入数据，如图 6-124 所示。

(2) 关闭图表数据输入框，此时页面中将按照输入的数据出现折线统计表，如图 6-125 所示。

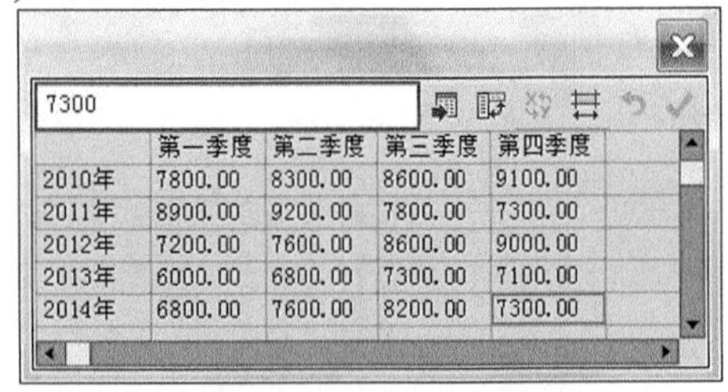

7300

	第一季度	第二季度	第三季度	第四季度
2010年	7800.00	8300.00	8600.00	9100.00
2011年	8900.00	9200.00	7800.00	7300.00
2012年	7200.00	7600.00	8600.00	9000.00
2013年	6000.00	6800.00	7300.00	7100.00
2014年	6800.00	7600.00	8200.00	7300.00

图6-124　输入数据

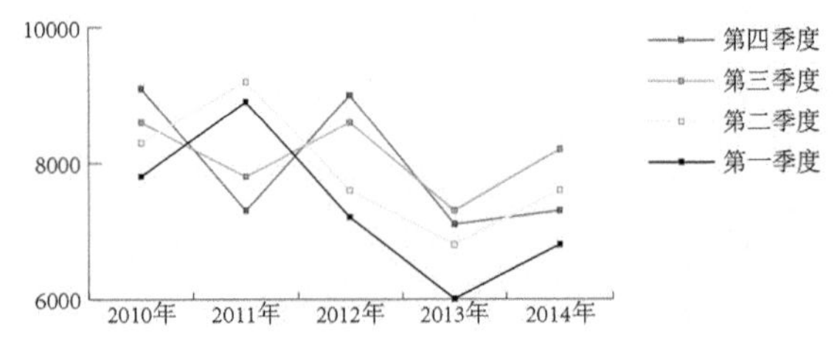

图6-125　创建的折线统计表

(3) 利用工具选择图表的折线，将填充色设置为蓝色（C:100,M:100），然后再将其他折线修改为不同的颜色，以便区分。

(4) 利用工具在统计表上方输入文字，并利用工具绘制一个矩形，填充颜色为淡绿色（C:11,Y:17），再调整图表的下方即可完成图表的绘制。

2. 通过设计如图 6-126 所示的油漆招贴广告，来练习本章介绍的工具和命令。

(1) 在页面中绘制矩形，并为其填充浅橘黄色（C:4,M:25,Y:43）到白色的径向渐变色，然后执行【对象】/【锁定】/【所选对象】命令，将绘制好的矩形锁定。

(2) 在矩形左边再绘制一个小矩形，颜色填充为褐色（C:39,M:77,Y:100），如图 6-127 所示。

(3) 选择工具，在页面中单击鼠标左键，弹出【螺旋线】对话框，参数设置如图 6-128 所示，单击 确定 按钮，创建一条螺旋线。

(4) 选择工具，将旋转中心放置在如图 6-129 所示的位置。

图6-126　油漆招贴广告

图6-127　绘制的矩形

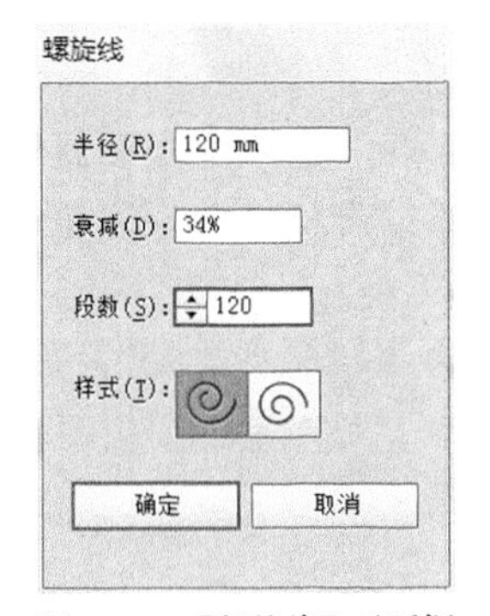

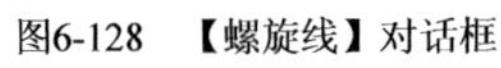
图6-128　【螺旋线】对话框

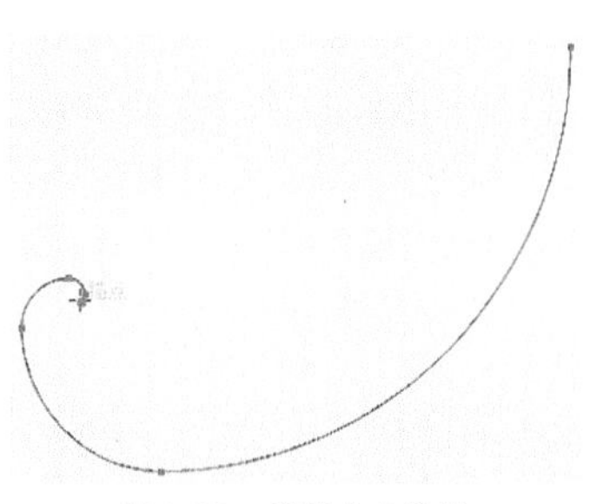
图6-129　旋转中心位置

(5) 按住Alt键单击鼠标左键，弹出【旋转】对话框。在【旋转】对话框中将旋转角度设置为“30°”，单击 复制(C) 按钮，然后再按Ctrl+D组合键多次，重复复制得到一个旋涡似的形状，如图6-130所示。

(6) 利用工具绘制正方形，形态如图6-131所示。

(7) 选择正方形和螺旋线，执行【对象】/【实时上色】/【建立】命令，建立实时上色对象。

(8) 选择工具，在色板中选择蓝色（C:100），为实时上色组中的其中一个部分上色，状态如图6-132所示。

图6-130　复制出的线

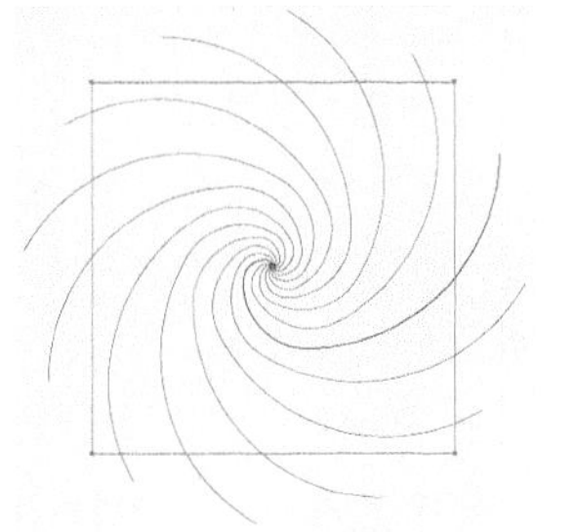
图6-131　绘制的正方形

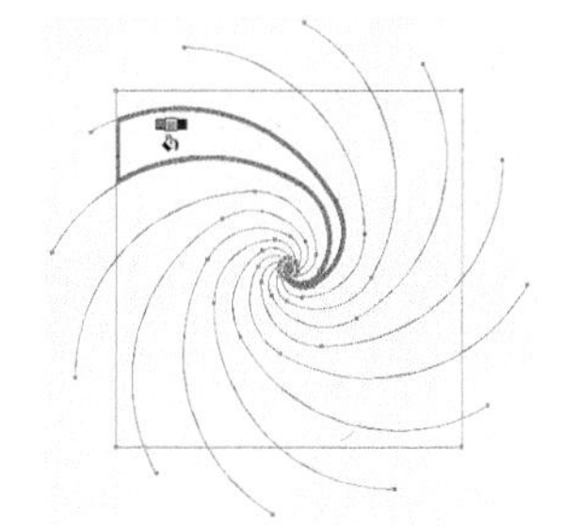
图6-132　实时上色状态

(9) 用同样的方法给实时上色组中的各个分区分别上色。上色后的效果如图6-133所示。

(10) 选中实时上色组，执行【对象】/【扩展】命令，在弹出的【扩展】对话框中按照默认的选项设置，直接单击 确定 按钮，将图形进行转换。

(11) 选中转换后的图形，执行【对象】/【取消编组】命令，使其成为单独的个体，然后选中螺旋线，按Delete键将其删除。

(12) 选择工具，按住Shift键，连续选中如图6-134所示的各个图形。

图6-133　上色后的效果

图6-134　选择的图形

(13) 执行【对象】/【编组】命令，使其成为一个整体，然后把其余的图形一起选中并删除，保留如图 6-135 所示的图形。

(14) 双击工具，弹出【镜像】对话框，选择【垂直】单选项，然后单击 确定 按钮。

(15) 双击工具，在弹出的【旋转】对话框中将旋转角度设置为“－90°”，单击 确定 按钮，旋转后的图形如图 6-136 所示。

(16) 打开附盘文件“图库\第 06 章\油漆桶和刷子.ai”，然后将图形复制到画面中，调整大小后放置到如图 6-137 所示的位置。

图6-135　保留的图形

图6-136　旋转后的图形

图6-137　图形放置的位置

(17) 选择工具，在页面中输入文字，然后执行【对象】/【封套扭曲】/【用变形建立】命令，弹出【变形选项】对话框，各项参数设置如图 6-138 所示。

(18) 将变形后的文字旋转 45°，放置到如图 6-139 所示的位置。

(19) 选择变形后的文字，执行【对象】/【扩展】命令，弹出【扩展】对话框，按照默认的参数直接单击 确定 按钮，将选择的文字进行转换。

(20) 给文字填充蓝色（C:93,M:95）到紫色（C:38,M:94），再到红色（C:10,M:100,Y:100）的线性渐变颜色。填充颜色后的效果如图 6-140 所示。

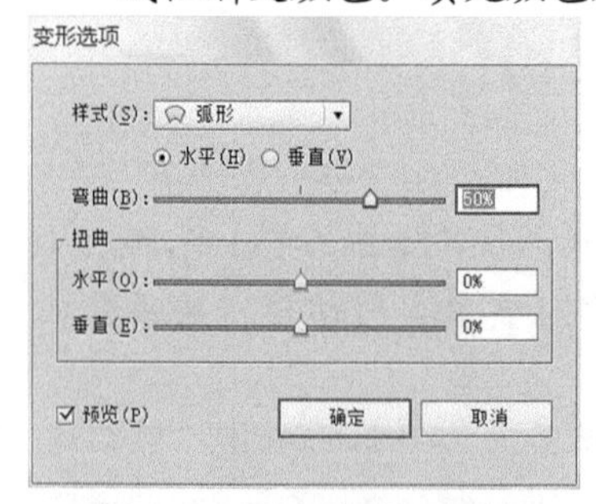

图6-138　【变形选项】对话框

图6-139　文字放置的位置

图6-140　填充颜色后的效果

(21) 选中文字，执行【对象】/【取消编组】命令，然后选择“色彩”两个字，利用工具将字调整成如图 6-141 所示的大小。

(22) 利用工具和工具将文字变形处理成如图 6-142 所示的形状。

图6-141　调整大小后的形态

图6-142　变形后的文字

(23) 利用工具在画面右上角输入文字内容，颜色填充分别为绿色（C:88,M:48,Y:100,K:12）和红色（C:10,M:89,Y:85）。

(24) 在【符号】面板中选择“污点矢量包 09”的符号，将其放置到画面中，再复制两个后分别填充不同的颜色，即可完成油漆招贴广告设计。

第7章 辅助功能

【学习目标】

- 掌握标尺、网格和参考线的设置与使用方法。
- 掌握图层和蒙版功能。
- 学习和掌握包装平面展开图的设计方法。

本章将介绍 Illustrator CC 软件中的一些辅助工具和命令的使用，如标尺、网格和参考线，以及图层和蒙版等。熟练掌握这些功能对排版和作品设计都有很大的帮助。

7.1 标尺、网格和参考线

标尺、网格和参考线是 Illustrator 的辅助工具，可以帮助用户精确地对图形定位或对齐。熟练掌握这些工具的使用，可以为图形绘制和排版等工作带来很大的方便。

7.1.1 功能讲解

下面分别讲解标尺、参考线与网格的设置方法。

一、 标尺

标尺的用途是度量图形的尺寸的，同时对图形进行辅助定位，使图形的设计工作更加方便、准确。下面介绍标尺的设置方法。

(1) 隐藏和显示标尺。

执行【视图】/【标尺】/【显示标尺】命令（快捷键为 Ctrl+R），即可在当前文件的页面中显示标尺。执行【视图】/【标尺】/【隐藏标尺】命令，即可将标尺隐藏。

(2) 标尺单位的设置。

标尺的单位可以通过【首选项】对话框进行设置。执行【编辑】/【首选项】/【单位】命令，弹出如图 7-1 所示的【首选项】对话框。

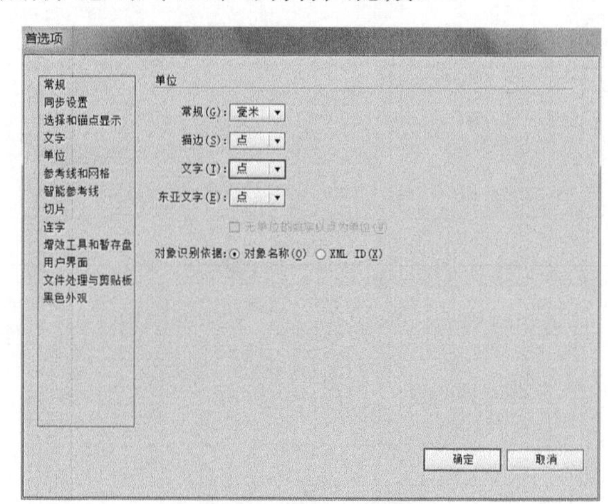

图7-1 【首选项】对话框

在【单位】选项设置面板中可以设置标尺的单位，其下还可以设置描边和文字的单位。如果仅想为当前文档设置标尺的单位，可以通过【文档设置】对话框来设置。执行【文件】/【文档设置】命令，弹出【文档设置】对话框。

在【单位】下拉列表中可以改变当前

文档标尺的单位，通过该对话框设置的标尺单位不会影响下次新建立的文件标尺单位。

(3) 标尺坐标原点的设置。

水平与垂直标尺上标有“0”处相交点的位置称为标尺坐标原点。系统默认情况下，标尺坐标原点的位置在可打印页面的左上角，如果需要，用户可以自己定义坐标原点的位置，操作方式如下。

- 在水平标尺与垂直标尺的交点位置按住鼠标左键并移动鼠标指针位置，释放鼠标左键后，即可将标尺坐标原点设置在该处。
- 标尺的坐标原点被调整后，双击标尺交叉点就可以恢复标尺原点的位置。

二、 参考线

参考线的作用是辅助对齐对象，使图形的绘制和操作更加灵活方便。下面介绍参考线的添加、删除以及设置方法。

(1) 添加参考线。

将鼠标指针移动到页面中的水平或垂直的标尺上，按下鼠标左键，然后向页面中拖曳，即可添加一条水平或垂直的参考线。用户可以根据需要在工作区中创建多条参考线。

(2) 制作参考线。

用户可以根据需要，将任意图形或路径转换为参考线，从而得到多种类型的参考线。其制作方法为：首先在页面中选择需要转换为参考线的图形或路径，然后执行【视图】/【参考线】/【建立参考线】命令，被选择的图形或路径即被转换为参考线。

(3) 锁定与解锁参考线。

在图形绘制过程中，为防止无意中移动参考线的位置，可以将参考线锁定。执行【视图】/【参考线】/【锁定参考线】命令（快捷键为 Ctrl+Alt+;），即可锁定当前页面中的所有参考线；再次选择该命令，取消对此命令的选择状态，则会解除参考线的锁定状态。

(4) 显示与隐藏参考线。

执行【视图】/【参考线】/【隐藏参考线】命令（快捷键为 Ctrl+;），可将页面中的参考线隐藏；若再执行【视图】/【参考线】/【显示参考线】命令，即可使隐藏的参考线再次显示在页面中。

(5) 移动参考线。

在参考线没有被锁定的状态下，选择工具，将鼠标指针移动到参考线上，按下鼠标左键并拖曳，可以移动参考线的位置。

(6) 释放参考线。

参考线在没有被锁定的状态下，利用工具选择参考线，然后执行【视图】/【参考线】/【释放参考线】命令（快捷键为 Ctrl+Alt+5），则被选择的参考线即可转换为可执行旋转、扭曲、缩放等操作的对象。

(7) 智能参考线。

执行【视图】/【智能参考线】（快捷键为 Ctrl+U）命令，可以显示智能参考线。智能参考线与普通参考线的区别在于，智能参考线可根据当前执行的操作及状态显示参考线及提示信息。例如，将鼠标指针移动到图形中的任意位置，智能参考线以高亮显示，并显示提示信息，如图 7-2 所示。对图形进行旋转操作时，旋转角度为 0°、45°、90°等时，智能参考线将高亮显示旋转轴、旋转角度及相关的操作提示信息，如图 7-3 所示。

图7-2　智能参考线高亮显示形态

图7-3　执行旋转操作时高亮显示形态

(8) 清除参考线。

执行【视图】/【参考线】/【清除参考线】命令，可将创建的参考线清除。

要点提示　若要清除参考线，首先要确认参考线没有在锁定状态下，然后用【选择工具】按钮将其选择，按 Delete 键或直接将其拖曳回标尺上，均可将选择的参考线清除。

三、 网格

网格是由显示在屏幕上的一系列相互交叉的灰色线构成的，其间距可以在【首选项】对话框中设置。执行【编辑】/【首选项】/【参考线和网格】命令，弹出如图 7-4 所示的【首选项】对话框，在该对话框中可以设置参考线及网格的颜色、样式、网格线间隔、次分隔线以及网格置后等。

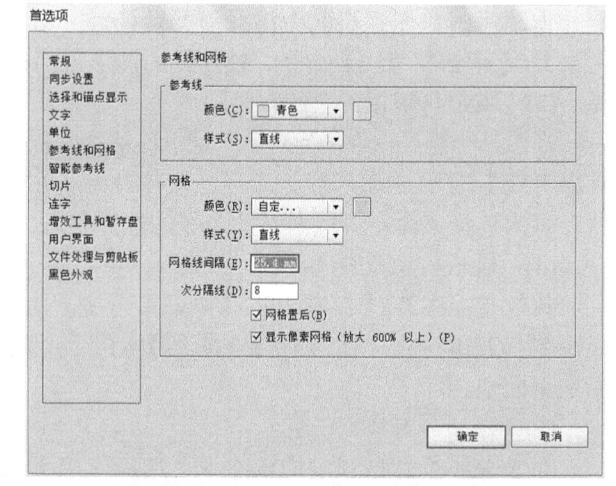

图7-4　【首选项】对话框

当设置了网格后，执行【视图】/【显示网格】命令，在页面中将显示设置的网格线。如果没有自定义网格线设置，系统将按默认的设置显示网格。当页面中显示有网格时，执行【视图】/【隐藏网格】命令，即可将网格隐藏。如果执行了【视图】/【对齐网格】命令，用户在绘制或移动对象时，系统会自动捕捉对象周围最近的一个网格点，并与之对齐。

7.1.2 范例解析——添加参考线

新建一个【宽度】为“236mm”、【高度】为“176mm”、【颜色模式】为“CMYK”的文件，然后为文件设置上 3mm 的出血线。

要点提示　所谓出血，是指作品的内容超出了版心，即进入了页面的边缘。一般在印刷作品时会将版面内容超出作品实际印刷尺寸 3mm，作为印刷后的成品裁切时的偏差。

由此计算得到，本案例中需要在文件垂直方向标尺的“3mm”、“173mm”和水平方向标尺的“3mm”和“233mm”处分别设置参考线。

【步骤提示】

1. 执行【文件】/【新建】命令，在【新建文档】对话框中设置【宽度】参数为"236mm"，【高度】参数为"176mm"，单击 确定 按钮，创建新文件。
2. 执行【视图】/【标尺】/【显示标尺】命令，页面中显示标尺。
3. 选择工具，然后将鼠标指针移动到页面的左上角位置，然后按下鼠标左键并向右下方拖动，如图 7-5 所示。
4. 释放鼠标左键，页面放大显示，标尺刻度显示出了 3mm 的位置，如图 7-6 所示。

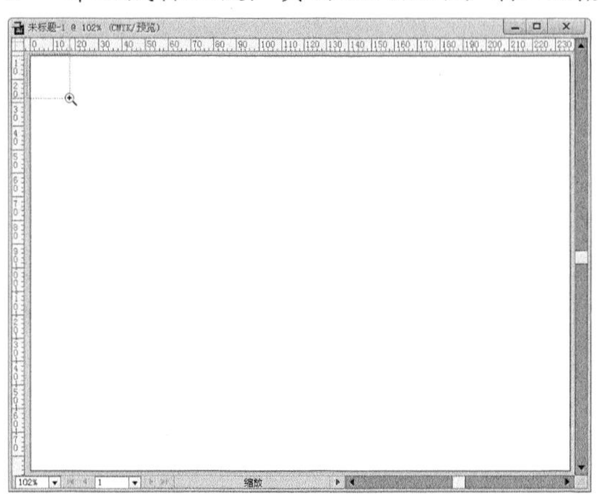

图7-5 拖曳鼠标指针状态

图7-6 显示出的标尺刻度

5. 在左侧的垂直标尺上按下鼠标左键，向 3mm 位置拖动，如图 7-7 所示。
6. 释放鼠标左键，即可在水平标尺位置的"3mm"处添加一条垂直参考线，然后用相同的方法在垂直标尺位置的 3mm 处添加一条水平参考线，如图 7-8 所示。

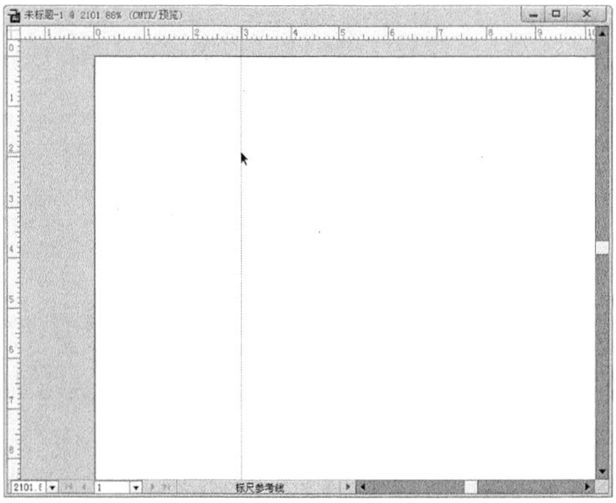

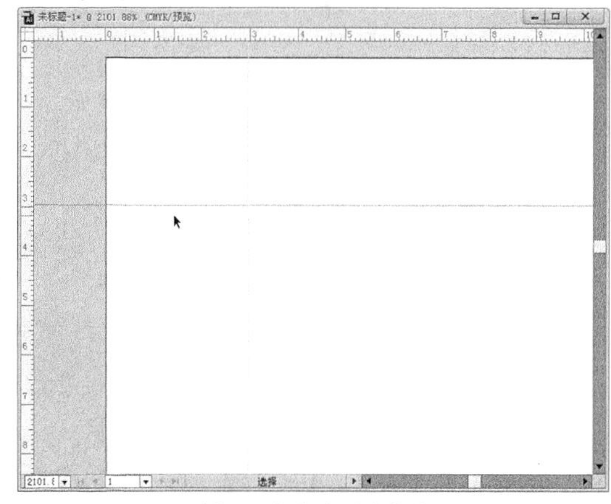

图7-7 添加垂直参考线

图7-8 添加水平参考线

7. 使用相同的添加方法，分别在垂直标尺的"173mm"处和水平标尺的"233mm"位置添加上参考线，即可完成出血线的设置。

7.1.3 实训——节目单排版设计

本小节通过设计如图 7-9 所示的节目单，练习参考线的添加、置入图像文件并排版的操作方法。

图7-9　节目单

【步骤提示】

1. 执行【文件】/【新建】命令，在【新建文档】对话框中将文件【名称】设置为"节目单"，【画板数量】选项设置为"2"，单击按钮，将页面设置为横向，然后单击 确定 按钮，创建出一个两页的新文件。
2. 执行【视图】/【标尺】/【显示标尺】命令，页面中显示标尺。
3. 利用工具将页面标尺放大显示后，在页面 1 水平标尺的"148.5mm"位置处添加参考线，如图 7-10 所示。
4. 在页面状态栏中单击如图 7-11 所示的位置，将页面 2 设置为工作文件。

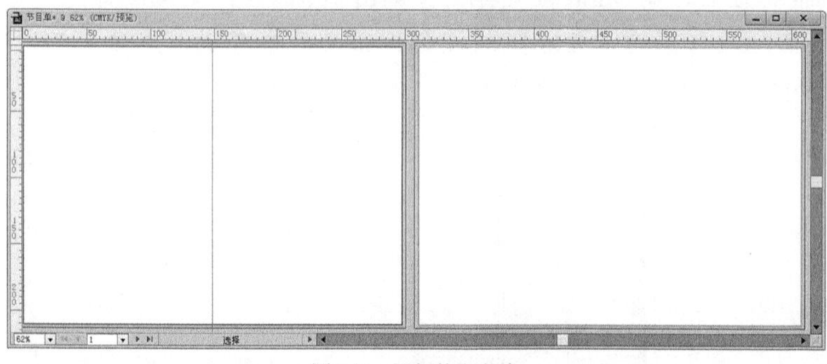

图7-10　添加的参考线

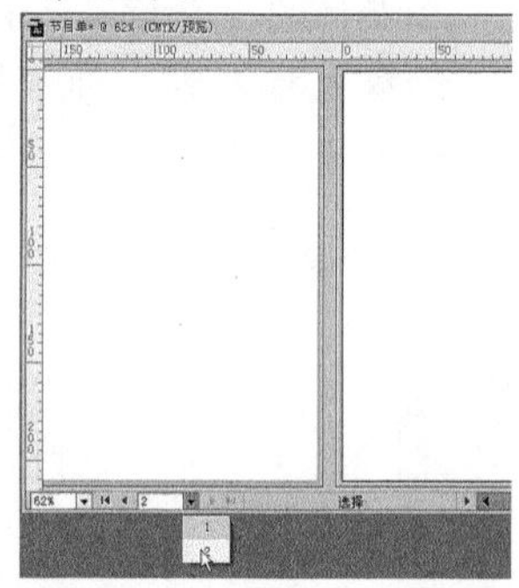

图7-11　设置工作页面

5. 在页面 2 的水平标尺"148.5mm"位置添加参考线。
6. 执行【文件】/【置入】命令，置入附盘文件"图库\第 07 章\节目单背景.jpg"，然后调整放置到页面 1 中，如图 7-12 所示。
7. 再执行【文件】/【置入】命令，置入附盘文件"图库\第 07 章\节目单内页.jpg"，调整放置到页面 2 中，如图 7-13 所示。

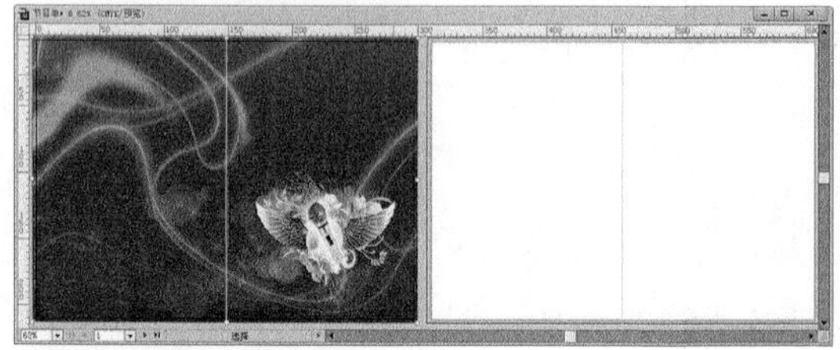

图7-12　置入的图片 1

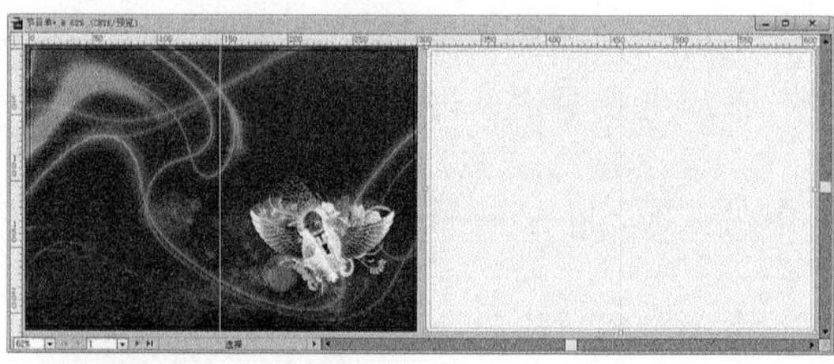

图7-13　置入的图片 2

8. 按 Ctrl+A 组合键，将两个页面中的图片和参考线同时选择。
9. 执行【对象】/【锁定】/【所选对象】命令，将选择的内容在页面中锁定位置，这样在操作后面的内容时，就不会再选择这些内容了，给操作带来很大的方便。
10. 在页面 1 的左边输入“节目单”文字，如图 7-14 所示。
11. 执行【文字】/【创建轮廓】命令，将文字转换成轮廓字。
12. 选择工具，把文字擦出如图 7-15 所示的形状。

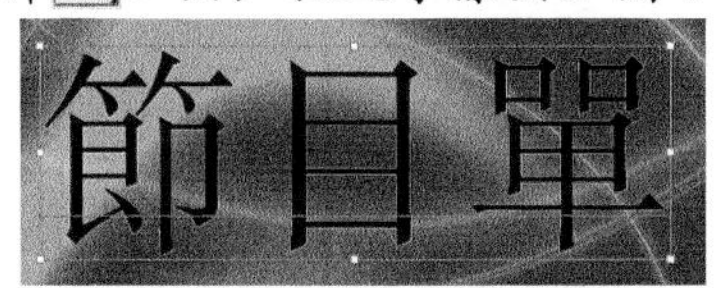

图7-14 输入的文字 1

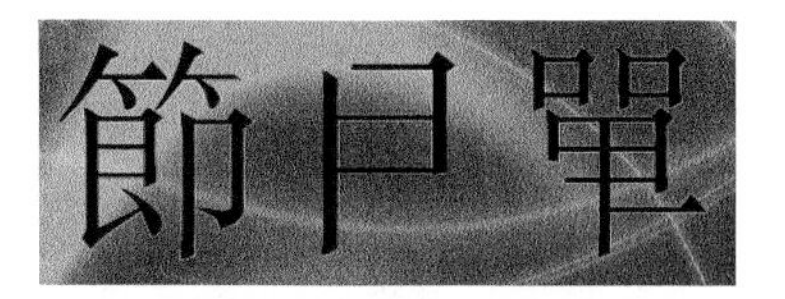
图7-15 擦出的文字形状

13. 利用工具调整文字的笔画，将文字组合成如图 7-16 所示的形状，然后将其颜色修改为白色。
14. 利用工具绘制白色的线条和矩形与文字进行组合，效果如图 7-17 所示。
15. 利用工具在矩形框中输入如图 7-18 所示的文字。

图7-16 组合的文字

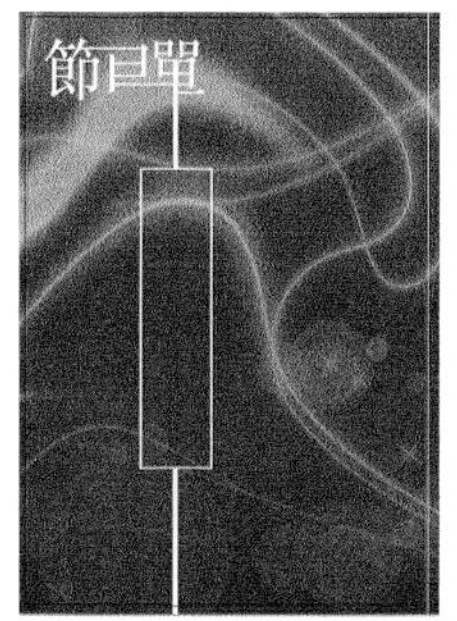
图7-17 绘制的线条

图7-18 输入的文字 2

16. 利用工具输入如图 7-19 所示的文字。
17. 执行【文字】/【创建轮廓】命令，将文字转换成轮廓字，然后打开【色板】面板，为文字填充“橙色、黄色”渐变颜色。
18. 执行【对象】/【路径】/【偏移路径】命令，在弹出的【偏移路径】对话框中将【位移】设置为“1mm”，单击 确定 按钮，然后给文字填充白色，如图 7-20 所示。

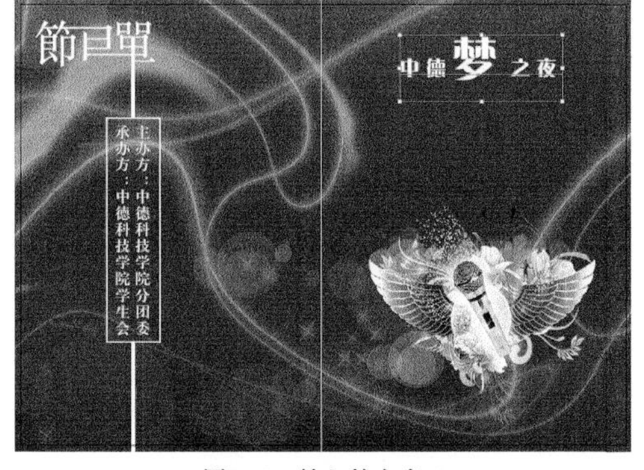

图7-19 输入的文字 3

图7-20 填充颜色

19. 执行【效果】/【风格化】/【投影】命令，在弹出的【投影】对话框中将【X 位移】和【Y 位移】选项的参数都设置为“1 mm”，【模糊】选项设置为“1.2mm”，然后单击

[确定] 按钮，为文字添加投影效果。

20. 继续利用 [T] 工具输入如图 7-21 所示的白色英文字母及文字。
21. 选择“节目单”文字，执行【对象】/【封套扭曲】/【用变形建立】命令，在弹出的【变形选项】对话框中将【样式】选项设置为【弧形】,【弯曲】选项的参数设置为“30%”，然后单击 [确定] 按钮。
22. 利用 [■] 工具绘制 3 个色块并放置在变形文字的下面，如图 7-22 所示，颜色分别为绿色（C:70,Y:100）、黄色（M:50,Y:100）和蓝色（C: 100）。

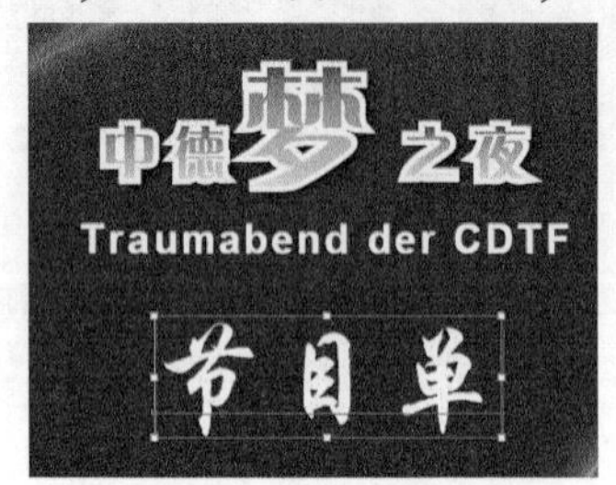

图7-21　输入的文字 4

图7-22　绘制的色块

23. 利用 [T] 工具在页面 2 中输入相关的节目文字内容，即可完成节目单的设计。
24. 按 Ctrl+S 组合键，保存此文件。

7.2　图层和蒙版

在实际操作过程中，图层和蒙版的作用非常重要。

7.2.1　功能讲解

通过创建图层，可以将图形独立出来，以便更灵活地进行编辑。利用蒙版的遮盖功能，可以把图像或图形放置到指定的路径内，得到图像根据指定的路径区域而显示的效果。

一、【图层】面板

形象地说，图层可以看作是许多形状相同的透明画纸叠加在一起。位于不同画纸中的局部图形叠加起来，便形成完整的图形。图层的最大优点就是可以方便地修改绘制的图形，主要包括同一图层中对象的复制、删除、隐藏、显示、锁定和移动等。执行【窗口】/【图层】命令（其快捷键为 F7），弹出如图 7-23 所示的【图层】面板。

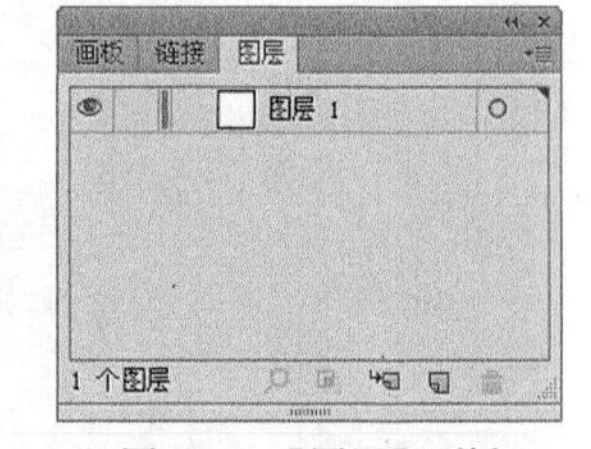

图7-23　【图层】面板

(1) 创建新图层。

在【图层】面板中创建新图层的方法主要有两种。

- 单击【新建图层】按钮 [新建图层按钮]，即可创建一个新图层。
- 单击【图层】面板右上角的 [菜单按钮] 按钮，在弹出的下拉菜单中选择【新建图层】命令。

图层与群组一样可以嵌套，当用户创建一级图层后，还可以在其下创建子图层，而子图层还可以再次嵌套子图层。如果要创建图层的子图层，可以在面板的下拉菜单中选择【新建子图层】命令，或者直接单击【图层】面板中的【创建子图层】按钮 [创建子图层按钮]。当图层创建子图层后，在此图层名称的前方将显示“▸”图标，单击此图标，将其转换为“▾”形态，即可将其下的子图层展开。

(2) 图层选项的设置。

利用【图层选项】对话框，可以对图层的属性进行设置。在【图层】面板中选择需要设置的图层，然后在其下拉菜单中选择【图层选项】命令，或者在面板中直接双击图层，即可弹出如图 7-24 所示的【图层选项】对话框。通过该对话框，可完成对图层名称、颜色的设置以及按照模板新建图层、图层是否锁定、是否显示、被打印、是否显示和图层内容的变暗比例等的设置。

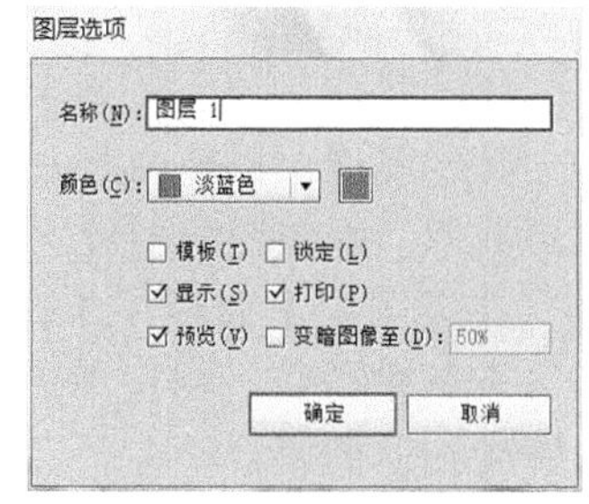

图7-24 【图层选项】对话框

(3) 移动图层及图层中的对象。

【图层】面板中的图层是按照一定的顺序叠放在一起的。图层叠放的顺序不同，在页面中产生的效果也不同。因此，在作图的过程中经常需要移动图层，调整其叠放顺序。其方法为：在【图层】面板中选择要移动位置的图层，然后将其向上或向下拖曳，此时【图层】面板中会有一线框跟随鼠标指针移动，当线框调整至适当的位置后，释放鼠标左键，当前图层即会移动到释放鼠标按键的图层位置。

利用【图层】面板，可以在不同的图层上方便地移动对象。首先选择需要移动的对象，然后在该图层右侧按下鼠标左键并将其拖曳至目标图层中。

另外，利用【编辑】菜单栏中的【剪切】、【复制】、【粘贴】命令，也可以将选择的对象移动到其他图层中。首先在页面中选择要移动的对象，按 Ctrl+X 组合键，将其剪切，然后将要移动至的目标图层设置为当前工作层，按 Ctrl+V 组合键，将剪切的对象移动到当前图层。

要点提示 在利用【剪切】和【复制】命令移动对象时，如【图层】面板下拉菜单中的【粘贴时记住图层】命令处于选择状态，则被粘贴的对象将总被粘贴至它们原来所在的图层中；只有将此命令的选择取消，才可将被粘贴的对象移动到指定的图层中。

(4) 复制图层。

选择需要复制的图层，然后在其下拉菜单中选择【复制图层】命令，或者在【图层】面板中直接将要复制的图层拖曳到按钮上，即可将选择的图层复制。

(5) 删除图层。

选择需要删除的图层，然后在其下拉菜单中选择【删除图层】命令，或者单击【图层】面板中的按钮，即可将选择的图层删除。

(6) 隐藏及显示图层。

在操作过程中，为了更加方便地操作，有时需要将某个或多个图层隐藏，以减少在操作过程中的干扰。

在【图层】面板中，每个图层的左侧都有一个“ ”图标，这表明该图层处于显示状态。单击该图标，“ ”图标消失，同时页面中该图层中的对象也消失，这表明该图层处于隐藏状态。反复单击此图标，可以使图层在显示与隐藏之间转换。

若在【图层】面板中有很多隐藏的图层，想将其全部显示，可以在【图层】面板的下拉菜单中选择【显示所有图层】命令，使所有图层显示出来。

(7) 以线稿形式显示。

以线稿形式显示图层中的图形，可以在很大程度上提高操作速度，减少绘图时间。按住Ctrl键单击任意图层左侧的“ ”图标，该图标将变为“ ”图标，此时所有位于该图层中的对象都将以线稿的形式显示；再次按住Ctrl键单击该图层左侧的“ ”图标，可使该图层中的图形再次以预览的形式显示。

(8)　锁定图层。

锁定图层可以使图层中的所有对象处于锁定状态，以保护该图层中的所有对象不会被编辑或删除；解除图层的锁定状态后，即可恢复对图层中操作对象的编辑状态。

在【图层】面板中单击“ ”图标右侧的灰色框，可以锁定当前图层。图层被锁定后，灰色框位置处将出现“ ”标记，表示该图层已经被锁定；再次单击“ ”标记，即可解除图层的锁定状态。

如果要锁定当前操作图层外的其他图层，首先要在【图层】面板中选择需要编辑的当前图层，然后在【图层】面板的下拉菜单中选择【锁定其他图层】命令，或者按住Alt键单击编辑图层前面的灰色框，即可将其他图层锁定。当将其他图层锁定后，【图层】面板下拉菜单中的【锁定其他图层】命令将显示为【解锁所有图层】命令，再次选择此命令，可解除所有锁定图层的锁定状态。

(9)　图层合并。

在操作过程中，过多的图层将会占用许多内存资源，所以有时需要将多个图层进行合并。首先在【图层】面板中选择需要合并的图层，然后在【图层】面板的下拉菜单中选择【合并所选图层】命令，即可完成图层的合并。执行合并操作时，所选图层中的所有对象都将合并到位于选择图层最上面的图层中。

二、　蒙版

蒙版具有遮盖图形的功能，它可以遮挡住蒙版以外的图形，使其不能显示。只有蒙版以内的图形，才能透过蒙版显示出来。图 7-25 所示为制作蒙版之前选择的路径与制作蒙版后的效果。

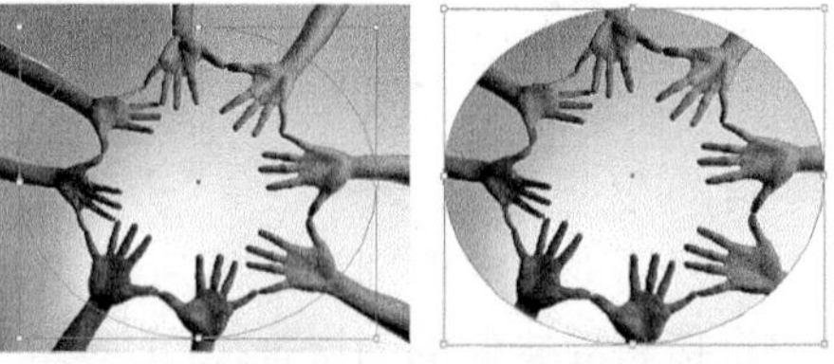

图7-25　制作蒙版之前选择的路径与制作蒙版后的效果

在制作蒙版效果之前，首先要将用作蒙版的路径放置于被遮盖对象的上面，并用选择工具将两者同时选择，然后执行【对象】/【剪切蒙版】/【建立】命令，将位于上层的路径制作为蒙版。将路径制作为蒙版后，路径将丢失原来的填充及笔画属性，也就是变为一条填充色与笔画色均为无色的蒙版路径。创建蒙版后，执行【对象】/【剪切蒙版】/【释放】命令，可以将蒙版路径与被遮盖对象分离。

(1)　设置不透明蒙版。

要制作图像的不透明蒙版效果，需要选择两个用于制作不透明蒙版的图像，执行【窗口】/【透明度】命令，打开如图 7-26 所示的【透明度】面板，单击右上角的 按钮，在弹出的下拉菜单中选择【建立不透明蒙版】命令即可。图 7-27 所示为选择的原图与生成的不透明蒙版效果对比。

制作不透明蒙版效果后，【透明度】面板形态如图 7-28 所示。利用该面板还可以对其进行编辑，包括取消不透明蒙版效果、禁用/启用蒙版效果及剪切与反相蒙版效果等。

图7-26 【透明度】面板

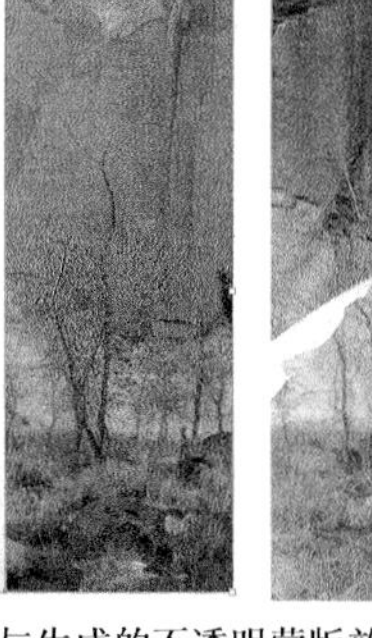

图7-27 选择的原图与生成的不透明蒙版效果对比

(2) 取消透明蒙版效果。

要取消透明蒙版效果，可以在透明蒙版效果被选中的情况下，在【透明】面板的下拉菜单中选择【释放不透明蒙版】命令。

(3) 禁用/启用透明蒙版效果。

禁用蒙版效果命令可以在不取消透明蒙版的情况下，观察未使用蒙版前的图形效果。其操作为：在透明蒙版效果处于被选择的情况下，在【透明】面板的下拉菜单中选择【停用不透明蒙版】命令。此时页面中将只显示需要制作蒙版效果的图像，且【透明度】面板中用于制作蒙版的图像上显示一个红色的叉号，如图 7-29 所示。

图7-28 【透明度】面板形态

图7-29 【停用不透明蒙版】命令后的面板形态

当选择【停用不透明蒙版】命令后，系统会自动将此命令变为【启用不透明蒙版】命令，再次选择此命令，可还原图像的透明蒙版效果。

(4) 剪切不透明蒙版效果。

如果在【透明度】面板中选择【剪切】复选项，需要制作效果的图像将根据上面用于制作效果的图像进行剪切，从而生成具有部分隐藏的图像效果。

(5) 反相透明蒙版效果。

如果在【透明度】面板中选择【反相蒙版】复选项，系统会将生成的蒙版图像进行反相，即在用来制作蒙版效果对象中的深色调区域显示其底层需要添加蒙版效果的图像，而浅色调区域将隐藏底层的图像，如图 7-30 所示。

图7-30 选择【反相蒙版】选项前后的效果对比

7.2.2 范例解析——应用图层设计封面

本实例将设计如图 7-31 所示的图书封面，使读者掌握如何设计封面印刷稿，并更加明确图层在设计中的重要性。封面的印刷成品尺寸为宽 185mm、高 260mm、书脊厚度 20mm。

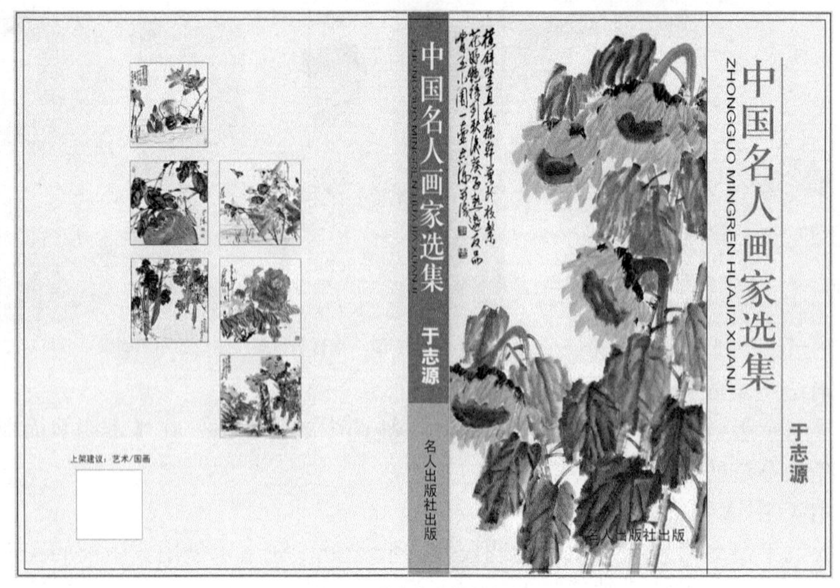

图7-31　设计完成的图书封面

【步骤提示】

1. 执行【文件】/【新建】命令，在弹出的【新建文档】对话框中将文件【名称】设置为"封面"，【宽度】设置为"390mm"，【高度】设置为"260mm"，单击 确定 按钮，创建一个新文件。
2. 利用▭工具沿着出血线绘制矩形，然后填充浅色（C:5,M:5,Y:10），打开【图层】面板查看图层，如图7-32所示。
3. 在【图层】面板中双击"图层 1"位置，把名称改为"底色"，然后锁定该图层，如图7-33所示。

图7-32　绘制的图形

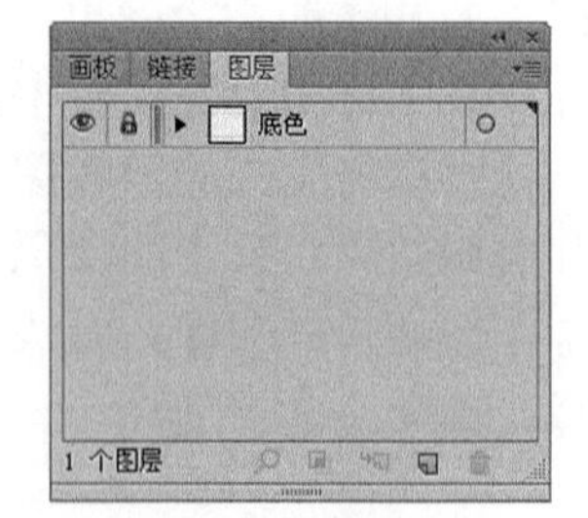

图7-33　图层状态

4. 单击▭按钮，新建"图层 2"，然后把图层名称改成"参考线"，如图7-34所示。
5. 按 Ctrl+R 组合键，给文件添加标尺，然后在185、205位置添加两条参考线，在【图层】面板中将"参考线"图层锁定，如图7-35所示。

图7-34　新建图层 1

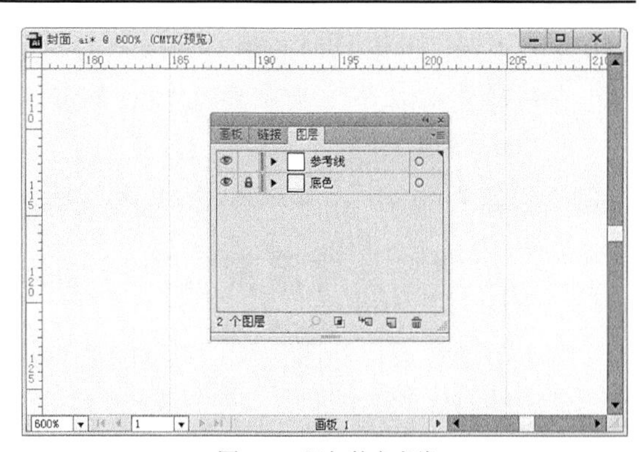

图7-35　添加的参考线

6. 单击按钮，新建“图层 3”，然后把图层名称改成“图形”，如图 7-36 所示。
7. 选择工具，在书脊位置绘制两个图形，分别填充上褐色（C:40,M:60,Y:80）和灰色（K:40），如图 7-37 所示。

图7-36　新建图层 2

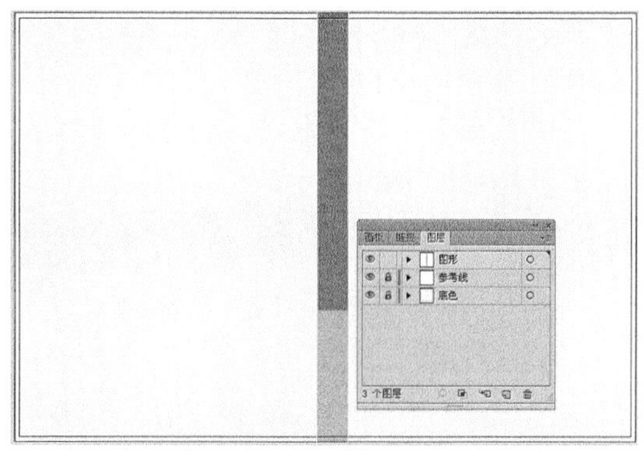

图7-37　绘制的图形

8. 执行【文件】/【置入】命令，置入附盘文件“图库\第 07 章\国画.psd”。
9. 执行【对象】/【取消编组】命令，分别调整图片并将其放置到如图 7-38 所示的位置。
10. 单击按钮，新建“图层 4”，然后把图层名称改成“文字”。
11. 在封面和书籍中输入如图 7-39 所示的书名、作者及出版社名称。

图7-38　置入的图片

图7-39　输入的文字

12. 选择封面中右下方的出版社文字，执行【效果】/【风格化】/【外发光】命令，添加外

发光效果，然后在封面书名的右侧绘制竖向线条，将书名与作者相连。

13. 在封底中的左下方绘制白色矩形并输入“上架建议：艺术/国画”文字，即可完成封面的设计。
14. 按 Ctrl+S 组合键，保存文件。

7.2.3 实训——应用蒙版设计商场吊旗

本小节通过设计如图 7-40 所示的商场吊旗，来讲解蒙版的运用。

图7-40 制作的商场吊旗

【步骤提示】

1. 创建一个新的文件。
2. 利用工具绘制圆角矩形图形，然后利用和工具绘制出如图 7-41 所示的图形，注意两图形相交位置的形态。
3. 同时选择两个图形，执行【窗口】/【路径查找器】命令，在弹出的【路径查找器】面板中单击右下角的按钮，图形修剪后的形态如图 7-42 所示。

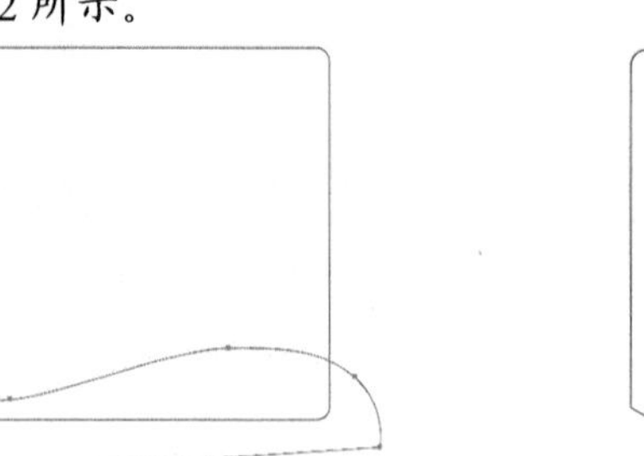

图7-41 绘制的图形

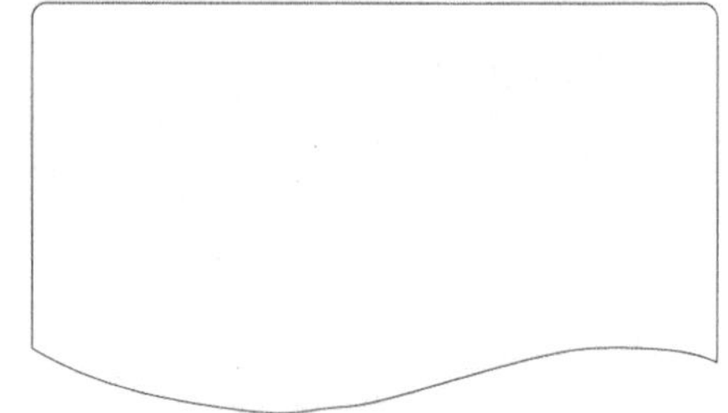

图7-42 图形修剪后的形态

4. 执行【文件】/【置入】命令，置入附盘文件“图库\第 07 章\蔬菜.jpg”。
5. 按 Shift+Ctrl+[组合键，将导入的图片调整至修剪图形的下方，并调整至如图 7-43 所示的大小。
6. 将图片与修剪图形同时选择，执行【对象】/【裁切蒙版】/【建立】命令，为图片添加裁切蒙版，效果如图 7-44 所示。

图7-43 图片调整后的大小

图7-44 建立蒙版后的效果

7. 利用工具输入如图 7-45 所示的黑色文字，然后执行【对象】/【扩展】命令，将文字转换为图形，再为其填充如图 7-46 所示的渐变色。

图7-45　输入的文字

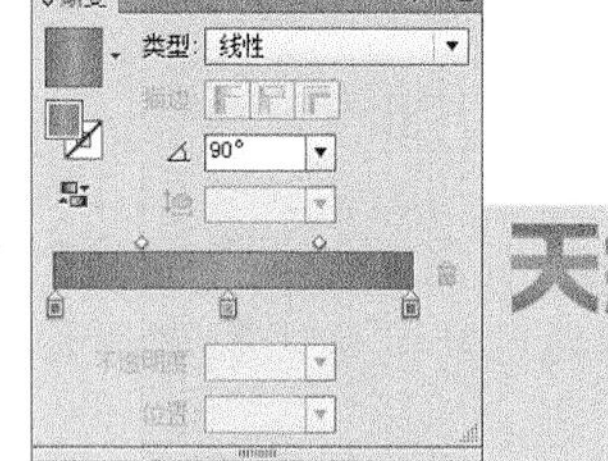

图7-46　填充的渐变色

8. 为文字添加白色的描边效果，然后调整大小并移动到如图 7-47 所示的位置。
9. 选择图片，执行【效果】/【风格化】/【投影】命令，在弹出的【投影】对话框中单击 确定 按钮，为图片添加如图 7-48 所示的投影效果。

图7-47　文字放置的位置

图7-48　添加的投影效果

10. 按 Ctrl+S 组合键，将此文件命名为"商场吊旗.ai"并保存。

7.3 综合案例——设计蛋糕包装平面展开图

本节通过设计如图 7-49 所示的蛋糕包装平面展开图，来练习本章介绍的工具和命令。

图7-49　蛋糕包装

【步骤提示】

1. 执行【文件】/【新建】命令，新建一个【宽度】为“700mm”，【高度】为“600mm”的文件，然后根据页面大小绘制一个灰色的矩形，再执行【对象】/【锁定】/【所选对象】命令，将矩形锁定。
2. 给文件添加标尺后，根据蛋糕包装平面展开图的结构和尺寸添加参考线。每一个面的尺寸可以找一个类似的包装盒将其展开后通过测量来定义。本例添加的参考线如图 7-50 所示。
3. 利用▢、✎和↖工具，根据参考线绘制平面展开图的每一个结构，如图 7-51 所示。

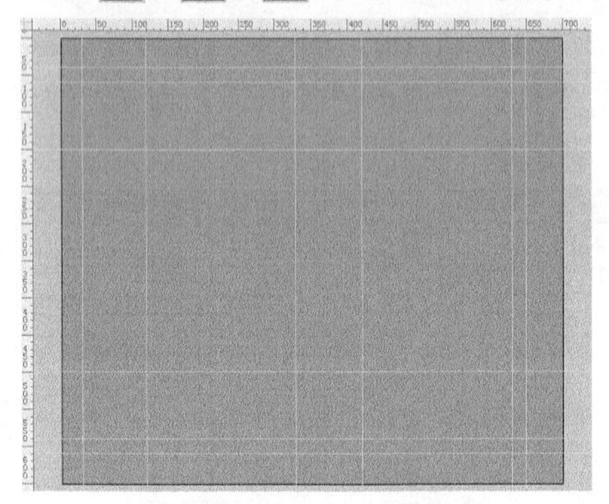

图7-50　添加的参考线

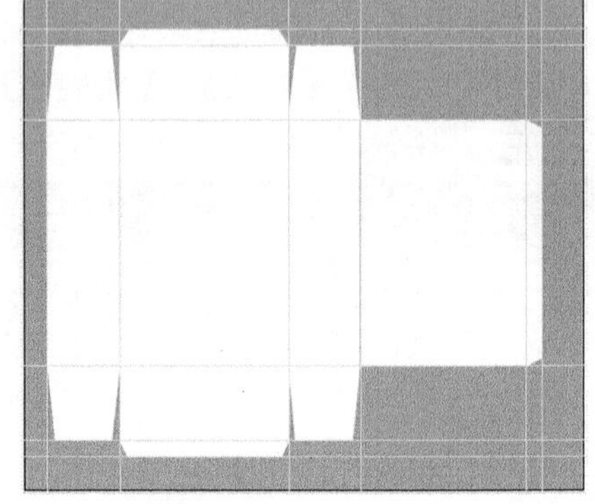

图7-51　绘制的结构

4. 利用▢工具给各个面的图形填充深蓝色（C:100,M:100,K:14）到浅蓝色（C:65,M:32,K:9）再到深蓝色（C:100,M:100,K:14）的线性渐变色，上边的面和下边的面填充深蓝色（C:100,M:100,Y:14）。整体效果如图 7-52 所示。
5. 按 Ctrl+A 组合键，选择页面中的所有图形，然后执行【对象】/【锁定】/【所选对象】命令，将所有图形锁定，这样在后面编辑其他图形时，这些图形就不会被选择。
6. 执行【文件】/【置入】命令，置入附盘文件“图库\第 07 章\蛋糕.jpg”。
7. 利用✎和↖工具在包装盒正面下方位置绘制出如图 7-53 所示的图形。

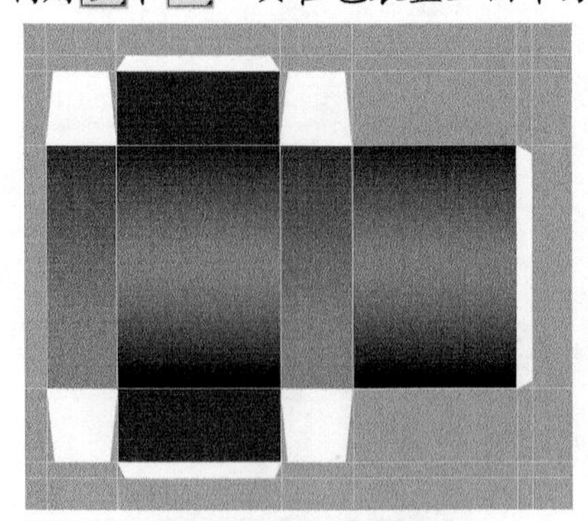

图7-52　整体效果

图7-53　绘制的图形 1

8. 选择绘制好的图形与置入的图片，然后执行【对象】/【剪切蒙版】/【建立】命令。创建蒙版后的形态如图 7-54 所示。
9. 利用✎和↖工具绘制如图 7-55 所示的图形，颜色填充为浅粉色（M:20）到深粉色（M:85）再到浅粉色（M:20）的径向渐变色。

图7-54 创建蒙版后的形态

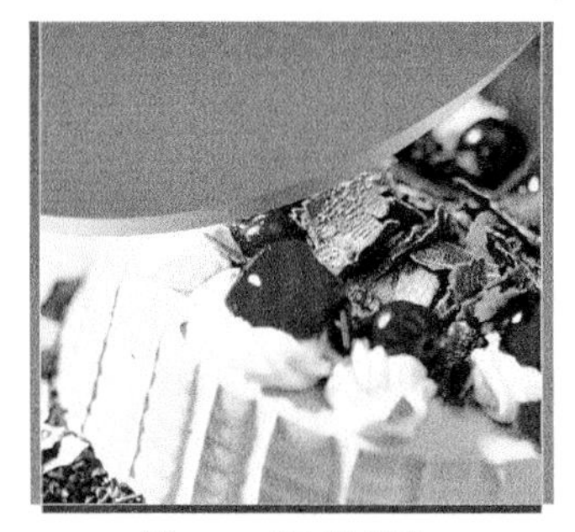

图7-55 绘制的图形 2

10. 执行【效果】/【风格化】/【投影】命令，给图形添加如图 7-56 所示的投影效果。
11. 利用和工具绘制如图 7-57 所示的图形，填充颜色为深蓝色（C:100,M:100,K:47）到浅蓝色（C:65,M:32,K:9）再到深蓝色（C:100,M:100,K:47）的线性渐变色。

图7-56 投影效果

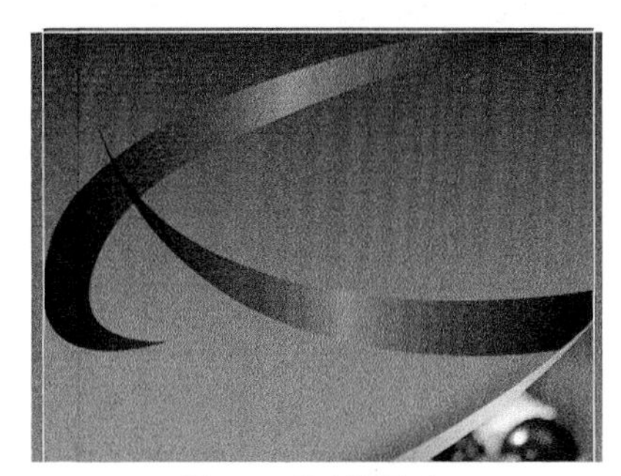

图7-57 绘制的图形 3

12. 利用工具在画面中输入文字，将输入文字的描边宽度设置为“3 pt”，颜色设置为红色（M:100,Y:100），如图 7-58 所示。
13. 选择文字后执行【对象】/【扩展】命令，扩展文字。
14. 执行【对象】/【取消编组】命令，将文字取消编组后分别调整一下大小，并利用工具把文字调整成如图 7-59 所示的倾斜形态。

图7-58 输入的文字 1

图7-59 调整后的倾斜形态

15. 把文字放置到包装画面中后再绘制如图 7-60 所示的图形。
16. 继续利用和工具绘制一条路径后，再利用工具沿路径输入如图 7-61 所示的文字，文字颜色为紫红色（M:100）。

图7-60 绘制的图形 4

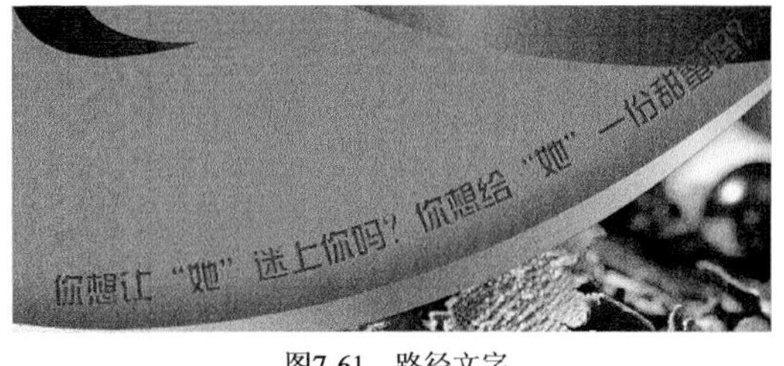

图7-61 路径文字

17. 单击【符号】面板右上角的按钮，在弹出的下拉菜单中选择【打开符号库】/【至尊矢量包】命令。在弹出的【至尊矢量包】面板中选择“至尊矢量包 03”符号，将其拖曳到画面中，在符号上单击鼠标右键，在弹出的快捷菜单中选择【断开符号链接】命令，将所选符号进行转换。
18. 将转换后的符号填充暗红色（C:16,M:100,Y:100,K:16）到浅红色（C:12,M:66Y:58）再到暗红色（C:16,M:100,Y:100,K:16）的线性渐变色，效果如图 7-62 所示。
19. 利用T工具输入如图 7-63 所示的白色文字。

图7-62　符号图形

图7-63　输入的文字 2

20. 把制作的图形全部选择后通过复制得到平面展开图中另一个面上的图形内容，如图 7-64 所示。
21. 通过复制和旋转等操作，为侧面和顶面也复制出图形，如图 7-65 所示。

图7-64　复制得到的图形内容 1

图7-65　复制得到的图形内容 2

22. 利用T工具输入如图 7-66 所示的文字，旋转角度后放置到包装的左侧面。
23. 利用工具在中间侧面的上方绘制一个红色（M:100,Y:100）图形，并在绘制好的图形上面输入如图 7-67 所示的“换新装了！”文字。

配料：草莓汁、牛奶巧克力、白砂糖、脱脂奶粉、乳糖、奶脂肪、
乳化剂、食用香料、葡萄糖浆、麦芽糖、小麦粉、果胶、食用盐
存储条件：相对湿度60%以下
卫生许可证：京卫食字（2010）第11223355号
保质期：20天
地址：北京市朝阳区青年路00号
电话：010—0000000
北京市迷你食品有限公司

图7-66　输入的文字 3

图7-67　绘制的图形及输入的文字

24. 至此，包装设计完成，按Ctrl+S组合键，将此文件命名为“蛋糕包装.ai”并保存。

7.4 习题

图7-68 制作的标贴效果

1. 根据本章学习的内容，自己动手设计出如图 7-68 所示的标贴效果。

【步骤提示】

(1) 新建文件，利用[矩形]工具绘制矩形图形，然后利用[钢笔]工具在矩形下方的中间位置添加一个锚点。

(2) 利用[直接选择]工具将矩形左下方和右下方的锚点选择并向上移动位置，然后利用[转换锚点]工具将图形调整至如图 7-69 所示的形态。

(3) 置入附盘文件“图库\第 07 章\厨房.jpg”，按 Shift+Ctrl+[组合键，调整至底层，然后调整至如图 7-70 所示的大小。

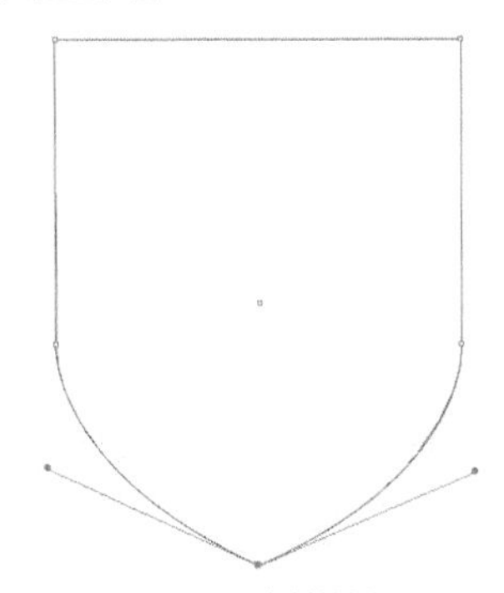
图7-69 绘制的图形

图7-70 调整后的大小

(4) 执行【效果】/【模糊】/【高斯模糊】命令，在弹出的【高斯模糊】对话框中将【半径】选项的参数设置为“2”像素，单击 确定 按钮，将图片模糊处理。

(5) 选择线形按 Ctrl+C 组合键复制，然后将图形与图片制作蒙版效果，再按 Shift+Ctrl+V 组合键，将线形粘贴至原处，并设置描边颜色为黄色（C:10,Y:85），描边宽度为“12pt”，如图 7-71 所示。

(6) 利用基本绘图工具及[T]工具依次绘制图形并输入文字，如图 7-72 所示。

图7-71 制作蒙版效果

图7-72 制作的标贴

(7) 置入附盘文件“图库\第 07 章\味精.psd”，调整大小后放置到文字的下方。

(8) 执行【效果】/【风格化】/【外发光】命令，在弹出的【外发光】对话框中将【模式】选项设置为“正常”，颜色设置为白色，【不透明度】选项设置为“100%”，【模糊】选

项设置为“3mm”，单击 确定 按钮，完成标贴制作。

2. 根据 7.3 节所学的蛋糕包装平面展开图设计，自己动手设计如图 7-73 所示的蛋卷包装盒平面展开图。

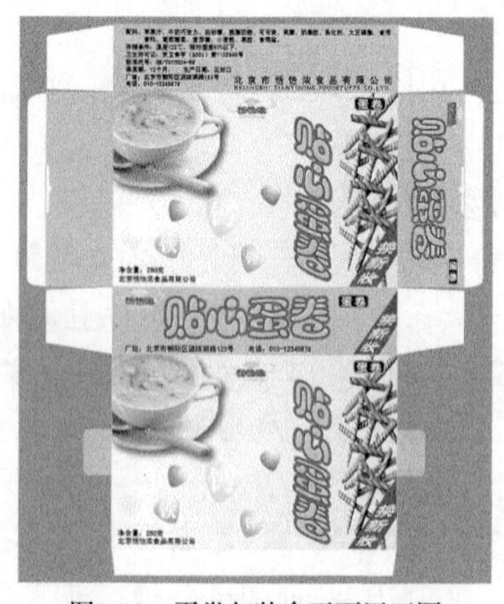

图7-73　蛋卷包装盒平面展开图

【步骤提示】

(1) 新建文件，添加上标尺后根据蛋糕包装平面展开图的结构和尺寸来添加参考线。

(2) 利用、和工具，根据参考线绘制出平面展开图的每一个结构，然后利用工具给两个主展面填充从白色到绿色（C:30,Y:65）的渐变色，效果如图 7-74 所示。

(3) 置入附盘文件“图库\第 07 章\菊花粥.psd”和“图库\第 07 章\蛋卷.psd”，利用【对象】/【剪切蒙版】/【建立】命令，创建蒙版后编排成如图 7-75 所示的版面。

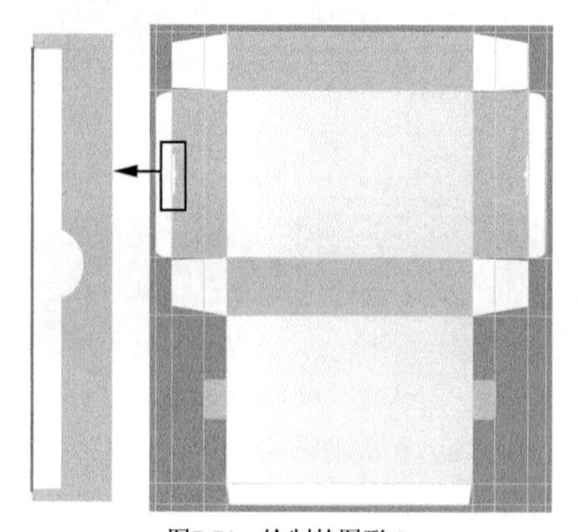

图7-74　绘制的图形 1

图7-75　图片放置的位置

(4) 利用和工具绘制图形，利用工具填充渐变色，然后在其上绘制图形并输入文字，如图 7-76 所示。

(5) 通过复制在两个主展面中得到如图 7-77 所示的图形，注意各复制图形颜色的调整。

图7-76　绘制的图形 2

图7-77　复制出的图形

(6) 置入附盘文件“图库\第 07 章\标志.ai”，然后在包装中依次输入文字内容，即可完成包装的设计。

第8章 效果的应用

【学习目标】

- 了解各种效果命令的功能和作用。
- 学会几种效果的制作方法。
- 了解各种工具及菜单命令的综合运用。

本章将讲解【效果】菜单命令的应用。利用该菜单下的命令，可以为绘制的图形或处理的图像制作出许多种特殊的艺术效果及精美的底纹效果。在作图过程中灵活运用这些命令，可以为作品锦上添花。

8.1 【效果】菜单

Illustrator CC 中【效果】菜单命令下的前两个命令默认情况下分别显示为【应用“上一个效果”】和【“上一个效果”】，但当执行了任一效果命令后，这两个命令将显示该效果的名称。如对选择的图像执行了【位移路径】命令，再次打开【效果】菜单时，前两个命令将分别显示为【应用“位移路径”】和【位移路径】。此时如选择【应用“位移路径”】命令，系统将对选择的图形直接进行路径的位移，其参数为上一次应用【位移路径】命令时的相同设置；如选择【位移路径】命令，系统将弹出【位移路径】对话框，此时用户可根据当前的需要对其参数进行重新设置。

要点提示 这两个命令的设置大大提高了用户的工作效率，使用户在连续执行多个相同的效果命令时不必每次都到【效果】命令菜单的子菜单中进行选择。如果在画面中进行了两步以上的效果操作，【效果】菜单下的前两个命令将显示为最后一次使用的效果命令。

8.1.1 功能讲解

【效果】菜单下还有两类菜单组，一类是 Illustrator 效果，另一类是 Photoshop 效果。Illustrator 效果为矢量效果，主要应用于矢量图形，只有部分命令可以应用到位图图像上。Photoshop 效果为位图效果，可以应用到位图图像上，但无法应用到矢量对象或黑白位图对象上。

一、 Illustrator 效果

(1) 【3D】：可以从二维（2D）图形创建三维（3D）对象。用户可以通过高光、阴影、旋转及其他属性来控制 3D 对象的外观，还可以为 3D 对象中的每一个表面贴图。

(2) 【SVG 滤镜】：此命令是一种综合的效果命令，它可以将图像以各种纹理填充，并进行模糊及设置阴影效果。

(3) 【变形】：使用【变形】效果命令，可以对选择的对象进行各种弯曲效果设置。

执行【效果】/【变形】命令，将弹出下一级子菜单。选择【变形】子菜单下的任一命令，系统都将弹出【变形选项】对话框，其中的选项除选择的【样式】不同外，其余的命令完全相同，形态如图 8-1 所示。

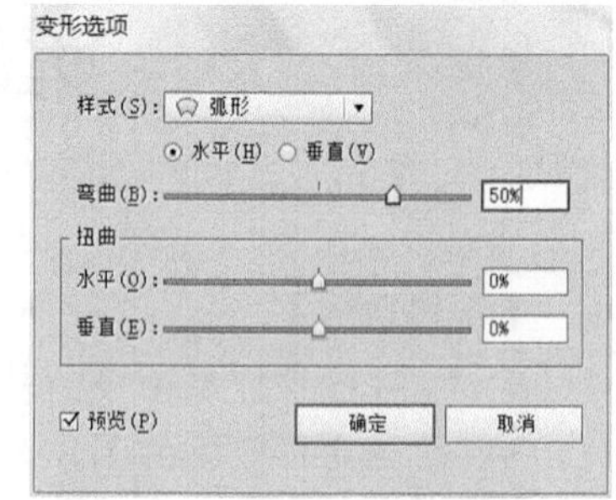

图8-1　【变形选项】对话框

- 【样式】选项：此选项决定选择对象的变形形态，其下拉列表中的选项与【变形】命令子菜单中显示的命令相同。
- 【弯曲】选项：决定选择对象的变形程度。数值为正值时，选择对象向上或向左变形；数值为负值时，选择对象向下或向右变形。
- 【扭曲】分组框：决定选择对象在变形的同时是否扭曲。其下包括【水平】和【垂直】两个选项。
- 【水平】和【垂直】选项：决定选择对象的变形操作是在水平方向上，还是在垂直方向上。
- 【预览】复选项：选择此复选项，将在画面中预览到对象的变形效果。

当在【变形选项】对话框中选择【水平】选项时，各种样式的文字效果如图 8-2 所示。

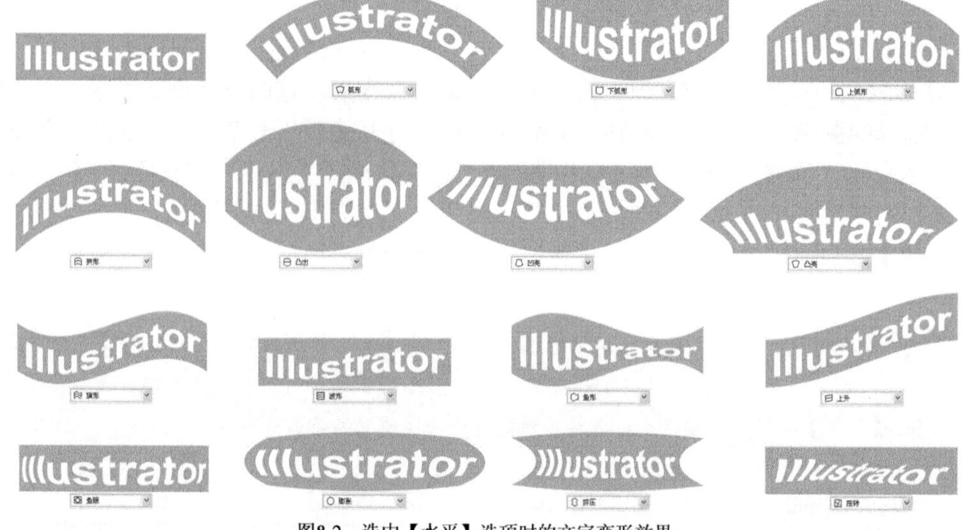

图8-2　选中【水平】选项时的文字变形效果

(4) 【扭曲和变换】：【扭曲和变换】子菜单下包括【变换】、【扭拧】、【扭转】、【收缩和膨胀】、【波纹效果】、【粗糙化】和【自由扭曲】命令。

- 【变换】命令：可以使选择的对象按精确的数值缩放、移动、旋转、复制及镜像等。
- 【扭拧】命令：可以对操作对象产生随机的涂抹效果。
- 【扭转】命令：可以使图形产生围绕中心旋转的变形效果。
- 【收缩和膨胀】命令：可以使操作对象在节点处开始向内或向外发生变化。
- 【波纹效果】命令：可以使图形的边缘产生波纹效果。
- 【粗糙化】命令：可以使图形边缘产生粗糙的效果，当把文字转化为图形后，再执行此命令可以得到特殊的文字效果。

- 【自由扭曲】命令：可以对操作对象进行自由变形。

(5) 【栅格化】：执行【栅格化】命令，可以将矢量对象转换为位图对象。在栅格化过程中，Illustrator 会将图形路径转换为像素。所设置的栅格化选项将决定结果像素的大小及特征。利用此命令栅格化图形，不会更改对象的底层结构；如果要永久栅格化对象，可执行【对象】/【栅格化】命令。

(6) 【裁剪标记】：除了指定不同画板以裁剪用于输出的图稿外，还可以在图稿中创建和使用多组裁剪标记。裁剪标记指示了所需的打印纸张剪切位置。需要围绕页面上的几个对象创建标记时，裁剪标记是非常有用的。裁剪标记在以下方面有别于画板。

- 画板指定图稿的可打印边界，而裁剪标记不会影响打印区域。
- 每次只能激活一个画板，但可以创建并显示多个裁剪标记。
- 画板由可见但不能打印的标记指示，而裁剪标记则用套版黑色打印出来。

(7) 【路径】：使用此命令可以把路径扩展、转换为轮廓化对象或给轮廓进行描边。

(8) 【路径查找器】：利用路径查找器，可以将选择的两个或两个以上的图形进行结合或分离，从而生成新的复合图形。

(9) 【转换为形状】：可以将矢量对象的形状转换为矩形、圆角矩形或椭圆，用户可使用绝对尺寸或相对尺寸设置形状的尺寸。对于圆角矩形，应指定一个圆角半径，以确定圆角边缘的曲率。使用效果是一个方便的对象改变形状方法，而且它还不会永久改变对象的基本几何形状。效果是实时的，这就意味着用户可以随时修改或删除效果。

(10) 【风格化】：可以给图形制作内发光、圆角、外发光、投影、涂抹以及羽化效果。该命令与【效果】菜单下的【风格化】命令有所不同，希望读者注意。

二、 Photoshop 效果

(1) 【效果画廊】：执行此命令，将弹出【滤镜库】对话框，在该对话框中可为图像应用多种滤镜效果。

(2) 【像素化】：使用【像素化】效果命令，可以使图像的画面分块显示，呈现出一种由单元格组成的效果。

(3) 【扭曲】：使用【扭曲】效果命令，可以改变图像中的像素分布，从而使图像产生各种变形效果。

(4) 【模糊】：使用【模糊】效果命令，可以对图像进行模糊处理，去除图像中的杂色，以使图像变得较为柔和、平滑。

(5) 【画笔描边】：使用【画笔描边】效果命令，可以用不同的画笔和油墨笔触效果使图像产生精美的艺术外观，为图像添加颗粒、绘画、杂色等效果。

(6) 【素描】：使用【素描】效果命令，可以利用前景色和背景色来置换图像中的色彩，从而生成一种更精确的图像效果。

(7) 【纹理】：使用【纹理】效果命令，可以在图像上制作出各种特殊的纹理及材质效果。

(8) 【艺术效果】：使用该菜单下的子命令，可以使图像产生多种不同风格的艺术效果。

(9) 【视频】：使用【视频】效果命令，可以将视频与普通图像进行相互转换。

(10) 【风格化】：使用【风格化】效果命令，可以使图像生成印象派的作品效果，其下的子菜单中只有【照亮边缘】一个命令，它可以搜索图像中对比度较大的颜色边缘，并为此边缘添加类似霓虹灯效果的亮光。

处理位图图像时，有些效果和效果命令不能支持 CMYK 颜色模式的文件，所以在使用这些效果和效果命令前，要对文件的颜色模式进行转换。如果要转换文件颜色模式，可执行【文件】/【文档颜色模式】/【RGB】或【CMYK】命令。

8.1.2 范例解析——制作爆炸效果

本小节通过制作如图 8-3 所示的爆炸效果，来练习本章介绍的部分【效果】命令。

图8-3 制作的爆炸效果

【步骤提示】

1. 创建一个新的文件。
2. 利用▢工具在页面中绘制黑色矩形，然后利用✎和▷工具绘制图形，并为其填充红色（M:100,Y:100），如图 8-4 所示。
3. 按 Ctrl+C 组合键，复制路径，然后执行【效果】/【风格化】/【羽化】命令，在弹出的【羽化】对话框中设置参数，如图 8-5 所示。单击 确定 按钮，羽化后的图形效果如图 8-6 所示。

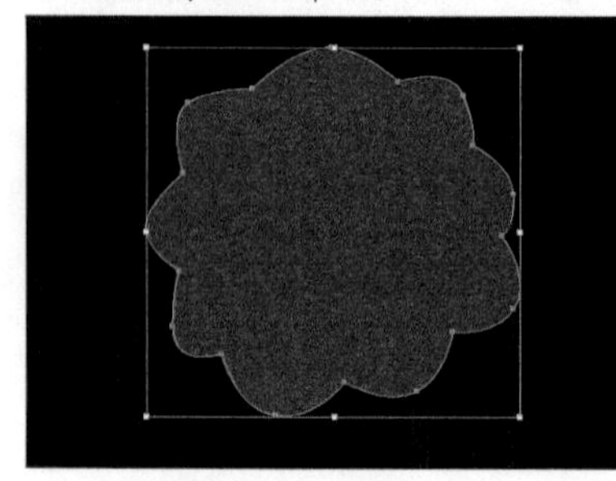

图8-4 绘制的图形

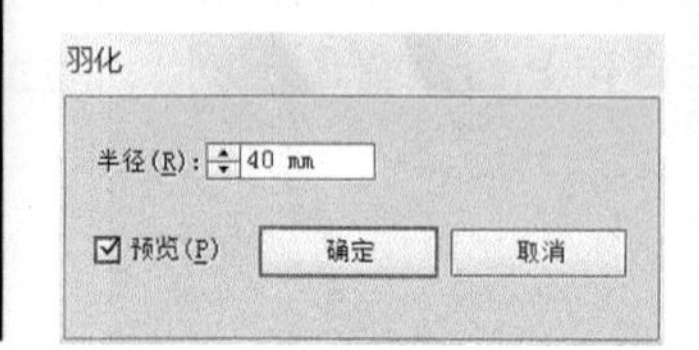

图8-5 【羽化】对话框

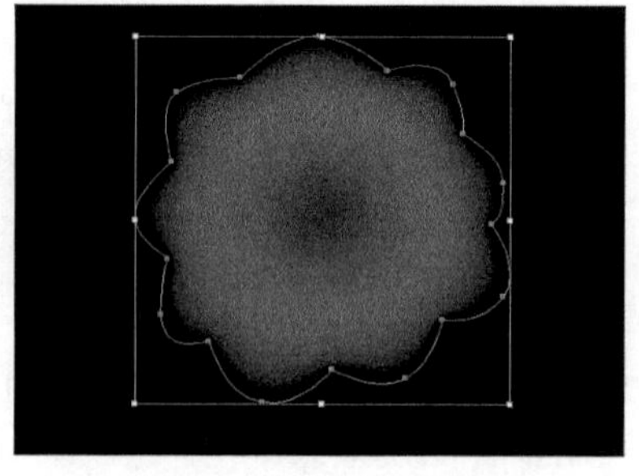

图8-6 羽化后的图形效果

4. 按 Ctrl+F 组合键，将剪贴板中的图形粘贴到当前图形的前面，并将填充色设置为白色，描边颜色设置为“无”。
5. 按 Shift+Alt 组合键，将图形以中心等比例缩小至如图 8-7 所示的大小。
6. 执行【效果】/【扭曲和变换】/【粗糙化】命令，在弹出的【粗糙化】对话框中设置各项参数，如图 8-8 所示。
7. 单击 确定 按钮，粗糙化效果如图 8-9 所示。

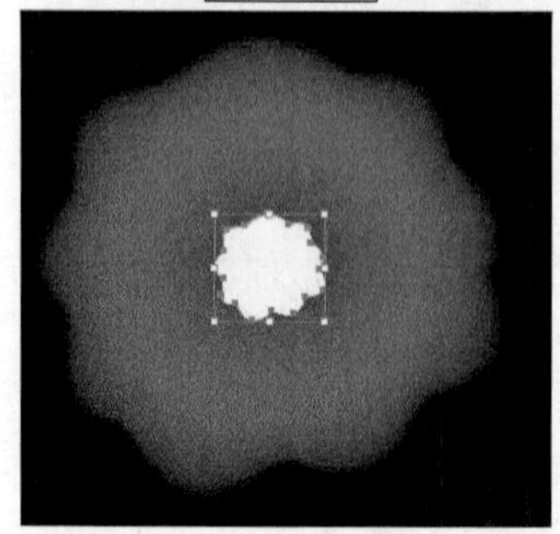

图8-7 缩小后的图形

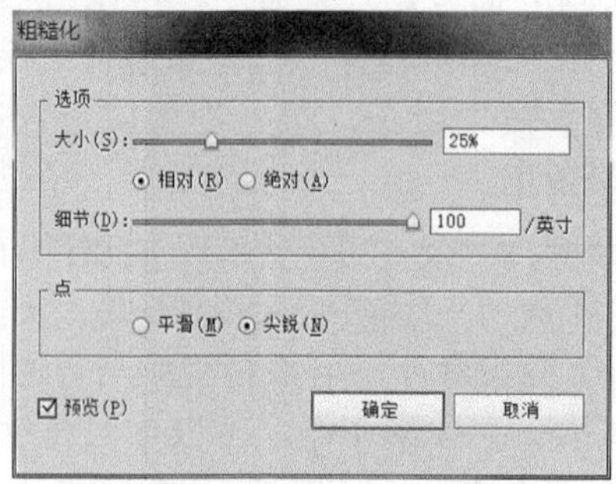

图8-8 【粗糙化】对话框

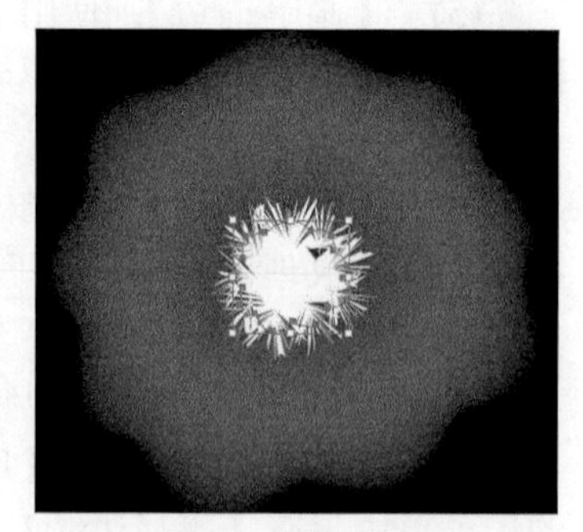

图8-9 粗糙化效果

8. 执行【效果】/【扭曲和变换】/【收缩和膨胀】命令，在弹出的【收缩和膨胀】对话框中将参数设置为“-200%”，单击 确定 按钮，收缩和膨胀效果如图 8-10 所示。

9. 按 Shift+Alt 组合键，将发射线以中心等比例放大，效果如图 8-11 所示。

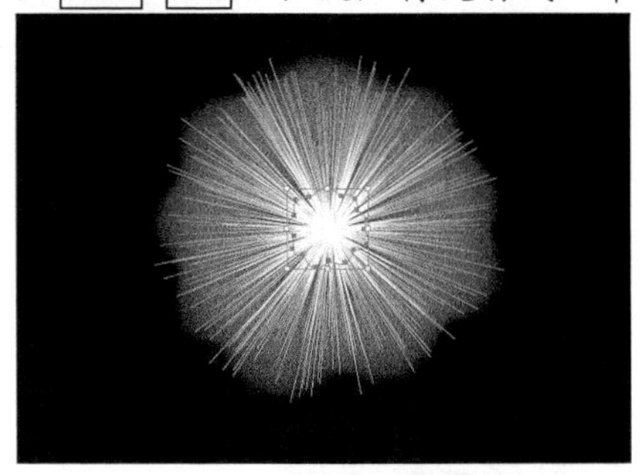

图8-10　收缩和膨胀效果

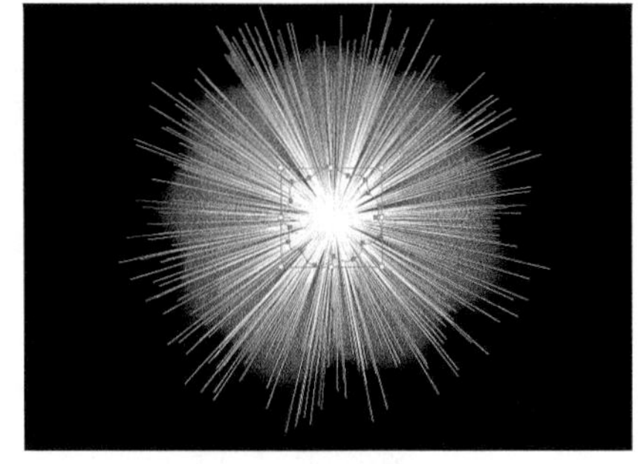

图8-11　放大后的效果

10. 双击 工具，在弹出的【混合选项】对话框中将【间距】设置为【指定的步数】;【步数】设置为“10”，激活 按钮。
11. 单击 确定 按钮，然后在选择的发射线图形上单击，再在羽化的图形上单击，将发射线和下面的羽化图形制作成混合效果，如图 8-12 所示。
12. 将混合后的效果左右拖大一些，效果如图 8-13 所示。

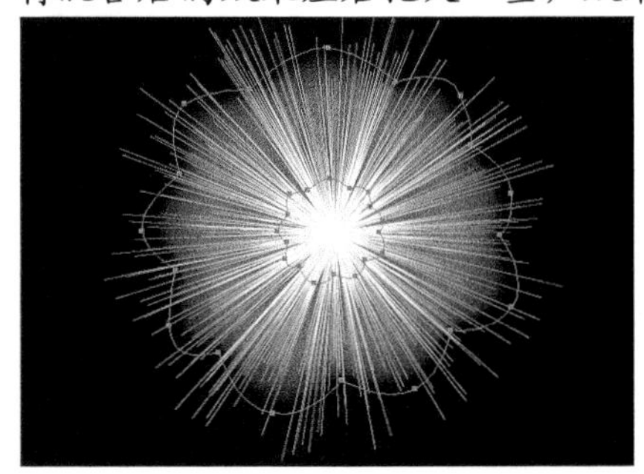

图8-12　混合后的效果

图8-13　调整大小后的效果

13. 按 Ctrl+S 组合键，将此文件命名为“爆炸效果.ai”并保存。

8.1.3 实训——制作水彩画效果

本案例灵活运用【效果】/【素描】/【水彩画纸】命令，制作出如图 8-14 所示的水彩画效果。

图8-14　制作的水彩画效果

【步骤提示】

1. 创建一个新的文件。
2. 利用【文件】/【置入】命令，置入附盘文件“图库\第 08 章\风景画.jpg”，如图 8-15 所示。

图8-15　置入的图片

3. 执行【效果】/【素描】/【水彩画纸】命令，在弹出的【水彩画纸】面板中设置各选项参数，如图 8-16 所示。

图8-16　设置的参数

4. 单击 确定 按钮，生成的水彩画效果如图 8-17 所示。
5. 利用【文件】/【置入】命令，置入附盘文件“图库\第 08 章\画框.jpg”，并按 Shift+Ctrl+[组合键，将其调整至风景画的后面。
6. 利用 工具调整风景画的大小，使其与画框相吻合，调整后的效果如图 8-18 所示。

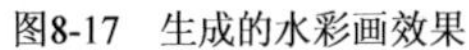

图8-17　生成的水彩画效果

图8-18　调整后的效果

7. 按Ctrl+S组合键，将此文件命名为“水彩画效果.ai”并保存。

8.2 综合案例——绘制生日贺卡

图8-19　制作的生日贺卡

本节通过绘制如图 8-19 所示的生日贺卡，来综合练习本章所介绍的部分【效果】命令。

【步骤提示】

1. 创建一个新的文件。
2. 利用▭工具在页面中绘制矩形，填充颜色为褐色（C:40,M:90,Y:100,K:5）。
3. 执行【效果】/【风格化】/【涂抹】命令，在弹出的【涂抹选项】对话框中设置各项参数，如图 8-20 所示。
4. 单击 确定 按钮，涂抹后的效果如图 8-21 所示。

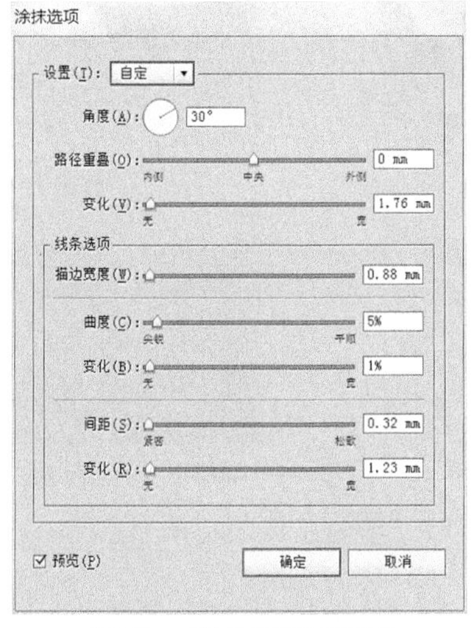

图8-20　【涂抹选项】对话框

图8-21　涂抹后的效果

5. 继续利用▭工具绘制矩形图形，然后为其填充渐变色，并将描边色设置为白色。填充的渐变颜色及效果如图 8-22 所示。
6. 按Shift+Ctrl+F10组合键，调出【透明度】面板，然后将【不透明度】选项的参数设置

为“60%”，效果如图 8-23 所示。

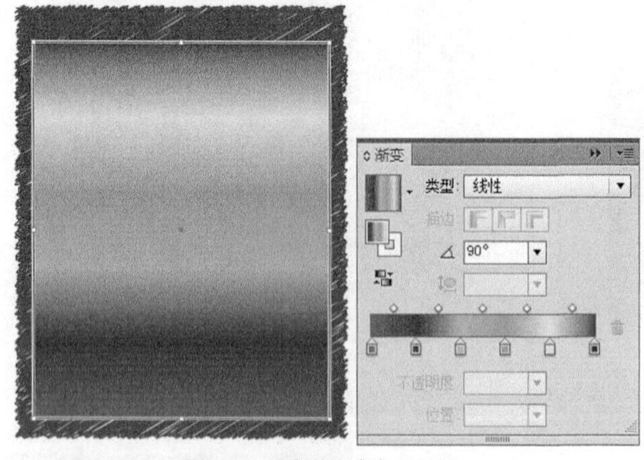

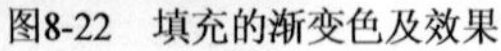
图8-22　填充的渐变色及效果

图8-23　设置不透明度后的效果

7. 利用和工具绘制并调整出如图 8-24 所示的“树干”图形，填充色为紫灰色（C:75,M:90,Y:55,K:25）。
8. 继续利用和工具绘制不规则图形，填充色为从深红色（C:30,M:100,Y:100）到黑色（C:45,M:100,Y:100,K:20）的径向渐变色。
9. 利用工具绘制椭圆形，并按 Ctrl+[组合键，将其调整至不规则图形的下方，然后将其填充色设置为从浅紫色（C:10,M:40,Y:15）、白色到浅紫色（C:10,M:40,Y:15）的线性渐变色，效果如图 8-25 所示。
10. 同时选中不规则图形和椭圆形，然后将其复制多次，并将复制出的图形调整大小后分别放置到如图 8-26 所示的位置。

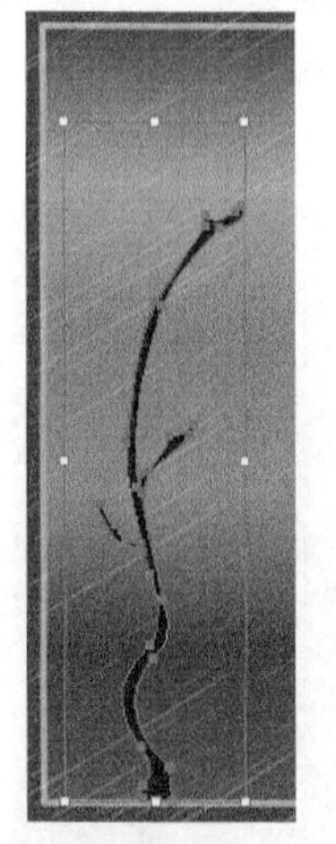
图8-24　绘制的“树干”图形

图8-25　绘制的“灯”图形

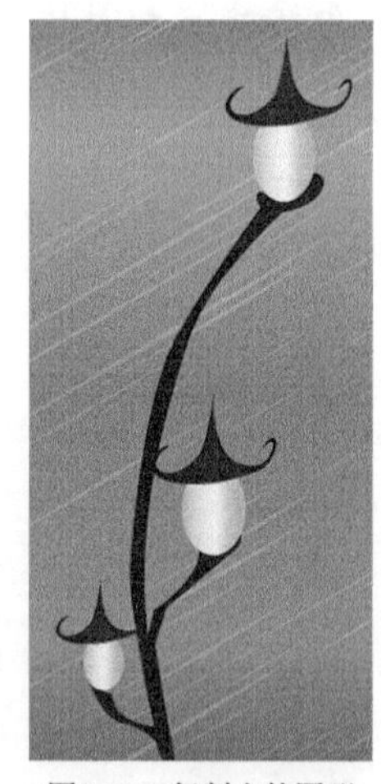
图8-26　复制出的图形

11. 再次利用和工具绘制并调整出如图 8-27 所示的“蘑菇”图形，其填充色为从黑色到深红色（C:15,M:95,Y:100）的线性渐变色。
12. 利用和工具绘制并调整出“蘑菇柄”图形，填充色为浅黄色（C:5,M:13,Y:22），然后选取工具，在“蘑菇柄”图形中单击添加网格，再将网格控制点的填充色设置为褐色（C:50,M:100,Y:98,K:40），效果如图 8-28 所示。
13. 按 Ctrl+[组合键，将“蘑菇柄”图形调整至“蘑菇”图形的后面，然后利用工具及移动复制图形的方法绘制白色圆形并依次复制，分别调整大小及位置后的效果如图 8-29 所示。

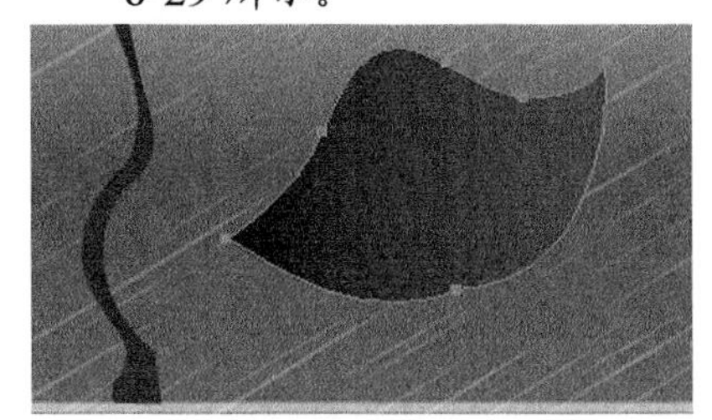

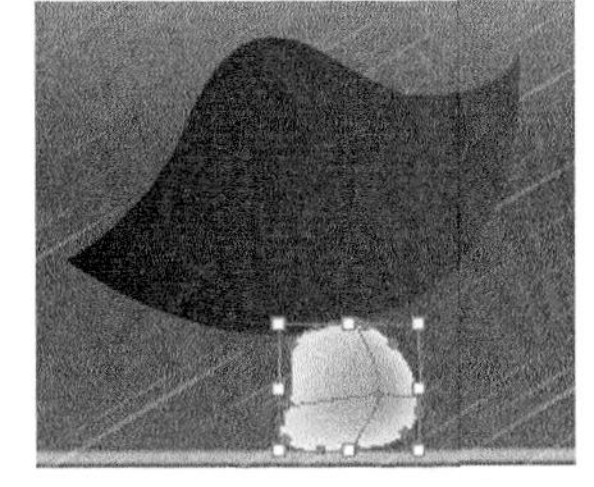

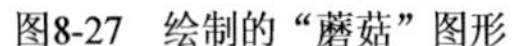

图8-27　绘制的“蘑菇”图形　　图8-28　绘制的“蘑菇柄”图形　　图8-29　复制出的图形

14. 使用相同的绘制方法，绘制并调整出如图 8-30 所示的黄色“蘑菇”图形。
15. 将两个蘑菇图形同时选择，然后按 Ctrl+G 组合键编组。
16. 按 Ctrl+C 组合键，将编组后的“蘑菇”图形复制到剪贴板中，再按 Ctrl+B 组合键，将剪贴板中的图形粘贴到当前图形的后面，然后将其填充色设置为白色。
17. 执行【效果】/【模糊】/【高斯模糊】命令，在弹出的【高斯模糊】对话框中将【半径】选项的参数设置为“20”像素，单击 确定 按钮。执行【高斯模糊】命令后的图形效果如图 8-31 所示。

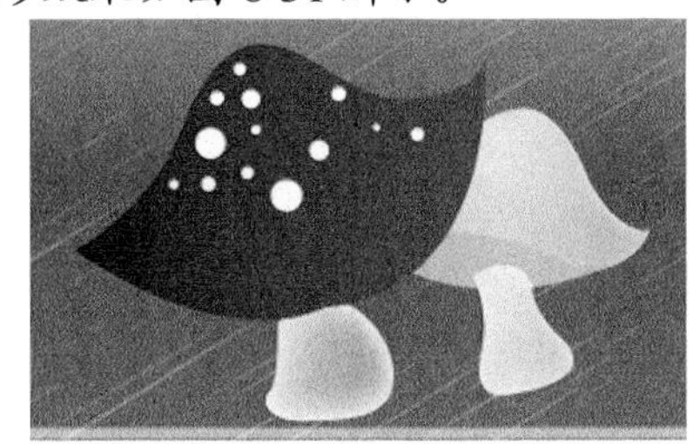

图8-30　绘制的黄色“蘑菇”图形

图8-31　执行【高斯模糊】命令后的图形效果

18. 打开附盘文件“图库\第 08 章\卡通人物.ai”，选择“卡通人物”图形，并按 Ctrl+C 组合键，将选择的图形复制到剪贴板中。
19. 将“未标题-1”文件设置为工作状态，按 Ctrl+V 组合键，将剪贴板中的“卡通人物”图形粘贴到当前页面中，然后将其调整大小后放置到如图 8-32 所示的位置。
20. 利用和工具绘制“叶茎”图形，并按 Ctrl+[组合键，将其调整至卡通图形胳膊的下方，其填充色为从黑色到深红色（C:15,M:95,Y:100）的线性渐变色，如图 8-33 所示。
21. 继续利用和工具绘制并调整出如图 8-34 所示的“叶子”图形，其填充色为从深红色（C:25,M:100,Y:100）到红色（M:70,Y:100）的径向渐变色。

图8-32　卡通人物放置的位置

图8-33　绘制的“叶茎”图形

图8-34　绘制的“叶子”图形

22. 执行【效果】/【扭曲和变换】/【粗糙化】命令，在弹出的【粗糙化】对话框中设置各项参数，如图 8-35 所示。
23. 单击 确定 按钮，执行【粗糙化】命令后的图形效果如图 8-36 所示。

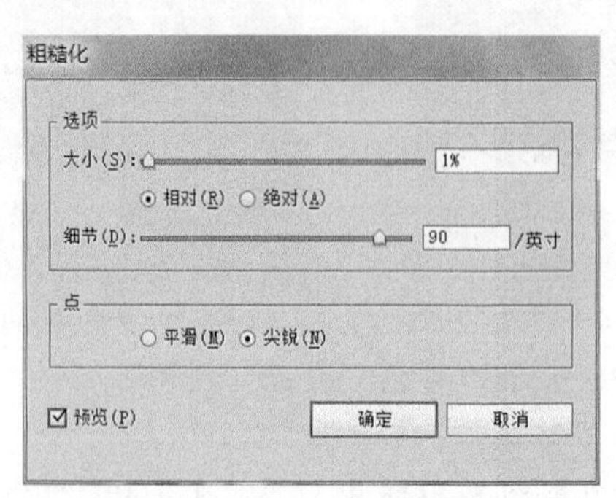

图8-35　【粗糙化】对话框

图8-36　执行【粗糙化】命令后的图形效果

24. 选择"叶子"图形，按 Ctrl+C 组合键，将其复制到剪贴板中，再按 Ctrl+B 组合键，将剪贴板中的图形粘贴到当前图形的后面，然后将其填充色设置为白色。
25. 执行【效果】/【模糊】/【高斯模糊】命令，在弹出的【高斯模糊】对话框中将【半径】参数设置为"20 像素"，单击 确定 按钮，执行【高斯模糊】命令后的图形效果如图 8-37 所示。
26. 再次利用和工具依次绘制并调整出如图 8-38 所示的"纹理"图形，其颜色为红色（M:70,Y:85），描边宽度为"1 pt"。

图8-37　执行【高斯模糊】命令后的图形效果

图8-38　绘制出的"纹理"图形

27. 利用工具在画面的右上角绘制出如图 8-39 所示的白色圆形，然后执行【对象】/【路径】/【分割下方对象】命令，会得到一个分割后的图形，将该图形删除得到如图 8-40 所示的效果。

图8-39　绘制的圆形

图8-40　分割后的效果

28. 利用工具绘制如图 8-41 所示的曲线，其颜色为红灰色（C:20,M:60,Y:60）。
29. 按 Shift+Ctrl+F11 组合键，调出【符号】面板，单击左下角的按钮，在弹出的命令列表中选择【庆祝】，然后在【庆祝】面板中将"王冠"和"蛋糕"符号依次拖曳到画面中，并调整至如图 8-42 所示的大小及位置。

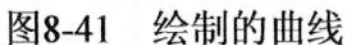
图8-41　绘制的曲线

图8-42　添加的符号图形

30. 利用 T 工具在蛋糕图形右侧输入“HAPPY BIRTHDAY”字母，颜色为淡黄色（Y:30），效果如图 8-43 所示。
31. 选择最下方的褐色图形，然后执行【效果】/【风格化】/【投影】命令，在弹出的【投影】对话框中设置各项参数，如图 8-44 所示。

图8-43　输入的字母

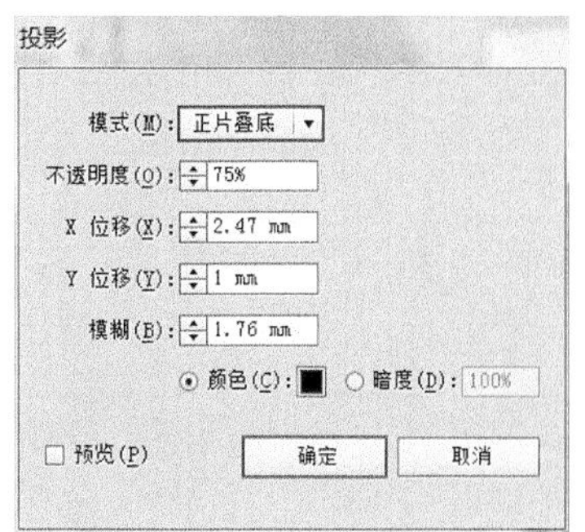

图8-44　设置的投影参数

32. 单击 确定 按钮，即可完成生日贺卡的制作，按 Ctrl+S 组合键，将文件命名为“生日贺卡.ai”并保存。

8.3 习题

1. 利用【效果】/【扭曲】/【玻璃】命令，将附盘文件“图库\第 08 章\风景.jpg”制作出如图 8-45 所示的玻璃效果。
2. 利用【效果】/【素描】/【绘图笔】命令，将附盘文件“图库\第 08 章\景点.jpg”制作出如图 8-46 所示的钢笔画效果。

图8-45　玻璃效果

图8-46　钢笔画效果

3. 利用【效果】/【纹理】/【纹理化】命令，将附盘文件“图库\第 08 章\花.jpg”制作出

如图 8-47 所示的纹理效果。

4. 利用【效果】/【风格化】/【照亮边缘】命令，将附盘文件“图库\第 08 章\景点.jpg”制作出如图 8-48 所示的霓虹灯效果。

图8-47　纹理效果

图8-48　霓虹灯效果

第9章　CIS 企业形象设计

【学习目标】

- 了解 VI 的概念。
- 了解企业导入 VI 的重要性。
- 了解 VI 设计包括的内容。
- 了解 VI 设计的基本原则。
- 学习并掌握 VI 所包含内容的设计方法。

CIS 是英文 Corporate Identity System 的缩写，直译为企业（团体）标识系统。它将企业的经营观念与精神文化传达给企业周围的团体和个人，反映企业内部的自我认识和公众对企业的外部认识，也就是将现代设计观念与企业管理理论结合起来，以刻画企业个性、突出企业精神，使消费者对企业产生认同感。

CIS 的基本构成要素分为 3 部分：统一的企业理念识别（Mind Identity），简称 MI；规范的企业行为识别（Behavior Identity），简称 BI；一致性的视觉形象（Visual Identity），简称 VI。这 3 者相辅相成，共同塑造企业独特的风格和形象，确立企业的主体特征。

本章将以设计“草原沐歌国际贸易有限公司”的 VI 手册为例，带领读者学习 VI 的设计方法，内容包括 VI 设计理论知识、图版设计、标志设计、标准字设计、标志标准组合、辅助图形设计以及各种应用部分的内容。

9.1　VI 设计理论知识

下面简要介绍一下有关 VI 设计的理论知识。

一、 VI 基本概念

VI 为视觉识别系统，是以企业标志、标准字、标准色为核心展开的完整的、系统的视觉传达体系。它是将 CIS（Corporate Identity System，企业形象识别系统）的非可视内容转化为静态的视觉识别符号，用丰富的、多样的应用形式，在最广泛的层面上进行最直接的视觉传播的一种设计手段。VI 也是 CIS 设计中最具传播力和感染力的一部分，它最容易被公众接受，是传播企业经营理念、建立企业知名度、塑造企业形象的快捷途径。

二、 企业导入 VI 的重要性

VI 作为系统地塑造企业形象的方法，是 20 世纪以来现代管理学、市场学、营销学、公共关系学、广告学、组织行为学和社会心理学成功运用的结果，也是平面设计师和许多优秀企业家经营实践的智慧结晶。它通过良好的视觉形象设计，以视觉符号的标志为发展中心，将企业形象作统一的、有组织的系统传播，使企业能迅速地被大众所识别，从而产生认同感。

任何一家企业，要想在市场众多品牌中突出自己的产品，具有市场的竞争力，让消费者认识自己的企业、认可自己的产品，尽快导入并实施 VI 战略是非常必要的。

三、 VI 设计包括的内容

VI 手册的设计一般分为基础系统设计和应用系统设计两部分。基础系统设计一般包括 CIS 图版、标志、标准字体、企业标志标准组合、企业标准色和辅助色以及辅助图形的设计等。应用系统设计一般包括文化办公用品、公务礼品、服装服饰、标牌旗帜、宣传品、交通工具以及企业外部建筑环境的设计等。

四、 VI 设计流程

VI 设计从最初的准备阶段，到设计开发以及后来的反复修正，要经过很多的流程，但具体实施主要包括以下几个方面。

(1) 调研（目标顾客审美偏好、行业与品类特性、企业文化与理念）。

(2) 品牌战略定位解读。

(3) 设计战略方向。

(4) LOGO 设计。

(5) 基础系统设计。

(6) 应用系统设计。

五、 VI 设计的基本原则

VI 的设计不是机械的符号操作，而是以 MI（理念识别）为内涵的生动表述。VI 设计应多角度、全方位地反映企业的经营理念。进行 VI 设计时，要注意以下 6 个原则。

(1) 风格统一性原则。

为了达成企业形象对外传播的一致性与一贯性，应该运用统一设计和统一大众传播，用完美的视觉一体化设计，将信息与认识个性化、明晰化、有序化，把各种形式传播媒体上的形象统一，创造能储存与传播的统一的企业理念与视觉形象，这样才能集中与强化企业形象，使信息传播更迅速有效，给社会大众留下强烈的印象与影响力。

(2) 强化视觉冲击原则。

企业形象为了能获得社会大众的认同，必须是个性化的、与众不同的，因此，强化视觉冲击原则十分重要。

(3) 强调人性化、增强民族个性与尊重民族风俗原则。

企业形象的塑造与传播应该依据不同的民族文化。许多企业的崛起和成功，民族文化是其根本的驱动力。

(4) 可实施性原则。

VI 设计不是设计师的异想天开，而是要求具有较强的可实施性。如果在实施性上过于麻烦，或者因成本昂贵而影响实施，再优秀的 VI 设计也会由于难以落实而成为空中楼阁、纸上谈兵。

(5) 符合审美规律的原则。

VI 设计要符合审美规律。由于有了大自然的无私奉献，从每年的春夏秋冬到每天的朝霞余晖，人们饱览和感受了各种不同的色彩变化。我们认识这个世界的美丽也是从色彩开始的。色彩不仅象征着自然迹象，同时也象征着生命的活力。VI 设计没有色彩的世界是不可想象的。

(6) 严格管理的原则。

VI 系统内容相当广泛，在实施过程中要充分注意各实施部门或人员的一致性，应严格按照 VI 手册的规定执行，保证企业视觉识别的统一性。

草原沐歌国际贸易有限公司的 VI 手册图例如图 9-1 所示。

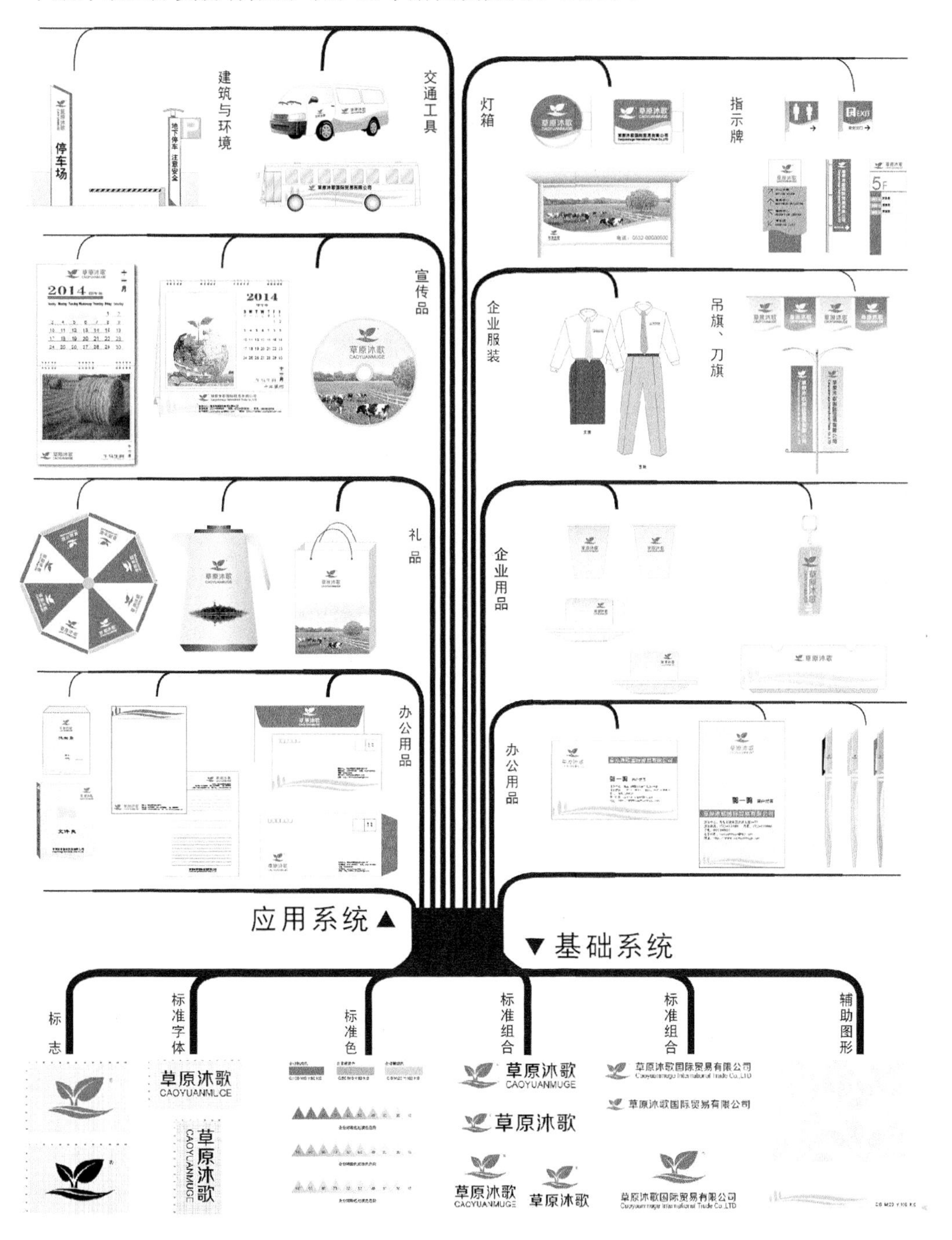

图9-1　草原沐歌国际贸易有限公司的 VI 手册图例

由于在前面的章节中，本书已对各命令及案例进行了详细讲解，因此本章案例的操作将只以提示的方式给出，希望读者能独立完成。

9.2 范例解析——VI 设计基础部分

本节来讲解 VI 设计的基础部分。首先要确定企业的标志，然后设计 VI 手册图版并进行以下设计。草原沐歌国际贸易有限公司的标志图形如图 9-2 所示。

图9-2　草原沐歌国际贸易有限公司的标志图形

【步骤提示】

灵活运用基本绘图工具及T工具绘制标志图形，其颜色为绿色（C:100,Y:80）。

绘制完标志图形后，如右上角的小圆形是利用◎工具创建的，可执行【对象】/【扩展】命令，将图形的轮廓设置为填充，这样在以后修改标志图形颜色时将非常方便。

9.2.1 设计 VI 手册图版

VI 手册图版是 VI 手册的标准版式。所有 VI 视觉识别系统中的元素都要排放到图版中装订成册。本例设计的 VI 手册图版如图 9-3 所示。

图9-3　设计的 VI 手册图版

【步骤提示】

1. 新建文件，灵活运用▭工具绘制图版及其中的辅助图形，然后将标志图形置入，并利用T工具输入相关文字。
2. 设计完图版后，按 Ctrl+S 组合键，将文件命名为“VI 设计基础部分.ai”并保存。
3. 利用T工具将图版右上角的“基础设计部分”文字修改为“应用设计部分”，并将右侧的“A-001”修改为“B-001”。
4. 按 Shift+Ctrl+S 组合键，将文件另命名为“VI 设计应用部分.ai”并保存，以备后用。
5. 打开前面保存的“VI 设计基础部分.ai”文件。
6. 执行【窗口】/【画板】命令，调出【画板】面板，然后单击右上角的☰按钮，在弹出的命令列表中选择【复制画板】命令，复制一个画板。

7. 依次执行【复制画板】命令新建 9 个画板，然后分别修改各个画板的名称，如图 9-4 所示。
8. 再次单击右上角的按钮，在弹出的命令列表中选择【重新排列画板】命令，将弹出如图 9-5 所示的【重新排列画板】对话框，设置选项后单击 确定 按钮，可对画板进行重新排列。

图9-4 【画板】面板

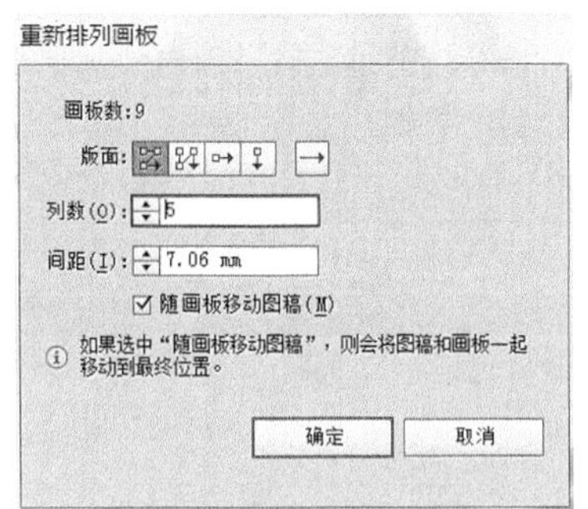

图9-5 【重新排列画板】对话框

9.2.2 设计标志坐标网格

从广义上讲，标志是标志和商标的统称，包括了企业、集团、政府机关、团体、会议和活动等的标志和产品的商标。商标是商品的记号、标记，但标志并不一定都是商标。区分标志是不是商标主要取决于用途：如果标志应用于商品贸易中表示商品的品牌和质量等特征，那么这个标志就是商标；否则，它就是标志。一个企业只能有一个标志，但根据产品的不同种类，却可以有多个商标。

设计标志时，要充分考虑标志的用途与场合，要适合不同位置的放置，放大后不能出现空洞，缩小后不会感觉拥挤，所以在制作时要严格按照标志坐标制图的要求来制作。

设计的标志坐标网格如图 9-6 所示。

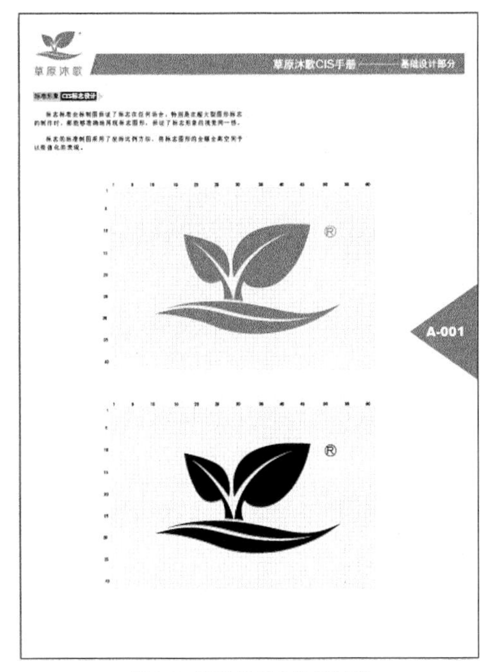

图9-6 设计的标志坐标网格

【步骤提示】

1. 接上例。
2. 利用工具绘制一个【宽度】为"120mm"，【高度】为"80mm"的矩形图形，然后利用工具根据绘制的矩形分别绘制 4 条直线，并利用工具将水平方向的两条线形混合，设置混合步数为"58"，将垂直方向的两线形混合，设置混合步数为"38"，即可绘制出网格图形。
3. 利用工具输入文字，然后将标志图形置入，调整至合适的大小。
4. 将坐标网格及标志图形向下移动复制一组，然后将标志图形的颜色修改为黑色即可。

9.2.3 设计标准字

标准字是企业形象识别系统的基本要素之一。企业标准字不同于一般视觉语言中的字体应用，应根据企业的精神和文化理念，设计出具有个性化和艺术化的专用字体，要具有可读性和说明性，并能通过其外在的视觉形象给观众留下深刻的印象。

企业标准字体一般分为中（英）文简称标准字体和中（英）文全称标准字体，如图 9-7 所示。

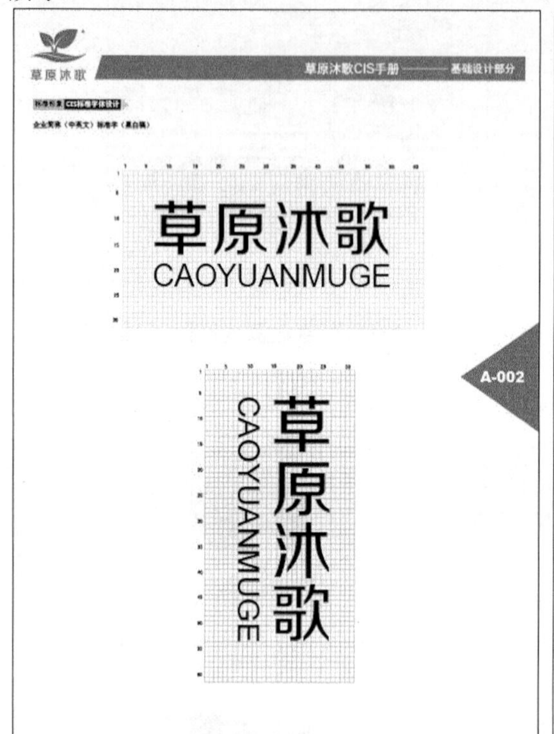

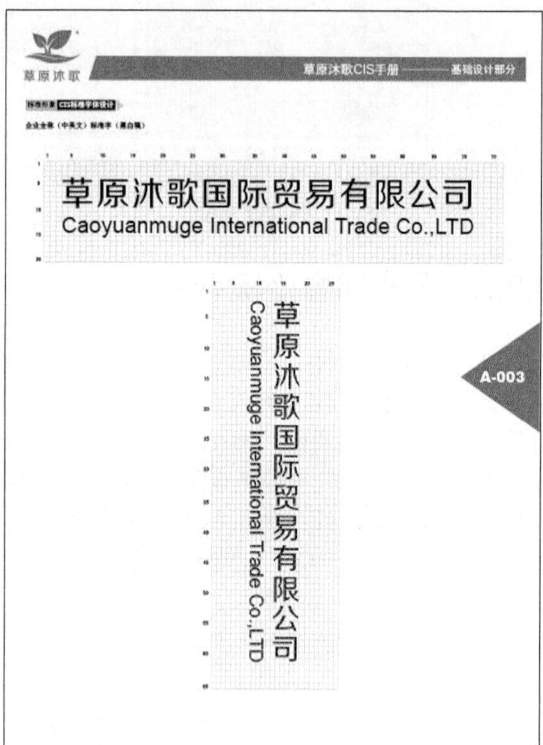

图9-7　设计的标准字

【步骤提示】

分别选择“画板 2”和“画板 3”，利用 9.2.2 小节绘制网格图形的相同方法，绘制网格图形，然后利用 T 工具输入相应的文字即可。

9.2.4 制作标志标准组合

标志和标准字的组合形成了企业完整的视觉形象。在组合使用时，应遵照一定的规范，以避免标志与字体的组合不规范而造成视觉形象混乱。该组合规范的建立应体现标志与字体的组合相互之间大小关系的最佳效果。组合规范一旦确定，任何场合都不能随意改动。制作的标志标准组合如图 9-8 所示。

图9-8　制作的标志标准组合

9.2.5 标准色与辅助色约定

用于企业的色彩有标准色和辅助色之分。标准色是根据企业的行业特点和经营理念选定的，一般选用 1~2 种颜色，最多不超过 3 种。辅助色是企业标准色运用过程中的补充色。设计时要充分考虑标准色与辅助色的内在联系，以此体现企业特征及企业文化。

企业标准色和辅助色一经确定，应在企业用品、产品包装、连锁店、服装和交通运输等各个方面应用。

草原沐歌国际贸易有限公司确定的标准色与辅助色如图 9-9 所示。

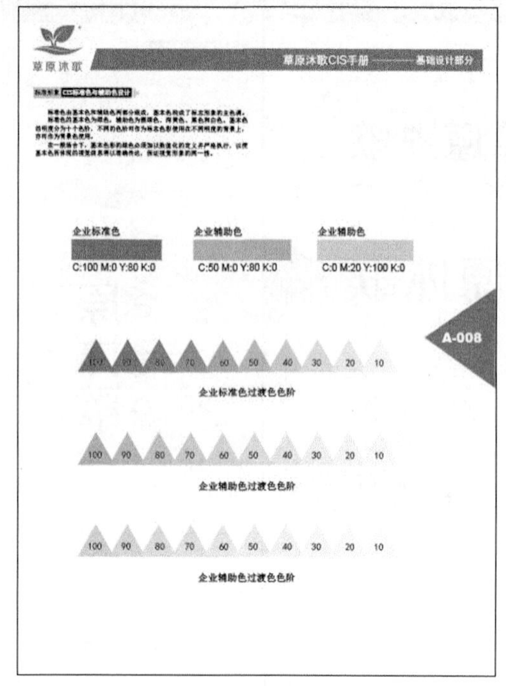

图9-9　确定的标准色与辅助色

【步骤提示】

制作过渡色阶时，要灵活运用工具。另外，制作完标准色的过渡色阶后，将其依次向下移动复制，然后分别修改复制出图形两端图形的颜色，即可完成辅助色过渡色阶的制作。在制作过程中，灵活运用复制操作，可大大提高工作效率。

9.2.6　辅助图形设计

企业在进行用品或产品包装等方面的设计时，除了运用单独的标识组合外，还经常需要其他的辅助图形。辅助图形是基本视觉要素的拓展和延伸，它既与标志、标准字有所区别，又与其具有内在的联系。在媒体传达中，辅助图形甘愿成为配角，起对比和陪衬的作用。

企业辅助图形的设计构思主要来自两个方面：一是从企业标志图形中衍生而来，另外是设计象征造型。无论哪一种构思方向，在其具体的造型手段上都要注意。企业辅助图形的形态设计大多是以几何类图形为主，因为几何类图形单纯，有极好的延展性；在构造中，则根据应用中的实际需求，有单元组合和连续图形两大类。本例设计的辅助图形如图 9-10 所示。

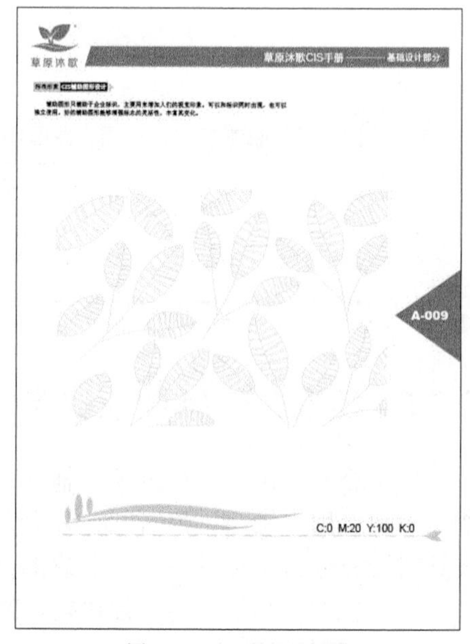

图9-10　设计的辅助图形

辅助图形以其丰富多样的造型和变化，进一步补充了企业标志、标准字、标准色的视觉形象传达能力，使企业形象的内容更加充实，抓住了人们的视线，引起人们的兴趣。通过企业辅助图形的组合、美化，产生有秩序的节奏、韵律，增加画面视觉冲击力和美感，增加表达形式的亲切感。

至此，VI 设计基础部分的内容就讲解完了，读者绘制完成后，按Ctrl+S组合键保存。

9.3 实训——VI 设计应用部分

应用设计系统是基础设计系统的展开设计与应用，它以基础设计风格为依据。企业标志、标准字体及标准色彩和组合规范应严格遵循制作要求及限定，不可随意进行改动。

9.3.1 设计名片

名片是新朋友互相认识、自我介绍最快、最有效的方法。交换名片也是商业交往的第一个标准官式动作。设计名片时，首先要让企业标志和名称醒目，然后根据需要考虑姓名与职务的摆放位置，再加图形修饰即可完成。设计的名片如图 9-11 所示。

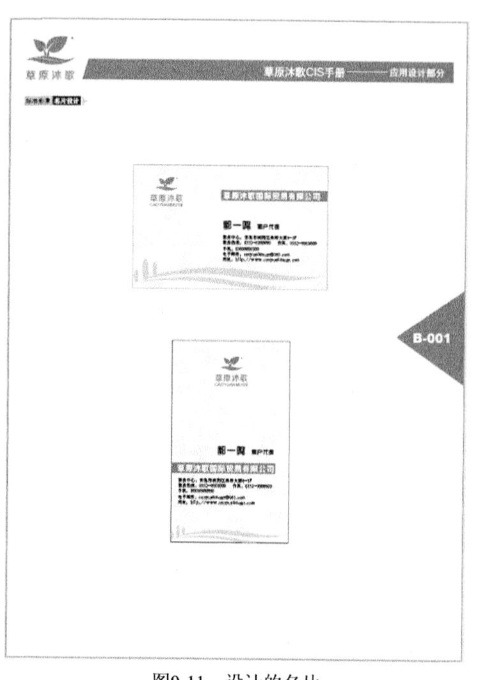

图9-11　设计的名片

【步骤提示】

1. 打开前面保存的“VI 设计应用部分.ai”文件。
2. 依次复制画板并重新排列，然后选择“画板 1”设计名片。由于名片的大小一般为 55mm × 90mm，因此设计时应按照这个尺寸来绘制矩形图形。

9.3.2 设计信封、信纸

日常生活中使用的信封和信纸多种多样，不同的企业和人群使用的信封和信纸类型也不相同；而作为企业或集团，可以根据其自身的性质设计制作企业专用的信封和信纸。

(1) 信封。

设定署名的表示方法是设计信封的第一要素。根据书写形式，可以决定企业的标志及其他要素的位置和尺寸。在信封设计中，尤其要注意遵循邮政法规，提前与邮局联络，收集尺寸、重量、署名、空间划分与比率颜色等有关资料。

(2) 信纸。

设计信纸时，企业要素要全面，主要应考虑企业标志和名称等摆放的位置。

本例设计的信封和信纸如图 9-12 所示。

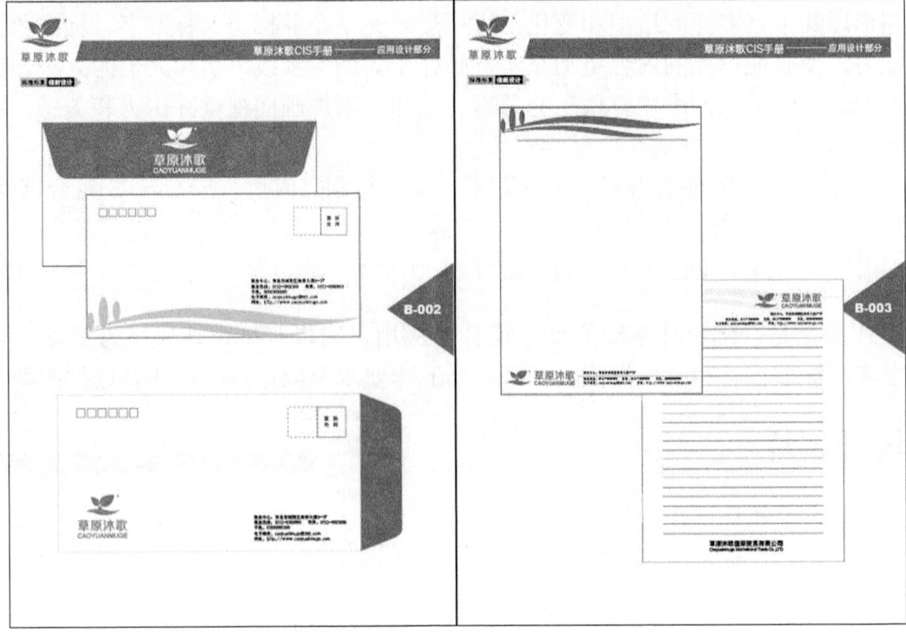

图9-12　设计的信封和信纸

9.3.3　设计档案袋、文件夹

和其他用品一样，公司识别系统应该在档案袋和文件袋中得到充分体现。档案袋和文件袋的主要作用是装载企业文件和员工个人资料等，虽然只是在企业内部使用，但对其进行设计，可有效地提高企业的凝聚力，再现企业统一形象。设计的档案袋和文件夹如图 9-13 所示。

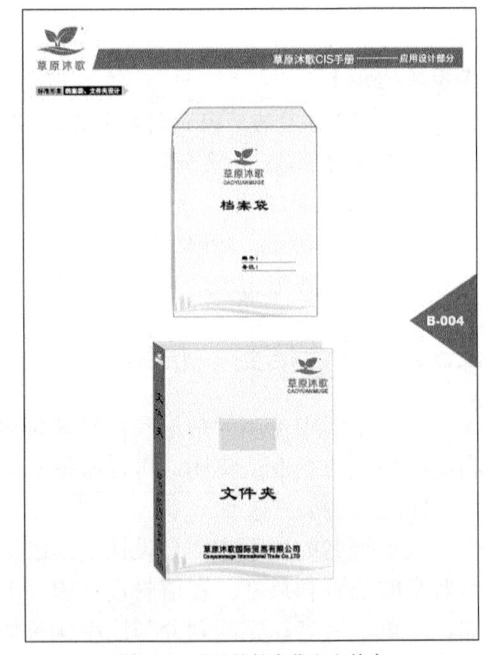

图9-13　设计的档案袋和文件夹

9.3.4　设计企业用品

企业用品涵盖的种类非常广泛，除了前面讲过的办公用品外，还包括纸杯、口杯、烟灰缸和钥匙环等一些日用品。本例设计的日用品如图 9-14 所示。

【步骤提示】

1. 绘制纸杯时，要先复制基础部分中绘制的辅助图形，然后绘制作为纸杯的图形轮廓，再将图形轮廓与辅助图形建立蒙版，最后为图形填充渐变色。
2. 绘制钥匙环时，要灵活运用[渐变]工具来设置渐变色，以体现金属效果。

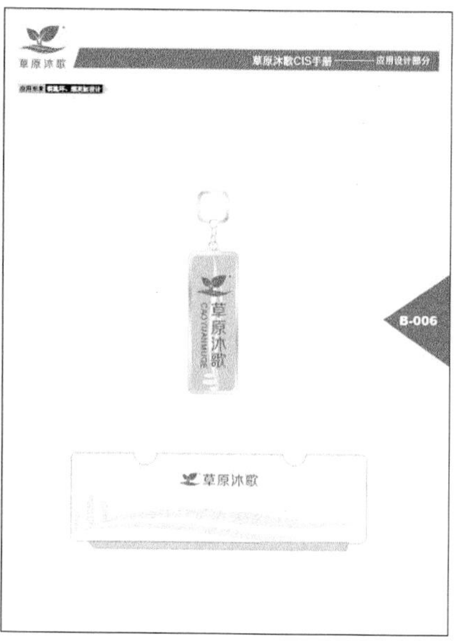

图9-14 设计的日用品

9.3.5 设计礼品

礼品是各企业在大型商业活动中向顾客赠送的一种物品。它以宣传商品、促进交易为目的。从宣传的作用来说，一件礼品实际上是一幅袖珍广告，它们都是为了宣传商品、促进销售而存在。本例设计的礼品笔、礼品袋和礼品壶效果如图 9-15 所示。

图9-15 设计的礼品笔、礼品袋和礼品壶效果

【步骤提示】

置入的图片分别为附盘文件“图库\第 09 章\草原.jpg”和“图库\第 09 章\图像.psd”。

9.3.6 设计遮阳伞

作为公司公关用品的雨伞和遮阳伞，不仅能对外宣传企业形象，扩大公司影响力，而且

能体现公司独特的商业文化。本例设计的遮阳伞如图 9-16 所示。

草原沐歌
草原沐歌CIS手册———应用设计部分
B-010

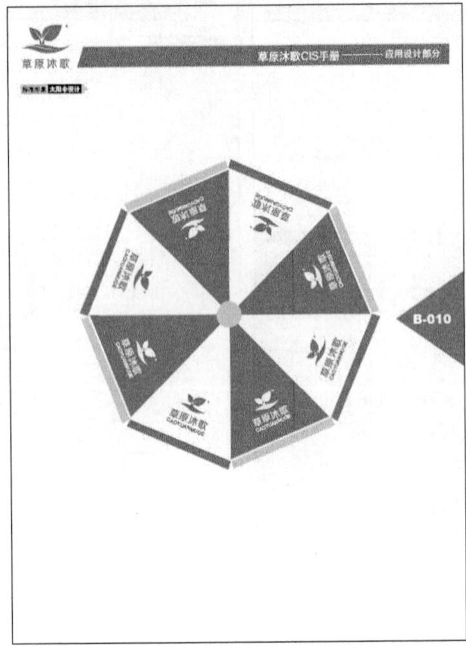

图9-16　设计的遮阳伞

9.3.7　设计企业服装

企业服装是企业正规化表现的重要载体之一。它不仅以统一的色彩、款式传达了蓬勃发展的企业状态，同时给员工带来了企业自豪感和凝聚力。本例设计的企业服装如图 9-17 所示。

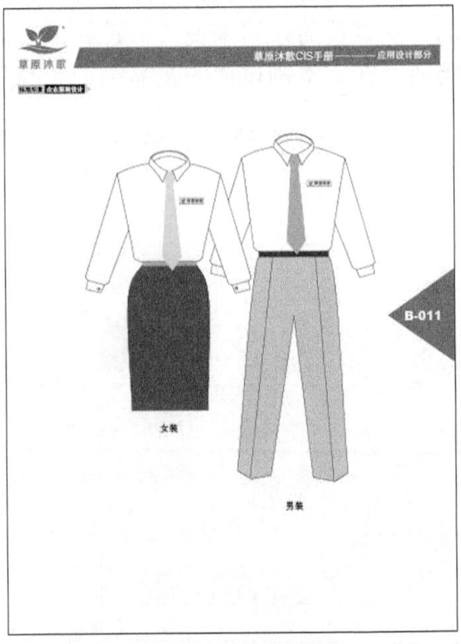

草原沐歌
草原沐歌CIS手册———应用设计部分
B-011
女装
男装

图9-17　设计的企业服装

9.3.8　设计宣传光盘

光盘是一种图文、声像并茂的“多媒体名片”。它运用现代化高科技手段融入视频和声音等多媒体元素，把企事业单位的文字、图片、视频、声音等多媒体宣传资料整合成一种自动播放的多媒体文件刻录到光盘上，是名片和企业宣传画册的结合体，应用范围比传统纸质名片和印刷画册更广泛。本例设计的光盘如图 9-18 所示。

【步骤提示】

1. 置入附盘文件“图库\第 09 章\草原.jpg”。
2. 绘制圆形图形并依次复制再缩小，然后将作为盘面的圆形图形与图片同时选择。
3. 执行【对象】/【剪切蒙版】/【建立】命令，将图片按照圆形图形显示即可。

图9-18 设计的光盘

9.3.9 设计台历、挂历

台历和挂历既是一种比较好的企业形象载体，同时也是一种比较适合的广告媒体，它在各种活动中起到了不可忽视的作用。本例设计的台历和挂历如图 9-19 所示。

【步骤提示】

置入的图片分别为附盘文件“图库\第 09 章\新芽.jpg”和“图库\第 09 章\牧草卷.jpg”。

图9-19 设计的台历和挂历

9.3.10　设计吊旗、刀旗

吊旗和刀旗的形式多种多样，在举行促销活动的时候，到处可见。吊旗一般用于室内，刀旗一般用于室外，是一种优秀的广告媒介及种类。本例设计的吊旗和刀旗如图 9-20 所示。

图9-20　设计的吊旗和刀旗

9.3.11　设计灯箱

户外灯箱广告的运用营造了视觉气氛，起到固定的、长久的传达企业视觉形象的作用。公交车站灯箱广告既可以帮助客户在最短时间里覆盖最大的目标受众群体，还可以迅速、有效地提高客户品牌的知名度，其本身也是美化城市环境的一道风景线。本例设计的灯箱广告如图 9-21 所示。

图9-21　设计的灯箱广告

9.3.12 设计指示牌

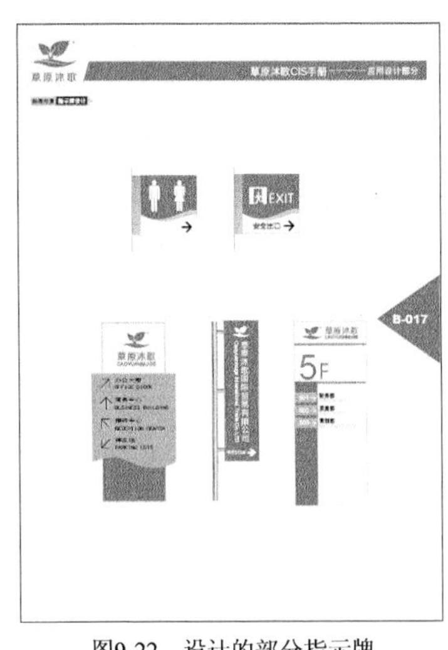
图9-22 设计的部分指示牌

指示牌就是指示方向的牌子，它可以放在公司附近，以方便别人很快找到该公司；也可以放在公司内部，以指示各部门所在的位置。指示牌的种数比较广泛，本例设计的部分指示牌如图 9-22 所示。

【步骤提示】

绘制指示牌时，图中的人物图形可在【符号】面板中调用。在实际工作过程中，灵活运用【符号】面板，可大大提高作图效率。

9.3.13 设计交通工具

交通工具的种类很多，有车辆、船舶、飞机等，其中作为重要设计项目的车辆，又有营业用车辆、运输用车辆、作业用车辆等种类。交通工具的开发设计范围很广，但本书所指的开发设计并不是变更车辆的造型或大小，而是在车体表面进行图像文字处理。

交通工具是企业形象设计的延续，是一种流动的宣传媒体。它以强烈的视觉冲击力，在传达企业视觉形象中起到了较大的作用。本例设计的交通工具如图 9-23 所示。

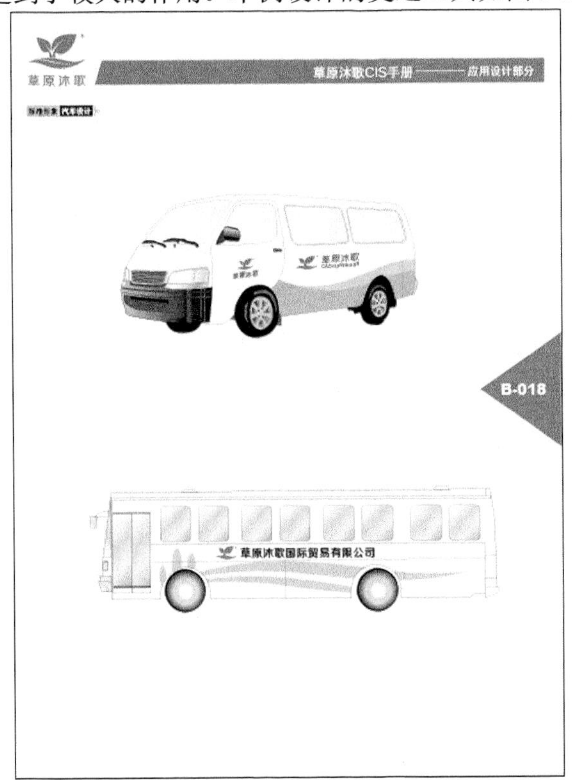

图9-23 设计的交通工具

9.3.14　设计企业建筑与环境

企业建筑与环境设计是指环境识别指示设计，如企业的外观形象等。良好的识别形象、一体化的建筑环境设计，可以体现企业的精神和文化内涵。本例设计的地下停车场入口如图 9-24 所示。

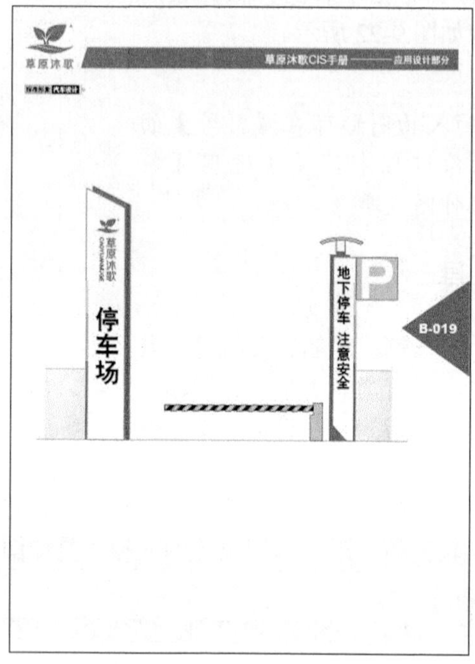

图9-24　设计的地下停车场入口

【步骤提示】

灵活运用各种基本绘图工具绘制图形，可完成地下停车场入口的绘制。

至此，VI 设计应用部分的内容就讲解完了，读者绘制完成后，按 Ctrl+S 组合键保存。

9.4　习题

根据本章学习的内容，读者自己动手设计一个企业的 VI 视觉形象识别系统。